"十二五"普通高等教育本科国家级规划教材

数学分析十讲

（第二版）

刘三阳　编著

本书第一版获 2015 陕西普通高等学校优秀教材一等奖

科学出版社

北　京

内 容 简 介

本书第一版入选"十二五"普通高等教育本科国家级规划教材，获得 2015 陕西普通高等学校优秀教材一等奖，这次改版做了全面修订。

本书与通常的数学分析和高等数学教材无缝衔接、浑然一体，实为其有关内容的自然延伸、拓展、深化和补充，也包含作者的一些教研成果。不少内容是其他书上没有的。内容新而不偏、深而不难、方法简便，易学好用，能使学生在新的起点上温故知新、强基赋能、灵活运用、开阔思维、增强素养，使其能力得到综合训练和巩固提高。

本书选材和写法别具一格，注重启发性、综合性、交叉性、典型性、普适性和应用性，理论、方法和范例三位一体、有机融合，与数学思想熔为一炉。依理引法、以例释理、以例示法、借题习法、法例交融，例题、习题丰富多样，且综合性、交叉性、思维性强，有不少一题多问、一题多解、多题一解、一法多用的题目，还有一些独创自编的例题和习题。书中随时穿插注记和思考，提供补充和注解，启发学生思考和联想，相信读者读过都会有耳目一新之感。

本书可以作为理工科大学生的补充、深化、提高教材，也可作为数学教师的教学参考书和考研学生的复习参考书。

图书在版编目(CIP)数据

数学分析十讲 / 刘三阳编著. -- 2 版. -- 北京：科学出版社，2024. 8.
("十二五"普通高等教育本科国家级规划教材）. -- ISBN 978-7-03-079212-9

I. O17

中国国家版本馆 CIP 数据核字第 2024WC8625 号

责任编辑：张中兴　梁　清／责任校对：杨聪敏
责任印制：师艳茹／封面设计：蓝正设计

科 学 出 版 社 出版
北京东黄城根北街 16 号
邮政编码：100717
http://www.sciencep.com
北京富资园科技发展有限公司印刷
科学出版社发行　各地新华书店经销
*
2011 年 7 月第　一　版　　开本：720×1000　1/16
2024 年 8 月第　二　版　　印张：19
2024 年 8 月第十四次印刷　字数：383 000
定价：**59.00 元**
(如有印装质量问题，我社负责调换)

前　言

　　《数学分析十讲》承蒙许多高校教师的抬爱,自 2011 年出版以来,每年重印,算上其前身《数学分析选讲》(也是每年重印),已问世 17 年了.回想 20 年前,我校为加强工科大学生数学基础,在高等数学课程之后开设了数学分析选讲课,急需一本合适的教材,于是我们便编写了一本讲义,使用几年之后,经过编校修改,正式出版,成为本校工科学生数学提升教材.同时,本书出版后还被许多高校数学专业选作数学分析选讲课程的教材.后来为了与市面上流行的考研题分类汇编式的数学分析选讲教材进行区分,也考虑到更好地为数学专业学生服务,经过改编和补充,形成了《数学分析十讲》.该教材入选"十二五"普通高等教育本科国家级规划教材,获得 2015 陕西普通高等学校优秀教材一等奖.

　　党的二十大报告指出,"教育、科技、人才是全面建设社会主义现代化国家的基础性、战略性支撑".高等教育战线与三者密切相关,数学是支撑三者的基石.而大学数学教材是培养高层次人才、促进高科技发展的基础性支撑,为了顺应这一需要,我们全面细致地修订和改编《数学分析十讲》,出版第二版.

　　修订和改编的概况如下:除了第 7 讲"重积分和线面积分的计算"没有改动外,其他各讲、各节都做了不同程度的修改和补充.第 2 讲增加了"海涅归结原理"一节,"柯西收敛准则"扩充后单列为一节,这一讲的第一、三节增补了不少新知识;第 3 讲增加了"单调函数"一节;第 5 讲由原来的两节分拆重组为三节,单列出"柯西中值定理"和"分式函数单调性判别法";第 8 讲第二、三、五、六各节增加了较多新内容;第 9 讲的四节也增加了不少内容;新增"对称导数"作为第 10 讲;将原来第 10 讲"典型题解析"放到了附录,并为其增加了一节"一题多解和综合题".各讲的注、思考题和例题有所增补和更新,习题大幅更新、重组和增加.

　　第二版继续保持原有特点,修订后特色更加鲜明,独特优势更为突出,主要体现在以下几方面:

1. **选材新颖, 内容独到.** 与通常的数学分析和高等数学教材无缝衔接, 浑然一体, 既是其有关内容的自然延伸和拓展深化, 又是其补充、交融和综合运用, 书中含有作者的一些教研成果, 提供了进行研究性、启发性教学的鲜活素材. 书中不少内容在其他文献中是没有的. 目前鲜有从类似角度选材和写作的同类教材.

2. **新而不偏, 深而不难.** 本书角度新、内容新, 虽有加深扩展, 但不偏不难不深奥, 不需补充任何专门的预备知识和工具. 理论简明, 方法简便, 易学好用, 读者会觉得只要将自己学过的数学分析或高等数学知识适当运用, 就能得出这么多新奇有用的结果和方法, 感到意外惊喜, 从而激发学生的求知欲和好奇心.

3. **温故知新, 巩固提高.** 微积分作为人类智力的最高成就之一, 博大精深, 学生学一遍数学分析或高等数学, 大多不易学深吃透. 本教材不断联系、使用微积分的基础知识、基本概念和基本方法, 让学生很自然地温故知新, 强基赋能, 起到综合训练、活学活用、开阔思路和巩固提高的作用, 对各类学生, 特别是考研学生大有助益.

4. **三位一体, 独树一帜.** 本教材不是考研试题分类汇编, 而是从浅显的理论出发, 推出学生意想不到的结论和方法, 并用于求解一些典型例子, 理论、方法、范例三位一体, 依理建法, 依法解题, 以例释理, 以例示法, 以题习法. 由于方法简便有效, 一些复杂难题迎刃而解. 通过研究性的讲述, 培养学生的科学思维、探索精神和科研方法.

5. **题目和注, 丰富多彩.** 例题、习题是教材不可或缺的重要组成部分, 本书在选配题目过程中, 精挑细选, 精雕细琢, 有独创自编的, 有整合改编的, 有一题多问、一题多解, 也有多题一解、一法多用. 例题、习题丰富新颖, 且多具交叉性、综合性, 注重思维, 避免繁琐计算和复杂推导. 书中范例、注和思考题较多, 注提供补充和引申, 思考题启发联想和探索. 根据第一版使用教师的愿望和建议, 第二版出版之后, 作者拟编写习题详解.

6. **兼顾理工, 适用面广.** 本教材内容简明, 实用好学, 难度不大, 理工咸宜. 各讲之间相对独立, 各校各专业可以各选所需. 虽然实数理论、连续函数的性质、一致收敛等内容主要为工科学生设置, 但并非传统数学分析相关内容的翻版, 数学专业的学生读了这些新编内容, 也会耳目一新、增长见识、别有收获.

本次修订改编过程中, 穆璐等一批研究生同学做了很多辅助工作, 出版社张中兴同志为第二版出版出谋划策, 她和梁清同志做了大量工作, 在此对她 (他) 们深表感谢.

作　者
2024 年 5 月

第一版前言

数学分析向来是大学数学专业最重要的基础课之一, 是学生打开大学阶段数学学习局面、顺利进行后续学习和研究的关键课程, 对训练学生的数学基本功和数学思维具有极其重要的作用.

随着科学技术的日益数学化, 各门学科对数学的要求不断提高, 我校 (西安电子科技大学) 为了加强本科生的数学基础, 拟在工科学生学完常规的高等数学课程之后, 为他们开设数学分析选讲, 作为高等数学的补充和深化. 另一方面, 即使对于数学专业许多学生 (甚至研究生) 而言, 学一遍数学分析, 也不易学深吃透、融会贯通. 因此, 不论对工科学生还是数学专业学生, 都很有必要对高等数学或数学分析课程中的某些内容进行细嚼、深究、强化、扩展和融合, 以便进一步夯实基础、加深理解、开阔思路、增强能力, 在新的起点上强化训练、充实提高. 许多数学专业正是出于这种考虑, 开设了"数学分析选讲"课程, 不过合适的教材并不多见.

根据上述需要, 我们编写了这本《数学分析十讲》, 除实数理论、闭区间上连续函数的性质和一致收敛性等少数内容 (为补工科学生之缺) 选自一般的数学分析教材外, 其他取材大体基于而又略深于高等数学和数学分析教材, 完全是其某些内容的自然延伸、扩充、推广、深化、交融和灵活运用, 与通常的高等数学和数学分析教材若即若离、不即不离、自然衔接, 内容新而不偏、深而不难、广而不浅、精而不繁, 方法简便、易学易用, 使学生温故知新、触类旁通, 得到一次综合训练和充实提高的机会.

本书不是一般的题解或内容提要加例题的形式, 也不刻意追求面面俱到, 而是在参阅国内外大量教材和研究性论著的基础上, 精选细编, 注重启发性、综合性、代表性、普适性和应用性, 理论、方法和范例三者有机结合, 并与数学思想融为一体. 本书以理引法、以例释理、以例示法、借题习法、法例交融, 既有一题多解 (证), 又有多题一解 (证)、一法多用, 例题和习题丰富多彩. 多处穿插注记, 启发思维和联想.

　　本书是从原《数学分析选讲》(科学出版社出版) 改编而来的, 原书自 2007 年出版以来, 已印刷 4 次, 发行量较大, 此番大幅改编, 删繁就简、去粗取精, 相当一部分内容是重新编写和补充的, 使新书更加精致适用. 考虑到与原书同名者较多, 故将改编后的新书更名为《数学分析十讲》. 在改编过程中, 朱佑彬博士、刘丽霞博士、吴事良博士和杨国平老师对初稿进行了细致的检查, 提出了许多意见和建议, 科学出版社编辑张中兴同志为本书的出版付出了辛勤的劳动. 在此, 对他们深表感谢.

　　由于作者水平有限, 书中难免存在疏漏和不妥之处, 恳请读者批评指正.

作　者

2011 年 3 月

目　　录

第 1 讲

求极限的若干方法

极限理论是数学分析的主要基石，求极限贯穿于数学分析的始终，其方法多种多样，如利用极限定义、利用夹逼原理、利用单调有界原理、利用两个重要极限、利用等价代换、利用洛必达法则、利用定积分定义等，高等数学和数学分析教材中已有详细介绍. 这一讲介绍几种在传统教材中鲜有介绍却比较简便的方法，关于用积分中值定理求极限的方法，见 5.3 节.

1.1 用导数定义求极限

首先回想函数 $f(x)$ 在点 x_0 处导数的定义：$f'(x_0) = \lim\limits_{x \to x_0} \dfrac{f(x) - f(x_0)}{x - x_0}$ 或 $f'(x_0) = \lim\limits_{h \to 0} \dfrac{f(x_0 + h) - f(x_0)}{h}$. 由于导数是用极限定义的，故可反其道而行之，利用导数定义计算某些数列和函数的极限.

例 1.1.1 计算 $\lim\limits_{n \to \infty} n(\sqrt[n]{a} - 1), a > 0$.

解 原式 $= \lim\limits_{n \to \infty} \dfrac{a^{\frac{1}{n}} - a^0}{\dfrac{1}{n}} = (a^x)'|_{x=0} = \ln a$.

例 1.1.2 计算 $\lim\limits_{n \to \infty} n(\sqrt[n]{a} - \sqrt[2n]{a}), a > 0$.

解 (方法一) 原式 $= \lim\limits_{n \to \infty} n a^{\frac{1}{2n}} \left(a^{\frac{1}{n} - \frac{1}{2n}} - 1 \right) = \lim\limits_{n \to \infty} a^{\frac{1}{2n}} \dfrac{a^{\frac{1}{2n}} - 1}{2 \cdot \dfrac{1}{2n}}$

$$= \frac{1}{2} (a^x)'|_{x=0} = \frac{1}{2} \ln a.$$

(方法二)　原式 $= \lim\limits_{n\to\infty}\left[\dfrac{a^{\frac{1}{n}}-a^0}{\dfrac{1}{n}} - \dfrac{1}{2}\cdot\dfrac{a^{\frac{1}{2n}}-a^0}{\dfrac{1}{2n}}\right] = \ln a - \dfrac{1}{2}\ln a = \dfrac{1}{2}\ln a.$

例 1.1.3　计算 $\lim\limits_{x\to 0}\dfrac{(a^x-b^x)^2}{a^{x^2}-b^{x^2}},\ a>0, b>0, a\neq b.$

解　原式 $= \lim\limits_{x\to 0}\left(\dfrac{a^x-b^x}{x}\right)^2\cdot\dfrac{x^2}{a^{x^2}-b^{x^2}} = \lim\limits_{x\to 0}\left(\dfrac{a^x-b^x}{x}\right)^2\cdot\lim\limits_{t\to 0}\dfrac{t}{a^t-b^t}$

$$= \lim\limits_{x\to 0}\dfrac{a^x-b^x}{x} = \lim\limits_{x\to 0}\dfrac{a^x-a^0}{x} - \lim\limits_{x\to 0}\dfrac{b^x-b^0}{x}$$

$$= (a^x)'|_{x=0} - (b^x)'|_{x=0} = \ln a - \ln b = \ln\dfrac{a}{b}.$$

例 1.1.4　计算 $\lim\limits_{x\to\infty} x\left[\sin\ln\left(1+\dfrac{3}{x}\right) - \sin\ln\left(1+\dfrac{1}{x}\right)\right].$

解　原式 $= \lim\limits_{x\to\infty} 3\cdot\dfrac{\sin\ln\left(1+\dfrac{3}{x}\right) - \sin\ln 1}{\dfrac{3}{x}} - \lim\limits_{x\to\infty}\dfrac{\sin\ln\left(1+\dfrac{1}{x}\right) - \sin\ln 1}{\dfrac{1}{x}}$

$$= 3\cdot[\sin\ln t]'|_{t=1} - [\sin\ln t]'|_{t=1} = 2\dfrac{1}{t}\cos\ln t\Big|_{t=1} = 2.$$

例 1.1.5　求 $\lim\limits_{x\to 1}\dfrac{(1-\sqrt{x})(1-\sqrt[3]{x})\cdots(1-\sqrt[n]{x})}{(1-x)^{n-1}}.$

解　设 $f_k(x)=x^{\frac{1}{k}}$，则

$$f_k'(1) = \lim\limits_{x\to 1}\dfrac{f_k(x)-f_k(1)}{x-1} = \lim\limits_{x\to 1}\dfrac{f_k(1)-f_k(x)}{1-x} = \lim\limits_{x\to 1}\dfrac{1-x^{\frac{1}{k}}}{1-x} = \dfrac{1}{k}x^{\frac{1}{k}-1}\Big|_{x=1} = \dfrac{1}{k},$$

所以，原式 $= \prod\limits_{k=2}^{n} f_k'(1) = \dfrac{1}{2}\cdot\dfrac{1}{3}\cdot\cdots\cdot\dfrac{1}{n} = \dfrac{1}{n!}.$

例 1.1.6　设 $f(x)$ 在 a 点可导，$f(a)>0$，计算 $\lim\limits_{n\to\infty}\left[\dfrac{f\left(a+\dfrac{1}{n}\right)}{f(a)}\right]^n.$

解　由题设可知 $f(x)$ 在 a 点的一个邻域内大于零，故有

$$原式 = \lim\limits_{n\to\infty}\mathrm{e}^{\ln\left[\frac{f\left(a+\frac{1}{n}\right)}{f(a)}\right]^n} = \mathrm{e}^{\lim\limits_{n\to\infty}\ln\left[\frac{f\left(a+\frac{1}{n}\right)}{f(a)}\right]^n}$$

$$= \mathrm{e}^{\lim\limits_{n\to\infty}\frac{\ln f\left(a+\frac{1}{n}\right)-\ln f(a)}{\frac{1}{n}}} = \mathrm{e}^{[\ln f(x)]'|_{x=a}} = \mathrm{e}^{\frac{f'(a)}{f(a)}}.$$

例 1.1.7 设 $f(x)$ 在 x_0 处二阶可导, 求 $\lim\limits_{h\to 0}\dfrac{f(x_0+2h)-2f(x_0+h)+f(x_0)}{h^2}$.

解 原式 $=\lim\limits_{h\to 0}\dfrac{2f'(x_0+2h)-2f'(x_0+h)}{2h}$

$$=\lim_{h\to 0}\left[2\frac{f'(x_0+2h)-f'(x_0)}{2h}-\frac{f'(x_0+h)-f'(x_0)}{h}\right].$$

$$=2f''(x_0)-f''(x_0)=f''(x_0).$$

例 1.1.8 设 $f'(0)\neq 0$, 计算 $\lim\limits_{x\to 0}\dfrac{f(x)\mathrm{e}^x-f(0)}{f(x)\cos x-f(0)}$.

解 原式 $=\lim\limits_{x\to 0}\dfrac{f(x)\mathrm{e}^x-f(0)}{x}\cdot\dfrac{x}{f(x)\cos x-f(0)}$

$$=\lim_{x\to 0}\frac{f(x)\mathrm{e}^x-f(0)\mathrm{e}^0}{x-0}\cdot\lim_{x\to 0}\frac{x-0}{f(x)\cos x-f(0)\cos 0}$$

$$=[f(x)\mathrm{e}^x]'|_{x=0}/[f(x)\cos x]'|_{x=0}$$

$$=\frac{f'(0)+f(0)}{f'(0)}.$$

例 1.1.9 设 $f'(a)$ 存在, 计算 $\lim\limits_{n\to\infty}n\left[\sum\limits_{i=1}^{k}f\left(a+\dfrac{i}{n}\right)-kf(a)\right]$.

解 原式 $=\lim\limits_{n\to\infty}\sum\limits_{i=1}^{k}i\cdot\dfrac{f\left(a+\dfrac{i}{n}\right)-f(a)}{\dfrac{i}{n}}=f'(a)\sum\limits_{i=1}^{k}i=f'(a)\cdot\dfrac{k(k+1)}{2}.$

 习 题 1.1

1. 求下列极限:

(1) $\lim\limits_{x\to a}\dfrac{a^x-x^a}{x-a}$, $a>0$;

(2) $\lim\limits_{x\to a}\dfrac{\sin x-\sin a}{\sin(x-a)}$;

(3) $\lim\limits_{n\to\infty}n^2\left(\sqrt[n]{a}+\dfrac{1}{\sqrt[n]{a}}-2\right)$, $a>0$;

(4) $\lim\limits_{n\to\infty}n\left[\left(1+\dfrac{1}{n}\right)^p-1\right]$, $p>0$;

(5) $\lim\limits_{x\to a}\dfrac{a^{a^x}-a^{x^a}}{a^x-x^a}$, $a>0$;

(6) $\lim\limits_{x\to 1}\dfrac{\sqrt[m]{x}-1}{\sqrt[n]{x}-1}$, m,n 为正整数;

(7) $\lim\limits_{x\to 1}\dfrac{(1-\sqrt{x})(1-\sqrt[3]{x})\cdots(1-\sqrt[n]{x})}{(1-x)^{n-1}}$;

(8) $\lim\limits_{n\to\infty}\left(\dfrac{\sqrt[n]{2}+\sqrt[n]{\mathrm{e}}+\sqrt[n]{\pi}}{3}\right)^n$.

2. 设 $\lim\limits_{x\to 0}\dfrac{f(x)}{x}=0$. 求 (1) $\lim\limits_{x\to 0^+}x^{f(x)}$; (2) $\lim\limits_{x\to 0}[1+f(x)/x]^{1/x}$, 设 $f''(0)=1$.

3. 设 $f(x)$ 在 x_0 处二阶可导, 计算 $\lim\limits_{h \to 0} \dfrac{f(x_0 + h) - 2f(x_0) + f(x_0 - h)}{h^2}$.

4. 设 $f(a) > 0, f'(a)$ 存在. 求 (1) $\lim\limits_{x \to a} \dfrac{f(x)^{f(x)} - f(a)^{f(x)}}{x - a}$; (2) $\lim\limits_{x \to a} \left[\dfrac{f(x)}{f(a)} \right]^{\frac{1}{\ln x - \ln a}}$, $a > 0$.

1.2   用微分中值定理求极限

微分中值定理不仅是理论证明的有力工具, 在求极限时也大有用武之地, 比如, 拉格朗日 (Lagrange) 中值定理告诉我们: 当函数 $f(x)$ 在 x_0 附近可导时, 则对附近的 x, 存在 ξ_x 使 $\dfrac{f(x) - f(x_0)}{x - x_0} = f'(\xi_x)$, 两边取极限, 这在计算某些函数的极限时非常简便有效.

例 1.2.1   计算 $\lim\limits_{x \to 0} \dfrac{\mathrm{e}^x - \mathrm{e}^{\tan x}}{x - \tan x}$.

解   原式 $= \lim\limits_{x \to 0} \mathrm{e}^\xi = 1$, ξ 位于 x 与 $\tan x$ 之间.

例 1.2.2   计算 $\lim\limits_{x \to 0} \dfrac{\mathrm{e}^{ax} - \mathrm{e}^{bx}}{\sin ax - \sin bx}, a \neq b$.

解   本题用柯西 (Cauchy) 中值定理很简便. 原式 $= \lim\limits_{x \to 0} \dfrac{e^\xi}{\cos \xi} = 1$, ξ 位于 ax 与 bx 之间.

例 1.2.3   计算 $\lim\limits_{x \to 0} \dfrac{\sin(\tan x) - \sin(\sin x)}{\tan x - \sin x}$.

解   原式 $= \lim\limits_{x \to 0} \cos \xi = 1$, ξ 位于 $\sin x$ 与 $\tan x$ 之间.

例 1.2.4   计算 $\lim\limits_{x \to 0} \dfrac{\sin(x\mathrm{e}^x) - \sin(x\mathrm{e}^{-x})}{\sin x^2}$.

解   原式 $= \lim\limits_{x \to 0} \dfrac{\cos \xi \cdot x(\mathrm{e}^x - \mathrm{e}^{-x})}{x^2} = \lim\limits_{x \to 0} \dfrac{2x\mathrm{e}^{\xi_1}}{x} = 2$, ξ 位于 $x\mathrm{e}^x$ 与 $x\mathrm{e}^{-x}$ 之间, ξ_1 位于 x 与 $-x$ 之间.

例 1.2.5   计算 $\lim\limits_{x \to +\infty} x^2[\ln \arctan(x + 1) - \ln \arctan x]$.

解   原式 $= \lim\limits_{x \to +\infty} \dfrac{x^2}{(1 + \xi_x^2) \arctan \xi_x} = \dfrac{1}{\dfrac{\pi}{2}} = \dfrac{2}{\pi}$.

$\left(x < \xi_x < x+1, \quad \dfrac{x^2}{1 + (1 + x)^2} < \dfrac{x^2}{1 + \xi_x^2} < \dfrac{x^2}{1 + x^2}. \right)$

例 1.2.6   计算 $\lim\limits_{x \to 0} \dfrac{a^{x^2} - b^{x^2}}{(a^x - b^x)^2}, a > 0, b > 0, a \neq b$.

解   原式 $= \lim\limits_{x \to 0} \dfrac{\mathrm{e}^{x^2 \ln a} - \mathrm{e}^{x^2 \ln b}}{[\mathrm{e}^{x \ln a} - \mathrm{e}^{x \ln b}]^2} = \lim\limits_{x \to 0} \dfrac{\mathrm{e}^{\xi_1} \cdot x^2(\ln a - \ln b)}{\mathrm{e}^{2\xi_2} \cdot x^2(\ln a - \ln b)^2}$

$$= \lim_{x \to 0} \frac{\mathrm{e}^{\xi_1}}{\mathrm{e}^{2\xi_2}} \cdot \frac{1}{\ln a - \ln b} = \frac{1}{\ln \dfrac{a}{b}}, \qquad \xi_1 \text{ 位于 } x^2 \ln a \text{ 与 } x^2 \ln b \text{ 之间,}$$

ξ_2 位于 $x \ln a$ 与 $x \ln b$ 之间.

例 1.2.7 计算 $\displaystyle\lim_{x \to a} \frac{\sin(x^x) - \sin(a^x)}{a^{x^x} - a^{a^x}}, \ a > 1$.

解 (方法一) 原式 $\displaystyle= \lim_{x \to a} \frac{\sin(x^x) - \sin(a^x)}{x^x - a^x} \cdot \frac{x^x - a^x}{a^{x^x} - a^{a^x}} = \lim_{x \to a} \cos \xi_1 \cdot \frac{x^x - a^x}{a^{x^x} - a^{a^x}}$

$$= \lim_{x \to a} \cos a^a \cdot \frac{x^x - a^x}{a^{a^x}(a^{x^x - a^x} - a^0)} = \lim_{x \to a} \frac{\cos a^a}{a^{a^a} a^{\xi_2} \ln a} = \frac{\cos a^a}{a^{a^a} \ln a},$$

ξ_1 位于 a^x 与 x^x 之间, ξ_2 位于 0 与 $x^x - a^x$ 之间.

(方法二) 记 $f(x) = \sin x$, $g(x) = a^x$, 由柯西中值定理有

$$\text{原式} = \lim_{x \to a} \frac{f'(\xi)}{g'(\xi)} = \lim_{x \to a} \frac{\cos \xi}{a^{\xi} \ln a}$$

$$= \frac{\cos a^a}{a^{a^a} \ln a}, \qquad \xi \text{ 位于 } a^x \text{ 与 } x^x \text{ 之间.}$$

例 1.2.8 设 $f(x)$ 在 $(a, +\infty)$ 上可导, $\displaystyle\lim_{x \to +\infty} f'(x) = A > 0$, 则有

$$\lim_{x \to +\infty} f(x) \to +\infty.$$

证 由题设, 存在 $X > a$, 使当 $x > X$ 时 $f'(x) > \dfrac{A}{2}$. 这时, 根据拉格朗日中值定理, 存在 $\xi_x \in (X, x)$, 使

$$\frac{f(x) - f(X)}{x - X} = f'(\xi_x) > \frac{A}{2}, \ f(x) > f(X) + \frac{A}{2}(x - X).$$

由此可得 $f(x) \to +\infty \ (x \to +\infty)$.

 习　题　1.2

1. 求下列极限:

(1) $\displaystyle\lim_{x \to +\infty} (\sin \sqrt{x+1} - \sin \sqrt{x-1})$;

(2) $\displaystyle\lim_{x \to 0} \frac{\cos(\sin x) - \cos x}{\sin^4 x}$;

(3) $\displaystyle\lim_{x \to 0} \frac{\mathrm{e}^{\tan x} - \mathrm{e}^{\sin x}}{\sqrt{1 + \tan x} - \sqrt{1 + \sin x}}$;

(4) $\displaystyle\lim_{n \to \infty} n^{1-p}[(n+1)^p - n^p], \ p \neq 0$;

(5) $\displaystyle\lim_{n \to \infty} n^2 \left(\arctan \frac{1}{n} - \arctan \frac{1}{n+1} \right)$;

(6) $\displaystyle\lim_{x \to +\infty} (\sqrt[6]{x^6 + x^5} - \sqrt[6]{x^6 - x^5})$;

(7) $\lim\limits_{x \to 0} \dfrac{(1 + \tan x)^{24} - (1 - \sin x)^{24}}{\sin x}$;

(8) $\lim\limits_{n \to \infty} \dfrac{n^2(\sqrt[n]{n+1} - \sqrt[n+1]{n})}{\ln(n+1)}$.

2. 设 $f(x)$ 在 a 处可导, $f(a) > 0$, 计算 $\lim\limits_{n \to \infty} \left[\dfrac{f\left(a + \dfrac{1}{n}\right)}{f\left(a - \dfrac{1}{n}\right)} \right]^n$.

3. 设 $f(x)$ 在 $(a, +\infty)$ 上可导, $\lim\limits_{x \to +\infty} f'(x)$ 存在, $\lim\limits_{x \to +\infty} \dfrac{f(x)}{x} = A$. 证明: $\lim\limits_{x \to +\infty} f'(x) = A$.

4. 设 $f(x)$ 在 $(a, +\infty)$ 上可导, $\lim\limits_{x \to +\infty} f'(x) = A$. 证明:

(1) $\lim\limits_{x \to +\infty} \dfrac{f(x)}{x} = A$;

(2) 对任意常数 c, 有 $\lim\limits_{x \to +\infty} [f(x + c) - f(x)] = cA$.

1.3　用等价无穷小代换求极限

大家知道, 若 $f(x) \sim f_1(x)$, $g(x) \sim g_1(x)$ $(x \to x_0)$, 且 $\lim\limits_{x \to x_0} \dfrac{f_1(x)}{g_1(x)} = A$

$(g(x), g_1(x)$ 在 x_0 附近不为 0), 则 $\lim\limits_{x \to x_0} \dfrac{f(x)}{g(x)} = \lim\limits_{x \to x_0} \dfrac{f_1(x)}{g_1(x)} = A$. 事实上, 因为

$\lim\limits_{x \to x_0} \dfrac{f(x)}{g(x)} = \lim\limits_{x \to x_0} \dfrac{f(x)}{f_1(x)} \cdot \dfrac{f_1(x)}{g_1(x)} \cdot \dfrac{g_1(x)}{g(x)} = A$, 即等价代换不改变极限的存在性和极限值.

➤ 由拉格朗日中值定理导出的若干等价代换及其应用

先利用拉格朗日中值定理给出下述一般命题:

命题 1.3.1　设 (1) $\alpha(x), \beta(x)(\alpha \neq \beta)$ 在 x_0 的一个邻域内连续, 且

$$\lim_{x \to x_0} \alpha(x) = \lim_{x \to x_0} \beta(x) = c;$$

(2) $f(x)$ 在 $x = c$ 的一个邻域内可导且 $f'(x)$ 在 $x = c$ 处连续, $f'(c) \neq 0$, 则

$$f[\alpha(x)] - f[\beta(x)] \sim f'(c)[\alpha(x) - \beta(x)] \quad (x \to x_0).$$

证　由拉格朗日中值定理和题设条件有

$$\frac{f[\alpha(x)] - f[\beta(x)]}{\alpha(x) - \beta(x)} = f'(\xi_x), \qquad \xi_x \text{ 位于 } \alpha(x) \text{ 与 } \beta(x) \text{ 之间}.$$

于是

$$\lim_{x \to x_0} \frac{f[\alpha(x)] - f[\beta(x)]}{\alpha(x) - \beta(x)} = \lim_{x \to x_0} f'(\xi_x) = f'(c),$$

因此有

$$f[\alpha(x)] - f[\beta(x)] \sim f'(c)[\alpha(x) - \beta(x)] \ (x \to x_0).$$

根据命题 1.3.1, 可对常见的初等函数得出下列等价关系, 其中 α, β 可以是自变量, 也可以是函数 (每一个等价关系中极限过程相同). 为引用方便, 特殊情形也单独编号.

(1) $\ln \alpha - \ln \beta \sim \dfrac{1}{a}(\alpha - \beta) \ (a > 0, \ \alpha \to a, \ \beta \to a, \ \alpha \neq \beta)$;

(2) $\ln \alpha - \ln \beta \sim \alpha - \beta \ (\alpha \to 1, \beta \to 1, \alpha \neq \beta)$;

(3) $\ln \alpha \sim \alpha - 1 \ (\alpha \to 1)$;

(4) $\sin \alpha - \sin \beta \sim \alpha - \beta \ (\alpha \to 0, \beta \to 0, \alpha \neq \beta)$;

(5) $\tan \alpha - \tan \beta \sim \alpha - \beta \ (\alpha \to 0, \beta \to 0, \alpha \neq \beta)$;

(6) $b^\alpha - b^\beta \sim \ln b(\alpha - \beta) \ (b > 0, b \neq 1, \alpha \to 0, \beta \to 0, \alpha \neq \beta)$;

(7) $\mathrm{e}^\alpha - \mathrm{e}^\beta \sim \alpha - \beta \ (\alpha \to 0, \beta \to 0, \alpha \neq \beta)$;

(8) $\sqrt{\alpha} - \sqrt{\beta} \sim \dfrac{1}{2\sqrt{a}}(\alpha - \beta) \ (a > 0, \alpha \to a, \beta \to a, \alpha \neq \beta)$;

(9) $\alpha^\lambda - \beta^\lambda \sim \lambda(\alpha - \beta) \ (\alpha \to 1, \beta \to 1, \alpha \neq \beta, \lambda \neq 0)$;

(10) $\alpha^\lambda - \alpha^\mu \sim (\lambda - \mu)(\alpha - 1) \ (\alpha \to 1, \lambda \neq \mu)$.

下面给出一些应用例题.

例 1.3.1 求 $\lim\limits_{x \to 0} \dfrac{\sqrt[n]{1 + x^2} - 1}{\ln \dfrac{1 + x^2}{1 - x^2}}$.

解 由等价关系 (2)、(3) 有

$$\text{原式} = \lim_{x \to 0} \frac{\ln \sqrt[n]{1 + x^2}}{\ln(1 + x^2) - \ln(1 - x^2)} = \frac{1}{n} \lim_{x \to 0} \frac{\ln(1 + x^2)}{2x^2} = \frac{1}{2n}.$$

此题也可由 (9) 直接得出原式分子等价于 $\dfrac{x^2}{n}$.

例 1.3.2 求 $\lim\limits_{x \to 0} \dfrac{\cos x \sqrt{\cos 2x} \sqrt[3]{\cos 3x} - 1}{\ln \cos x}$.

解 $\text{原式} = \lim\limits_{x \to 0} \dfrac{\ln(\cos x \sqrt{\cos 2x} \sqrt[3]{\cos 3x})}{\ln \cos x}$

$$= \lim_{x \to 0} \frac{\ln \cos x + \dfrac{1}{2} \ln \cos 2x + \dfrac{1}{3} \ln \cos 3x}{\ln \cos x}$$

$$= \lim_{x \to 0} \frac{\ln \cos x}{\ln \cos x} + \frac{1}{2} \lim_{x \to 0} \frac{\ln \cos 2x}{\ln \cos x} + \frac{1}{3} \lim_{x \to 0} \frac{\ln \cos 3x}{\ln \cos x}$$

$$= 1 + \frac{1}{2} \lim_{x \to 0} \frac{\cos 2x - 1}{\cos x - 1} + \frac{1}{3} \lim_{x \to 0} \frac{\cos 3x - 1}{\cos x - 1}$$

$$= 1 + 2 + 3 = 6 \quad (\text{用洛必达法则或等价代换}).$$

例 1.3.3　求 $\lim\limits_{x \to 0^+} \dfrac{\tan x \ln \cos \sqrt{x}}{3^{x^2} - 2^{-x^2}}$.

解　原式 $= \lim\limits_{x \to 0^+} \dfrac{x(\cos \sqrt{x} - 1)}{\ln 3^{x^2} - \ln 2^{-x^2}} = \lim\limits_{x \to 0^+} \dfrac{x\left(-\dfrac{1}{2}x\right)}{x^2(\ln 3 + \ln 2)} = -\dfrac{1}{2\ln 6}$.

例 1.3.4　求 $\lim\limits_{x \to 0} \dfrac{\sin(xe^{x^2}) - \sin(x^2 e^{-x})}{\tan(\sin 2x) - \tan(\sin x)}$.

解　利用等价关系 (4) 和 (5) 有

$$\text{原式} = \lim_{x \to 0} \frac{xe^{x^2} - x^2 e^{-x}}{\sin 2x - \sin x} = \lim_{x \to 0} \frac{x(e^{x^2} - xe^{-x})}{2x - x} = \lim_{x \to 0}(e^{x^2} - xe^{-x}) = 1.$$

例 1.3.5　求 $\lim\limits_{x \to 0} \dfrac{(1 + \tan x)^5 - (1 + \sin x)^5}{\sin(\tan x) - \sin(\sin x)}$.

解　利用等价关系 (4) 和 (9) 有

$$\text{原式} = \lim_{x \to 0} \frac{5(\tan x - \sin x)}{\tan x - \sin x} = 5.$$

例 1.3.6　求 $\lim\limits_{x \to 0} \dfrac{\sqrt[6]{1 + x \sin x} - \sqrt[6]{\cos x}}{\sqrt[3]{\cos x} - \sqrt[4]{\cos x}}$.

解　利用等价关系 (9) 和 (10) 有

$$\text{原式} = \lim_{x \to 0} \frac{\dfrac{1}{6}(1 + x \sin x - \cos x)}{\left(\dfrac{1}{3} - \dfrac{1}{4}\right)(\cos x - 1)} = 2\left(\lim_{x \to 0} \frac{1 - \cos x}{\cos x - 1} + \lim_{x \to 0} \frac{x \sin x}{\cos x - 1}\right) = -6.$$

➤ **加减运算下的等价代换**

对乘除运算求极限, 利用等价无穷小代换简便而有效, 而对加减运算则需格外谨慎, 下面定理给出了加减运算求极限时施行等价无穷小代换的条件.

命题 1.3.2　设 $\alpha, \alpha_1, \beta, \beta_1$ 均为 $x \to x_0$ 时的无穷小量, 且 $\alpha \sim \alpha_1, \beta \sim \beta_1$, $\lim\limits_{x \to x_0} \dfrac{\alpha}{\beta}$ 存在, 但不等于 -1. 则有 $\alpha + \beta \sim \alpha_1 + \beta_1 \ (x \to x_0)$.

证　需证 $\lim\limits_{x \to x_0}\left(1 - \dfrac{\alpha_1 + \beta_1}{\alpha + \beta}\right) = 0$ 或 $\lim\limits_{x \to x_0} \dfrac{\alpha + \beta - (\alpha_1 + \beta_1)}{\alpha + \beta} = 0$,

因为 $\dfrac{\alpha + \beta - (\alpha_1 + \beta_1)}{\alpha + \beta} = \dfrac{\alpha - \alpha_1}{\alpha + \beta} + \dfrac{\beta - \beta_1}{\alpha + \beta}$，注意到 $\lim\limits_{x \to x_0} \dfrac{\alpha}{\beta} \neq -1$，故有

$$\lim_{x \to x_0} \frac{\alpha - \alpha_1}{\alpha + \beta} = \lim_{x \to x_0} \frac{\alpha - \alpha_1}{\alpha \left(1 + \dfrac{\beta}{\alpha}\right)} = \frac{1 - \lim\limits_{x \to x_0} \dfrac{\alpha_1}{\alpha}}{1 + \lim\limits_{x \to x_0} \dfrac{\beta}{\alpha}} = 0,$$

$$\lim_{x \to x_0} \frac{\beta - \beta_1}{\alpha + \beta} = \lim_{x \to x_0} \frac{\beta - \beta_1}{\beta \left(\dfrac{\alpha}{\beta} + 1\right)} = \frac{1 - \lim\limits_{x \to x_0} \dfrac{\beta_1}{\beta}}{1 + \lim\limits_{x \to x_0} \dfrac{\alpha}{\beta}} = 0.$$

注 1.3.1 命题 1.3.2 中的条件 $\lim\limits_{x \to x_0} \dfrac{\alpha}{\beta} \neq -1$ 可换为 $\lim\limits_{x \to x_0} \dfrac{\alpha_1}{\beta_1} \neq -1$(当然极限首先要存在). 显然, 若无穷小量 α 与 β(或 α_1 与 β_1) 同时为正 (负), 且极限 $\lim\limits_{x \to x_0} \dfrac{\alpha}{\beta}$ 或 $\lim\limits_{x \to x_0} \dfrac{\alpha_1}{\beta_1}$ 存在, 则有 $\alpha + \beta \sim \alpha_1 + \beta_1$.

例 1.3.7 求 $\lim\limits_{x \to 0} \dfrac{\tan(\sin x) + \sin 2x}{\tan x - 2 \arcsin 2x}$.

解 因为 $x \to 0$ 时, $\tan(\sin x) \sim x$, $\tan x \sim x$, $-2 \arcsin 2x \sim -4x$, 且 $\lim\limits_{x \to 0} \dfrac{\tan(\sin x)}{\sin 2x} = \dfrac{1}{2} \neq -1$, $\lim\limits_{x \to 0} \dfrac{x}{-4x} = -\dfrac{1}{4} \neq -1$, 所以原式 $= \lim\limits_{x \to 0} \dfrac{x + 2x}{x - 4x} = -1$.

例 1.3.8 求 $\lim\limits_{x \to 0} \dfrac{\sqrt{1 + \tan x} - \sqrt{1 - \sin x}}{e^{2 \tan x} - e^{\sin x}}$.

解 因为 $x \to 0$ 时, $\sqrt{1 + \tan x} \to 1$, $\sqrt{1 - \sin x} \to 1$, 所以由等价关系 (7), (8) 和命题 1.3.2 有

$$原式 = \lim_{x \to 0} \frac{\dfrac{1}{2}(\tan x + \sin x)}{2 \tan x - \sin x} = \lim_{x \to 0} \frac{\dfrac{1}{2}(x + x)}{2x - x} = 1.$$

例 1.3.9 求 $\lim\limits_{x \to 0} \dfrac{\sin x^2 + 1 - \cos x}{1 - \cos^3 x - \tan^2 x}$.

解 由等价关系 (9) 得 $1 - \cos^3 x \sim 3(1 - \cos x)$, 由命题 1.3.2 有

$$原式 = \lim_{x \to 0} \frac{x^2 + \dfrac{1}{2}x^2}{3(1 - \cos x) - x^2} = \lim_{x \to 0} \frac{\dfrac{3}{2}x^2}{3 \cdot \dfrac{1}{2}x^2 - x^2} = 3.$$

例 1.3.10 计算 $\lim\limits_{x \to 0} \dfrac{(1 + x)^x - \cos 2x}{(\tan 2x - \sin x)(\sin 2x - x)}$.

解   由命题 1.3.2 得

$$原式 = \lim_{x \to 0} \frac{e^{x \ln(1+x)} - 1 + 1 - \cos 2x}{(2x - x)(2x - x)} = \lim_{x \to 0} \frac{x \ln(1+x) + \frac{1}{2}(2x)^2}{x^2} = \lim_{x \to 0} \frac{x^2 + 2x^2}{x^2} = 3.$$

例 1.3.11   求 $\displaystyle\lim_{x \to 0} \frac{\ln(x + \sqrt{1 + x^2}) - \ln(1 + x)}{\ln(x^2 + \sqrt{1 + x^2})}$.

解   利用等价关系 (2), (3) 和命题 1.3.2 得

$$原式 = \lim_{x \to 0} \frac{x + \sqrt{1 + x^2} - (1 + x)}{x^2 + \sqrt{1 + x^2} - 1} = \lim_{x \to 0} \frac{\sqrt{1 + x^2} - 1}{x^2 + \frac{1}{2}x^2} = \lim_{x \to 0} \frac{\dfrac{x^2}{2}}{\dfrac{3}{2}x^2} = \frac{1}{3}.$$

例 1.3.12   求 $\displaystyle\lim_{x \to 0} \frac{1 - \sqrt{1 - x^2}\cos x}{1 + x^2 - \cos^2 x}$.

解   先有理化, 再利用等价无穷小代换, 可得

$$原式 = \lim_{x \to 0} \frac{1 - (1 - x^2)\cos^2 x}{(x^2 + \sin^2 x)(1 + \sqrt{1 - x^2}\cos x)} = \frac{1}{2} \lim_{x \to 0} \frac{\sin^2 x + x^2 \cos^2 x}{x^2 + \sin^2 x}$$

$$= \frac{1}{2} \lim_{x \to 0} \frac{x^2 + x^2}{x^2 + x^2} = \frac{1}{2}.$$

此题是 2022 年第十四届全国大学生数学竞赛初赛 (非数学类) 试题, 解法甚多, 比如

$$原式 = \frac{1}{2} \lim_{x \to 0} \frac{\sin^2 x + x^2 \cos^2 x}{x^2 + \sin^2 x} = \frac{1}{2} \lim_{x \to 0} \frac{\dfrac{\sin^2 x}{x^2} + \cos^2 x}{1 + \dfrac{\sin^2 x}{x^2}} = \frac{1}{2} \cdot \frac{1 + 1}{1 + 1} = \frac{1}{2}.$$

 习 题   **1.3**

1. 求下列极限:

(1) $\displaystyle\lim_{x \to 0} \frac{(1+x)^\lambda - 1}{(1+x)^\mu - 1}, \mu \neq 0$;

(2) $\displaystyle\lim_{x \to 0} \frac{1 - \cos x \cos 2x \cdots \cos nx}{\sqrt{1 + x^2} - 1}$;

(3) $\displaystyle\lim_{x \to +\infty} x^2 \left[(1+x)^{\frac{1}{x}} - x^{\frac{1}{x}} \right]$;

(4) $\displaystyle\lim_{x \to 0^+} \frac{1}{x} [\tan \ln(1 + 24x) - \tan \ln(1 + 11x)]$;

(5) $\displaystyle\lim_{x \to 0} \frac{1}{x^3} \left[\left(\frac{2 + \cos x}{3} \right)^x - 1 \right]$;

(6) $\displaystyle\lim_{x \to 0} \frac{\cos x - e^{-x^2}}{\sqrt{\cos x} - \sqrt[3]{\cos x}}$.

2. 求下列极限:

(1) $\lim\limits_{x \to 0} \dfrac{1 - \cos x - \ln \cos x}{\mathrm{e}^{x^2} - \mathrm{e}^{-x^2} - \sin x^2}$;

(2) $\lim\limits_{x \to 0} \dfrac{\ln(x + \mathrm{e}^x) + 2\sin x}{\sin(2\tan 2x) - \sin(\tan 2x) - \tan x}$;

(3) $\lim\limits_{x \to 0} \dfrac{\sqrt[3]{\cos x + \tan x} - \sqrt[3]{\cos x - \sin x}}{\ln(1 + x) - \ln(1 - \sin x) - \sin x}$;

(4) $\lim\limits_{x \to 0} \dfrac{(1 + ax)^{ax} - (1 + bx)^{bx}}{(\tan 2x - x)(\sin x + x)}, a \neq -b$.

3. (1) 证明: $(\arctan \alpha - \arctan \beta) \sim (\alpha - \beta)(\alpha \to 0, \beta \to 0, \alpha \neq \beta)$;

(2) 求 $\lim\limits_{x \to 0} \dfrac{1}{x} \left(\sin \arctan 2x - \sin \arctan x^2\right)$.

1.4 用泰勒公式求极限

泰勒 (Taylor) 公式是用多项式逼近函数的一种有效工具, 具有广泛的应用. 这里只介绍带佩亚诺 (Peano) 余项的泰勒公式在求某些极限过程中的应用. 该公式可以表述如下:

若 $f(x)$ 在 x_0 处存在 n 阶导数, 则有

$$
\begin{aligned}
f(x) = &f(x_0) + f'(x_0)(x - x_0) + \frac{f''(x_0)}{2!}(x - x_0)^2 + \cdots + \frac{f^{(n)}(x_0)}{n!}(x - x_0)^n \\
&+ o((x - x_0)^n) \quad (x \to x_0).
\end{aligned} \tag{1.1}
$$

式 (1.1) 需要的条件较少, 只需 n 阶导数在 x_0 处存在, 但由此可以推知 $f(x)$ 在 x_0 的某个邻域内存在 $k(k < n)$ 阶导数.

例 1.4.1 求 $\lim\limits_{x \to 0} \dfrac{\cos x - \mathrm{e}^{-\frac{x^2}{2}}}{\sin x^2 \cdot \tan^2 x}$.

解 原式 $= \lim\limits_{x \to 0} \dfrac{\cos x - \mathrm{e}^{-\frac{x^2}{2}}}{x^4}$

$$
= \lim_{x \to 0} \frac{1 - \dfrac{x^2}{2!} + \dfrac{x^4}{4!} + o(x^4) - \left[1 - \dfrac{x^2}{2} + \dfrac{1}{2!}\left(-\dfrac{x^2}{2}\right)^2 + o(x^4)\right]}{x^4}
$$

$$
= \lim_{x \to 0} \frac{\dfrac{1}{24}x^4 - \dfrac{1}{8}x^4 + o(x^4)}{x^4} = \lim_{x \to 0} \frac{-\dfrac{1}{12}x^4 + o(x^4)}{x^4} = -\frac{1}{12}.
$$

例 1.4.2 求 $\lim\limits_{n \to \infty} n\left[\mathrm{e} - \left(1 + \dfrac{1}{n}\right)^n\right]$.

解 (方法一)　原式 $= \lim\limits_{n\to\infty} n\left[\mathrm{e} - \mathrm{e}^{n\ln(1+\frac{1}{n})}\right]$

$$= \lim_{n\to\infty} n\mathrm{e}^{\xi}\left[1 - n\ln\left(1+\frac{1}{n}\right)\right]$$

$$= \lim_{n\to\infty} n\mathrm{e}^{\xi}\left[1 - n\left(\frac{1}{n} - \frac{1}{2n^2} + o\left(\frac{1}{n^2}\right)\right)\right]$$

$$= \lim_{n\to\infty} n\mathrm{e}^{\xi}\left[\frac{1}{2n} + o\left(\frac{1}{n}\right)\right] = \lim_{n\to\infty}\left(\frac{\mathrm{e}^{\xi}}{2} + \frac{o\left(\dfrac{1}{n}\right)}{\dfrac{1}{n}}\right)$$

$$= \frac{\mathrm{e}}{2}.$$

其中 $n\ln\left(1+\dfrac{1}{n}\right) < \xi < 1$, $n\to\infty$ 时, $\xi\to 1$.

(方法二)　原式 $= \lim\limits_{n\to\infty} n\left[\mathrm{e} - \mathrm{e}^{n\ln(1+\frac{1}{n})}\right] = \lim\limits_{n\to\infty} n\left[\mathrm{e} - \mathrm{e}^{n(\frac{1}{n} - \frac{1}{2n^2} + o(\frac{1}{n^2}))}\right]$

$$= \lim_{n\to\infty} n\left[\mathrm{e} - \mathrm{e}^{1-\frac{1}{2n}+o(\frac{1}{n})}\right]$$

$$= \lim_{n\to\infty} n\mathrm{e}\left[1 - \mathrm{e}^{-\frac{1}{2n}+o(\frac{1}{n})}\right] = -\lim_{n\to\infty} n\mathrm{e}\left[\mathrm{e}^{-\frac{1}{2n}+o(\frac{1}{n})} - 1\right]$$

$$= -\lim_{n\to\infty} n\mathrm{e}\cdot\left[-\frac{1}{2n} + o\left(\frac{1}{n}\right)\right] = \frac{\mathrm{e}}{2}.$$

例 1.4.3　求 $\lim\limits_{x\to 0^+} \dfrac{x^x - (\sin x)^x}{(\sin x)^3}$.

解　原式 $= \lim\limits_{x\to 0^+} x^x \cdot \lim\limits_{x\to 0^+} \dfrac{1 - \left(\dfrac{\sin x}{x}\right)^x}{x^3} = \lim\limits_{x\to 0^+} \dfrac{1 - \mathrm{e}^{x\ln\left(\frac{\sin x}{x}\right)}}{x^3}$

$$= \lim_{x\to 0^+} \frac{1 - \mathrm{e}^{x\ln\left[1-\frac{x^2}{6} + o(x^2)\right]}}{x^3} = \lim_{x\to 0^+} \frac{1 - \mathrm{e}^{x\left[-\frac{x^2}{6} + o(x^2)\right]}}{x^3}$$

$$= \lim_{x\to 0^+} \frac{1 - \left[1 - \frac{x^3}{6} + o(x^3)\right]}{x^3} = \lim_{x\to 0^+} \frac{\frac{x^3}{6} - o(x^3)}{x^3} = \frac{1}{6}.$$

例 1.4.4　求 $\lim\limits_{x\to 0^+}\left(\dfrac{1}{x^5}\displaystyle\int_0^x \mathrm{e}^{-t^2}\mathrm{d}t - \dfrac{1}{x^4} + \dfrac{1}{3x^2}\right)$.

解 原式 $= \lim\limits_{x \to 0^+} \left[\dfrac{1}{x^5} \displaystyle\int_0^x \left(1 - t^2 + \dfrac{t^4}{2} + o(t^4) \right) \mathrm{d}t - \dfrac{1}{x^4} + \dfrac{1}{3x^2} \right]$

$= \lim\limits_{x \to 0^+} \left[\dfrac{1}{x^5} \left(x - \dfrac{x^3}{3} + \dfrac{x^5}{10} + o(x^5) \right) - \dfrac{1}{x^4} + \dfrac{1}{3x^2} \right]$

$= \lim\limits_{x \to 0^+} \left[\dfrac{1}{10} + \dfrac{o(x^5)}{x^5} \right] = \dfrac{1}{10}.$

例 1.4.5 设 $f(x)$ 在 x_0 处二阶可导, 求 $\lim\limits_{h \to 0} \dfrac{f(x_0 + h) + f(x_0 - h) - 2f(x_0)}{h^2}$.

解 原式

$= \lim\limits_{h \to 0} \dfrac{f(x_0) + f'(x_0)h + \frac{1}{2}f''(x_0)h^2 + o(h^2) + f(x_0) - f'(x_0)h + \frac{1}{2}f''(x_0)h^2 + o(h^2) - 2f(x_0)}{h^2}$

$= \lim\limits_{h \to 0} \dfrac{f''(x_0)h^2 + o(h^2)}{h^2} = f''(x_0).$

例 1.4.6 设 $f(x)$ 在 $(0, +\infty)$ 上存在三阶导数, 且 $\lim\limits_{x \to +\infty} f(x)$ 和 $\lim\limits_{x \to +\infty} f'''(x)$ 存在. 求 $\lim\limits_{x \to +\infty} f'(x)$ 和 $\lim\limits_{x \to +\infty} f''(x)$.

解 由泰勒公式, 对 $x > 1$ 有

$$f(x + 1) = f(x) + f'(x) + \frac{f''(x)}{2!} + \frac{f'''(\xi_1)}{3!}, \quad x < \xi_1 < x + 1; \qquad (1.2)$$

$$f(x - 1) = f(x) - f'(x) + \frac{f''(x)}{2!} - \frac{f'''(\xi_2)}{3!}, \quad x - 1 < \xi_2 < x. \qquad (1.3)$$

式 (1.2) 和式 (1.3) 相加可得

$$f(x + 1) + f(x - 1) = 2f(x) + 2\frac{f''(x)}{2!} + \frac{f'''(\xi_1)}{3!} - \frac{f'''(\xi_2)}{3!}. \qquad (1.4)$$

设 $\lim\limits_{x \to +\infty} f'''(x) = B$. 在式 (1.4) 两边令 $x \to +\infty$, 利用已知条件得 $\lim\limits_{x \to +\infty} f''(x) = 0$. 再在式 (1.2) 或式 (1.3) 两边令 $x \to +\infty$, 并移项得 $\lim\limits_{x \to +\infty} f'(x) = -\dfrac{B}{6}$. 又由拉格朗日中值定理有

$$f(x + 1) - f(x) = f'(\xi_x), \quad x < \xi_x < x + 1.$$

令 $x \to +\infty$, 由题设条件可得

$$-\frac{B}{6} = \lim\limits_{x \to +\infty} f'(x) = \lim\limits_{x \to +\infty} f'(\xi_x) = \lim\limits_{x \to +\infty} [f(x + 1) - f(x)] = 0.$$

即 $\lim\limits_{x \to +\infty} f'(x) = 0.$

注 1.4.1 由该例证明过程可知, 当 $\lim\limits_{x\to+\infty} f(x)$ 和 $\lim\limits_{x\to+\infty} f'''(x)$ 都存在时, 必有

$$\lim_{x\to+\infty} f'(x) = \lim_{x\to+\infty} f''(x) = \lim_{x\to+\infty} f'''(x) = 0.$$

一般地, 若 $\lim\limits_{x\to+\infty} f(x)$ 和 $\lim\limits_{x\to+\infty} f^{(k)}(x)$ 存在, 则有

$$\lim_{x\to+\infty} f'(x) = \lim_{x\to+\infty} f''(x) = \cdots = \lim_{x\to+\infty} f^{(k)}(x) = 0.$$

例 1.4.7 设 $f(x)$ 在 $x=0$ 附近有连续的一阶导数, 且 $f'(0)=0, f''(0)$ 存在. 试求 $\lim\limits_{x\to 0} \dfrac{f(x) - f(\ln(1+x))}{x^3}$.

解　对 $x\in(-1,+\infty)$, 有 $\ln(1+x)\leqslant x$, 由拉格朗日中值定理, 存在 $\xi_x\in(\ln(1+x),\,x)$ 使

$$\frac{f(x) - f(\ln(1+x))}{x^3} = f'(\xi_x)\frac{x-\ln(1+x)}{x^3}.$$

因为 $\dfrac{\ln(1+x)}{x} < \dfrac{\xi_x}{x} < 1, x>0;\ 1 < \dfrac{\xi_x}{x} < \dfrac{\ln(1+x)}{x}, -1 < x < 0$, 所以 $\lim\limits_{x\to 0}\dfrac{\xi_x}{x}=1, \lim\limits_{x\to 0}\xi_x=0$. 由于 $f'(0)=0, f''(0)$ 存在, 于是

$$\lim_{x\to 0}\frac{f(x)-f(\ln(1+x))}{x^3} = \lim_{x\to 0}\frac{f'(\xi_x)-f'(0)}{\xi_x}\cdot\lim_{x\to 0}\frac{\xi_x}{x}\cdot\lim_{x\to 0}\frac{x-\ln(1+x)}{x^2}$$

$$= f''(0)\lim_{x\to 0}\frac{x-\left[x-\dfrac{x^2}{2}+o(x^2)\right]}{x^2} = \frac{1}{2}f''(0).$$

例 1.4.8 设 $f(x)$ 在 $x=0$ 处二阶可导, 且 $\lim\limits_{x\to 0}\left[1+x+\dfrac{f(x)}{x}\right]^{\frac{1}{x}}=\mathrm{e}^3$, 求 $f(0), f'(0), f''(0)$, 并计算 $\lim\limits_{x\to 0}\left[1+\dfrac{f(x)}{x}\right]^{\frac{1}{x}}$.

解　由 $\mathrm{e}^{\lim\limits_{x\to 0}\frac{1}{x}\ln[1+x+\frac{f(x)}{x}]}=\mathrm{e}^3$ 得

$$\lim_{x\to 0}\frac{\ln\left[1+x+\dfrac{f(x)}{x}\right]}{x} = 3 \Rightarrow \lim_{x\to 0}\ln\left[1+x+\frac{f(x)}{x}\right] = 0$$

$$\Rightarrow \lim_{x\to 0}\left[x+\frac{f(x)}{x}\right] = 0 \Rightarrow f(0) = \lim_{x\to 0}f(x) = 0.$$

又

$$\lim_{x \to 0} \left[x + \frac{f(x)}{x} \right] = 0 \Rightarrow \ln \left[1 + x + \frac{f(x)}{x} \right] \sim x + \frac{f(x)}{x} \quad (x \to 0)$$

$$\Rightarrow \lim_{x \to 0} \frac{x + \dfrac{f(x)}{x}}{x} = \lim_{x \to 0} \frac{\ln \left[1 + x + \dfrac{f(x)}{x} \right]}{x} = 3$$

$$\Rightarrow 3 = \lim_{x \to 0} \left[1 + \frac{f(x)}{x^2} \right] = \lim_{x \to 0} \left[1 + \frac{f(0) + f'(0)x + \dfrac{1}{2}f''(0)x^2 + o(x^2)}{x^2} \right]$$

$$\Rightarrow \lim_{x \to 0} \frac{f(0) + f'(0)x + \dfrac{1}{2}f''(0)x^2 + o(x^2)}{x^2} = 2,$$

又 $f(0) = 0$, 所以 $f'(0) = 0, f''(0) = 4$. 于是

$$\lim_{x \to 0} \left[1 + \frac{f(x)}{x} \right]^{\frac{1}{x}} = \lim_{x \to 0} \left[1 + \frac{2x^2 + o(x^2)}{x} \right]^{\frac{1}{x}}$$

$$= \lim_{x \to 0} \left[1 + 2x + o(x) \right]^{\frac{1}{2x + o(x)} \cdot \frac{2x + o(x)}{x}} = \mathrm{e}^2.$$

 习 题 1.4

1. 求下列极限:

(1) $\displaystyle\lim_{n \to \infty} n^2 \left(1 - n \sin \frac{1}{n} \right)$;

(2) $\displaystyle\lim_{x \to 0} \frac{\mathrm{e}^{x^3} - 1 - x^3}{\sin^6 x}$;

(3) $\displaystyle\lim_{x \to \infty} \left[x - x^2 \ln \left(1 + \frac{1}{x} \right) \right]$;

(4) $\displaystyle\lim_{x \to +\infty} \left(1 + \frac{1}{x} \right)^{x^2} \mathrm{e}^{-x}$;

(5) $\displaystyle\lim_{n \to \infty} n \left[\mathrm{e} \left(1 + \frac{1}{n} \right)^{-n} - 1 \right]$;

(6) $\displaystyle\lim_{x \to 0} \frac{\sqrt{1 + x} - 1 - \dfrac{x}{2}}{\ln(1 + x) - x\mathrm{e}^{-x}}$;

(7) $\displaystyle\lim_{x \to 0} \frac{\mathrm{e}^x \sin x - (1 + x) \ln(1 + x)}{\tan^3 x}$;

(8) $\displaystyle\lim_{x \to 0} \left(\frac{\mathrm{e}^x + \mathrm{e}^{2x} + \cdots + \mathrm{e}^{nx}}{n} \right)^{\frac{1}{x}}$.

2. 设 $f(x)$ 在 $x = 0$ 处可导, $f(0) \neq 0$, $f'(0) \neq 0$, 若 $af(h) + bf(2h) - f(0)$ 在 $h \to 0$ 时是比 h 高阶的无穷小, 试确定 a, b 的值.

3. 设 $f(x)$ 在 $x = 0$ 处可导, 且 $\displaystyle\lim_{x \to 0} \left(\frac{\sin x}{x^2} + \frac{f(x)}{x} \right) = 2$. 求 $f(0), f'(0)$ 和 $\displaystyle\lim_{x \to 0} \frac{1 + f(x)}{x}$.

4. 设 $f''(x_0)$ 存在, $f'(x_0) \neq 0$, 证明:

$$\lim_{x \to x_0} \left[\frac{1}{f(x) - f(x_0)} - \frac{1}{f'(x_0)(x - x_0)} \right] = \frac{-f''(x_0)}{2[f'(x_0)]^2}.$$

5. 设函数 $f(x)$ 在点 a 处 $n+1$ 阶可导, 且 $f^{(k)}(a) = 0, (k = 2, 3, \cdots, n), f^{(n+1)}(a) \neq 0$. 由拉格朗日中值定理有 $f(a+h) = f(a) + hf'(a + \theta_h h), 0 < \theta_h < 1$. 证明:

$$\lim_{h \to 0} \theta_h = \frac{1}{\sqrt[n]{n+1}}.$$

6. 设 $f(x)$ 在 $(0, +\infty)$ 上二阶可微, $f''(x)$ 有界, 且极限 $\lim\limits_{x \to +\infty} f(x)$ 存在. 证明: $\lim\limits_{x \to +\infty} f'(x) = 0$.

1.5   施笃兹定理及其应用

施笃兹 (Stolz) 定理被誉为数列极限的洛必达 (L'Hospital) 法则, 它对求某类数列极限非常简便有效.

定理 1.5.1 (施笃兹定理)   设 $\lim\limits_{n \to \infty} y_n = +\infty$, 且 y_n 从某一项开始严格单调增加, 如果

$$\lim_{n \to \infty} \frac{x_n - x_{n-1}}{y_n - y_{n-1}} = l \ (\text{有限或为} + \infty, -\infty), \tag{1.5}$$

则

$$\lim_{n \to \infty} \frac{x_n}{y_n} = \lim_{n \to \infty} \frac{x_n - x_{n-1}}{y_n - y_{n-1}}.$$

证   (1) 先设 l 为有限数, 则对任意的 $0 < \varepsilon < 1$, 存在 N, 使得 $y_N > 0$ 且当 $n > N$ 时有

$$\left| \frac{x_n - x_{n-1}}{y_n - y_{n-1}} - l \right| < \frac{\varepsilon}{2}$$

$$\Leftrightarrow l - \frac{\varepsilon}{2} < \frac{x_n - x_{n-1}}{y_n - y_{n-1}} < l + \frac{\varepsilon}{2}$$

$$\Leftrightarrow \left(l - \frac{\varepsilon}{2} \right)(y_n - y_{n-1}) < x_n - x_{n-1} < \left(l + \frac{\varepsilon}{2} \right)(y_n - y_{n-1}),$$

于是有

$$\left(l - \frac{\varepsilon}{2} \right)(y_{N+1} - y_N) < x_{N+1} - x_N < \left(l + \frac{\varepsilon}{2} \right)(y_{N+1} - y_N),$$

$$\left(l - \frac{\varepsilon}{2} \right)(y_{N+2} - y_{N+1}) < x_{N+2} - x_{N+1} < \left(l + \frac{\varepsilon}{2} \right)(y_{N+2} - y_{N+1}),$$

$$\cdots$$

$$\left(l - \frac{\varepsilon}{2}\right)(y_n - y_{n-1}) < x_n - x_{n-1} < \left(l + \frac{\varepsilon}{2}\right)(y_n - y_{n-1}).$$

以上 $n - N$ 个式子相加, 得

$$\left(l - \frac{\varepsilon}{2}\right)(y_n - y_N) < x_n - x_N < \left(l + \frac{\varepsilon}{2}\right)(y_n - y_N)$$

$$\Leftrightarrow l - \frac{\varepsilon}{2} < \frac{x_n - x_N}{y_n - y_N} < l + \frac{\varepsilon}{2},$$

$$\Leftrightarrow \left| \frac{x_n - x_N}{y_n - y_N} - l \right| < \frac{\varepsilon}{2}.$$

对固定的 N, 因为 $\lim\limits_{n \to \infty} y_n = +\infty$, 所以, 存在 $N_1 > N$, 使得当 $n > N_1$ 时, 有

$$\left| \frac{x_N - l y_N}{y_n} \right| < \frac{\varepsilon}{2}, \quad 0 < \frac{y_N}{y_n} < 1.$$

于是

$$\left| \frac{x_n}{y_n} - l \right| = \left| \frac{x_n - x_N}{y_n} + \frac{x_N - l y_N}{y_n} - l \frac{y_n - y_N}{y_n} \right| = \left| \frac{x_N - l y_N}{y_n} + \frac{y_n - y_N}{y_n}\left(\frac{x_n - x_N}{y_n - y_N} - l\right) \right|$$

$$\leqslant \left| \frac{x_N - l y_N}{y_n} \right| + \left| \frac{x_n - x_N}{y_n - y_N} - l \right| < \frac{\varepsilon}{2} + \frac{\varepsilon}{2} = \varepsilon,$$

即

$$\lim\limits_{n \to \infty} \frac{x_n}{y_n} = l.$$

(2) 若 $l = +\infty$, 则由式 (1.5) 知, 当 n 充分大时有 $x_n - x_{n-1} > y_n - y_{n-1} > 0$, 故 x_n 也严格递增趋于 $+\infty$. 于是式 (1.5) 可等价地写为

$$\lim\limits_{n \to \infty} \frac{y_n - y_{n-1}}{x_n - x_{n-1}} = 0.$$

由已证结论 (1) 知, $\lim\limits_{n \to \infty} \frac{y_n}{x_n} = 0$, 故 $\lim\limits_{n \to \infty} \frac{x_n}{y_n} = +\infty$.

(3) 若 $l = -\infty$, 记 $z_n = -x_n$, 则 $\lim\limits_{n \to \infty} \frac{z_n - z_{n-1}}{y_n - y_{n-1}} = -\lim\limits_{n \to \infty} \frac{x_n - x_{n-1}}{y_n - y_{n-1}} = +\infty$. 由 (2) 知, $\lim\limits_{n \to \infty} \frac{z_n}{y_n} = +\infty$, 即得 $\lim\limits_{n \to \infty} \frac{x_n}{y_n} = -\infty$.

注 1.5.1 与 1.6 节 (广义) 洛必达法则相似, 施笃兹定理给出了一种求离散型 $\dfrac{*}{\infty}$ 的极限的方法, 它的几何意义是: 在平面上有一无限折线 $\overline{A_1 A_2 \cdots A_n \cdots}$,

其中 $A_n = (y_n, x_n)$. 折线段 $\overrightarrow{A_n A_{n+1}}$ 的斜率为 $\dfrac{x_{n+1} - x_n}{y_{n+1} - y_n}$, 矢径 $\overrightarrow{OA_n}$ 的斜率为 $\dfrac{x_n}{y_n}$. 当施笃兹定理条件满足时, 矢径的斜率与折线段的斜率在 $n \to +\infty$ 时趋于同一极限.

注 1.5.2　$l = \infty$ 时, 结论未必成立, 如 $x_n = [1 + (-1)^n]n^2$, $y_n = n$. 这时 $\{x_n\} = \{0, 2^2, 0, 4^2, 0, 6^2, \cdots\}$, 虽然 $\lim\limits_{n \to \infty} \dfrac{x_n - x_{n-1}}{y_n - y_{n-1}} = \infty$, 但 $\left\{\dfrac{x_n}{y_n}\right\} = \{0, 2, 0, 4, \cdots\}$, $\lim\limits_{n \to +\infty} \dfrac{x_n}{y_n} \neq \infty$.

例 1.5.1　计算 $\lim\limits_{n \to \infty} \dfrac{1! + 2! + \cdots + n!}{n!}$.

解　由施笃兹定理有, 原式 $= \lim\limits_{n \to \infty} \dfrac{(n+1)!}{(n+1)! - n!} = \lim\limits_{n \to \infty} \dfrac{(n+1)!}{n!n} = \lim\limits_{n \to \infty} \dfrac{n+1}{n} = 1$.

例 1.5.2　计算 $\lim\limits_{n \to \infty} \dfrac{1^p + 2^p + \cdots + n^p}{n^{p+1}}$, $p > 0$.

解　由施笃兹定理知

$$原式 = \lim_{n \to \infty} \frac{n^p}{n^{p+1} - (n-1)^{p+1}} = \lim_{n \to \infty} \frac{n^p}{(p+1)\xi^p} = \frac{1}{p+1}, \quad n-1 < \xi < n.$$

例 1.5.3　计算 $\lim\limits_{n \to \infty} \dfrac{n}{a^{n+1}} \sum\limits_{k=1}^{n} \dfrac{a^k}{k}$, $a > 1$.

解　由施笃兹定理有

$$原式 = \lim_{n \to \infty} \frac{a^{n+1}/(n+1)}{a^{n+2}/(n+1) - a^{n+1}/n} = \lim_{n \to \infty} \frac{n(n+1)}{na - (n+1)} \cdot \frac{1}{(n+1)} = \frac{1}{a-1}.$$

例 1.5.4　设 $\lim\limits_{n \to \infty} a_n = a$, 证明:

(1) $\lim\limits_{n \to \infty} \dfrac{a_1 + a_2 + \cdots + a_n}{n} = a$;

(2) $\lim\limits_{n \to \infty} \sqrt[n]{a_1 \cdot a_2 \cdots a_n} = a$, $a > 0$, $a_i > 0$, $i = 1, 2, \cdots, n$.

证　(1) 取 $y_n = n$, $x_n = a_1 + a_2 + \cdots + a_n$, 则 y_n 严格单增, $\lim\limits_{n \to \infty} y_n = +\infty$. 而且 $\lim\limits_{n \to \infty} \dfrac{x_{n+1} - x_n}{y_{n+1} - y_n} = \lim\limits_{n \to \infty} \dfrac{a_{n+1}}{1} = a$. 由施笃兹定理得 $\lim\limits_{n \to \infty} \dfrac{x_n}{y_n} = a$.

注 1.5.3　$a = \infty$ 时结论未必成立, 例如, $a_n = (-1)^{n-1}n$, $\lim\limits_{n \to +\infty} a_n = \infty$, 而

$$\lim_{k \to +\infty} \frac{a_1 + a_2 + \cdots + a_{2k}}{2k} = \lim_{k \to +\infty} \frac{(1-2) + (3-4) + \cdots + (2k-1-2k)}{2k}$$

$$= \lim_{k \to +\infty} \frac{-k}{2k} = -\frac{1}{2}.$$

思考 本题结论之逆是否成立? 考虑 $x_n = (-1)^n$. 什么条件下逆命题成立?

(2) 令 $z_n = \sqrt[n]{a_1 \cdot a_2 \cdots a_n}$, 则 $\ln z_n = \dfrac{\ln a_1 + \ln a_2 + \cdots + \ln a_n}{n}$. 取 $x_n = \ln a_1 + \ln a_2 + \cdots + \ln a_n$, $y_n = n$, 则 $\lim\limits_{n \to \infty} \dfrac{x_n - x_{n-1}}{y_n - y_{n-1}} = \lim\limits_{n \to \infty} \dfrac{\ln a_n}{1} = \ln a$, 由施笃兹定理得, $\lim\limits_{n \to \infty} \ln z_n = \lim\limits_{n \to \infty} \dfrac{x_n}{y_n} = \ln a$, 即 $\lim\limits_{n \to \infty} z_n = a$.

例 1.5.5 设 $a_n > 0$, $\lim\limits_{n \to \infty} \dfrac{a_{n+1}}{a_n} = a$, 求 $\lim\limits_{n \to \infty} \sqrt[n]{a_n}$.

解 令 $a_1' = a_1$, $a_2' = \dfrac{a_2}{a_1}$, $\cdots$, $a_{n+1}' = \dfrac{a_{n+1}}{a_n}$, 则由例 1.5.4(2) 得

$$\lim_{n \to \infty} \sqrt[n+1]{a_{n+1}} = \lim_{n \to \infty} \sqrt[n+1]{a_1 \cdot \frac{a_2}{a_1} \cdots \frac{a_{n+1}}{a_n}} = \lim_{n \to \infty} \sqrt[n+1]{a_1' \cdot a_2' \cdots a_{n+1}'}$$

$$= \lim_{n \to \infty} a_{n+1}' = \lim_{n \to \infty} \frac{a_{n+1}}{a_n} = a.$$

特别取 $a_n = n$, 则 $\lim\limits_{n \to \infty} \dfrac{n+1}{n} = 1$, 所以 $\lim\limits_{n \to \infty} \sqrt[n]{n} = 1$.

注 1.5.4 也可不用例 1.5.4(2), 直接令 $z_n = \sqrt[n]{a_n}$, $\ln z_n = \dfrac{\ln a_n}{n}$, 对 $\ln z_n$ 用施笃兹定理.

例 1.5.6 求 $\lim\limits_{n \to \infty} \dfrac{n}{\sqrt[n]{n!}}$.

解 令 $a_n = \dfrac{n^n}{n!}$, 则有 $\lim\limits_{n \to \infty} \dfrac{a_{n+1}}{a_n} = \lim\limits_{n \to \infty} \dfrac{(n+1)^{n+1}}{(n+1)!} \cdot \dfrac{n!}{n^n} = \lim\limits_{n \to \infty} \left(1 + \dfrac{1}{n}\right)^n = \mathrm{e}$. 由例 1.5.6 得

$$\lim_{n \to \infty} \frac{n}{\sqrt[n]{n!}} = \lim_{n \to \infty} \sqrt[n]{a_n} = \mathrm{e}.$$

例 1.5.7 设 $\lim\limits_{n \to \infty} n(a_n - a_{n-1}) = 0$. 证明: $\lim\limits_{n \to \infty} a_n = a \Leftrightarrow \lim\limits_{n \to \infty} \dfrac{a_1 + a_2 + \cdots + a_n}{n} = a$.

证 根据 $\lim\limits_{n \to \infty} n(a_n - a_{n-1}) = 0$ 和例 1.5.4(1) 有

$$\lim_{n \to \infty} \frac{(a_1 - a_0) + 2(a_2 - a_1) + \cdots + n(a_n - a_{n-1})}{n} = \lim_{n \to \infty} n(a_n - a_{n-1}) = 0. \quad (1.6)$$

其中 $a_0 = 0$, 而式 (1.6) 左端即为

$$\lim_{n \to \infty} \frac{(n+1)a_n - (a_1 + a_2 + \cdots + a_n)}{n}$$

$$= \lim_{n \to \infty} \left[a_n \left(1 + \frac{1}{n} \right) - \frac{a_1 + a_2 + \cdots + a_n}{n} \right],$$

故有 $\lim\limits_{n \to \infty} \left[a_n \left(1 + \frac{1}{n} \right) - \dfrac{a_1 + a_2 + \cdots + a_n}{n} \right] = 0.$ 由此可得结论.

注 1.5.5　若 $\{a_n\}$ 是单调数列, 也可得出本题的结论, 见习题 1.5 中 4(2) 题.

例 1.5.8　设 $\lim\limits_{n \to +\infty} a_n = a$, $\lim\limits_{n \to +\infty} b_n = b$, 证明:

$$\lim_{n \to +\infty} \frac{a_1 b_n + a_2 b_{n-1} + \cdots + a_n b_1}{n} = ab.$$

证　设 $z_n = \dfrac{a_1 b_n + a_2 b_{n-1} + \cdots + a_n b_1}{n}, a_n = a + x_n, b_n = b + y_n$, 其中 $x_n, y_n \to 0 \, (n \to +\infty)$. 于是

$$z_n = \frac{(a + x_1)(b + y_n) + (a + x_2)(b + y_{n-1}) + \cdots + (a + x_n)(b + y_1)}{n}$$

$$= ab + a \cdot \frac{y_1 + y_2 + \cdots + y_n}{n} + b \cdot \frac{x_1 + x_2 + \cdots + x_n}{n}$$

$$+ \frac{x_1 y_n + x_2 y_{n-1} + \cdots + x_n y_1}{n}.$$

由施笃兹定理可得, $\lim\limits_{n \to +\infty} \dfrac{y_1 + y_2 + \cdots + y_n}{n} = \lim\limits_{n \to +\infty} \dfrac{y_n}{n - (n-1)} = 0$, 同理可得 $\lim\limits_{n \to \infty} \dfrac{x_1 + x_2 + \cdots + x_n}{n} = 0$, 即上式第二项、第三项极限均为 0.

对第四项, 由于 $x_n, y_n \to 0 \, (n \to +\infty)$, 存在常数 $c > 0$ 使 $|x_n| \leqslant c$.

于是, $\dfrac{x_1 y_n + x_2 y_{n-1} + \cdots + x_n y_1}{n} \leqslant c \dfrac{|y_1| + |y_2| + \cdots + |y_n|}{n} \to 0, (n \to +\infty)$.

因此, $\lim\limits_{n \to +\infty} z_n = ab.$

例 1.5.9　设 $\{x_n\}$ 为正数列, 且 $\lim\limits_{n \to \infty} x_n = a$. 证明:

$$\lim_{n \to \infty} (x_n + \lambda x_{n-1} + \lambda^2 x_{n-2} + \cdots + \lambda^n x_0) = \frac{a}{1 - \lambda} \quad (0 < \lambda < 1).$$

证　令 $p = \dfrac{1}{\lambda}$, 则 $\{p^n\}$ 严格递增, 且 $\lim\limits_{n \to \infty} p^n = +\infty$. 由施笃兹定理有

$$\text{原式} = \lim_{n \to \infty} \frac{x_0 + p x_1 + p^2 x_2 + \cdots + p^n x_n}{p^n} = \lim_{n \to \infty} \frac{p^{n+1} \cdot x_{n+1}}{p^{n+1} - p^n}$$

$$= \frac{p}{p-1} \lim_{n \to \infty} x_{n+1} = \frac{p}{p-1} a = \frac{a}{1-\lambda}.$$

例 1.5.10 设 $u_n > 0$, $\lim\limits_{n \to \infty} \dfrac{u_{n+1}}{u_n} = l$, 试求 $\lim\limits_{n \to \infty} \left[\dfrac{u_n}{\sqrt[n]{u_1 \cdot u_2 \cdots u_n}} \right]^{\frac{1}{n}}$.

解 由例 1.5.4 知, $\lim\limits_{n \to \infty} \sqrt[n]{u_n} = l$. 令 $x_n = \sqrt[n^2]{u_1 \cdot u_2 \cdots u_n}$, 则 $\ln x_n = \dfrac{\ln u_1 + \ln u_2 + \cdots + \ln u_n}{n^2}$. 由施笃兹定理得

$$\lim_{n \to \infty} \ln x_n = \lim_{n \to \infty} \frac{\ln u_n}{n^2 - (n-1)^2} = \lim_{n \to \infty} \frac{\ln u_n}{2n-1} = \lim_{n \to \infty} \frac{\ln u_{n+1} - \ln u_n}{(2n+1) - (2n-1)}$$

$$= \lim_{n \to \infty} \frac{\ln(u_{n+1}/u_n)}{2} = \frac{1}{2} \ln l = \ln \sqrt{l},$$

所以 $\lim\limits_{n \to \infty} x_n = \sqrt{l}$, 因此, 原式 $= \lim\limits_{n \to \infty} \dfrac{\sqrt[n]{u_n}}{\sqrt[n^2]{u_1 \cdot u_2 \cdots u_n}} = \dfrac{l}{\sqrt{l}} = \sqrt{l}$.

例 1.5.11 (1) 设 $\lim\limits_{n \to \infty} (a_{n+1} - a_n) = a$, 证明 $\lim\limits_{n \to \infty} \dfrac{a_n}{n} = a$, $\lim\limits_{n \to \infty} \sum\limits_{k=1}^{n} a_k / n^2 = \dfrac{a}{2}$.

(2) 设 $0 < x_1 < 1$, $x_{n+1} = x_n(1 - x_n)$ $(n = 1, 2, \cdots)$, 证明: $\lim\limits_{n \to \infty} n x_n = 1$.

证 (1) 由斯笃兹定理有 $\lim\limits_{n \to \infty} \dfrac{a_n}{n} = \lim\limits_{n \to \infty} \dfrac{a_{n+1} - a_n}{(n+1) - n} = \lim\limits_{n \to \infty} (a_{n+1} - a_n) = a$.

$$\lim_{n \to +\infty} \sum_{k=1}^{n} a_k / n^2 = \lim_{n \to +\infty} \frac{a_n}{n^2 - (n-1)^2} = \lim_{n \to +\infty} \frac{a_n}{2n-1}$$

$$= \lim_{n \to +\infty} \frac{a_n}{n} \frac{n}{2n-1} = \frac{1}{2} \lim_{n \to +\infty} \frac{a_n}{n} = \frac{1}{2} \lim_{n \to +\infty} \frac{a_n - a_{n-1}}{n - (n-1)} = \frac{a}{2}.$$

(2) 易见 $x_n \in (0,1)$, $0 < \dfrac{x_{n+1}}{x_n} = 1 - x_n < 1$ $(n = 1, 2, \cdots)$, 得 $\{x_n\}$ 单调递减有下界, 从而收敛, 设 $\lim\limits_{n \to \infty} x_n = l$, 则 $l = l(1-l)$, 解之得 $l = 0$.

令 $a_n = \dfrac{1}{x_n}$, 则当 $n \to \infty$ 时,

$$a_{n+1} - a_n = \frac{1}{x_{n+1}} - \frac{1}{x_n} = \frac{1}{x_n(1 - x_n)} - \frac{1}{x_n} = \frac{1}{1 - x_n} \to 1,$$

由 (1) 知 $\lim\limits_{n \to \infty} \dfrac{a_n}{n} = 1$, 即 $\lim\limits_{n \to \infty} n x_n = 1$.

注 1.5.6　也可这样证：由 $\lim\limits_{n\to\infty} x_n = 0$ 和 $\{x_n\}$ 严格递减知，$1/x_n$ 严格递增 $\to +\infty$. 于是由施笃兹定理有

$$\lim_{n\to\infty} nx_n = \lim_{n\to\infty} \frac{n}{\dfrac{1}{x_n}} = \lim_{n\to\infty} \frac{1}{\dfrac{1}{x_{n+1}} - \dfrac{1}{x_n}} = \lim_{n\to\infty} \frac{x_n x_{n+1}}{x_n - x_{n+1}}$$

$$= \lim_{n\to\infty} \frac{x_n x_{n+1}}{x_n^2} = \lim_{n\to\infty} \frac{x_n(1 - x_n)}{x_n} = \lim_{n\to\infty} (1 - x_n) = 1.$$

思考　若将 (1) 中条件 $\lim\limits_{n\to+\infty} (a_{n+1} - a_n) = a$ 换为 $\lim\limits_{n\to+\infty} (a_n - a_{n-2}) = a$，则 $\lim\limits_{n\to+\infty} \dfrac{a_n}{n} = ?$. 详见习题 1-5 中第 3 题.

例 1.5.12　设 $a_1 > 0$, $a_{n+1} = a_n + \dfrac{1}{a_n}$, $n = 1, 2, \cdots$，证明：$\lim\limits_{n\to\infty} \dfrac{a_n}{\sqrt{2n}} = 1$.

证　显然 $\{a_n\}$ 严格递增，假若 $\{a_n\}$ 收敛于有限数 a，则由递推公式得 $a = a + \dfrac{1}{a}$，矛盾！于是，$\lim\limits_{n\to\infty} a_n = +\infty$，即 $\lim\limits_{n\to\infty} \dfrac{1}{a_n} = 0$，对 $x_n = a_n^2$, $y_n = 2n$，应用施笃兹定理得

$$\lim_{n\to\infty} \frac{a_n^2}{2n} = \lim_{n\to\infty} \frac{a_{n+1}^2 - a_n^2}{2(n+1) - 2n} = \frac{1}{2} \lim_{n\to\infty} (a_{n+1}^2 - a_n^2). \tag{1.7}$$

而由递推关系有 $a_{n+1}^2 = a_n^2 + \dfrac{1}{a_n^2} + 2$，即 $a_{n+1}^2 - a_n^2 = \dfrac{1}{a_n^2} + 2$，代入式 (1.7)，有

$$\lim_{n\to\infty} \frac{a_n^2}{2n} = \frac{1}{2} \lim_{n\to\infty} \left(2 + \frac{1}{a_n^2} \right) = 1.$$

因此有 $\lim\limits_{n\to\infty} \dfrac{a_n}{\sqrt{2n}} = 1$.

例 1.5.13　设 $x_0 \in \left(0, \dfrac{\pi}{2} \right)$, $x_n = \sin x_{n-1}$, $n = 1, 2, \cdots$，证明：

$$\lim_{n\to\infty} \sqrt{n} x_n = \sqrt{3}.$$

证　因为 $x_n = \sin x_{n-1} < x_{n-1}$，所以 $\{x_n\}$ 严格递减有下界，易知极限为 0. 由施笃兹定理，

$$\lim_{n\to\infty} nx_n^2 = \lim_{n\to\infty} \frac{(n+1) - n}{\dfrac{1}{x_{n+1}^2} - \dfrac{1}{x_n^2}} = \lim_{n\to\infty} \frac{x_n^2 x_{n+1}^2}{x_n^2 - x_{n+1}^2}$$

$$= \lim_{n\to\infty} \frac{x_n^2 \sin^2 x_n}{x_n^2 - \sin^2 x_n} = \lim_{n\to\infty} \frac{x_n^4}{\frac{1}{3}x_n^4 + o(x_n^4)} = 3.$$

这里用到 $x_{n+1} = \sin x_n = x_n - \frac{1}{3!}x_n^3 + o(x_n^4)$, 故有 $\lim\limits_{n\to\infty} \sqrt{n}x_n = \sqrt{3}$.

例 1.5.14 设级数 $\sum\limits_{n=1}^{\infty} a_n$ 收敛, 又 $\{p_n\}$ 为严格递增的正值无穷大量, 证明:

$$\lim_{n\to\infty} \frac{p_1 a_1 + p_2 a_2 + \cdots + p_n a_n}{p_n} = 0.$$

证 令 $S_n = a_1 + \cdots + a_n$, $n \in \mathbf{N}$, 由于 $\sum\limits_{n=1}^{\infty} a_n$ 收敛, 记 $\lim\limits_{n\to\infty} S_n = S$, 于是, $a_1 = S_1, a_n = S_n - S_{n-1}, n = 2, 3, \cdots$, 由施笃兹定理,

$$\lim_{n\to\infty} \frac{p_1 a_1 + p_2 a_2 + \cdots + p_n a_n}{p_n}$$

$$= \lim_{n\to\infty} \frac{p_1 S_1 + p_2(S_2 - S_1) + \cdots + p_n(S_n - S_{n-1})}{p_n}$$

$$= \lim_{n\to\infty} \left[\frac{S_1(p_1 - p_2) + S_2(p_2 - p_3) + \cdots + S_{n-1}(p_{n-1} - p_n) + S_n}{p_n} \right]$$

$$\xupdownarrow{\text{Stolz公式}} \lim_{n\to\infty} \left[\frac{S_n(p_n - p_{n+1})}{p_{n+1} - p_n} + S_n \right] = \lim_{n\to\infty} (-S_n + S_n) = 0.$$

例 1.5.15 设正项级数 $\sum\limits_{n=1}^{\infty} a_n$ 发散, 记 $A_n = \sum\limits_{k=1}^{n} a_k (n \in \mathbf{N})$. 若有 $\lim\limits_{n\to\infty} \frac{a_n}{A_n} = 0$, 证明:

$$\lim_{n\to\infty} \frac{1}{\ln A_n} \sum_{k=1}^{n} \frac{a_k}{A_k} = 1.$$

证 由施笃兹定理得

$$原式 = \lim_{n\to\infty} \frac{\dfrac{a_n}{A_n}}{\ln A_n - \ln A_{n-1}} = \lim_{n\to\infty} \frac{\dfrac{a_n}{A_n}}{-\ln\left(\dfrac{A_n - a_n}{A_n}\right)}$$

$$= \lim_{n\to\infty} \left[\ln\left(1 - \frac{a_n}{A_n}\right)^{-\frac{A_n}{a_n}} \right]^{-1} = \frac{1}{\ln e} = 1.$$

习　题　1.5

1. 求下列极限:

(1) $\lim\limits_{n\to\infty} \dfrac{1 + \dfrac{1}{\sqrt{2}} + \cdots + \dfrac{1}{\sqrt{n}}}{\sqrt{n}}$;

(2) $\lim\limits_{n\to\infty} \dfrac{1 + \dfrac{1}{2} + \cdots + \dfrac{1}{n}}{\ln n}$;

(3) $\lim\limits_{n\to\infty} \dfrac{\sqrt{1} + \sqrt{2} + \cdots \sqrt{n}}{n\sqrt{n}}$;

(4) $\lim\limits_{n\to\infty} \dfrac{\sqrt{1} + \sqrt{2} + \sqrt[3]{3} \cdots + \sqrt[n]{n}}{n}$;

(5) $\lim\limits_{n\to\infty} \dfrac{1 + 2\sqrt{2} + \cdots + n\sqrt{n}}{n(1 + \sqrt{2} + \cdots + \sqrt{n})}$;

(6) $\lim\limits_{n\to\infty} \dfrac{1 + a + 2a^2 + \cdots + na^n}{na^{n+2}}$ $(a > 1)$.

2. 设 $\lim\limits_{n\to\infty} a_n = a$, 求

(1) $\lim\limits_{n\to\infty} \sum\limits_{k=1}^{n} ka_k/n^2$;

(2) $\lim\limits_{n\to\infty} \dfrac{1}{\sqrt{n}} \sum\limits_{k=1}^{n} \dfrac{a_k}{\sqrt{k}}$;

(3) $\lim\limits_{n\to\infty} \left(\sum\limits_{k=1}^{n} \dfrac{1}{k} \right)^{\frac{1}{n}}$;

(4) $\lim\limits_{n\to\infty} n / \sum\limits_{k=1}^{n} \dfrac{1}{a_k}$, $a_k \neq 0$, $k = 1, 2, \cdots, n$.

3. 设 $\lim\limits_{n\to\infty} (a_n - a_{n-2}) = a$. 求 $\lim\limits_{n\to\infty} \dfrac{a_n}{n}$, $\lim\limits_{n\to\infty} \dfrac{a_n + a_{n-1}}{n}$ 和 $\lim\limits_{n\to\infty} \dfrac{a_n - a_{n-1}}{n}$.

4. 设 $x_n = \dfrac{a_1 + a_2 + \cdots + a_n}{n}$. 证明: (1) 如果 $\lim\limits_{n\to\infty} x_n = a$, 则

$$\lim\limits_{n\to\infty} \dfrac{a_n}{n} = 0, \ \lim\limits_{n\to\infty} \dfrac{1}{\ln n} \sum\limits_{k=1}^{n} \dfrac{a_k}{k} = a.$$

(2) 如果数列 $\{a_n\}$ 单调递增 (减), 则数列 $\{x_n\}$ 单调递增 (减), 且

$$\lim\limits_{n\to\infty} x_n = a \Leftrightarrow \lim\limits_{n\to\infty} a_n = a.$$

5. 设 $x_1 > 0$, $x_{n+1} = \ln(1 + x_n)(n = 1, 2, \cdots)$, 证明: $\lim\limits_{n\to\infty} nx_n = 2$.

6. 设 $0 < x_1 < 1$, $x_{n+1} = x_n(1 - x_n)$, $(n = 1, 2, \cdots)$. 证明 $\lim\limits_{n\to+\infty} \dfrac{n(1 - nx_n)}{\ln n} = 1$.

7. 设 $0 < x_1 < \dfrac{1}{q}$, 其中 $0 < q \leqslant 1$, 并且 $x_{n+1} = x_n(1 - qx_n)$, 证明: $\lim\limits_{n\to\infty} nx_n = \dfrac{1}{q}$.

8. 证明 $\dfrac{0}{0}$ 型的施笃兹定理: 设 $\{a_n\}, \{b_n\}$ 都是无穷小量, $\{b_n\}$ 还是严格单调减少数列, 且 $\lim\limits_{n\to\infty} \dfrac{a_{n+1} - a_n}{b_{n+1} - b_n} = l$ (l 有限或为 $+\infty$, 或为 $-\infty$), 则有 $\lim\limits_{n\to\infty} \dfrac{a_n}{b_n} = l$.

1.6　广义洛必达法则及其应用

众所周知, 洛必达法则是求不定型极限的有力工具, 一大批极限问题可以用其求解, 但对有些极限问题却无能为力. 例如, 设 $f(x)$ 在 $(a, +\infty)$ 上可微, 且

$\lim\limits_{x\to+\infty} f'(x) = A$, 求 $\lim\limits_{x\to+\infty} \dfrac{f(x)}{x}$. 这里因为没有假设 $\lim\limits_{x\to+\infty} f(x) = \infty$, 不能使用传统的洛必达法则. 试问这样的假设真的必不可少吗? 不! 这个假设条件可以去掉, 即有下面广义洛必达法则.

定理 1.6.1 $\left(\dfrac{*}{\infty}\ \text{不定型极限, 洛必达法则}\right)$ 设 $f(x)$ 和 $g(x)$ 在 $(a, a+r]$ $(r > 0)$ 上可导, 若满足

(1) $g'(x) \neq 0$;

(2) $\lim\limits_{x\to a^+} g(x) = \infty$;

(3) $\lim\limits_{x\to a^+} \dfrac{f'(x)}{g'(x)} = A$ (A 为有限数或 $+\infty$, 或 $-\infty$).

则有 $\lim\limits_{x\to a^+} \dfrac{f(x)}{g(x)} = A$.

注 1.6.1 与传统洛必达法则相比, 对分子上的函数 $f(x)$ 假设条件减弱了: $f(x)$ 可以无极限、可以有极限、极限可以有限, 当然证明的难度相应加大了.

证 (方法一) 仅考虑 A 为有限数的情形. 因为 $\lim\limits_{x\to a^+} \dfrac{f'(x)}{g'(x)} = A$, 所以对任意的 $\varepsilon > 0$, 存在 $\rho > 0$ $(\rho < r)$, 使得当 $0 < x - a < \rho$ 时

$$\left| \frac{f'(x)}{g'(x)} - A \right| < \varepsilon.$$

取 $x_0 = a + \rho$, 因为 $g'(x) \neq 0$, 由柯西中值定理, 对任意的 $x \in (a, x_0)$, 存在 $\xi \in (x, x_0) \subset (a, a+\rho)$ 满足

$$\frac{f(x) - f(x_0)}{g(x) - g(x_0)} = \frac{f'(\xi)}{g'(\xi)}.$$

于是得到

$$\left| \frac{f(x) - f(x_0)}{g(x) - g(x_0)} - A \right| = \left| \frac{f'(\xi)}{g'(\xi)} - A \right| < \varepsilon, \tag{1.8}$$

故当 $x \neq x_0$ 时有

$$\frac{f(x)}{g(x)} = \frac{f(x) - f(x_0)}{g(x)} + \frac{f(x_0)}{g(x)} = \frac{g(x) - g(x_0)}{g(x)} \cdot \frac{f(x) - f(x_0)}{g(x) - g(x_0)} + \frac{f(x_0)}{g(x)}$$

$$= \left[1 - \frac{g(x_0)}{g(x)} \right] \frac{f(x) - f(x_0)}{g(x) - g(x_0)} + \frac{f(x_0)}{g(x)}.$$

于是

$$\left| \frac{f(x)}{g(x)} - A \right| = \left| \left[1 - \frac{g(x_0)}{g(x)} \right] \frac{f(x) - f(x_0)}{g(x) - g(x_0)} + \frac{f(x_0)}{g(x)} - A \right|$$

$$\leqslant \left| 1 - \frac{g(x_0)}{g(x)} \right| \cdot \left| \frac{f(x) - f(x_0)}{g(x) - g(x_0)} - A \right| + \left| \frac{f(x_0) - Ag(x_0)}{g(x)} \right|.$$

又因为 $\lim\limits_{x \to a^+} g(x) = \infty$, 所以存在 $\delta < \rho$, 使得当 $0 < x - a < \delta$ 时, 有

$$0 < 1 - \frac{g(x_0)}{g(x)} < 1, \quad \left| \frac{f(x_0) - Ag(x_0)}{g(x)} \right| < \varepsilon.$$

综上所述, 对任意 $\varepsilon > 0$, 存在 $\delta > 0$, 当 $0 < x - a < \delta$ 时, 有

$$\left| \frac{f(x)}{g(x)} - A \right| \leqslant \varepsilon + \varepsilon = 2\varepsilon.$$

从而

$$\lim_{x \to a^+} \frac{f(x)}{g(x)} = A.$$

(**方法二**)   由式 (1.8) 可得

$$A - \varepsilon < \frac{f(x) - f(x_0)}{g(x) - g(x_0)} < A + \varepsilon, \tag{1.9}$$

因为 x 充分接近 a 时, 可使 $1 - \dfrac{g(x_0)}{g(x)} > 0$, 式 (1.9) 两边同乘以 $1 - \dfrac{g(x_0)}{g(x)} = \dfrac{g(x) - g(x_0)}{g(x)}$ 并移项得

$$\left[1 - \frac{g(x_0)}{g(x)} \right] (A - \varepsilon) + \frac{f(x_0)}{g(x)} < \frac{f(x)}{g(x)} < \left[1 - \frac{g(x_0)}{g(x)} \right] (A + \varepsilon) + \frac{f(x_0)}{g(x)}. \tag{1.10}$$

因为 $\lim\limits_{x \to a^+} g(x) = \infty$, 在不等式 (1.10) 两边取上、下极限得到

$$A - \varepsilon \leqslant \varliminf_{x \to a^+} \frac{f(x)}{g(x)} \leqslant \varlimsup_{x \to a^+} \frac{f(x)}{g(x)} \leqslant A + \varepsilon,$$

再令 $\varepsilon \to 0^+$ 得

$$A \leqslant \varliminf_{x \to a^+} \frac{f(x)}{g(x)} \leqslant \varlimsup_{x \to a^+} \frac{f(x)}{g(x)} \leqslant A,$$

$$\lim_{x \to a^+} \frac{f(x)}{g(x)} = \varliminf_{x \to a^+} \frac{f(x)}{g(x)} = \varlimsup_{x \to a^+} \frac{f(x)}{g(x)} = A.$$

注 1.6.2 极限过程 $x \to a^+$ 可以换为 $x \to a^-, x \to a, x \to \pm\infty, x \to \infty$.

为了复习和熟悉前面的知识, 下面再用施笃兹定理和海涅 (Heine) 归结原理对 $x \to +\infty$ 的情形加以证明.

定理 1.6.2 设 $f(x)$ 和 $g(x)$ 在 $(a, +\infty)$ 上可导, 且满足

(1) $g'(x) \neq 0$;

(2) $\lim\limits_{x \to +\infty} g(x) = \infty$;

(3) $\lim\limits_{x \to +\infty} \dfrac{f'(x)}{g'(x)} = A$ (A 为有限数或 $+\infty$, 或 $-\infty$).

则有 $\lim\limits_{x \to +\infty} \dfrac{f(x)}{g(x)} = A$.

证 仅证 A 为有限数的情形.

因 $g'(x) \neq 0$, 对任意 $x \in (a, +\infty)$, 由达布 (Darboux) 定理 (见第 4 讲) 可知 $g'(x)$ 在 $(a, +\infty)$ 上不变号, 不妨设 $g'(x) > 0$, 于是 $g(x)$ 在 $(a, +\infty)$ 上严格单调递增, 再由 $\lim\limits_{x \to +\infty} g(x) = \infty$ 可知 $\lim\limits_{x \to +\infty} g(x) = +\infty$.

现任取一严格递增的正无穷大数列 $\{x_n\}$, 在 $[x_n, x_{n+1}]$ 上用柯西中值定理有

$$\frac{f(x_{n+1}) - f(x_n)}{g(x_{n+1}) - g(x_n)} = \frac{f'(\xi_n)}{g'(\xi_n)}, \quad x_n < \xi_n < x_{n+1}.$$

可见有 $\lim\limits_{n \to \infty} \xi_n = +\infty$, 因为 $\lim\limits_{x \to +\infty} \dfrac{f'(x)}{g'(x)} = A$, 从而有

$$\lim_{n \to \infty} \frac{f(x_{n+1}) - f(x_n)}{g(x_{n+1}) - g(x_n)} = \lim_{n \to \infty} \frac{f'(\xi_n)}{g'(\xi_n)} = \lim_{x \to +\infty} \frac{f'(x)}{g'(x)} = A.$$

注意到当 $\{x_n\}$ 严格递增时相应的函数数列 $\{g(x_n)\}$ 也严格递增, 且有 $\lim\limits_{n \to \infty} g(x_n) = +\infty$. 由施笃兹定理得出

$$\lim_{n \to \infty} \frac{f(x_n)}{g(x_n)} = \lim_{n \to \infty} \frac{f(x_{n+1}) - f(x_n)}{g(x_{n+1}) - g(x_n)} = A,$$

再由海涅归结原理得出 $\lim\limits_{x \to +\infty} \dfrac{f(x)}{g(x)} = A$.

条件放宽了, 应用范围和作用就更大了, 许多较难的题目, 包括某些证明题可以利用广义洛必达法则迎刃而解. 下面看一些例题.

例 1.6.1　设 $f(x)$ 在 $(a,+\infty)$ 内可微，且 $\lim\limits_{x\to+\infty} xf'(x) = A$，求 $\lim\limits_{x\to+\infty} \dfrac{f(x)}{\ln x}$.

解　原式 $= \lim\limits_{x\to+\infty} \dfrac{f(x)}{\ln x} = \lim\limits_{x\to+\infty} \dfrac{f'(x)}{(\ln x)'} = \lim\limits_{x\to+\infty} xf'(x) = A.$

例 1.6.2　设 $f(x)$ 在 $(a,+\infty)$ 上可微，且 $\lim\limits_{x\to+\infty}[f(x)+f'(x)] = A$，证明：

$$\lim_{x\to+\infty} f(x) = A, \quad \lim_{x\to+\infty} f'(x) = 0.$$

证　因为 $\lim\limits_{x\to+\infty} f(x) = \lim\limits_{x\to+\infty} \dfrac{f(x)\mathrm{e}^x}{\mathrm{e}^x} = \lim\limits_{x\to+\infty} \dfrac{\mathrm{e}^x[f(x)+f'(x)]}{\mathrm{e}^x} = A$，由此

可见 $\lim\limits_{x\to+\infty} f'(x) = 0.$ 故 $\lim\limits_{x\to+\infty} f(x) = A.$

例 1.6.3　设 $f(x)$ 在 $(a,+\infty)$ 上可微，且 $\lim\limits_{x\to+\infty}[\alpha f(x)+\beta f'(x)] = A$，$\alpha,\beta$

为正数，求 $\lim\limits_{x\to+\infty} f(x)$ 和 $\lim\limits_{x\to+\infty} f'(x)$.

解　因为 $\lim\limits_{x\to+\infty} f(x) = \lim\limits_{x\to+\infty} \dfrac{f(x)\mathrm{e}^{\frac{\alpha x}{\beta}}}{\mathrm{e}^{\frac{\alpha x}{\beta}}} = \lim\limits_{x\to+\infty} \dfrac{\dfrac{\alpha}{\beta}\mathrm{e}^{\frac{\alpha x}{\beta}}f(x) + \mathrm{e}^{\frac{\alpha x}{\beta}}f'(x)}{\dfrac{\alpha}{\beta}\mathrm{e}^{\frac{\alpha x}{\beta}}}$

$$= \lim_{x\to+\infty} \left[f(x) + \frac{\beta}{\alpha}f'(x) \right]$$

$$= \lim_{x\to+\infty} \frac{1}{\alpha}\left[\alpha f(x) + \beta f'(x) \right] = \frac{A}{\alpha}.$$

所以

$$\frac{\beta}{\alpha}\lim_{x\to+\infty} f'(x) = \lim_{x\to+\infty}\left[f(x) + \frac{\beta}{\alpha}f'(x) - f(x) \right] = \frac{A}{\alpha} - \frac{A}{\alpha} = 0,$$

即 $\lim\limits_{x\to+\infty} f'(x) = 0.$

例 1.6.4　设 $f(x)$ 在 $(a,+\infty)$ 上可微，$\lim\limits_{x\to+\infty}\left[f(x) + \dfrac{x}{\alpha}f'(x) \right] = A$，$\alpha$ 为正

数，求 $\lim\limits_{x\to+\infty} f(x)$ 和 $\lim\limits_{x\to+\infty} xf'(x)$.

解　根据广义洛必达法则有

$$\lim_{x\to+\infty} f(x) = \lim_{x\to+\infty} \frac{x^\alpha f(x)}{x^\alpha} = \lim_{x\to+\infty} \frac{\alpha x^{\alpha-1}f(x) + x^\alpha f'(x)}{\alpha x^{\alpha-1}}$$

$$= \lim_{x\to+\infty}\left[f(x) + \frac{x}{\alpha}f'(x) \right] = A,$$

进而可得 $\lim\limits_{x\to+\infty} xf'(x) = 0.$

例 1.6.5 设 $f(x)$ 在 $[0,1]$ 上可微, 且 $\lim\limits_{x\to 0^+}[f(x)-xf'(x)]=A$, 求 $\lim\limits_{x\to 0^+}f(x)$ 和 $\lim\limits_{x\to 0^+}xf'(x)$.

解 根据广义洛必达法则有

$$\lim_{x\to 0^+}f(x)=\lim_{x\to 0^+}\frac{\dfrac{1}{x}f(x)}{\dfrac{1}{x}}=\lim_{x\to 0^+}\frac{f(x)\cdot\left(-\dfrac{1}{x^2}\right)+\dfrac{f'(x)}{x}}{-\dfrac{1}{x^2}}$$

$$=\lim_{x\to 0^+}[f(x)-xf'(x)]=A,$$

进而可得 $\lim\limits_{x\to 0^+}xf'(x)=0$.

例 1.6.6 设 $f(x)$ 在 $[a,+\infty)$ 上连续, $\lim\limits_{x\to+\infty}f(x)$ 存在, $\displaystyle\int_a^{+\infty}f(x)\mathrm{d}x$ 收敛, 证明: $\lim\limits_{x\to+\infty}f(x)=0$.

证 $\displaystyle 0=\lim_{x\to+\infty}\frac{1}{x}\int_a^x f(t)\mathrm{d}t=\lim_{x\to+\infty}\frac{\left[\displaystyle\int_a^x f(t)\mathrm{d}t\right]'}{(x)'}=\lim_{x\to+\infty}f(x).$

例 1.6.7 设 $f(x)$ 在 $[a,+\infty)$ 上连续, $\lim\limits_{x\to+\infty}\left[f(x)+\displaystyle\int_a^x f(t)\mathrm{d}t\right]=A$, 证明:

$$\lim_{x\to+\infty}\int_a^x f(t)\mathrm{d}t=A,\ \lim_{x\to+\infty}f(x)=0.$$

这是例 1.6.2 的变形.

例 1.6.8 设 $f(x)$ 在 $[0,+\infty)$ 上连续, 且 $\lim\limits_{x\to+\infty}f(x)=A$, 证明:

$$\lim_{x\to+\infty}\frac{1}{x}\int_0^x f(t)\mathrm{d}t=\lim_{x\to+\infty}\frac{1}{x+\alpha}\int_0^x f(t)\mathrm{d}t=\lim_{x\to+\infty}\frac{1}{\sqrt{x^2+\alpha}}\int_0^x f(t)\mathrm{d}t=A,$$

$$\lim_{x\to+\infty}\frac{1}{x+\alpha}\int_x^{x+\beta}f(t)\mathrm{d}t=0,$$

其中 α,β 为任意常数.

证 根据广义洛必达法则有

$$\lim_{x\to+\infty}\frac{1}{x}\int_0^x f(t)\mathrm{d}t=\lim_{x\to+\infty}f(x)=A,$$

由此可知

$$\lim_{x\to+\infty}\frac{1}{\sqrt{x^2+\alpha}}\int_0^x f(t)\mathrm{d}t = \lim_{x\to+\infty}\frac{\displaystyle\int_0^x f(t)\mathrm{d}t}{x}\cdot\frac{x}{\sqrt{x^2+\alpha}}=A,$$

同理 $\displaystyle\lim_{x\to+\infty}\frac{\displaystyle\int_x^{x+\beta}f(t)\mathrm{d}t}{x+\alpha}=\lim_{x\to+\infty}[f(x+\beta)-f(x)]=A-A=0.$

例 1.6.9　设 $f(x)$ 在 $[0,+\infty)$ 上连续, 且 $\displaystyle\lim_{x\to+\infty}f(x)=A$, 求 $\displaystyle\lim_{n\to\infty}\int_0^1 f(nx)\mathrm{d}x$.

解　令 $t=nx$, 则

$$\int_0^1 f(nx)\mathrm{d}x=\frac{1}{n}\int_0^n f(t)\mathrm{d}t.$$

由例 1.6.8 立得

$$\lim_{n\to\infty}\int_0^1 f(nx)\mathrm{d}x=\lim_{n\to\infty}\frac{1}{n}\int_0^n f(t)\mathrm{d}t=A.$$

例 1.6.10　设 $f(x)$ 在 $[0,+\infty)$ 上连续, $\displaystyle\lim_{x\to+\infty}\frac{1}{x}\int_0^x f(t)\mathrm{d}t=A$, 且 $\displaystyle\lim_{x\to+\infty}f(x)$ 存在, 证明: $\displaystyle\lim_{x\to+\infty}f(x)=A.$

证　$A=\displaystyle\lim_{x\to+\infty}\frac{1}{x}\int_0^x f(t)\mathrm{d}t=\lim_{x\to+\infty}f(x).$

例 1.6.11　求 $\displaystyle\lim_{x\to+\infty}\frac{1}{x}\int_{\frac{1}{x}}^1\frac{\cos 2t}{t^2}\mathrm{d}t.$

解　$\displaystyle\lim_{x\to+\infty}\frac{1}{x}\int_{\frac{1}{x}}^1\frac{\cos 2t}{t^2}\mathrm{d}t=\lim_{x\to+\infty}\frac{-\dfrac{\cos\dfrac{2}{x}}{\dfrac{1}{x^2}}\cdot\left(-\dfrac{1}{x^2}\right)}{}=\lim_{x\to+\infty}\cos\frac{2}{x}=\cos 0=1.$

 习　题　1.6

1. 设 $f(x)$ 在 $(a,+\infty)$ 内可导, $\displaystyle\lim_{x\to+\infty}f'(x)$ 存在. 证明: (1) $\displaystyle\lim_{x\to+\infty}\frac{f(x)}{x}$ 存在, 且 $\displaystyle\lim_{x\to+\infty}\frac{f(x)}{x}=\lim_{x\to+\infty}f'(x)$; (2) 若 $\displaystyle\lim_{x\to+\infty}f(x)$ 存在, 则 $\displaystyle\lim_{x\to+\infty}\frac{f(x)}{x}=\lim_{x\to+\infty}f'(x)=0.$

2. 设 $f(x)$ 在 $(a, +\infty)$ 上二阶可导, 且 $\lim\limits_{x \to +\infty} f''(x) = A$, 证明:

$$\lim_{x \to +\infty} \frac{f'(x)}{x} = A, \quad \lim_{x \to +\infty} \frac{f(x)}{x^2} = \frac{A}{2}.$$

3. 设 $f(x)$ 在 $(a, +\infty)$ 上可微, $\lim\limits_{x \to +\infty} f(x)$ 和 $\lim\limits_{x \to +\infty} f'(x)$ 存在. 证明: $\lim\limits_{x \to +\infty} f'(x) = 0$.

4. 证明例 1.6.7, 即设 $f(x)$ 在 $[a, +\infty)$ 上连续, $\lim\limits_{x \to +\infty} \left[f(x) + \int_a^x f(t)\mathrm{d}t \right] = A$. 证明:

$$\lim_{x \to +\infty} \int_a^x f(t)\mathrm{d}t = A, \quad \lim_{x \to +\infty} f(x) = 0.$$

5. 设 $f(x)$ 在 $(a, +\infty)$ 上可导, $\lim\limits_{x \to +\infty} [f(x) + f'(x) \ln x^x] = \alpha$. 求 $\lim\limits_{x \to +\infty} f(x)$.

6. 设 $f(x)$ 在 $(a, +\infty)$ 上可导, $\alpha > 0$, $\lim\limits_{x \to +\infty} [\alpha f(x) + 2\sqrt{x} f'(x)] = \beta$. 求 $\lim\limits_{x \to +\infty} f(x)$.

7. 设 $f(x)$ 在 $(0, +\infty)$ 上二阶可导, $\lim\limits_{x \to +\infty} [f(x) + 2f'(x) + f''(x)] = \alpha$. 证明: $\lim\limits_{x \to +\infty} f(x) = \alpha$.

8. 设 $f(x)$ 在 $x = 0$ 处二阶可导, 且 $f''(0) = 1$, $\lim\limits_{x \to 0} \dfrac{f(x)}{x} = 0$. 证明: $\lim\limits_{x \to 0} \left[1 + \dfrac{f(x)}{x} \right]^{\frac{1}{x}} = \sqrt{\mathrm{e}}$.

9. 设 $f(x)$ 在 $[0, +\infty)$ 上可导, 且 $x = f(x)\mathrm{e}^{f(x)}, x = [0, +\infty)$. 证明:

(1) $f(x)$ 在 $[0, +\infty)$ 上严格递增;

(2) $\lim\limits_{x \to +\infty} f(x) = +\infty$;

(3) $\lim\limits_{x \to +\infty} \dfrac{f(x)}{\ln x} = 1$.

本题若不设 $f(x)$ 可导, 结论是否成立?

第 2 讲

实数系的基本定理

有关实数系的基本定理, 我们在数学分析中已经学过, 高等数学在判定数列收敛时, 也介绍过数列的单调有界原理和柯西收敛准则. 这一讲在新的基础上讲述确界存在原理、区间套定理、致密性定理和有限覆盖定理等六个基本定理, 它们以不同的方式从不同的角度刻画了实数系的重要特性, 即实数系的连续性. 这六个定理本质上是互相等价的. 此外, 本讲还介绍了打通数列极限与函数极限关系的海涅定理及单调函数的极限定理. 数学专业虽然学过这一讲的大部分基本内容, 但只要仔细阅读, 不但能温故知新, 还能发现知识的深度、广度和例题、习题的难度与综合性明显强化了.

2.1 实数系、上下确界与单调有界原理

➤ 实数系

众所周知, 任何两个正整数之和与乘积还是正整数, 即正整数集合 $\mathbf{N}_+$ 对于加法与乘法运算是封闭的. 但是 $\mathbf{N}_+$ 对于减法运算不封闭, 即任意两个正整数之差不一定是正整数. 当数系由正整数集合扩充到整数集合 $\mathbf{Z}$ 后, 关于加法、减法和乘法运算都封闭了. 但是 $\mathbf{Z}$ 对于除法运算不封闭. 因此, 数系又由整数集合扩充到有理数集合 $\mathbf{Q}$, 有理数集合 $\mathbf{Q}$ 关于加法、减法、乘法和除法运算都是封闭的.

显然, 有理数集合 $\mathbf{Q}$ 的每一个元素 $\dfrac{q}{p}$ $(p \in \mathbf{N}_+, q \in \mathbf{Z})$ 都能在数轴上找到自己的对应点, 这些点称为有理点. 容易知道, 在数轴上的任意一段长度大于 0 的线段上, 总存在无穷多个有理点. 粗想一下, 有理点在数轴上密密麻麻, 我们称有理数集合具有 "稠密性".

尽管有理点在数轴上密密麻麻, 但它并没有布满整个数轴, 其中留有许多 "空隙". 比如说, 用 C 表示边长为 1 的正方形的对角线的长度, 这个 C 就无法用有理

数来表示, 下面我们用反证法来证明. 根据勾股定理, $C^2 = 2$. 若 $C = \dfrac{q}{p}$ ($p, q \in$ $\mathbf{N}_+$, 且p, q互质), 则有 $q^2 = 2p^2$. 因为奇数的平方仍为奇数, 所以 q 就是偶数. 设 $q = 2r, r \in \mathbf{N}_+$, 又得到 $p^2 = 2r^2$, 即 p 也为偶数, 这与 p, q 互质的假设矛盾, 所以 C 不是有理数 (图 2-1).

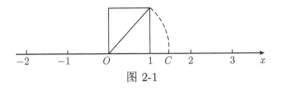

图 2-1

这正说明与 C 对应的点位于有理数集合的 "空隙" 中. 换言之, 有理数集合 $\mathbf{Q}$ 对于开方运算是不封闭的. 由于有理数一定能表示成有限小数或无限循环小数, 所以扩充有理数集合 $\mathbf{Q}$ 的最直接的方式之一, 就是把所有的无限不循环小数 (称为无理数) 吸收进来, 让无理数填补有理数在数轴上的所有 "空隙". 我们把全体有理数再加上全体无理数所构成的集合称为实数系 $\mathbf{R}$, 实数布满了整个数轴, 每个实数都可以在数轴上找到对应点, 而数轴上的每个点又可以通过自己的坐标表示唯一一个实数. 实数集合的这一性质称为实数系 $\mathbf{R}$ 的 "连续性", 亦称 "完备性".

实数系的连续性是分析学的基础, 在数学分析以及泛函分析、拓扑学等数学分支中起着极其重要的作用.

> **上确界与下确界**

设 E 是一个非空数集, 如果存在 $M \in \mathbf{R}$, 使得对任意 $x \in E$, 有 $x \leqslant M$, 则称 M 是 E 的一个上界; 如果存在 $m \in \mathbf{R}$, 使得对任意 $x \in E$, 有 $x \geqslant m$, 则称 m 是 E 的一个下界. 当数集 E 既有上界, 又有下界时, 称 E 为有界数集.

例 2.1.1 $E = \left\{ 1, \dfrac{1}{2}, \dfrac{1}{3}, \cdots \dfrac{1}{n}, \cdots \right\}$ 是有界数集, 1 是 E 的一个上界, 0 是 E 的一个下界.

例 2.1.2 $E = \{x \mid x > 0, x \in \mathbf{Q}\}$ 有下界 0, 但没有上界.

显然, 如果一个数集 E 有上界的话, 那么它一定有无穷多个上界. 同样, 如果有下界的话, 一定有无穷多个下界. 这时, 我们自然要问, 在这无穷多个上界中, 有没有一个最小的上界呢? 在这无穷多个下界中, 有没有一个最大的下界呢? 由此, 数学家引入了上确界和下确界的概念.

定义 2.1.1 设给定一数集 E, 若存在这样一个数 β, 满足下面两个条件:

(i) E 中的一切数 $x \leqslant \beta$;

(ii) 对任意给定的正数 ε, 至少存在一个数 $x_0 \in E$, 使 $x_0 > \beta - \varepsilon$, 则称 β 为 E 的上确界, 记为

$$\beta = \sup E \quad 或 \quad \beta = \sup_{x \in E} \{x\},$$

这里, sup 是拉丁文 supremum 的缩写.

上面第一个条件是说 β 是数集 E 的一个上界, 而第二个条件则指出凡小于 β 的任何数都不是 E 的上界. 换言之, β 是 E 的最小的上界.

同样, 对给定的数集 E, 若存在这样一个数 α, 满足下面两个条件:

(i) E 中的一切数 $x \geqslant \alpha$;

(ii) 对任意给定的正数 ε, 至少存在一个数 $x_0 \in E$, 使 $x_0 < \alpha + \varepsilon$,

则称 α 为 E 的下确界, 记为

$$\alpha = \inf E \quad 或 \quad \alpha = \inf_{x \in E} \{x\},$$

这里, inf 是拉丁文 infimum 的缩写.

第一个条件是说 α 是 E 的一个下界, 而第二个条件则指出凡大于 α 的任何数都不是 E 的下界, 也就是说 α 是 E 的最大下界.

如果非空数集 E 没有上 (下) 界, 则规定其上下确界为 $+\infty(-\infty)$, 即 $\sup E = +\infty, \inf E = -\infty$.

由定义可以证得, 如果一个数集有上 (下) 确界, 则上 (下) 确界是唯一的. 然而有上 (下) 界的数集是否一定有上 (下) 确界呢? 下面的定理给出了答案.

定理 2.1.1 (确界存在原理)　非空有上界的数集一定有上确界; 非空有下界的数集一定有下确界.

这个定理直观上并不难理解, 但其严格证明需要繁琐的实数理论, 这里略去证明.

显然, 任何一个有限数集, 其上下确界不但一定存在, 而且最大数就是它的上确界, 最小数就是下确界. 值得注意的是: 一个无限数集 E, 既使它有上确界 β (或下确界 α), 然而这个 β (或 α) 可属于 E 也可不属于 E.

例 2.1.3　$E_1 = \left\{ (-1)^n - \dfrac{1}{n} \middle| n \in \mathbf{N}_+ \right\}, \alpha = -2 \in E_1, \beta = 1 \notin E_1;$

$$E_2 = \left\{ n^{(-1)^{n+1}} \middle| n \in \mathbf{N}_+ \right\}, \alpha = 0 \notin E_2, \beta = +\infty;$$

$$E_3 = \{\ln x | x \in (0, +\infty)\}, \alpha = -\infty, \beta = +\infty.$$

例 2.1.4　设 $E = \{x | x^2 < 2, x \in \mathbf{Q}\}$, 验证: $\sup E = \sqrt{2}, \inf E = -\sqrt{2}$.

证　仅验证 $\sup E = \sqrt{2}$. 一方面对任意 $x \in E$, 由 $x^2 < 2$ 得 $x < \sqrt{2} \Rightarrow \sqrt{2}$ 是 E 的一个上界. 另一方面, 设 $\beta_1 < \sqrt{2}$, 由有理数集在实数系中的稠密性, 在区

间 $(\beta_1, \sqrt{2})$ 中必有有理数 x', 则 $x'^2 < 2 \Rightarrow x' \in E$ 且 $\beta_1 < x' \Rightarrow \beta_1$ 不是 E 的上界, 于是, 按上确界的定义, $\sup E = \sqrt{2}$.

类似可验证 $\inf E = -\sqrt{2}$.

注 2.1.1 易见例 2.1.4 中数集 E 在有理数 $\mathbf{Q}$ 范围内无上、下确界, 这表明确界存在原理在 $\mathbf{Q}$ 内不成立.

例 2.1.5 设数集 E 有上确界 $\beta = \sup E$, 且 $\beta \notin E$. 证明: 存在数列 $\{x_n\} \subset E$, 使 $\lim\limits_{n \to \infty} x_n = \beta$.

证 由于 $\beta = \sup E$, 按上确界的定义以及 $\beta \notin E$,

(i) 对一切 $x \in E$ 都有 $x < \beta$;

(ii) 对任意给定的 $\varepsilon > 0$, 存在 $x_0 \in E$, 使 $x_0 > \beta - \varepsilon$. 特别取 $\varepsilon_n = \dfrac{1}{n}$ ($n = 1, 2, 3, \cdots$), 则存在 $x_n \in E$, 使

$$\beta - \frac{1}{n} < x_n < \beta,$$

由夹逼准则得 $\lim\limits_{n \to \infty} x_n = \beta$.

思考 本例是否存在单调递增的数列 $\{x_n\} \subset E$, 使 $\lim\limits_{n \to \infty} x_n = \beta$?

➤ 单调有界原理

单调性是数学中常用的一个概念, 它体现了某些函数或数列的一种好的性质和特点, 这里仅考虑单调数列的收敛性.

定理 2.1.2 单调有界数列必有极限.

证 不妨设数列 $\{x_n\}$ 单调增加且有上界. 根据确界存在原理, 必有上确界 $\beta = \sup \{x_n\}$, 下面证明 β 恰好就是 $\{x_n\}$ 的极限, 即 $x_n \to \beta$ ($n \to \infty$).

由上确界的定义有

(i) $x_n \leqslant \beta$ ($n = 1, 2, 3, \cdots$);

(ii) 对任意给定的 $\varepsilon > 0$, 存在 x_N 满足 $x_N > \beta - \varepsilon$.

由于 $\{x_n\}$ 是单调增加数列, 所以当 $n > N$ 时, 有

$$x_n \geqslant x_N,$$

从而 $x_n > \beta - \varepsilon$. 也就是说, 当 $n > N$ 时, 有

$$0 \leqslant \beta - x_n < \varepsilon,$$

由 ε 的任意性可知

$$x_n \to \beta \quad (n \to \infty).$$

注 2.1.2　这里不仅证明了单调有界数列的极限存在, 而且还证明了: 如果数列是单调递增的, 则其极限就是它的上确界.

同样可证, 单调减少且有下界的数列极限必存在, 并且极限就是它的下确界.

➤ **子列**

为了更深入地讨论数列极限问题, 我们引入子列的概念. 在数列

$$x_1, \ x_2, \ \cdots, \ x_n, \ \cdots$$

中, 保持原来次序自左往右任意抽取无穷多项, 如

$$x_2, \ x_5, \ x_{11}, \ \cdots, \ x_{46}, \ \cdots$$

这种数列称为 $\{x_n\}$ 的子列. 为了与数列 $\{x_n\}$ 区别, 记 x_{n_1} 为子列的第 1 项, x_{n_2} 为第 2 项, $\cdots$, x_{n_k} 为第 k 项, 于是, 数列 $\{x_n\}$ 的子列可表示为 $\{x_{n_k}\}$:

$$x_{n_1}, \ x_{n_2}, \ \cdots, \ x_{n_k}, \ \cdots$$

k 表示 x_{n_k} 是子列中的第 k 项, 即 k 为子列的序号, n_k 表示 x_{n_k} 是原数列中的第 n_k 项, 即 n_k 为原数列的序号. 不难看出下标 n_k 的两个重要特征: (1) $n_k \geqslant k$; (2) $n_{k+1} > n_k$.

子列 $\{x_{n_k}\}$ 收敛于 a 是指: 对任意的 $\varepsilon > 0$, 存在正整数 K, 当 $k > K$ 时, 有

$$|x_{n_k} - a| < \varepsilon$$

记为 $\lim\limits_{k \to \infty} x_{n_k} = a$.

一个数列 $\{x_n\}$ 的收敛性 (极限) 与它的子列的收敛性 (极限) 之间有什么关系呢? 下面的定理回答了这些问题.

定理 2.1.3　数列 $\{x_n\}$ 收敛于 a 的充要条件是其任何子列 $\{x_{n_k}\}$ 都收敛于 a.

证　若 $\lim\limits_{n \to \infty} x_n = a$, 则对任意的 $\varepsilon > 0$, 存在正整数 N, 当 $n > N$ 时, 有

$$|x_n - a| < \varepsilon$$

取 $K = N$, 则当 $k > K$ 时, 有 $n_k > n_K = n_N \geqslant N$, 于是有

$$|x_{n_k} - a| < \varepsilon$$

这就证明了 $\lim\limits_{k \to \infty} x_{n_k} = a$.

反之, 因 $\{x_n\}$ 也是它自身的一个子列, 而任一子列都收敛于 a, 故有 $\lim\limits_{n \to \infty} x_n = a$.

判别数列 $\{x_n\}$ 不收敛时, 用这个定理常常是很方便的. 如果 $\{x_n\}$ 有一个子列不收敛, 或有两个子列不收敛于同一极限, 则数列 $\{x_n\}$ 就不收敛.

例 2.1.6 数列 $x_n = n + (-1)^n n$:

$$0, \ 4, \ 0, \ 8, \ 0, \ 12, \ \cdots$$

子列 $\{x_{2n-1}\}$ 收敛于 0, $\{x_{2n}\}$ 发散. 因而, $\{x_n\}$ 发散.

例 2.1.7 设 $\{x_n\}$ 是单调数列, 证明: $\lim\limits_{n\to\infty} x_n = a$ 的充要条件是存在 $\{x_n\}$ 的子列 $\{x_{n_k}\}$ 收敛于 a.

证 必要性显然. 现证充分性. 不妨设 $\{x_n\}$ 单调递增, $\lim\limits_{k\to\infty} x_{n_k} = a$, 则对任意 $\varepsilon > 0$, 存在 K, 当 $k > K$ 时, 有

$$a - \varepsilon < x_{n_k} \leqslant a < a + \varepsilon.$$

令 $N = n_{K+1}$, 则对任意 $n > N$, 必有正整数 K', 满足 $n_{K'} > n$, 于是有

$$a - \varepsilon < x_{n_{K+1}} \leqslant x_n \leqslant x_{n_{K'}} \leqslant a < a + \varepsilon.$$

因此, $\lim\limits_{n\to\infty} x_n = a$.

注 2.1.3 此例表明, 单调数列的极限状况完全由其任一子列决定.

思考 若正值数列 $\{x_n\}$ 收敛于 0. $\{x_n\}$ 是否存在严格递减收敛于 0 的子列?

例 2.1.8 设 $x_1 = 1, x_{n+1} = \dfrac{1}{1 + x_n}$, $n = 1, 2, \cdots$. 证明: $\{x_n\}$ 收敛, 并求其极限.

证 该数列不是单调的, 但分别考察其偶数项子列和奇数项子列, 就会发现它们的单调性.

$$x_{2n} = \frac{1}{1 + x_{2n-1}} = \frac{1 + x_{2n-2}}{2 + x_{2n-2}}, \quad n = 1, 2, \cdots,$$

$$x_{2n+1} = \frac{1}{1 + x_{2n}} = \frac{1 + x_{2n-1}}{2 + x_{2n-1}}, \quad n = 1, 2, \cdots.$$

由于 $\dfrac{1+b}{2+b} - \dfrac{1+a}{2+a} = \dfrac{b-a}{(2+b)(2+a)}$ 及 $0 < x_3 = \dfrac{2}{3} < 1 = x_1$, $0 < x_2 = \dfrac{1}{2} < \dfrac{3}{5} = x_4$.

可用归纳法证出 $\{x_{2n-1}\}$ 单调递减, 且有下界 0, $\{x_{2n}\}$ 单调递增, 且有上界 1. 根据单调有界原理, 二者均收敛, 设 $\lim\limits_{n\to\infty} x_{2n-1} = a$, $\lim\limits_{n\to\infty} x_{2n} = b$. 在下列两式两边取极限:

$$a = \lim_{n\to\infty} x_{2n+1} = \frac{1}{1 + \lim\limits_{n\to\infty} x_{2n}} = \frac{1}{1 + b},$$

$$b = \lim_{n \to \infty} x_{2n} = \frac{1}{1 + \lim_{n \to \infty} x_{2n-1}} = \frac{1}{1+a}.$$

$$\begin{cases} b + ab = 1, \\ a + ab = 1, \end{cases} \Rightarrow a = b. \ \text{由习题 2.1 第 3 题知 } \{x_n\} \text{ 收敛, 且 } \lim_{n \to \infty} x_n = a.$$

由 $a^2 + a = 1$ 解出 $a = \dfrac{-1 \pm \sqrt{5}}{2}$. 因为 $x_n > 0$, $a = \lim_{n \to \infty} x_n \geqslant 0$, 故有

$$\lim_{n \to \infty} x_n = a = \frac{\sqrt{5} - 1}{2}.$$

注 2.1.4 斐波那契 (Fibonacci) 数列: $F_1 = F_2 = 1$, $F_{n+1} = F_n + F_{n-1}$, $n = 2, 3, \cdots$. $\dfrac{F_{n+1}}{F_n} = 1 + \dfrac{F_{n-1}}{F_n}, \dfrac{F_n}{F_{n+1}} = \dfrac{1}{1 + F_{n-1}/F_n}$. 令 $x_n = \dfrac{F_{n-1}}{F_n}$, 得 $x_{n+1} = \dfrac{1}{1 + x_n}$.

因此, $\lim_{n \to \infty} \dfrac{F_{n-1}}{F_n} = \lim_{n \to \infty} x_n = \dfrac{\sqrt{5} - 1}{2} \approx 0.618$. 这就是所谓黄金分割数, 在优选法乃至自然界中具有广泛应用.

 习 题 **2.1**

1. 若自然数 n 不是完全平方数, 证明: $\sqrt{n}$ 是无理数.

2. 求下列数集的上、下确界:

(1) $\left\{ \left(1 + \dfrac{1}{n} \right)^n \middle| n \in \mathbf{N}_+ \right\}$;   (2) $\left\{ (-1)^n \left(1 - \dfrac{1}{n} \right) \middle| n \in \mathbf{N}_+ \right\}$;

(3) $\left\{ \sqrt[n]{n} \middle| n \in \mathbf{N}_+ \right\}$;   (4) $\{ x | x^2 - 2x - 3 < 0 \}$.

3. 证明: 数列 $\{x_n\}$ 收敛于 a 的充要条件是其偶数项子列和奇数项子列皆收敛于 a.

4. 设数列 $\{x_n\}$ 收敛, $\alpha = \inf\{x_n\}$, $\beta = \sup\{x_n\}$. 证明: α 和 β 至少有一个属于 $\{x_n\}$.

5. 设 $f(x), g(x)$ 是集合 E 上的有界函数. 证明:

$$\inf_{x \in E}\{f(x)\} + \inf_{x \in E}\{g(x)\} \leqslant \inf_{x \in E}\{f(x) + g(x)\} \leqslant \inf_{x \in E}\{f(x)\} + \sup_{x \in E}\{g(x)\}$$

$$\leqslant \sup_{x \in E}\{f(x) + g(x)\} \leqslant \sup_{x \in E}\{f(x)\} + \sup_{x \in E}\{g(x)\}.$$

6. 设 $f(x)$ 在集合 E 上定义且有界, 记 $\alpha = \inf_{x \in E} f(x), \beta = \sup_{x \in E} f(x)$. 证明:

$$\sup_{s, t \in E} |f(s) - f(t)| = \beta - \alpha.$$

7. 数列 $\{x_n\}$ 定义如下:

$$x_1 = 1, x_{n+1} = 1 + \frac{1}{x_n}, n = 1, 2, \cdots.$$

证明其收敛性并求出极限.

8. 设有界数列 $\{x_n\}$ 满足 $2x_n \leqslant x_{n-1} + x_{n+1}$. 证明: $\lim\limits_{n \to \infty} (x_n - x_{n-1}) = 0$.

9. 设 $x_1 > 0, x_{n+1} = \alpha x_n(1 - x_n), n = 1, 2, \cdots$. 证明:

(1) 当 $0 < \alpha \leqslant 1$ 时, $\{x_n\}$ 单调递减趋于 0;

(2) 当 $1 < \alpha \leqslant 2$ 时, $\{x_n\}$ 单调递减趋于 $1 - \frac{1}{\alpha}$;

(3) 当 $2 < \alpha \leqslant 3$ 时, 偶数项子列与奇数项子列具有相反的单调性, 并收敛于同一极限 $1 - \frac{1}{\alpha}$;

(4) 当 $3 < \alpha \leqslant 1 + \sqrt{5}$ 时, 偶数项子列与奇数项子列具有相反的单调性, 但收敛于不同极限;

(5) 当 $\alpha > 4$ 时, $\{x_n\}$ 发散.

注 2.1.5 此题是 20 世纪 70 年代中期以来混沌学中研究得最多的一个典型例子. 被称为逻辑斯谛 (Logistic) 映射, 或抛物线映射的 $f(x) = \alpha x(1 - x)$, 通过迭代可以产生极其丰富而复杂的结果, 至今仍被广泛研究和利用.

2.2 区间套定理

定义 2.2.1 如果一列闭区间 $\{[a_n, b_n]\}$ 满足条件:

(i) $[a_{n+1}, b_{n+1}] \subset [a_n, b_n], n = 1, 2, 3, \cdots$;

(ii) $\lim\limits_{n \to \infty} (b_n - a_n) = 0$,

则称这列闭区间为闭区间套, 简称区间套.

定理 2.2.1 (区间套定理) 如果 $\{[a_n, b_n]\}$ 为一区间套, 则存在唯一的点 ξ 满足 $\xi \in [a_n, b_n], n = 1, 2, 3, \cdots$, 并且有

$$\lim_{n \to \infty} a_n = \lim_{n \to \infty} b_n = \xi.$$

证 由条件 (i) 知区间的左端点所成的数列 $\{a_n\}$ 单调增加且有上界, 右端点所成的数列 $\{b_n\}$ 单调减少且有下界, 从而二者都有极限. 设 $\lim\limits_{n \to \infty} a_n = \xi$, 因为 $\lim\limits_{n \to \infty} (b_n - a_n) = 0$, 所以 $\lim\limits_{n \to \infty} b_n = \xi$.

又由 $\xi = \sup\{a_n\} = \inf\{b_n\}$ 知对任意 n, 有

$$a_n \leqslant \xi \leqslant b_n,$$

因此 $\xi \in [a_n, b_n]$, 即 ξ 是所有闭区间 $[a_n, b_n]$ 的公共点.

若还有 ξ' 使得 $\xi' \in [a_n, b_n], n = 1, 2, 3, \cdots$，则由

$$a_n \leqslant \xi' \leqslant b_n$$

及夹逼定理知

$$\xi' = \lim_{n\to\infty} a_n = \lim_{n\to\infty} b_n = \xi,$$

这就证明了 ξ 的唯一性.

值得注意的是, 如果把定理条件中的闭区间列 $\{[a_n, b_n]\}$ 改成开区间列 $\{(a_n, b_n)\}$，则点 ξ 的存在性不一定成立. 比如取开区间 $\left(0, \dfrac{1}{n}\right)$ 为 (a_n, b_n)，显然，它们是逐个包含的, 即 $(a_{n+1}, b_{n+1}) \subset (a_n, b_n)$，且区间的长度 $b_n - a_n = \dfrac{1}{n} \to 0$ $(n \to \infty)$. 但却没有任何 ξ 能同时属于所有这些开区间. 事实上, 若 $\xi \leqslant 0$，显然 ξ 不能属于这些开区间; 若 $\xi > 0$，则只要 $n > \dfrac{1}{\xi}$ 便有 $\dfrac{1}{n} < \xi$，因此 ξ 也不属于 (a_n, b_n).

例 2.2.1　设函数 $f(x)$ 在 $[a, b]$ 上单调增加, 且有

$$f(a) \geqslant a, \quad f(b) \leqslant b.$$

证明：存在 $x_0 \in [a, b]$，使 $f(x_0) = x_0$，即 $f(x)$ 在 $[a, b]$ 上有不动点.

证　若 $f(a) = a$ 或 $f(b) = b$，则结论已成立, 故设 $f(a) > a, f(b) < b$. 记 $[a_1, b_1] = [a, b], c_1 = \dfrac{1}{2}(a_1 + b_1)$，若 $f(c_1) = c_1$，则已得证; 若 $f(c_1) < c_1$，则记 $a_2 = a_1, b_2 = c_1$；若 $f(c_1) > c_1$，则记 $a_2 = c_1, b_2 = b_1$，按此方式继续下去, 得一区间套 $\{[a_n, b_n]\}$，而且具有性质 $f(a_n) > a_n, f(b_n) < b_n, n = 1, 2, 3, \cdots$. 若在此过程中, 某一中点 c_n 使 $f(c_n) = c_n$，则已得证. 否则, 由区间套定理, 存在 $x_0 \in [a_n, b_n], n = 1, 2, 3, \cdots$ 使得 $\lim_{n\to\infty} a_n = \lim_{n\to\infty} b_n = x_0$. 下面证明 $f(x_0) = x_0$.

因为 $a_n \leqslant x_0 \leqslant b_n$，且 $f(x)$ 单调增加, 所以 $a_n < f(a_n) \leqslant f(x_0) \leqslant f(b_n) < b_n$，而 $\lim_{n\to\infty} a_n = \lim_{n\to\infty} b_n = x_0$，由夹逼准则知 $f(x_0) = x_0$.

上面是从确界存在原理出发, 证明了区间套定理. 反过来, 也可以从区间套定理出发, 证明确界存在原理.

例 2.2.2　用区间套定理证明确界存在原理.

证　(仅证有上界的数集 E 必有上确界) 设 b 是 E 的一个上界, a 不是 E 的上界, 则有 $a < b$.

令 $c_1 = \dfrac{1}{2}(a + b)$，若 c_1 是 E 的上界, 则取 $a_1 = a, b_1 = c_1$；若 c_1 不是 E 的上界, 则取 $a_1 = c_1, b_1 = b$.

令 $c_2 = \dfrac{1}{2}(a_1 + b_1)$, 若 c_2 是 E 的上界, 则取 $a_2 = a_1, b_2 = c_2$; 若 c_2 不是 E 的上界, 则取 $a_2 = c_2, b_2 = b_1$.

......

将上述步骤无限进行下去, 得一区间套 $\{[a_n, b_n]\}$, 而且具有性质: a_n 不是 E 的上界, b_n 是 E 的上界 $(n = 1, 2, 3, \cdots)$.

由区间套定理可得存在 $\xi \in [a_n, b_n](n = 1, 2, 3, \cdots)$ 且 $\lim\limits_{n \to \infty} a_n = \lim\limits_{n \to \infty} b_n = \xi$.

下证 $\xi = \sup E$:

(i) 对任意 $x \in E$, 有 $x \leqslant b_n$ $(n = 1, 2, 3, \cdots)$, 而 $\xi = \lim\limits_{n \to \infty} b_n \Rightarrow x \leqslant \xi$, 即 ξ 是 E 的一个上界.

(ii) 对任意 $\xi' < \xi$, 因为 $\lim\limits_{n \to \infty} a_n = \xi$, 所以当 n 充分大以后, 有 $a_n > \xi'$. 而 a_n 不是 E 的上界 $\Rightarrow \xi'$ 不是 E 的上界, 这就证明了 ξ 是 E 的最小的上界即上确界.

注 2.2.1 利用区间套定理证明某个结论时, 对于具体问题, 所构造的区间套一定具有某种特殊性质. 构造过程中要将这种性质保持下去, 然后通过区间套定理将这种特性 "凝聚" 到一个点 ξ. 比如在例 2.2.1 中构造的区间套, 要求每个 $[a_n, b_n]$ 其左端点必须满足 $f(a_n) > a_n$, 右端点必须满足 $f(b_n) < b_n$. 在例 2.2.2 中则要求每个 $[a_n, b_n]$ 其左端点 a_n 不是 E 的上界, 而右端点 b_n 是 E 的上界.

注 2.2.2 在例 2.2.1 和例 2.2.2 中, 构造区间套的方法都是将前一个区间二等分, 取其中符合要求的一半作为后一个区间, 这种 "二分法" 是构造区间套的常用方法.

下面我们再用区间套定理来证明实变函数论中的一个重要结论: 区间 $[0, 1]$ 为不可列集. 为此先简要介绍一下可列集的概念.

给定数集 S, 若存在 S 与正整数集 $\mathbf{N}_+$ 之间的一一对应, 则称 S 为可列集. 可列集的特点是这个集合中的一切数可按与 $\mathbf{N}_+$ 中正整数相对应的顺序一一排列出来:

$$x_1, x_2, \cdots, x_n, \cdots$$

不是可列集的无穷数集称为不可列集.

显然, 整数集 $\mathbf{Z}$ 是可列集. 还可以证明, 有理数集 $\mathbf{Q}$ 也是可列集.

例 2.2.3 用区间套定理证明: 区间 $[0, 1]$ 为不可列集.

证 用反证法. 假设区间 $[0, 1]$ 为可列集, 则有

$$[0, 1] = \{x_1, x_2, \cdots, x_n \cdots\}.$$

将 $[0, 1]$ 三等分, 分成三个闭子区间, 其中至少有一个子区间不含 x_1, 记此区间为 $[a_1, b_1]$;

再将 $[a_1, b_1]$ 三等分, 至少有一个子区间不含 x_2, 记此区间为 $[a_2, b_2]$;

$\cdots\cdots$

将上述步骤无限地进行下去, 得一区间套 $\{[a_n, b_n]\}$, 它具有性质:任一 $[a_n, b_n]$ 不含 $x_1, x_2, \cdots, x_n\ (n = 1, 2, \cdots)$. 由区间套定理, 存在 $\xi \in [a_n, b_n], n = 1, 2, 3, \cdots$ 于是, 一方面有 $\xi \neq x_n, n = 1, 2, 3, \cdots \Rightarrow \xi \notin [0,\ 1]$; 另一方面又有 $\xi \in [a_n, b_n] \subset [0,\ 1]$, 从而引出矛盾.

 习　题　2.2

1. 用区间套定理证明:有下界的数集必有下确界.

2. 设函数 $f(x)$ 在区间 $[a, b]$ 上无界, 证明:存在 $x_0 \in [a, b]$, 使 $f(x)$ 在点 x_0 的任意邻域内无界.

3. 设 $f(x)$ 在 $(-\infty, +\infty)$ 上有定义, 若对任意 $x_0 \in (-\infty, +\infty)$, 都存在 $\delta > 0$, 使得 $f(x) \leqslant f(x_0), x \in (x_0 - \delta, x_0 + \delta)$. 证明:必有一个区间 I, 使 $f(x)$ 在 I 上是一个常数.

4. 设 $f(x), g(x)$ 在 $[0, 1]$ 上满足 $f(0) > 0, f(1) < 0$, 若 $g(x)$ 在 $[0, 1]$ 上连续, $f(x) + g(x)$ 在 $[0, 1]$ 上单调递增. 证明:存在 $\xi \in [0, 1]$, 使 $f(\xi) = 0$.

5. 设 $f(x)$ 在区间 (a, b) 上有定义, 对任意 $x' \in (a, b)$, 都存在 $\delta > 0$, 使当 $x \in (x' - \delta, x' + \delta)$ 时, 若 $x < x'$, 则 $f(x) < f(x')$, 若 $x > x'$, 则 $f(x) > f(x')$. 证明:$f(x)$ 在区间 (a, b) 上严格单调递增.

6. 一列闭区间 $\{[a_n, b_n]\}$ 两两相交:对任意正整数 $i, j, i \neq j$, 有

$$[a_i, b_i] \cap [a_j, b_j] \neq \varnothing.$$

证明: 存在 $\xi \in [a_i, b_i], i = 1, 2, \cdots$. 若将闭区间列换为开区间列, 结论是否成立?

2.3　致密性定理

▷ 致密性定理

我们知道, 收敛数列必有界, 但反之不然. 不过对于有界数列却有下述结论:

定理 2.3.1 (致密性定理)　任何有界数列必有收敛的子列.

先看一下证明的思路:已知数列 $\{x_n\}$ 有界, 即 $\{x_n\}$ 落在某个区间 $[a, b]$ 内. 我们希望找到 $\{x_n\}$ 的一个收敛子列, 不妨设子列收敛于 ξ, 那么在 ξ 的任意邻域内必然含有 $\{x_n\}$ 的无穷多项, 这就提示我们可以利用区间套定理来证明. 第一步先构造一个合适的区间套, 即要求每个 $[a_n, b_n]$ 必须含有 $\{x_n\}$ 的无穷多项, 再通过区间套定理将这个特性 "凝集" 到一点 ξ; 第二步证明 ξ 即为所求.

证　设 $\{x_n\}$ 为有界数列, 且有 $a < b$, 使 $a \leqslant x_n \leqslant b\ (n = 1, 2, 3, \cdots)$. 等分区间 $[a, b]$ 为两个子区间, 则至少有一个区间含有 $\{x_n\}$ 中的无穷多项, 将

这一区间记为 $[a_1, b_1]$(如果两个子区间都含有 $\{x_n\}$ 的无穷多项, 则任取其一作为 $[a_1, b_1]$), 再等分 $[a_1, b_1]$, 记含有 $\{x_n\}$ 中无穷多项的区间为 $[a_2, b_2]$. 按这种方式不断地进行下去, 得一区间套 $\{[a_n, b_n]\}$, 而且具有性质: 每一个 $[a_n, b_n]$ 都含有 $\{x_n\}$ 的无穷多项, 且 $b_n - a_n = \dfrac{b-a}{2^n} \to 0 \ (n \to \infty)$. 由区间套定理, 必有唯一点 $\xi \in [a_n, b_n] \ (n = 1, 2, 3, \cdots)$, 且 $a_n \to \xi, b_n \to \xi$. 此时, 这个结果尚未达到我们要找一个收敛子列的目标, 需要继续做下去.

从闭区间 $[a_1, b_1]$ 中任取 $\{x_n\}$ 的一项, 记为 x_{n_1}, 即 $\{x_n\}$ 的第 n_1 项. 由于 $[a_2, b_2]$ 也含有 $\{x_n\}$ 的无穷多项, 则它必含有 x_{n_1} 以后的无穷多项, 任取一项记为 x_{n_2}, 则 $n_2 > n_1$. 继续在每一个 $[a_k, b_k]$ 中都这样取出一个 x_{n_k}, 即得到 $\{x_n\}$ 的一个子列 $\{x_{n_k}\}$, 其中 $n_1 < n_2 < \cdots < n_k < \cdots$, 且 $a_k \leqslant x_{n_k} \leqslant b_k$. 令 $k \to \infty$, 因为 $a_k \to \xi, b_k \to \xi$, 所以 $x_{n_k} \to \xi$, 定理得证.

作为致密性定理的一个应用, 同时也是对致密性定理的一种扩展, 给出下面推论.

推论 2.3.1 设数列 $\{x_n\}$ 不是无穷大量. 证明: (1) $\{x_n\}$ 必含收敛子列; (2) $\{x_n\}$ 无界的充要条件是其存在子列为无穷大量; (3) 若 $\{x_n\}$ 有界, 则它发散的充要条件是其存在两个收敛于不同极限的子列.

证 先回顾无穷大量的定义:

$$\text{对任意的 } G > 0, \text{ 存在 } N, \text{ 对任何 } n > N, \text{ 成立 } |x_n| > G.$$

由此可给出数列 $\{x_n\}$ "不是无穷大量" 的正面陈述:

$$\text{存在 } G_0 > 0, \text{ 对任意 } N, \text{ 存在 } n > N, \text{ 有 } |x_n| \leqslant G_0.$$

(1) 对 $N = 1$, 取 $n_1 > 1$, 使 $|x_{n_1}| \leqslant G_0$, 再对 $N = n_1$, 取 $n_2 > n_1$, 使 $|x_{n_2}| \leqslant G_0$, 如此继续下去, 可以得到数列 $\{x_n\}$ 的一个有界子列 $\{x_{n_k}\}$: $|x_{n_k}| \leqslant G_0 \ (k = 1, 2, \cdots)$. 对 $\{x_{n_k}\}$ 应用致密性定理, 可得 $\{x_{n_k}\}$ 的一个收敛子列 $\{x'_{n_k}\}$, 它也是 $\{x_n\}$ 的子列 (一个数列的子列的子列仍然是数列的子列), 这便找到了数列 $\{x_n\}$ 的一个收敛子列 $\{x'_{n_k}\}$.

(2) 若数列 $\{x_n\}$ 无界, 则对任意的 $M > 0$, 存在 N 使得 $|x_N| > M$.

取 $M = 1$, 存在 n_1, 使得 $|x_{n_1}| > 1$;

取 $M = 2$, 存在 $n_2 > n_1$, 使得 $|x_{n_2}| > 2$; '

取 $M = 3$, 存在 $n_3 > n_2$, 使得 $|x_{n_3}| > 3$;

$\cdots\cdots$

于是得到一列 n_k: $n_1 < n_2 < n_3 < \cdots < n_k < \cdots$, 使 $|x_{n_k}| > k \ (k = 1, 2, 3, \cdots)$, 这表明 $x_{n_k} \to \infty \ (k \to \infty)$.

反之, 有子列为无穷大量的数列显然无界.

(3) 留作习题.

注 2.3.1　本例中 (2) 刻画了无界数列的特性. 若 $\{x_n\}$ 无上界, 则存在子列为正无穷大量, 只需将上述证明中的绝对值号去掉, 即可得证. 若 $\{x_n\}$ 无下界, 则存在子列为负无穷大量.

注 2.3.2　在需要得到收敛数列的问题中, 通常先构造一个有界数列, 然后对其应用致密性定理, 以得到收敛子列. 致密性定理的这种用法, 即是从无序中找出秩序.

定理 2.3.2　证明：任一数列都含有单调子列.

证　定义集合 $E_m = \{x_m, x_{m+1}, x_{m+2}, \cdots\}(m = 1, 2, \cdots)$. 则有且只有两种可能：

(1) 每个 E_m 存在最大值. 此时, 取

$$x_{n_1} = \max E_1, \ x_{n_2} = \max E_{n_1+1}, \cdots, \ x_{n_{k+1}} = \max E_{n_k+1}, \cdots,$$

$\{x_{n_k}\}$ 显然是 $\{x_n\}$ 的单调递减子列.

(2) 存在某个集合 $E_k = \{x_k, x_{k+1}, x_{k+2}, \cdots\}$ 无最大值. 于是对任意 $m > k$, E_m 也无最大值. 取 $x_{n_1} = x_k$, 则 $x_{k+1}, x_{k+2}, \cdots$ 中必有大于 x_k 者, 记其为 x_{n_2}, 在 $x_{n_2+1}, x_{n_2+2}, \cdots$ 中也有大于 x_{n_2} 者, 记其为 $x_{n_3}, \cdots$, 如此继续下去, 即得单调递增子列.

注 2.3.3　当 $\{x_n\}$ 有界时, 所得单调子列自然收敛, 由此可直接推出致密性定理.

注 2.3.4　这是一个较新的漂亮结果, 它不依赖于实数系.

 习 题　**2.3**

1. 证明下列数列发散：

(1) $x_n = \dfrac{1}{2} + (-1)^n \dfrac{n}{2n+1}$, $n = 1, 2, 3, \cdots$;

(2) $y_n = \dfrac{1}{n} - \dfrac{2}{n} + \dfrac{3}{n} - \cdots + (-1)^{n-1}\dfrac{n}{n}$, $n = 1, 2, 3, \cdots$.

2. 判断下列说法的正确性：

(1) $\{x_n\}$ 为有界数列的充要条件是它的任一子列都有收敛子列；

(2) $\{x_n\}$ 收敛的充要条件是它的任一子列都收敛；

(3) $\{x_n\}$ 的任一收敛子列都收敛到同一极限值 a, 则 $\lim\limits_{n \to \infty} x_n = a$.

3. 设数列 $\{x_n\}$ 满足 $\lim\limits_{n \to \infty}(x_{n+1} - x_n) = 0$. 下面各条件中哪些能推出 $\{x_n\}$ 收敛：

(1) $\{x_n\}$ 有界;　　　(2) $\{x_{2n-1}\}$ 和 $\{x_{2n}\}$ 中有一个是收敛的;

(3) $\{x_{2n-1}\}$ 和 $\{x_{2n}\}$ 都是单调的;　　　(4) $\{x_{2n-1}\}$ 和 $\{x_{2n}\}$ 具有相反的单调性.

4. 证明: 趋于 $+\infty$ 的数列必有有限的下确界, 趋于 $-\infty$ 的数列必有有限的上确界.

5. 设 $\{a_n\}$ 是有界数列, 若 $\{b_n\}$ 满足 $\lim\limits_{n\to\infty}(a_n-b_n)=0$, 证明: 存在 l 和子列 $\{a_{n_k}\}$, $\{b_{n_k}\}$, 使 $\lim\limits_{k\to\infty}a_{n_k}=l=\lim\limits_{k\to\infty}b_{n_k}$.

6. 证明有界数列 $\{x_n\}$ 发散的充要条件是其存在两个收敛于不同极限的子列.

7. 设 $f(x)$ 在 $[a,b]$ 上有定义, 若对任意 $x\in[a,b]$, 极限 $\lim\limits_{t\to x}f(t)$ 存在. 证明: $f(x)$ 在 $[a,b]$ 上有界.

8. 设函数 $f(x)$ 在 $[a,b]$ 上只有第一类间断点. 证明 $f(x)$ 在 $[a,b]$ 上有界.

2.4　有限覆盖定理

本节介绍实数系又一个基本定理, 即有限覆盖定理, 或称海涅–博雷尔 (Heine-Borel) 定理. 下面先给出区间覆盖的概念.

设 E 为一区间集 (即 E 中的元素均为区间), I 为一区间. 若对 I 中任一点 ξ, 可以在 E 中至少找到一区间 Δ, 使 $\xi\in\Delta$, 则称 E 覆盖 I, 或称 E 为 I 的一个覆盖.

定理 2.4.1 (有限覆盖定理)　　若开区间构成的区间集 E 覆盖一个闭区间 $[a,\ b]$, 则总可以从 E 中选出有限个开区间, 使这有限个开区间覆盖 $[a,\ b]$.

证　用反证法. 设 $[a,\ b]$ 不能被 E 中有限个区间所覆盖. 等分 $[a,\ b]$ 为两个子区间, 则至少有一个不能被 E 中有限个区间所覆盖, 把这一区间记为 $[a_1,b_1]$. 再等分 $[a_1,b_1]$, 记不能被 E 中有限个区间所覆盖的那个区间为 $[a_2,b_2]$. 照此继续做下去, 得到区间套 $\{[a_n,b_n]\}$, 而且具有性质: 每一个 $[a_n,b_n]$ 都不能被 E 中有限个区间所覆盖. 由区间套定理, 存在唯一点 $\xi\in[a_n,b_n]$ $(n=1,2,3,\cdots)$, 且 $\lim\limits_{n\to\infty}a_n=\lim\limits_{n\to\infty}b_n=\xi$.

因为 E 覆盖 $[a,\ b]$ 且 $\xi\in[a,\ b]$, 所以必有开区间 $(\alpha,\beta)\in E$, 使 $\xi\in(\alpha,\beta)$, 即 $\alpha<\xi<\beta$, 又因为

$$\lim_{n\to\infty}a_n=\xi,\quad \lim_{n\to\infty}b_n=\xi.$$

故存在 N, 当 $n>N$ 时, 有

$$\alpha<a_n<b_n<\beta.$$

即当 $n>N$ 时, 有

$$[a_n,b_n]\subset(\alpha,\beta).$$

这与 $[a_n,b_n]$ 不能被 E 中有限个区间所覆盖相矛盾, 定理得证.

注 2.4.1   有限覆盖定理是对实数系中有界闭区间的某种特性的一种刻画, 在应用该定理时, 要特别注意条件: "开区间集 E 覆盖闭区间 $[a, b]$". 若将闭区间 $[a, b]$ 改为开区间或无界区间, 或者将开覆盖中的开区间改为闭区间, 结论都不一定成立.

例如区间集 $\left[0, \dfrac{1}{2}\right), \left[\dfrac{1}{2}, \dfrac{2}{3}\right), \cdots, \left[\dfrac{n-1}{n}, \dfrac{n}{n+1}\right), \cdots$ 及 $[1, 2]$ 覆盖了闭区间 $[0, 2]$, 但选不出有限个区间覆盖 $[0, 2]$.

又如区间集 $\left(0, \dfrac{2}{3}\right), \left(\dfrac{1}{2}, \dfrac{3}{4}\right), \cdots, \left(\dfrac{n-1}{n}, \dfrac{n+1}{n+2}\right), \cdots$ 覆盖了开区间 $(0, 1)$, 这里也选不出有限的子覆盖.

注 2.4.2   有限覆盖定理的重要性在于它将无限转化为有限, 便于从局部性质推出整体性质.

例 2.4.1   设 $f(x)$ 在 $[a, b]$ 上每一点的极限都存在. 证明: $f(x)$ 在 $[a, b]$ 上有界.

证   对任意 $x' \in [a, b]$, 由题设知, $\lim\limits_{x \to x'} f(x)$ 存在, 根据函数极限的局部有界性, 存在一个邻域 $U(x')$ 和正常数 M'_x 使得

$$|f(x)| \leqslant M'_x, \; x \in U(x') \cap [a, b].$$

对每个 $x \in [a, b]$, 取定一个邻域 $U(x)$ 和相应的正常数 M_x, 便得到闭区间 $[a, b]$ 的一簇开覆盖, 根据有限覆盖定理, 存在有限子覆盖, 不妨记为 $U_1, U_2, \cdots, U_n$, 相应的常数记为 $M_1, M_2, \cdots, M_n$. 令

$$M = \max\{M_1, M_2, \cdots, M_n\}.$$

由于 $[a, b] \subset \bigcup\limits_{i=1}^{n} U_i$, 故对所有 $x \in [a, b]$, 均满足 $|f(x)| \leqslant M$, 即 $f(x)$ 在 $[a, b]$ 上有界.

思考   若将 $[a, b]$ 改为 $(a, b]$ 或 (a, b), 上述结论还对吗?

例 2.4.2   用有限覆盖定理证明致密性定理.

证   设 $\{x_n\}$ 为有界数列, $a \leqslant x_n \leqslant b$, 于是下列两种情形之一成立:

(i) 存在 $x_0 \in [a, b]$, 使在 x_0 的任意邻域中都有 $\{x_n\}$ 的无穷多项;

(ii) 对任意 $x \in [a, b]$, 都存在 x 的一个邻域 $(x - \delta_x, x + \delta_x)$, 使其中只含 $\{x_n\}$ 的有限多项.

如果 (ii) 成立, 则开区间 $\{(x - \delta_x, x + \delta_x) | x \in [a, b]\}$ 构成 $[a, b]$ 的一个开覆盖. 于是由有限覆盖定理知, 其中必有有限子覆盖. 因每个开区间中都只含 $\{x_n\}$

的有限多项, 故有限个开区间之并也只含 $\{x_n\}$ 的有限多项. 但另一方面又应该包含 $\{x_n\}$ 的所有项, 矛盾. 这表明 (ii) 不能成立, 即必是 (i) 成立.

考察 x_0 的邻域序列 $\left\{\left(x_0 - \dfrac{1}{n}, x_0 + \dfrac{1}{n}\right)\right\}$, 由 (i) 知, 每个邻域中都含有 $\{x_n\}$ 的无穷多项. 首先在区间 $(x_0 - 1, x_0 + 1)$ 中取出一项, 记为 x_{n_1}. 因为 $\left(x_0 - \dfrac{1}{2}, x_0 + \dfrac{1}{2}\right)$ 中也含 $\{x_n\}$ 的无穷多项, 故可在其中取得下标大于 n_1 的一项, 记为 x_{n_2}. 一般地, 当 $x_{n_k} \in \left(x_0 - \dfrac{1}{k}, x_0 + \dfrac{1}{k}\right)$ 取定之后, 由于 $\left(x_0 - \dfrac{1}{k+1}, x_0 + \dfrac{1}{k+1}\right)$ 中仍含有 $\{x_n\}$ 的无穷多项, 故又可从其中取得下标大于 n_k 的一项, 记为 $x_{n_{k+1}}$. 这样可以得到子列 $\{x_{n_k}\}$, 它满足条件

$$|x_0 - x_{n_k}| < \frac{1}{k}, \quad k = 1, 2, 3, \cdots$$

于是有 $\lim\limits_{k\to\infty} x_{n_k} = x_0$, 即 $\{x_{n_k}\}$ 为 $\{x_n\}$ 的收敛子列.

注 2.4.3 有限覆盖定理有时被初学者误以为 "一个闭区间能够被有限个开区间所覆盖". 如果是这样的话, 显然任何一个闭区间只要用一个比它稍大些的开区间就可覆盖了, 那么该定理就毫无意义了.

下面给出有限覆盖定理的一种强化形式:

定理 2.4.2 设 $\{I_t\}$ 是区间 $[a, b]$ 的一个开覆盖, 则存在正数 $\delta > 0$, 使对 $[a, b]$ 中任何两点 x_1, x_2, 只要满足 $|x_1 - x_2| < \delta$, 必存在 $\{I_t\}$ 中的一个开区间 I_α 使 $x_1, x_2 \in I_\alpha$.

证明 因为区间集 $\{I_t\}$ 覆盖 $[a, b]$, 由定理 2.4.1, 必存在有限个开区间 I_1, $I_2, \cdots, I_k$ 覆盖 $[a, b]$. 将这些开区间的所有端点从小到大排列, 重复的点只取一次, 记为 $c_1 < c_2 < \cdots < c_k$, 记这些端点集为 $A = \{c_1, c_2, \cdots, c_k\}$. 令

$$\delta = \min\{c_2 - c_1, c_3 - c_2, \cdots, c_k - c_{k-1}\}.$$

在 $[a, b]$ 中任取两点 x_1, x_2, 使其满足 $|x_1 - x_2| < \delta$, 这时只有两种可能:

(1) x_1 与 x_2 之间没有 A 中的端点, 于是覆盖 x_1 的开区间一定同时覆盖 x_2, 反之亦然.

(2) x_1 与 x_2 之间存在 A 中的端点, 根据 δ 的取法, 这样的端点只能有一个, 如若不然, 设在 x_1 与 x_2 之间有 c_i, c_{i+1} 两个端点, 则有 $|x_1 - x_2| \geqslant c_{i+1} - c_i \geqslant \delta$ 矛盾. 现设 x_1 与 x_2 之间的唯一端点为 c_i, 以它为端点的开区间并不覆盖它, 因此, 一定另有开区间覆盖它, 也同时覆盖 x_1 与 x_2.

注 2.4.4　该定理中的正数 δ 被称为 $[a,b]$ 关于开覆盖 $\{I_t\}$ 的勒贝格 (Lebesgue) 数, 当然, 任一小于 δ 的正数都是 $[a,b]$ 关于 $\{I_t\}$ 的勒贝格数.

例 2.4.3　用定理 2.4.2 证明康托定理：闭区间上的连续函数是一致连续的.

证　设函数 $f(x)$ 在 $[a,b]$ 上连续, 对 $\varepsilon > 0$ 和 $x_0 \in [a,b]$, 由于 f 在 x_0 连续, 存在 $\delta_0 > 0$, 当 $x \in U_{\delta_0}(x_0) \cap [a,b]$ 时, 成立 $|f(x) - f(x_0)| < \dfrac{1}{2}\varepsilon$.

因此, 当 $x', x'' \in U_{\delta_0}(x_0) \cap [a,b]$ 时, 有

$$|f(x') - f(x'')| \leqslant |f(x') - f(x_0)| + |f(x_0) - f(x'')| < \frac{1}{2}\varepsilon + \frac{1}{2}\varepsilon = \varepsilon.$$

对每个点 $x \in [a,b]$ 如法炮制, 可得到区间 $[a,b]$ 的一个开覆盖 $U_{\delta_x}(x)$. 根据定理 2.4.2, 并将其中的勒贝格数记为 η, 则当 $x'.x'' \in [a,b]$, 且 $|x' - x''| < \eta$ 时, 在开覆盖中存在一个开区间, 它覆盖点 x' 和 x''. 由 η 的取法和开覆盖的构造可知

$$|f(x') - f(x'')| < \varepsilon.$$

这便证明了 f 在 $[a,b]$ 上一致连续.

思考　此例在得到开覆盖后, 若直接应用有限覆盖定理 2.4.1, 试试能否证出来.

习　题　2.4

1. 设 $I = \left(0, \dfrac{1}{2}\right]$, 它的下列开覆盖能否分别选出有限开覆盖？

(1) $\left(\dfrac{1}{n+1}, \dfrac{1}{n}\right), n = 1, 2, \cdots$;

(2) $\left(\alpha, \dfrac{1}{2}\right), 0 < \alpha < \dfrac{1}{2}$.

2. 设函数 $f(x)$ 在 $[a,b]$ 上连续且恒正, 试用有限覆盖定理证明：$f(x)$ 在 $[a,b]$ 上存在正的下界.

3. 设函数 $f(x)$ 对任意 $x \in (a,b)$, 存在 $\delta_x > 0$, 使得 $f(x)$ 在 $(x - \delta_x, x + \delta_x)$ 内单调递增. 证明：$f(x)$ 在整个区间 (a,b) 内单调递增.

4. 设函数 $f(x)$ 在 (a,b) 内有定义, $a < c < d < b$. 若对任意的 $x \in [c,d]$, 存在 $M_x > 0$ 和 $\delta_x > 0$, 使当 $x', x'' \in (x - \delta_x, x + \delta_x)$ 时, 有

$$\left|f(x') - f(x'')\right| \leqslant M_x \left|x' - x''\right|,$$

证明：存在 $M > 0$, 对一切 $x', x'' \in [c,d]$, 有

$$\left|f(x') - f(x'')\right| \leqslant M \left|x' - x''\right|.$$

5. 设函数 $f(x)$ 在 (a,b) 内不是常值函数. 证明: 存在 $x_0 \in (a,b)$ 及 $l > 0$, 使对任意 $\delta > 0$, 存在 $x', x'' \in (x_0 - \delta, x_0 + \delta) \cap (a,b)$, 满足

$$|f(x') - f(x'')| \geqslant l|x' - x''|.$$

6. 用定理 2.4.2 证明零点存在定理.

2.5 海涅归结原理

> ▷ *海涅归结原理*

下面介绍海涅归结原理, 它架起了函数极限与数列极限的桥梁, 用它可以将许多函数极限问题归结为熟悉的数列极限问题去处理.

定理 2.5.1 (海涅归结原理) 设 $f(x)$ 在点 a 的空心邻域 $U^o(a)$ 内有定义. 则 $\lim\limits_{x \to a} f(x) = A$ 的充要条件是对任何满足 $x_n \in U^o(a)$, $\lim\limits_{n \to \infty} x_n = a$ 的数列 $\{x_n\}$, 都有 $\lim\limits_{n \to \infty} f(x_n) = A$.

证 必要性. 因为 $\lim\limits_{x \to a} f(x) = A$, 所以对任意的 $\varepsilon > 0$, 存在 $\delta > 0$, 当 $0 < |x - a| < \delta$ 时, 有

$$|f(x) - A| < \varepsilon.$$

又因为 $\{x_n\}$ 收敛于 a 且 $x_n \neq a$ $(n = 1, 2, 3, \cdots)$, 所以对上述 $\delta > 0$, 存在 N, 当 $n > N$ 时, 有

$$0 < |x_n - a| < \delta,$$

从而当 $n > N$ 时, 就有

$$|f(x_n) - A| < \varepsilon.$$

这就证明了 $\lim\limits_{n \to \infty} f(x_n) = A$.

充分性. 用反证法. 如果 $\lim\limits_{x \to a} f(x) \neq A$, 则存在 $\varepsilon_0 > 0$, 对任意的 $\delta > 0$, 存在 x 满足 $0 < |x - a| < \delta$ 使

$$|f(x) - A| \geqslant \varepsilon_0.$$

取一列 $\delta_n = \dfrac{1}{n}$ $(n = 1, 2, 3, \cdots)$,

对 $\delta_1 = 1$, 存在 $x_1 : 0 < |x_1 - a| < 1$ 使 $|f(x_1) - A| \geqslant \varepsilon_0$;

对 $\delta_2 = \dfrac{1}{2}$, 存在 $x_2 : 0 < |x_2 - a| < \dfrac{1}{2}$ 使 $|f(x_2) - A| \geqslant \varepsilon_0$;

......

对 $\delta_n = \dfrac{1}{n}$, 存在 $x_n : 0 < |x_n - a| < \dfrac{1}{n}$, 使 $|f(x_n) - A| \geqslant \varepsilon_0$, 于是得到数列 $\{x_n\}$ 满足 $\lim\limits_{n \to \infty} x_n = a,\ x_n \neq a$ 使

$$|f(x_n) - A| \geqslant \varepsilon_0,$$

这说明数列 $\{x_n\}$ 满足定理中的条件, 但相应的函数值数列 $\{f(x_n)\}$ 并不以 A 为极限, 与已知条件矛盾.

思考　在上述定理中, 将 "数列 $\{x_n\}$" 换为 "单调数列 $\{x_n\}$", 其他要求不变, 结论是否仍然成立?

注 2.5.1　海涅归结原理与数列中一个命题 (数列收敛的充要条件是其每个子列收敛于同一极限) 有相似之处, 其必要性的证明与归结原理的证明也颇为相似. 归结原理在证明某些函数的极限不存在时非常方便.

定理 2.5.1 中的充分条件还可以弱化, 形成归结原理的加强版.

定理 2.5.1′ (归结原理的加强形式)　设 $f(x)$ 在点 a 的空心邻域 $U^o(a)$ 内有定义. 则 $\lim\limits_{x \to a} f(x) = A$ 的充要条件是对任何满足下述条件的数列 $\{x_n\} : x_n \in U^o(a),\ \lim\limits_{n \to \infty} x_n = a$, 且

$$0 < |x_{n+1} - a| < |x_n - a| \tag{2.1}$$

都有 $\lim\limits_{n \to \infty} f(x_n) = A$.

证　必要性由定理 2.5.1 直接可得. 现用反证法证明充分性. 若 $\lim\limits_{x \to x_0} f(x) \neq A$, 则存在 $\varepsilon_0 > 0$, 对 $\delta > 0$, 存在 $x' \in U^o(a; \delta)$, 使得 $|f(x') - A| \geqslant \varepsilon_0$. 取 $\delta_1 = 1$, 存在 $x_1 \in U^o(a; \delta_1)$, 使得 $|f(x_1) - A| \geqslant \varepsilon_0$; 取 $\delta_2 = \min\left\{\dfrac{1}{2}, |x_1 - a|\right\}$, 存在 $x_2 \in U^o(a; \delta_2)$, 使得 $|f(x_2) - A| \geqslant \varepsilon_0$,

......

取 $\delta_n = \min\left\{\dfrac{1}{n}, |x_{n-1} - a|\right\}$, 存在 $x_n \in U^o(a; \delta_n)$, 使得 $|f(x_n) - A| \geqslant \varepsilon_0$;

......

于是, 数列 $\{x_n\}$, 满足 $0 < |x_{n+1} - a| < |x_n - a|$, 且 $\lim\limits_{n \to \infty} x_n = a$, 但 $|f(x_n) - A| \geqslant \varepsilon_0$, 与 $\lim\limits_{n \to \infty} f(x_n) = A$ 矛盾. 所以, $\lim\limits_{x \to a} f(x) = A$ 成立.

注 2.5.2　所谓归结原理的加强形式, 意指数列 $\{x_n\}$ 只要满足 (2.1) 的加强条件即可, 这一加强缩小了所需 $\{x_n\}$ 的范围, 实际上弱化了充分条件. 另外, 证明中选子列的方法值得留意.

例 2.5.1　当 $x \to 0$ 时, $\sin\dfrac{1}{x}$ 不存在极限.

证 取 $x_n^{(1)} = \dfrac{1}{n\pi}, x_n^{(2)} = \dfrac{1}{2n\pi + \dfrac{\pi}{2}}, (n = 1, 2, 3, \cdots)$ 显然

$$x_n^{(1)} \to 0, \quad x_n^{(2)} \to 0 \quad (n \to \infty),$$

但由于 $\lim\limits_{n\to\infty} \sin \dfrac{1}{x_n^{(1)}} = 0, \lim\limits_{n\to\infty} \sin \dfrac{1}{x_n^{(2)}} = 1.$ 由海涅归结原理可知当 $x \to 0$ 时,

$\sin \dfrac{1}{x}$ 不存在极限.

例 2.5.2 设

$$f(x) = \begin{cases} x^2, & x \text{ 为有理数}, \\ 0, & x \text{ 为无理数}, \end{cases}$$

试用归结原则证明 $x_0 \neq 0$ 时, $\lim\limits_{x\to x_0} f(x)$ 不存在.

证 若 $x_0 \neq 0$, 取 $\{x_n'\}$ 为有理点列, $\lim\limits_{n\to\infty} x_n' = x_0$; 取 $\{x_n''\}$ 为无理点列, $\lim\limits_{n\to\infty} x_n'' = x_0$. 因为

$$\lim_{n\to\infty} f(x_n') = \lim_{n\to\infty} x_n'^2 = x_0^2,$$

$$\lim_{n\to\infty} f(x_n'') = \lim_{n\to\infty} 0 = 0,$$

于是由归结原则可知 $\lim\limits_{x\to x_0} f(x)$ 不存在.

注 2.5.3 海涅归结原理还有一种等价表述, 表面上看似乎条件较弱, 只要求所有满足 $\lim\limits_{n\to\infty} x_n = a, x_n \neq a \, (n = 1, 2, 3, \cdots)$ 的数列, 对应的函数值数列 $\{f(x_n)\}$ 均收敛. 并未要求它们收敛到同一极限, 但实质上蕴含着它们的极限都相同. 这也体现了数学的美妙之处.

定理 2.5.2 (归结原理的变形) $\lim\limits_{x\to a} f(x)$ 存在的充分必要条件是: 对满足 $\lim\limits_{n\to\infty} x_n = a, x_n \neq a \, (n = 1, 2, 3, \cdots)$ 的任一数列, 相应的函数值数列 $\{f(x_n)\}$ 均收敛.

证 只需证明充分性. 为此只要证明对任何数列 $x_n \to a, x_n \neq a$, 数列 $\{f(x_n)\}$ 的极限都相同.

用反证法. 假若存在两个数列 $\{x_n^{(1)}\}, \{x_n^{(2)}\}$ 分别满足条件

$$x_n^{(1)} \to a, x_n^{(1)} \neq a \text{ 及 } x_n^{(2)} \to a, x_n^{(2)} \neq a,$$

而且有

$$f(x_n^{(1)}) \to A_1, f(x_n^{(2)}) \to A_2(n \to \infty), A_1 \neq A_2.$$

现合并 $\{x_n^{(1)}\}$ 和 $\{x_n^{(2)}\}$, 令 $z_{2k-1} = x_k^{(1)}, z_{2k} = x_k^{(2)}$, 构造新数列 $\{z_n\}$:

$$x_1^{(1)}, x_1^{(2)}, x_2^{(1)}, x_2^{(2)}, \cdots, x_n^{(1)}, x_n^{(2)}, \cdots$$

显然 $\lim\limits_{n \to \infty} z_n = a, z_n \neq a$, 但相应的 $\{f(z_n)\}$ 的奇数项子列 $\{f(x_n^{(1)})\}$ 和偶数项子列 $\{f(x_n^{(2)})\}$ 分别收敛于不同的值, 故 $\{f(z_n)\}$ 不收敛, 与已知条件矛盾, 定理得证.

对于极限过程为 $x \to +\infty$ 的情况, 是否也有相应的结果呢? 下面定理将给出海涅归结原理在极限 $\lim\limits_{x \to +\infty} f(x)$ 上的推广, 其中还有一些新的特点.

定理 2.5.3　设 A 为有限数. 极限 $\lim\limits_{x \to +\infty} f(x) = A$ 存在的充分必要条件如下: 对每个严格单调递增的正无穷大数列 $\{x_n\}$, 都有 $\lim\limits_{n \to \infty} f(x_n) = A$.

证　先证必要性. 因为 $\lim\limits_{x \to +\infty} f(x) = A$ 存在, 故对 $\varepsilon > 0$, 存在 $M > 0$, 当 $x > M$ 时, 有 $|f(x) - A| < \varepsilon$. 若 $\{x_n\}$ 满足题设条件, 有 $\lim\limits_{n \to \infty} x_n = +\infty$, 则对于上述 $M > 0$, 存在 N, 当 $n > N$ 时, 成立 $x_n > M$. 因此有 $|f(x_n) - A| < \varepsilon$. 这表明数列 $\{f(x_n)\}$ 收敛于 A.

再证充分性. 对每个满足题中所说条件的数列 $\{x_n\}$ (即 $\{x_n\}$ 为严格单递增的正无穷大量), 有 $\lim\limits_{n \to \infty} f(x_n) = A$. 用反证法. 如果结论 $\lim\limits_{x \to +\infty} f(x) = A$ 不真, 则存在一个 $\varepsilon_0 > 0$, 对于每一个 $M > 0$, 存在 x, 同时满足条件 $x > M$ 和 $|f(x) - A| \geqslant \varepsilon_0$.

任取 $M_1 \geqslant 1$, 得到 $x_1 > M_1$, 满足 $|f(x_1) - A| \geqslant \varepsilon_0$. 再取 $M_2 = \max\{2, x_1\}$, 得到 $x_2 > M_2$, 满足 $|f(x_2) - A| \geqslant \varepsilon_0$. 归纳地进行下去, 在有了 x_n 后取 $M_{n+1} = \max\{n+1, x_n\}$, 得到 $x_{n+1} > M_{n+1}$, 满足 $|f(x_{n+1}) - A| \geqslant \varepsilon_0$. 可以看出, 这样取出的数列 $\{x_n\}$ 为严格单调增加的正无穷大量. 但对应的数列 $\{f(x_n)\}$ 并不收敛于 A. 因此, 与定理的条件相矛盾.

注 2.5.4　这个定理表述的条件比较弱, 只限于严格单调递增的正无穷大数列 $\{x_n\}$, 而必要性证明实际上不需要 $\{x_n\}$ 严格单调递增.

思考　这个定理是否也有类似归结原理的变形?

利用海涅归结原理, 可以将一些数列极限转化为函数极限, 也可将一些函数极限转化为数列极限, 借助某些典型的重要极限去求解.

例 2.5.3　求下列极限:

(1) $I = \lim\limits_{n \to \infty} n(\sqrt[n]{a} - \sqrt[2n]{a})\ (a > 0)$;　　(2) $J = \lim\limits_{x \to 0}(1 + ax + 2a^2 x^2)^{\frac{1}{x}}$.

解　(1)　$I = \lim\limits_{n \to \infty} n(\mathrm{e}^{\frac{\ln a}{n}} - 1) - \lim\limits_{n \to \infty} n(\mathrm{e}^{\frac{\ln a}{2n}} - 1)$

$$= \lim\limits_{n \to \infty} n \cdot \frac{\ln a}{n} - \lim\limits_{n \to \infty} n \cdot \frac{\ln a}{2n} = \ln a - \frac{1}{2}\ln a = \frac{\ln a}{2}.$$

(2) $J = \lim\limits_{n\to\infty}\left(1 + \dfrac{a}{n} + \dfrac{2a^2}{n^2}\right)^n = \lim\limits_{n\to\infty}\left(1 + \dfrac{a}{n} + \dfrac{2a^2}{n^2}\right)^{\frac{1}{\frac{a}{n}+\frac{2a^2}{n^2}}\cdot n\left(\frac{a}{n}+\frac{2a^2}{n^2}\right)}$

$= \lim\limits_{n\to\infty}\mathrm{e}^{\left(a+\frac{2a^2}{n}\right)} = \mathrm{e}^a.$

 习 题 2.5

1. 设极限 $\lim\limits_{x\to+\infty}(a\sin x + b\cos x)$ 存在, 证明: $a = b = 0$.

2. 对单侧极限 $\lim\limits_{x\to a^+}f(x) = A$ 叙述相应的海涅归结原理.

3. 证明: $\lim\limits_{x\to x_0^-}f(x)$ 存在的充要条件是, 对任意严格递增趋于 x_0 的数列 $\{x_n\}$, 相应的函数值数列 $\{f(x_n)\}$ 均收敛.

4. 证明: $f(x) \to +\infty \ (x\to x_0+)$ 的充要条件是, 对任意数列 $\{x_n\}\ (x_n > x_0)$ 有

$$f(x_n) \to +\infty \ (n\to\infty).$$

5. 求下列极限:

(1) $\lim\limits_{n\to+\infty}\sqrt{n}\sin(\sqrt{n+1} - \sqrt{n})$;

(2) $\lim\limits_{x\to+\infty}x^2(\sqrt[x]{\mathrm{e}} - \sqrt[x+1]{\mathrm{e}})$;

(3) $\lim\limits_{n\to+\infty}\left(\dfrac{\sqrt[n]{\mathrm{e}} + \sqrt[n]{\pi}}{2}\right)^n$.

6. 证明下述狄利克雷 (Dirichlet) 函数在任意点不存在 (单侧) 极限:

$$D(x) = \begin{cases} 1, & x \text{ 为有理数}, \\ 0, & x \text{ 为无理数}. \end{cases}$$

7. 在归结原理 (定理 2.5.1) 中, 将 "数列 $\{x_n\}$" 改为 "单调数列 $\{x_n\}$", 其他要求不变, 结论是否仍然成立?

2.6　柯西收敛准则

柯西收敛准则有两大优点, 一是只需从数列或函数本身的信息来判断其极限存在与否, 不需要事先知道极限值; 二是不仅提供了充分条件, 还是必要条件.

▶ **数列收敛的柯西准则**

首先介绍柯西列 (也称基本列) 的概念.

定义 2.6.1　　如果数列 $\{x_n\}$ 具有以下特性: 对于任意给定的 $\varepsilon > 0$, 存在正整数 N, 使得当 $n, m > N$ 时, 有

$$|x_n - x_m| < \varepsilon$$

成立, 则称 $\{x_n\}$ 是一个柯西列.

柯西列的另一等价定义是: 对任意的 $\varepsilon > 0$, 存在正整数 N, 当 $n > N$ 时, 对任何正整数 p, 有

$$|x_{n+p} - x_n| < \varepsilon.$$

定理 2.6.1 (柯西收敛准则)　　数列 $\{x_n\}$ 收敛的充分必要条件是: $\{x_n\}$ 是柯西列.

证　　必要性. 设 $\lim\limits_{n \to \infty} x_n = a$, 按定义, 对任意的 $\varepsilon > 0$, 存在 N, 当 $n, m > N$ 时, 有

$$|x_n - a| < \frac{\varepsilon}{2}, \quad |x_m - a| < \frac{\varepsilon}{2},$$

于是

$$|x_n - x_m| \leqslant |x_n - a| + |x_m - a| < \varepsilon,$$

即 $\{x_n\}$ 为柯西列.

充分性. 首先证明柯西列一定有界.

已知 $\{x_n\}$ 是柯西列. 则对 $\varepsilon = 1$ 存在 N, 当 $n, m > N$ 时, 有 $|x_n - x_m| < 1$, 取定 $m = N + 1$, 则当 $n > N$ 时, 就有 $|x_n| \leqslant |x_n - x_{N+1}| + |x_{N+1}| < |x_{N+1}| + 1$.

令 $M = \max\{|x_1|, |x_2|, \cdots, |x_N|, |x_{N+1}| + 1\}$, 则对于一切 n, 成立 $|x_n| \leqslant M$. 再根据致密性定理, 数列 $\{x_n\}$ 必有收敛的子列 $\{x_{n_k}\}$, 设

$$\lim\limits_{k \to \infty} x_{n_k} = \xi,$$

因为 $\{x_n\}$ 是柯西列, 所以对任意的 $\varepsilon > 0$, 存在 N, 当 $n, m > N$ 时, 有

$$|x_n - x_m| < \frac{\varepsilon}{2}, \tag{2.2}$$

在式 (2.2) 中取 $x_m = x_{n_k}$, 其中 k 充分大, 满足 $n_k > N$, 并且令 $k \to \infty$, 于是得到

$$|x_n - \xi| \leqslant \frac{\varepsilon}{2} < \varepsilon,$$

此即表明数列 $\{x_n\}$ 收敛.

注 2.6.1 直观地讲, 柯西收敛准则刻画了收敛数列充分靠后的任何两项是任意接近的.

例 2.6.1 设数列 $\{b_n\}$ 有界, 令 $a_n = \dfrac{b_1}{1 \cdot 2} + \dfrac{b_2}{2 \cdot 3} + \cdots + \dfrac{b_n}{n(n+1)}$, 证明: 数列 $\{a_n\}$ 收敛.

证 取常数 $M > 0$, 使得 $|b_n| \leqslant M, n = 1, 2, 3, \cdots$, 然后对任意正整数 p 作估计

$$
|a_{n+p} - a_n| \leqslant M \left[\frac{1}{(n+1)(n+2)} + \frac{1}{(n+2)(n+3)} + \cdots + \frac{1}{(n+p)(n+p+1)} \right]
$$

$$
= M \left[\left(\frac{1}{n+1} - \frac{1}{n+2} \right) + \cdots + \left(\frac{1}{n+p} - \frac{1}{n+p+1} \right) \right]
$$

$$
= M \left[\frac{1}{n+1} - \frac{1}{n+p+1} \right] < \frac{M}{n+1}.
$$

因此, 对任意的 $\varepsilon > 0$, 取 $N = \left[\dfrac{M}{\varepsilon} \right]$, 就可使 $n > N$ 和 $p \in \mathbf{N}$ 时, $|a_{n+p} - a_n| < \varepsilon$ 成立, 这就证明了 $\{a_n\}$ 是柯西列, 根据柯西收敛准则知 $\{a_n\}$ 收敛.

注 2.6.2 由于 $\{b_n\}$ 除了有界性以外, 没有其他性质, 因此对 $\{a_n\}$ 不能运用单调有界数列的收敛定理. 在此也看到柯西收敛准则是判断数列敛散性的一个有力工具.

例 2.6.2 设 $x_n = 1 + \dfrac{1}{2} + \dfrac{1}{3} + \cdots + \dfrac{1}{n}$, 证明: 数列 $\{x_n\}$ 发散.

证 由于

$$
|x_{2n} - x_n| = \frac{1}{n+1} + \frac{1}{n+2} + \cdots + \frac{1}{2n} \geqslant n \cdot \frac{1}{2n} = \frac{1}{2},
$$

可见对 $\varepsilon = \dfrac{1}{2}$ 和任何 N, 当 $n, m > N$ 时, 只要取 $m = 2n$, 不等式 $|x_n - x_m| < \dfrac{1}{2}$ 就不可能成立, 这表明 $\{x_n\}$ 不是柯西列, 因此 $\{x_n\}$ 发散.

注 2.6.3 柯西收敛准则也称为实数的完备性定理, 它表明由实数构成的柯西列 $\{x_n\}$ 必存在实数极限. 需要指出的是: 有理数集不具有完备性. 例如, $\left\{ \left(1 + \dfrac{1}{n} \right)^n \right\}$ 是由有理数构成的柯西列, 但其极限 e 却不是有理数.

注 2.6.4 对例 2.1.8 $x_1 = 1, x_{n+1} = \dfrac{1}{1 + x_n}$, $n = 1, 2, \cdots$. 也可使用柯西收敛准则.

用归纳法容易证明 $\frac{1}{2} \leqslant x_n \leqslant 1, n = 1, 2, \cdots$. 于是有

$$|x_{n+1} - x_n| = \left| \frac{1}{1 + x_n} - \frac{1}{1 + x_{n-1}} \right| = \frac{|x_n - x_{n-1}|}{(1 + x_n)(1 + x_{n-1})} \leqslant \frac{4}{9} |x_n - x_{n-1}|.$$

由此不难推出 $\{x_n\}$ 为柯西列.

此例实际上引出了如下一般性结论: 设函数 $f(x)$ 连续, 取 x_1 为初值, 由迭代公式 $x_{n+1} = f(x_n)$ 递推生成数列 $\{x_n\}$, 如果满足 $|x_{n+1} - x_n| \leqslant q|x_n - x_{n-1}|, 0 < q < 1, n = 1, 2, \cdots$, 则 $\{x_n\}$ 一定收敛于 $f(x)$ 的不动点 (即满足方程 $f(x) = x$ 的点), 这便是所谓的压缩映射的不动点原理, $f(x)$ 就是压缩映射, 常数 q 称为压缩系数.

> ▶ 函数极限的柯西收敛准则

与数列的情况类似, 对函数而言, 也可以从函数本身在一点附近的性态判定它在该点是否收敛, 这就是函数极限的柯西收敛准则.

定理 2.6.2 (函数极限的柯西收敛准则)　极限 $\lim\limits_{x \to a} f(x)$ 存在的充分必要条件是: 对任意 $\varepsilon > 0$, 存在 $\delta > 0$, 使得对于去心邻域 $U_\delta^o(a)$ 中的任意两点 x', x'', 满足不等式 $|f(x') - f(x'')| < \varepsilon$.

证　先证必要性. 由函数 f 在点 a 有极限知, 存在 A, 使 $\lim\limits_{x \to a} f(x) = A$. 因此, 对于任意给定的 $\varepsilon > 0$, 存在 $\delta > 0$, 当 $0 < |x - a| < \delta$ 时, 有 $|f(x) - A| < \frac{1}{2}\varepsilon$. 于是当 $x_1, x_2 \in U_\delta^o(a)$ 时, 就有

$$|f(x_1) - f(x_2)| \leqslant |f(x_1) - A| + |A - f(x_2)| < \frac{\varepsilon}{2} + \frac{\varepsilon}{2} = \varepsilon.$$

再证充分性. 按照海涅归结原理, 只要证明, 凡满足 $x_n \neq a(n \in \mathbf{N}_+)$, $\lim\limits_{n \to \infty} x_n = a$ 的数列 $\{x_n\}$, 其对应的数列 $\{f(x_n)\}$ 必定收敛.

对给定的 $\varepsilon > 0$, 根据条件, 存在 $\delta > 0$, 当 $x', x'' \in U_\delta^o(a)$ 时, 成立

$$|f(x') - f(x'')| < \varepsilon.$$

由于 $x_n \neq a \ (n \in \mathbf{N}_+)$, $\lim\limits_{n \to \infty} x_n = a$, 所以对上述 $\delta > 0$, 存在 N, 当 $n > N$ 时, 成立 $0 < |x_n - a| < \delta$. 因此当 $n, m > N$ 时, 有 $x_n, x_m \in U_\delta^o(a)$, 并有 $|f(x_n) - f(x_m)| < \varepsilon$ 成立. 即数列 $\{f(x_n)\}$ 是基本列. 由关于数列的柯西收敛准则知, $\{f(x_n)\}$ 收敛.

注 2.6.5　可以看出, 必要性部分的证明与数列情况的证明完全一样. 但是充分性部分的证明则是利用海涅归结原理转化为数列问题, 然后利用收敛数列的柯西收敛准则, 因而比数列情况的证明要容易些.

例 2.6.3 设

$$f(x) = \begin{cases} x, & x \text{ 为有理数,} \\ -x, & x \text{ 为无理数,} \end{cases}$$

若 $x_0 \neq 0$, 用柯西收敛准则证明 $\lim\limits_{x \to x_0} f(x)$ 不存在. $\lim\limits_{x \to 0} f(x)$ 是否存在?

证 需证存在 $\varepsilon_0 > 0$, 对 $\delta > 0$, 存在 $x', x'' \in U^\circ(x_0, \delta)$, 使得 $|f(x') - f(x'')| \geqslant \varepsilon_0$. 当 $x_0 > 0$, 取 $\varepsilon_0 = x_0$, 对 $\delta > 0$, 取 $x', x'' \in U^\circ_+(x_0; \delta)$, 使 x' 为有理数, x'' 为无理数, 此时

$$|f(x') - f(x'')| = |x' - (-x'')| = x' + x'' > 2x_0 > \varepsilon_0.$$

当 $x_0 < 0$, 取 $\varepsilon_0 = |x_0|$, $\forall \delta > 0$, 取 $x', x'' \in U^\circ_-(x_0; \delta)$, 使 x' 为无理数, x'' 为有理数, 此时

$$|f(x') - f(x'')| = |-x' - x''| = -x' - x'' > 2|x_0| > \varepsilon_0.$$

由此可知 $\lim\limits_{x \to x_0} f(x)$ 不存在.

因为 $|f(x)| \leqslant |x| \to 0 (x \to 0)$, 所以 $\lim\limits_{x \to 0} f(x) = 0$.

注 2.6.6 判别函数极限 $\lim\limits_{x \to a} f(x)$ 不存在的常用方法大致有三种:

(1) 用函数极限定义的否定形式;

(2) 用归结原理, 一种是找到一个收敛于 a 的数列, 而相应的函数值数列不收敛, 另一种是找到两个收敛于 a 的数列, 它们分别对应的函数值数列收敛到不同的极限;

(3) 用函数极限的柯西准则的否定形式.

使用 (1) (2) 的前提是熟悉它们的否定表述.

 习 题 2.6

1. 用柯西收敛准则判定下列数列的收敛性:

(1) $x_n = \dfrac{\cos 1}{1 \cdot 2} + \dfrac{\cos 2}{2 \cdot 3} + \cdots + \dfrac{\cos n}{n(n+1)}$;

(2) $x_n = 1 - \dfrac{1}{2} + \dfrac{1}{3} - \cdots + (-1)^{n+1} \dfrac{1}{n}$;

(3) $x_n = 1 + \dfrac{1}{2^p} + \dfrac{1}{3^p} \cdots + \dfrac{1}{n^p}$ $(p > 0)$.

2. 满足下列各条件的数列 $\{x_n\}$ 是不是柯西列?

(1) 对 $\{x_n\}$ 的任意两个子列 $\{x_{n_k}\}$, $\{x_{n_k'}\}$, 都有 $\lim\limits_{k \to \infty} (x_{n_k} - x_{n_k'}) = 0$;

(2) 对任意自然数 p, 都有 $\lim\limits_{n \to \infty} |x_{n+p} - x_n| = 0$;

(3) $|x_{n+1} - x_n| \leqslant |x_n - x_{n-1}|, (n = 2, 3, \cdots)$;

(4) $\sum\limits_{k=1}^{n} |x_{k+1} - x_k| \leqslant M(n = 1, 2, \cdots, M > 0)$;

(5) $(x_{n+1} - x_n)(x_n - x_{n-1}) \leqslant 0, (n = 2, 3, \cdots)$.

3. 设 $f(x), g(x)$ 在区间 (a, b) 上有定义, 且满足

$$\left| f(x') - f(x'') \right| \leqslant \left| g(x') - g(x'') \right|, x', x'' \in (a, b).$$

若 $x_0 \in (a, b)$, $\lim\limits_{x \to x_0} g(x)$ 存在, 证明 $\lim\limits_{x \to x_0} f(x)$ 也存在.

4. 设 $f(x) = q \sin x + a$, $(0 < q < 1)$. 试通过迭代公式 $x_{n+1} = f(x_n)$ 生成数列, 证明开普勒 (Kepler) 方程 $f(x) = x$ 有唯一解.

5. 写出 $\lim\limits_{x \to x_0^+} f(x)$ 和 $\lim\limits_{x \to \infty} f(x)$ 存在有限极限的柯西收敛准则, 并证明其中一个.

6. 证明 $\lim\limits_{x \to +\infty} f(x)$ 存在的充要条件是, 对任意给定的 $\varepsilon > 0$, 存在 $X > 0$, 当 $x', x'' > X$ 时, 恒有 $\left| f(x') - f(x'') \right| < \varepsilon$.

第 3 讲

闭区间上连续函数性质的证明

在数学分析和高等数学中, 我们已经知道闭区间上的连续函数具有许多重要性质, 例如有界性、最值性及介值性等. 这些性质直观上看是显然的, 但证明却不那么简单, 实际上是与实数理论密切相关的, 下面我们一一给出证明. 除此之外, 还将介绍一致连续的概念和有关定理. 鉴于单调函数的特殊性, 本讲最后单列一节, 讲述单调函数的极限和有关性质.

3.1 有界性定理与最值定理

一个函数甚至连续函数是否一定有界? 是否一定存在最大值和最小值? 一般情况下是否定的, 但闭区间上的连续函数却有肯定的答案.

定理 3.1.1 (有界性定理) 若函数 $f(x)$ 在闭区间 $[a, b]$ 上连续, 则它在 $[a, b]$ 上有界.

证 可用致密性定理来证.

用反证法. 假设 $f(x)$ 在 $[a, b]$ 上无界, 按无界的定义可推得, 存在互异点列 $x_n \in [a, b]$ $(n = 1, 2, 3, \cdots)$, 使得 $|f(x_n)| > n$, 亦即

$$f(x_n) \to \infty \quad (n \to \infty).$$

这样, 我们得到有界数列 $\{x_n\}$ 满足 $a \leqslant x_n \leqslant b$ $(n = 1, 2, 3, \cdots)$.

由致密性定理可知, $\{x_n\}$ 存在收敛子列 $\{x_{n_k}\}$. 设 $\lim\limits_{k \to \infty} x_{n_k} = x_0$, 由 $a \leqslant x_{n_k} \leqslant b$ $(k = 1, 2, \cdots)$ 知 $x_0 \in [a, b]$. 由于 $f(x)$ 在点 x_0 处连续, 从而当 $x \to x_0$ 时有 $f(x) \to f(x_0)$. 根据函数极限与数列极限的关系可得

$$\lim\limits_{k \to \infty} f(x_{n_k}) = f(x_0).$$

另一方面, 按照前面的讨论 $f(x_n) \to \infty \ (n \to \infty)$, 再由子列的性质可知, 对于 $\{x_{n_k}\}$ 亦有 $f(x_{n_k}) \to \infty \ (k \to \infty)$.

在此有两个互相矛盾的结论:

$$f(x_{n_k}) \to f(x_0) \quad \text{及} \quad f(x_{n_k}) \to \infty \quad (k \to \infty).$$

也就是说, $f(x)$ 在 $[a, b]$ 上无界的假设不成立, 这样就证明了定理.

注 3.1.1   函数 $f(x) = \dfrac{1}{x}$ 虽然在区间 $(0, 1)$ 连续, 但是在 $(0, 1)$ 无界, 这说明开区间上的连续函数不一定有界, 什么原因呢? 从证明过程中我们看到, 因为子列 $\{x_{n_k}\}$ 的极限 x_0 可能会是端点 a 或 b.

注 3.1.2   用确界存在原理、有限覆盖定理或区间套定理都不难证明有界性定理.

一般而言, 有界函数不一定能够取得最大值或最小值, 但对闭区间上的连续函数, 则有下述性质.

定理 3.1.2 (最值存在定理)   若函数 $f(x)$ 在闭区间 $[a, b]$ 上连续, 则它在 $[a, b]$ 上必有最大值与最小值, 即存在 ξ_1 和 $\xi_2 \in [a, b]$, 对于一切 $x \in [a, b]$, 成立

$$f(\xi_1) \leqslant f(x) \leqslant f(\xi_2).$$

证   因为 $f(x)$ 在 $[a, b]$ 上连续, 所以一定有界. 不妨设其上确界为 $M = \sup\limits_{x \in [a, b]} \{f(x)\}$, 下确界为 $m = \inf\limits_{x \in [a, b]} \{f(x)\}$. 现在证明存在 $\xi_1 \in [a, b]$, 使得 $f(\xi_1) = m$.

按照下确界的定义, 一方面对任何 $x \in [a, b]$ 有 $f(x) \geqslant m$; 另一方面, 对任意给定的 $\varepsilon > 0$, 存在 $x \in [a, b]$, 使得 $f(x) < m + \varepsilon$. 于是取 $\varepsilon = \dfrac{1}{n} \ (n = 1, 2, 3, \cdots)$, 相应地得到数列 $\{x_n\}$, $x_n \in [a, b]$, 并且满足

$$m \leqslant f(x_n) < m + \frac{1}{n}.$$

由于 $\{x_n\}$ 是有界数列, 根据致密性定理, $\{x_n\}$ 存在收敛子列 $\{x_{n_k}\}$, 设

$$\lim_{k \to \infty} x_{n_k} = \xi_1, \quad \text{显然} \quad \xi_1 \in [a, b].$$

考虑不等式

$$m \leqslant f(x_{n_k}) < m + \frac{1}{n_k} \quad (k = 1, 2, 3, \cdots),$$

令 $k \to \infty$, 由极限的夹逼准则与 $f(x)$ 在点 ξ_1 的连续性得到

$$f(\xi_1) = m.$$

这说明 $f(x)$ 在 $[a, b]$ 上有最小值 m. 同样可以证明, 存在 $\xi_2 \in [a, b]$, 使得

$$f(\xi_2) = M.$$

注 3.1.3 开区间上的连续函数即使有界, 也不一定能取到最大 (小) 值.
例如, $f(x) = x$ 在 $(0, 1)$ 连续而且有界, 因而有上确界和下确界

$$M = \sup_{x \in (0,1)} \{f(x)\} = 1, \quad m = \inf_{x \in (0,1)} \{f(x)\} = 0,$$

但是, $f(x)$ 在区间 $(0, 1)$ 取不到 $M = 1$ 与 $m = 0$.

例 3.1.1 设函数 f 在 (a, b) 内连续, 且 $f(a+0) = \lim\limits_{x \to a^+} f(x)$ 和 $f(b-0) = \lim\limits_{x \to b^-} f(x)$ 均存在. 证明：

(1) f 在 (a, b) 内有界;

(2) 若存在 $\xi \in (a, b)$, 使得 $f(\xi) \geqslant \max\{f(a+0), f(b-0)\}$, 则 f 在 (a, b) 内能取到最大值.

证 为了利用闭区间上连续函数的性质, 先把 f 延拓成闭区间 $[a, b]$ 上的连续函数. 设

$$F(x) = \begin{cases} f(a+0), & x = a, \\ f(x), & x \in (a, b), \\ f(b-0), & x = b. \end{cases}$$

因为

$$F(a) = f(a+0) = \lim_{x \to a^+} f(x) = \lim_{x \to a^+} F(x),$$

$$F(b) = f(b-0) = \lim_{x \to b^-} f(x) = \lim_{x \to b^-} F(x).$$

所以, $F(x)$ 是 $[a, b]$ 上的连续函数.

(1) 根据闭区间 $[a, b]$ 上连续函数的有界性定理 3.1.1, 存在 $M > 0$, 使

$$|F(x)| \leqslant M, \quad x \in [a, b].$$

因在 (a, b) 内 $f(x) = F(x)$, 故有

$$|f(x)| \leqslant M, \quad \forall x \in (a, b).$$

(2) 根据定理 3.1.2, 存在 $c \in [a, b]$, 使 $F(c)$ 为 $F(x)$ 在 $[a, b]$ 上的最大值. 若 $c = a$ 或 b, 则有

$$F(c) = f(a + 0) \text{ 或 } f(b - 0),$$

因此, $f(\xi) \leqslant F(c)$; 而由条件 $f(\xi) \geqslant \max\{f(a + 0), f(b - 0)\}$, 又有 $f(\xi) \geqslant F(c)$. 于是 $f(\xi) = F(c)$, 即 ξ 为 f 在 (a, b) 内的最大值点. 如果 $c \in (a, b)$, 易知 c 也是 f 在 (a, b) 内的最大值点.

注 3.1.4　f 的有界性也可利用函数极限的局部有界性证得：由题设条件知, 存在 $\delta > 0$, f 在 $(a, a + \delta)$ 与 $(b - \delta, b)$ 内有界, 然后在 $[a + \delta, b - \delta]$ 上对 f 应用有界性定理.

 **习　题　3.1**

1. 设定义在 $[a, b]$ 上的函数 $f(x)$ 在 (a, b) 内连续, 且 $\lim\limits_{x \to a^+} f(x)$ 和 $\lim\limits_{x \to b^-} f(x)$ 存在 (有限). 问 $f(x)$ 在 $[a, b]$ 上是否能取得最大值和最小值?

2. 设 $f(x)$ 是 $[0, +\infty)$ 上的连续正值函数, 若 $\lim\limits_{x \to +\infty} f(f(x)) = +\infty$, 证明: $\lim\limits_{x \to +\infty} f(x) = +\infty$.

3. 设 $f(x)$ 在 $[a, b]$ 上连续, 且对任意 $x \in [a, b]$ 总存在 $y \in [a, b]$ 使 $|f(y)| \leqslant \dfrac{1}{2} |f(x)|$. 证明：$f(x)$ 在 $[a, b]$ 上存在零点.

4. 设 $f(x)$ 在 (a, b) 内连续, 且 $f(a + 0) = (b - 0) = +\infty$. 证明：$f(x)$ 在 (a, b) 内可取得最小值. 将 (a, b) 换为 $(-\infty, +\infty)$, 左右极限换为 $\lim\limits_{x \to \pm\infty} f(x) = +\infty$, 结论是否成立?

5. 设 $f(x)$ 在 $[a, b]$ 上连续. 证明下列各条都是 $f(x)$ 在 $[a, b]$ 上严格单调的充要条件：

(1) 开区间 (a, b) 内任一点均非 $f(x)$ 的极值点；

(2) 对 $x_1, x_2 \in [a, b]$, $x_1 \neq x_2$, 有 $f(x_1) \neq f(x_2)$, 即 $f(x)$ 在 $[a, b]$ 上一一对应.

6. 设 $f(x)$ 在 $[a, b)$ 上连续, 且无上界. 若 $f(x)$ 在 $[a, b)$ 上任一开区间内不能取到最小值, 证明：$f(x)$ 的值域为区间 $[f(a), +\infty)$.

3.2　零点存在定理与介值定理

零点存在定理和介值定理是闭区间上连续函数的重要性质, 具有广泛的应用.

定理 3.2.1 (零点存在定理)　若函数 $f(x)$ 在闭区间 $[a, b]$ 上连续, 且 $f(a) \cdot f(b) < 0$, 则一定存在 $\xi \in (a, b)$, 使 $f(\xi) = 0$.

证　用区间套定理证. 不妨设 $f(a) < 0, f(b) > 0$. 记 $a = a_1, b = b_1$, 将 $[a_1, b_1]$ 二等分, 令中点 $c_1 = \dfrac{a_1 + b_1}{2}$. 若 $f(c_1) = 0$, 则取 $\xi = c_1$ 即可；若 $f(c_1) \neq 0$, 则或者 $f(c_1) < 0$ 或者 $f(c_1) > 0$. 当 $f(c_1) < 0$ 时, 令 $a_2 = c_1, b_2 = b_1$；

当 $f(c_1) > 0$ 时, 令 $a_2 = a_1, b_2 = c_1$. 再将 $[a_2, b_2]$ 二等分, 令中点 $c_2 = \dfrac{a_2 + b_2}{2}$, 若 $f(c_2) = 0$, 则取 $\xi = c_2$ 即可. 若不然, 可以继续下去, 于是有两种可能:

(1) 进行若干次后, 某分点 c_n 处函数值 $f(c_n) = 0$, 此时取 $\xi = c_n$ 即可;

(2) 分点处函数值不为零, 以上过程可以无限地作下去, 得一区间套 $\{[a_n, b_n]\}$, 它具有特性 $f(a_n) < 0, f(b_n) > 0$. 由区间套定理, 必有 $\xi \in [a, b]$, 使 $\lim\limits_{n \to \infty} a_n = \lim\limits_{n \to \infty} b_n = \xi$. 下面只要证明 $f(\xi) = 0$.

因为 $f(x)$ 在 $[a, b]$ 上连续, 所以在 $x = \xi$ 处也连续, 因此 $f(\xi) = \lim\limits_{n \to \infty} f(a_n) \leqslant 0$ 和 $f(\xi) = \lim\limits_{n \to \infty} f(b_n) \geqslant 0$, 即 $f(\xi) = 0$.

注 3.2.1 也可用确界存在原理或有限覆盖定理证明.

由此定理可以推出更一般的结论:

定理 3.2.2 (介值定理) 若函数 $f(x)$ 在闭区间 $[a, b]$ 上连续, 则它一定能取到最大值 M 和最小值 m 之间的任何一个值.

证 由最值存在定理, 存在 $\alpha, \beta \in [a, b]$, 使得

$$f(\alpha) = m, \quad f(\beta) = M.$$

不妨设 $\alpha < \beta$, 对任何一个中间值 $C, m < C < M$. 考察辅助函数

$$\varphi(x) = f(x) - C.$$

因为 $f(x)$ 在 $[a, b]$ 上连续, 所以 $\varphi(x)$ 在闭区间 $[\alpha, \beta]$ 上连续, 而且有 $\varphi(\alpha) = f(\alpha) - C < 0, \varphi(\beta) = f(\beta) - C > 0$. 由零点存在定理, 必有 $\xi \in (\alpha, \beta)$, 使得 $\varphi(\xi) = 0$ 即 $f(\xi) = C$.

例 3.2.1 设 $f(x)$ 在 $[a, b]$ 上连续, $a < c < d < b$, 证明: 对任意正数 p 和 q, 至少存在一点 $\xi \in [c, d]$, 使得 $pf(c) + qf(d) = (p + q)f(\xi)$.

分析 欲证等式等价于 $\dfrac{pf(c) + qf(d)}{p + q} = f(\xi)$, 只要能证明 $\dfrac{pf(c) + qf(d)}{p + q}$ 介于 $f(x)$ 在 $[c, d]$ 上的最小值与最大值之间, 应用介值定理即证.

证 因为 $[c, d] \subset [a, b]$, 所以函数 $f(x)$ 在 $[c, d]$ 上连续, 函数 $f(x)$ 必在 $[c, d]$ 上取得最大值 M 与最小值 m, 使

$$m \leqslant f(c) \leqslant M, \quad m \leqslant f(d) \leqslant M.$$

又因 $p > 0, q > 0$, 所以

$$pm \leqslant pf(c) \leqslant pM, \quad qm \leqslant qf(d) \leqslant qM,$$

相加得

$$(p + q)m \leqslant pf(c) + qf(d) \leqslant (p+q)M.$$

即

$$m \leqslant \frac{pf(c) + qf(d)}{p + q} \leqslant M.$$

于是, 根据闭区间上连续函数的介值定理, 在 $[c, d]$ 上至少存在一点 ξ, 使得

$$\frac{pf(c) + qf(d)}{p + q} = f(\xi),$$

从而

$$pf(c) + qf(d) = (p + q)f(\xi).$$

例 3.2.2　设 $f(x)$ 是区间 I 上的连续函数 (不是常值函数). 证明:

(1) $f(x)$ 的值域 $f(I)$ 必是一个区间;

(2) 若对任意开区间 $(a, b) \subset I$, 其值域 $f((a, b))$ 也是开区间, 则 $f(x)$ 在区间 I 上单调.

证明　(1) 因 $f(x)$ 不是常值函数, 故存在 $y_1, y_2 \in f(I)$, 使 $y_1 < y_2$. 任取这样的 y_1, y_2, 根据定理 3.2.2, 对任意 $\mu \in [y_1, y_2]$, 必存在 $\xi \in I$, 使得 $\mu = f(\xi) \in f(I)$. 所以 $[y_1, y_2] \subset f(I)$. 由 y_1, y_2 的任意性知, $f(I)$ 必是一个区间.

(2) 假如不然, 则存在 $a, b, c \in I$, $a < b < c$, 使得 $f(a) < f(b) > f(c)$, 设 $f(x)$ 在 $[a, c]$ 上的最大值为 $M = f(x_0)$, 易知 $x_0 \neq a, x_0 \neq c$. 于是, $M = f(x_0) \in f((a, c))$, 值域 $f((a, c))$ 包含右端点 M, 因此, $f((a, c))$ 不是开区间. 与题设矛盾.

思考　此题中结论 (1) 和 (2) 的逆命题是否成立?

注 3.2.2　本题对常值函数也成立, 只不过这时的区间缩为一点.

注 3.2.3　介值定理的常见说法如下: 设函数 $f(x)$ 在闭区间 $[a, b]$ 上连续, $x_1, x_2 \in [a, b]$, $x_1 < x_2$, 且 $f(x_1) \neq f(x_2)$, 则 $f(x)$ 能够取到 $f(x_1)$ 与 (x_2) 之间的一切值. 例 3.2.2 中 (1) 实质上是介值性的等价表述, 也就是说, 值域是区间等价于具有介值性.

思考　介值性能否推出连续性? 即若定义在闭区间 $[a, b]$ 上函数 $f(x)$, 对任意 $x_1, x_2 \in [a, b], x < x_2$, 且 $f(x_1) \neq f(x_2)$, $f(x)$ 能够取到 $f(x_1)$ 与 (x_2) 之间的一切值, $f(x)$ 是否连续?

注 3.2.4　此题中 (1) 只肯定在函数连续条件下, 值域是区间, 并未明确是什么样的区间, 根据定理 3.2.2 可知, 有界闭区间上连续函数的值域一定是闭区间, 最小值和最大值分别为其左右端点.

思考　考虑上述结论之逆: 若函数 $f(x)$ 在闭区间 $[a, b]$ 上的值域是闭区间, $f(x)$ 在 $[a, b]$ 上连续吗?

注 3.2.5 严格单调函数一定是一一对应的. 但是, 反过来, 一一对应函数即使具有介值性也未必严格单调, 例如 $f(x) = \begin{cases} x, & x \text{ 为有理数}, \\ -x, & x \text{ 为无理数}, \end{cases} x \in [0,1]$. 而当函数连续时, 则严格单调性与一一对应是等价的, 见习题 3.2 第 5 题.

 **习 题 3.2**

1. 设 $a > 0$. 讨论方程 $e^x = ax^2$ 的实根的个数.

2. 设 $f_n(x) = x^n + x, n > 1$. 证明:

(1) 对每一个 n, 方程 $f_n(x) = 1$ 在 $\left(\dfrac{1}{2}, 1\right)$ 内有且仅有一个实根.

(2) 设 $a_n \in \left(\dfrac{1}{2}, 1\right)$ 是 $f_n(x) = 1$ 的根, 则 a_n 单调递增收敛于 1.

3. 在区间 (a,b) 内具有介值性的函数 $f(x)$ 是否一定在 (a,b) 内连续? 若再假设对任意 $x \in (a,b)$, 极限 $\lim\limits_{t \to x} f(t)$ 存在, 证明: $f(x)$ 在 (a,b) 内连续.

4. 设 $f(x)$ 在 $[a,b]$ 上单调, 且能取到介于 $f(a)$ 和 $f(b)$ 之间的所有数作为其函数值. 证明: $f(x)$ 在 $[a,b]$ 上连续.

5. $f(x)$ 在 I 上严格单调是否等价于它在 I 上一一对应 (即对 $x_1, x_2 \in I$, $x_1 \neq x_2$, 有 $f(x_1) \neq f(x_2)$)? 若再假设 $f(x)$ 是区间 I 上的连续函数, 又会怎么样?

6. 设函数 $f(x)$ 在 (a,b) 内连续且有极值点. 证明: 存在 $x_1, x_2 \in (a,b)$, $x_1 \neq x_2$, 使得 $f(x_1) = f(x_2)$.

7. 设 $f(x)$ 在 $[a,b]$ 上连续, $f(a) = f(b)$. 证明: 存在 $c, d \in [a,b]$, $d - c = \dfrac{b-a}{2}$ 使得 $f(c) = f(d)$.

8. 设 $f(x)$ 在 $[a,b]$ 上连续, $\{x_n\} \subset [a,b]$, $\lim\limits_{n \to \infty} f(x_n) = A$. 证明存在 $\xi \in [a,b]$ 使 $f(\xi) = A$.

9. 若连续函数的定义域是开区间, 其值域也是开区间吗? 单调连续函数呢?

3.3 一致连续与康托尔定理

我们曾经学过连续的概念, 函数 $f(x)$ 在 $x_0 \in I$ 连续定义为: 对于任意的 $\varepsilon > 0$, 存在 $\delta > 0$, 当 $x \in I$ 且 $|x - x_0| < \delta$ 时, 有 $|f(x) - f(x_0)| < \varepsilon$. 需要注意的是, 这里的 δ 依赖于两个因素: ε 和 x_0, 所以记 $\delta = \delta(x_0, \varepsilon)$. 所谓 $f(x)$ 在区间 I 上连续, 是指 $f(x)$ 在区间 I 上每一点都连续 (对区间端点而言则指单侧连续).

当考虑 $f(x)$ 在区间 I 上的连续性时, 即使对同一个 $\varepsilon > 0$, 不同的点, 相应的 δ 一般是不同的, 那么能否对区间上的所有点, 找到一个公共的 $\delta > 0$, 或者说能否找到一个只依赖于 ε, 而不依赖于具体点的普遍适用的 δ 呢?

先看一个例子, $f(x) = \dfrac{1}{x}$, $x \in (0, +\infty)$. 很明显, 函数曲线越往右越平坦, 越往左越陡峭. 从图形上看, 对同样的带宽 ε, 自变量越接近原点, 需要的 δ 越小, 所以不存在一个最小的、共同的正数 δ 适合区间上所有的点 (图 3-1).

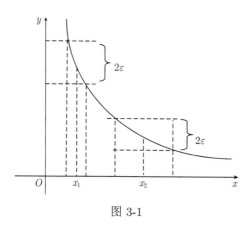

图 3-1

换言之, 对 $f(x) = \dfrac{1}{x}$ 所表示的曲线, 我们找不到一段 "细管子", 能从曲线的一端沿水平方向穿过另一端.

一般讲, 上述问题的答案不仅与所讨论的函数 $f(x)$ 有关, 还与区间 I 有关, 涉及函数在区间上的整体性质, 这就引出了一个新的概念—— 一致连续.

定义 3.3.1　设函数 $f(x)$ 在区间 I 上有定义, 若对任意的 $\varepsilon > 0$, 存在 $\delta > 0$, 使得对 I 内任意两点 x', x'', 当 $|x' - x''| < \delta$ 时, 有

$$|f(x') - f(x'')| < \varepsilon,$$

则称 $f(x)$ 在 I 上一致连续.

直观地说, $f(x)$ 在 I 上一致连续是指, 对任意的 $\varepsilon > 0$, 存在 $\delta > 0$, 不论 x' 与 x'' 在 I 中的位置如何, 只要它们的距离小于 δ, 就可使 $|f(x') - f(x'')| < \varepsilon$. 这里的 x', x'' 都可以变, 不像在一点 x_0 连续的定义中, x_0 是固定不变的, 而 x 只在 x_0 的某个邻域内变. 显然, 如果函数 $f(x)$ 在区间 I 上一致连续的话, 它在区间 I 上必定连续, 反之不然.

再强调一下, 连续是一个局部性概念, 而一致连续是一个整体概念.

思考　设 $f(x)$ 在 $[a, c)$ 和 $[c, b]$ 上分别一致连续, 它是否在 $[a, b]$ 上一致连续? 若 $f(x)$ 在 $[a, c]$ 和 $[c, b]$ 上分别一致连续, 结论如何?

例 3.3.1　试证函数 $f(x) = \sqrt{x}$ 在 $[0, +\infty)$ 上一致连续.

证　对任意 $x', x'' \geqslant 0$, $x'' > x'$ 有 $\sqrt{x''} + \sqrt{x'} \geqslant \sqrt{x''} \geqslant \sqrt{x'' - x'}$. 从而有

$$|\sqrt{x''} - \sqrt{x'}| = \frac{|x'' - x'|}{\sqrt{x''} + \sqrt{x'}} \leqslant \frac{|x'' - x'|}{|x'' - x'|^{\frac{1}{2}}} = |x'' - x'|^{\frac{1}{2}}.$$

于是, 对任意的 $\varepsilon > 0$, 取 $\delta = \varepsilon^2$, 则对任意 $x', x'' \in [0, +\infty)$, 当 $|x' - x''| < \delta$ 时, 有 $|\sqrt{x''} - \sqrt{x'}| \leqslant |x'' - x'|^{\frac{1}{2}} < \delta^{\frac{1}{2}} = \varepsilon$.

例 3.3.2　证明函数 $f(x) = \dfrac{1}{x}$ 在区间 $[a, +\infty)(a > 0)$ 上一致连续, 在 $(0, 1]$ 上不一致连续.

证　作为初等函数, $f(x) = \dfrac{1}{x}$ 在两个区间上都是连续的.

在区间 $[a, +\infty)$ 上, 对任意 $\varepsilon > 0$, 任取 $x', x'' \in [a, +\infty)$, 由于

$$|f(x') - f(x'')| = \left| \frac{1}{x'} - \frac{1}{x''} \right| = \frac{|x'' - x'|}{x'x''} \leqslant \frac{|x'' - x'|}{a^2},$$

取 $\delta = a^2 \varepsilon$, 则当 $|x' - x''| < \delta$ 时, 便有

$$|f(x') - f(x'')| \leqslant \frac{|x'' - x'|}{a^2} \leqslant \frac{a^2 \varepsilon}{a^2} = \varepsilon.$$

在区间 $(0, 1]$ 上, 对任意 $\varepsilon, 0 < \varepsilon < 1$, 能否找到适用于整个区间 $(0, 1]$ 的共用 $\delta > 0$? 对任意 $x, x_1 \in (0, 1]$, 欲使 $|f(x) - f(x_1)| = \left| \dfrac{1}{x} - \dfrac{1}{x_1} \right| < \varepsilon$, 即

$$\frac{1}{x_1} - \varepsilon < \frac{1}{x} < \frac{1}{x_1} + \varepsilon \Leftrightarrow \frac{x_1}{1 + x_1 \varepsilon} < x < \frac{x_1}{1 - x_1 \varepsilon}$$

$$\Leftrightarrow \frac{-x_1^2 \varepsilon}{1 + x_1 \varepsilon} < x - x_1 < \frac{x_1^2 \varepsilon}{1 - x_1 \varepsilon},$$

取

$$\delta(x_1, \varepsilon) = \min \left\{ \frac{x_1 \varepsilon}{1 + x_1 \varepsilon}, \frac{x_1^2 \varepsilon}{1 - x_1 \varepsilon} \right\} = \frac{x_1^2 \varepsilon}{1 + x_1 \varepsilon},$$

则当 $x_1 \to 0^+$ 时, $\delta(x_1, \varepsilon) \to 0$, $\delta(x_1, \varepsilon)$ 取不到最小值, 或者说, 不存在只依赖于 ε 而与区间中点的位置无关的 $\delta > 0$, 当然也就不存在适合 $(0, 1]$ 中所有点的统一的 δ 了. 因此, $f(x) = \dfrac{1}{x}$ 在区间 $(0, 1]$ 上不一致连续.

注 3.3.1　一个函数是否一致连续, 既与函数本身有关, 也与所考虑的区间有关.

一般情况下, 要像上例那样精确解出 $\delta(x_1, \varepsilon)$, 再进行分析是很困难的. 所以, 仅仅依靠定义判断一个函数在某一区间上是否一致连续是相当麻烦的. 下面定理给出了一致连续的充要条件.

定理 3.3.1　设函数 $f(x)$ 在区间 I 上有定义, 则 $f(x)$ 在 I 上一致连续的充分必要条件是: 对任何点列 $\{x'_n\} \subset I$, $\{x''_n\} \subset I$, 只要 $\lim\limits_{n \to \infty} (x'_n - x''_n) = 0$ 就有 $\lim\limits_{n \to \infty} (f(x'_n) - f(x''_n)) = 0$.

证　必要性. 设 $f(x)$ 在 I 上一致连续, 则对任意的 $\varepsilon > 0$, 存在 $\delta > 0$, 对任意 $x', x'' \in I, |x' - x''| < \delta$ 时有 $|f(x') - f(x'')| < \varepsilon$.

对上述的 $\delta > 0$, 由 $\lim\limits_{n \to \infty} (x'_n - x''_n) = 0$, 可知存在 N, 当 $n > N$ 时有 $|x'_n - x''_n| < \delta$, 从而有

$$|f(x'_n) - f(x''_n)| < \varepsilon.$$

这就证明了 $\lim\limits_{n \to \infty} (f(x'_n) - f(x''_n)) = 0$.

充分性. 用反证法. 函数 $f(x)$ 在 I 上不一致连续可表述为: 存在 $\varepsilon_0 > 0$, 对任意 $\delta > 0$, 存在 $x', x'' \in I, |x' - x''| < \delta$, 但 $|f(x') - f(x'')| \geqslant \varepsilon_0$.

取 $\delta_n = \dfrac{1}{n}$ $(n = 1, 2, 3, \cdots)$, 于是存在 $x'_n, x''_n \in I$, 满足

$$|x'_n - x''_n| < \frac{1}{n}, \quad |f(x'_n) - f(x''_n)| \geqslant \varepsilon_0,$$

即 $\lim\limits_{n \to \infty} (x'_n - x''_n) = 0$, 但 $\{f(x'_n) - f(x''_n)\}$ 不收敛于 0, 矛盾.

注 3.3.2　定理 3.3.1 表明: $f(x)$ 在 I 上一致连续的充要条件是 $f(x)$ 把柯西列映射成柯西列. 如果 $f(x)$ 仅连续而不一致连续, 则结论不成立. 如上述例 3.3.2, 取 $x'_n = \dfrac{1}{2n}, x''_n = \dfrac{1}{n}, (n = 1, 2, 3, \cdots), x'_n, x''_n \in (0, 1]$, 则 $\lim\limits_{n \to \infty} (x'_n - x''_n) = 0$, 但 $\lim\limits_{n \to \infty} (f(x'_n) - f(x''_n)) = \lim\limits_{n \to \infty} (2n - n) = +\infty$.

注 3.3.3　定理 3.3.1 并不限于有界区间.

例 3.3.3　证明 $f(x) = \sin x^2$ 在 $(-\infty, +\infty)$ 上不一致连续.

证　取 $\varepsilon_0 = \dfrac{1}{2}, x'_n = \sqrt{n\pi + \dfrac{\pi}{2}}, x''_n = \sqrt{n\pi}$ $(n = 1, 2, 3, \cdots)$, 则有

$$\lim_{n \to \infty} |x'_n - x''_n| = \lim_{n \to \infty} \frac{\pi}{2} \frac{1}{\sqrt{n\pi + \dfrac{\pi}{2}} + \sqrt{n\pi}} = 0.$$

但 $|f(x'_n) - f(x''_n)| = \left| \sin\left(n\pi + \dfrac{\pi}{2}\right) - \sin n\pi \right| = 1 > \dfrac{1}{2} = \varepsilon_0$, 所以 $f(x) = \sin x^2$ 在 $(-\infty, +\infty)$ 上不一致连续.

我们知道, 一致连续性与区间密切相关, 连续函数在无限区间和有限开区间上都可能不一致连续. 但对于有限闭区间上的连续函数, 我们有下述著名的康托尔 (Cantor) 定理.

定理 3.3.2 (康托尔定理)   若函数 $f(x)$ 在闭区间 $[a, b]$ 上连续, 则 $f(x)$ 在 $[a, b]$ 上一致连续.

证   用致密性定理证. 采用反证法. 假设 $f(x)$ 在 $[a, b]$ 上不一致连续, 则存在 $\varepsilon_0 > 0$, 对任意的 $\delta > 0$, 在 $[a, b]$ 上可以找到两点 x', x'', 虽然 $|x' - x''| < \delta$, 但 $|f(x') - f(x'')| \geqslant \varepsilon_0$. 现取 $\delta = \dfrac{1}{n}$ $(n = 1, 2, 3, \cdots)$, 我们得到 $[a, b]$ 上两个点列 $\{x'_n\}$ 和 $\{x''_n\}$ 满足：对于 $\delta = \dfrac{1}{n} > 0$,

$$|x'_n - x''_n| < \frac{1}{n}, \quad |f(x'_n) - f(x''_n)| \geqslant \varepsilon_0.$$

因为 $\{x'_n\}$ 有界, 由致密性定理, 存在收敛子列 $\{x'_{n_k}\}$ 满足 $\lim\limits_{k \to \infty} x'_{n_k} = x_0, x_0 \in [a, b]$. 在 $\{x''_n\}$ 中再取子列 $\{x''_{n_k}\}$, 则由 $|x'_{n_k} - x''_{n_k}| < \dfrac{1}{n_k}$ $(k = 1, 2, 3, \cdots)$, 得到 $\lim\limits_{k \to \infty} (x'_{n_k} - x''_{n_k}) = 0$, 因此就有 $x''_{n_k} \to x_0$.

另一方面, 由于 $f(x)$ 在点 x_0 连续, 亦即

$$\lim_{x \to x_0} f(x) = f(x_0).$$

按函数极限与数列极限的关系有

$$\lim_{k \to \infty} f(x'_{n_k}) = f(x_0), \quad \lim_{k \to \infty} f(x''_{n_k}) = f(x_0).$$

从而

$$\lim_{k \to \infty} (f(x'_{n_k}) - f(x''_{n_k})) = 0.$$

这与 $|f(x'_{n_k}) - f(x''_{n_k})| \geqslant \varepsilon_0$ 矛盾, 亦即假设 $f(x)$ 在 $[a, b]$ 上不一致连续是不成立的, 从而证明了定理.

 习 题 3.3

1. 判断下列函数在其定义域 $[0, +\infty)$ 或 $(0, +\infty)$ 上的一致连续性：

(1) $f(x) = \sin^2 x$;   (2) $f(x) = x^2$;   (3) $f(x) = \dfrac{\sin x}{x}$;   (4) $f(x) = x \sin \dfrac{1}{x}$;

(5) $f(x) = \sqrt[3]{x}$;　(6) $f(x) = \cos\sqrt{x}$;　(7) $f(x) = \ln x$

2. 设 $f(x)$ 在有限开区间 (a, b) 内一致连续. 证明: $f(x)$ 在 (a, b) 内有界.

3. 设 $f(x)$ 在有限开区间 (a, b) 内连续. 证明 $f(x)$ 在 (a, b) 内一致连续的充要条件是: 极限 $\lim\limits_{x \to a^+} f(x)$ 和 $\lim\limits_{x \to b^-} f(x)$ 均存在.

4. 若将第 2、第 3 题中的 (a, b) 换为无限区间 $(-\infty, +\infty)$, 结论还成立吗?

5. 设 $f(x)$ 在区间 $[a, +\infty)$ 上一致连续, $g(x)$ 在区间 $[a, +\infty)$ 上连续, 且有 $\lim\limits_{x \to +\infty} [f(x) - g(x)] = 0$. 证明: $g(x)$ 在 $[a, +\infty)$ 上一致连续.

6. 设 $f(x)$ 在 $[a, +\infty)$ 上连续, $\lim\limits_{x \to +\infty} f(x)$ 存在. 证明 $f(x)$ 在 $[a, +\infty)$ 上具有下列性质:

(1) 有界; (2) 一致连续; (3) 存在最大值和最小值.

7. 设 $f(x)$ 和 $g(x)$ 均在 $[a, b)$ (a 有限, b 不限) 上一致连续. 讨论下列函数是否一致连续:

(1) $f(x)g(x)$;　(2) $\max\{f(x), g(x)\}$;　(3) $\min\{f(x), g(x)\}$.

8. 设 $f(x)$ 在区间 $[a, +\infty)$ 上连续可微. 证明: $\lim\limits_{x \to +\infty} [f(x) + f'(x)] = A$ 的充要条件是 $\lim\limits_{x \to +\infty} f(x) = A$, 且 $f'(x)$ 在 $[a, +\infty)$ 上一致连续.

3.4　单 调 函 数

单调函数是数学分析中除连续函数以外的又一类重要函数, 在极限、连续、积分等方面具有许多良好性质.

➤ 单调函数的极限存在定理

与单调数列的情况相似, 单调函数也有 (单侧) 极限存在定理有 (以下只是一种情况).

定理 3.4.1 (单调函数的单侧极限存在定理)　设 f 在点 x_0 的左邻域 $(x_0 - \delta_0, x_0)$ 内单调递增, 则左极限 $f(x_0^-) = \lim\limits_{x \to x_0^-} f(x)$ 存在 (包括广义极限), 且

(1) 若 f 在在 x_0 的左邻域 $(x_0 - \delta_0, x_0)$ 内有上界, 则左极限 $\lim\limits_{x \to x_0^-} f(x)$ 为有限数;

(2) 若 f 在在 x_0 的左邻域 $(x_0 - \delta_0, x_0)$ 内无上界, 则左极限 $\lim\limits_{x \to x_0^-} f(x) = +\infty$.

证　(1) 在 $(x_0 - \delta_0, x_0)$ 中任取一严格单调递增收敛于 x_0 的数列 $\{x_n\}$. 因 f 单调递增有上界, 故数列 $\{f(x_n)\}$ 也单调递增有上界, 从而收敛, 记 $\lim\limits_{n \to \infty} f(x_n) = A$, 从而 $f(x_n) \leqslant A, n \in \mathbf{N}$.

对 $\varepsilon > 0$, 存在 $N \in \mathbf{N}$, 当 $n > N$ 时, $A - \varepsilon < f(x_n) \leqslant A$, 取 $\delta = x_0 - x_{N+1}$, 当 $x \in (x_0 - \delta, x_0) = (x_{N+1}, x_0)$ 时, 因 $x_n \to x_0$, 总有 $m > N + 1$, 使得 $x_m > x$. 于是,

$$A - \varepsilon < f(x_{N+1}) \leqslant f(x) \leqslant f(x_m) \leqslant A < A + \varepsilon,$$

故有 $|f(x) - A| < \varepsilon$, 即 $f(x_0^-) = \lim\limits_{x \to x_0^-} f(x) = A$.

(2) 因 f 在 x_0 的左邻域内单调递增无上界, 故任意 $M > 0$ 不是 $f(x)$ 的上界, 总存在 $\bar{x} \in (x_0 - \delta_0, x_0)$, 使 $f(\bar{x}) > M$. 令 $\delta = x_0 - \bar{x}$, 则当 $x \in (x_0 - \delta, x_0) = (\bar{x}, x_0)$ 时,

$$f(x) \geqslant f(\bar{x}) > M, f(x_0^-) = \lim\limits_{x \to x_0^-} f(x) = +\infty.$$

关于单调函数在 x_0 的右极限有以下类似结论.

定理 3.4.2 设函数 f 在点 x_0 的右邻域 $(x_0, x_0 + \delta_0)$ 单调递增 (减), 则右极限 $f(x_0^+) = \lim\limits_{x \to x_0^+} f(x)$ 存在 (包括广义极限), 且

(1) 若 $f(x)$ 在 x_0 的右邻域有下界 (上界), 则 $f(x_0^+)$ 为有限数;

(2) 若 $f(x)$ 在 x_0 的右邻域无下界 (上界), 则 $f(x_0^+) = -\infty(+\infty)$.

证 不妨设 f 单调递增. 由确界存在原理, 可设 $\alpha = \inf\limits_{x \in (x_0, x_0 + \delta_0)} f(x)$.

(1) 设 $f(x)$ 在 x_0 的右邻域有下界, 现在证明 α 是有限数, 且

$$\lim\limits_{x \to x_0^+} f(x) = \alpha.$$

由下确界定义知, 对任意 $\varepsilon > 0$, $\alpha + \varepsilon$ 不是 $f(x)$ 在 x_0 的右邻域上的下界, 因此存在 $x' \in (x_0, x_0 + \delta_0)$, 使 $f(x') < \alpha + \varepsilon$. 于是当 $x \in (x_0, x')$ 时, 由于 f 单调递增, 故有

$$\alpha \leqslant f(x) \leqslant f(x') < \alpha + \varepsilon,$$

即 $|f(x) - \alpha| < \varepsilon$. 因此有 $\lim\limits_{x \to x_0^+} f(x) = f(x_0^+) = \alpha = \inf\limits_{x \in (x_0, x_0 + \delta_0)} f(x)$.

(2) 当 $f(x)$ 在 x_0 的右邻域无下界时, 对任意给定的数 $G > 0$, 都存在 $x' \in (x_0, x_0 + \delta_0)$, 使 $f(x') < -G$. 于是当 $x \in (x_0, x')$ 时, 由 f 的单调递增性得

$$f(x) \leqslant f(x') < -G.$$

因此, $\lim\limits_{x \to x_0^+} f(x) = f(x_0^+) = -\infty$.

定理 3.4.3 设函数 $f(x)$ 在 (a, b) 上单调递增, 则对 $x_0 \in (a, b)$, 存在有限极限 $\lim\limits_{x \to x_0^-} f(x)$ 和 $\lim\limits_{x \to x_0^+} f(x)$, 且 $\lim\limits_{x \to x_0^-} f(x) = \sup\limits_{x \in (a, x_0)} f(x)$, $\lim\limits_{x \to x_0^+} f(x) = \inf\limits_{x \in (x_0, b)} f(x)$. 此外, $\lim\limits_{x \to a^+} f(x)$ 和 $\lim\limits_{x \to b^-} f(x)$ 也存在 (包括广义极限).

例 3.4.1 设函数 $f(x)$ 在 $[a, x_0)$ 上单调, 则极限 $\lim\limits_{x \to x_0^-} f(x)$ 存在的充要条件是 $f(x)$ 在 $[a, x_0)$ 上有界.

证　必要性. 若 $\lim\limits_{x \to x_0^-} f(x)$ 存在, 则由函数极限的局部有界性, 存在 $\delta_0 > 0$, $f(x)$ 在 $(x_0 - \delta_0, x_0)$ 内有界. 而在 $[a, x_0 - \delta_0]$ (不妨设 $a < x_0 - \delta_0$) 上 $f(x)$ 是单调函数, 于是, 对 $x \in [a, x_0 - \delta_0]$, 有 $|f(x)| \leqslant \max\{|f(a), f(x_0 - \delta_0)|\}$, 因此, f 在 $[a, x_0)$ 上有界.

充分性. 若函数 f 在 $[a, x_0)$ 上有界, 因为 $f(x)$ 在 $[a, x_0)$ 上单调, 由单调函数单侧极限的存在定理可知, $\lim\limits_{x \to x_0^-} f(x)$ 存在.

注 3.4.1　上述结论说明函数单侧极限的单调有界定理的条件不仅是充分而且是必要的, 其中必要性证明用到了单侧函数极限的局部有界性.

例 3.4.2　设 $f(x)$ 是 $[a, b]$ 上的严格递增函数, 若对 $x_n \in (a, b]$ $(n = 1, 2, \cdots)$, 有 $\lim\limits_{n \to \infty} f(x_n) = f(a)$. 证明: $\lim\limits_{n \to \infty} x_n = a$.

证　用反证法. 若 $\lim\limits_{n \to \infty} x_n \neq a$, 则存在 $\varepsilon_0 > 0$ 及 $\{x_{n_k}\} \subset \{x_n\}$, 使得

$$|x_{n_k} - a| \geqslant \varepsilon_0.$$

由 $x_{n_k} \geqslant a + \varepsilon_0$ 和 $f(x)$ 的严格递增性, 有

$$f(x_{n_k}) \geqslant f(a + \varepsilon_0) > f(a).$$

因为 $\lim\limits_{k \to \infty} f(x_{n_k}) = \lim\limits_{n \to \infty} f(x_n) = f(a)$, 于是对上式取 $k \to \infty$, 得到 $f(a) \geqslant f(a + \varepsilon_0) > f(a)$, 矛盾! 所以有 $\lim\limits_{n \to \infty} x_n = a$.

思考　可否根据 $f(x)$ 在 $[a, b]$ 上严格递增, 存在反函数 f^{-1}, 从 $\lim\limits_{n \to \infty} f(x_n) = f(a)$ 推出 $\lim\limits_{n \to \infty} (f^{-1} \circ f)(x_n) = (f^{-1} \circ f)(a)$, 从而得出 $\lim\limits_{n \to \infty} x_n = a$?

➤ **单调函数的若干性质**

单调函数具有一些特殊性质, 表现出某些好的性态.

先给出刻画严格单调性的一个充分必要条件.

定理 3.4.4　定义在数集 D 上的函数 $f(x)$ 严格单调的充要条件是, 对任意 $x_1, x_2, x_3 \in D$, $x_1 < x_2 < x_3$, 有

$$[f(x_1) - f(x_2)][f(x_2) - f(x_3)] > 0. \tag{3.1}$$

证　必要性. 不妨设 $f(x)$ 严格递增, 则对 $x_1, x_2, x_3 \in D$, $x_1 < x_2 < x_3$, 有

$$f(x_1) - f(x_2) < 0, f(x_2) - f(x_3) < 0,$$

于是 (3.1) 成立.

充分性. 用反证法. 若对 $x_1, x_2, x_3 \in D$, $x_1 < x_2 < x_3$, $f(x)$ 满足 (3.1), 但 f 不是严格单调的, 则存在 $a_1, a_2 \in D$, $a_1 < a_2$, $f(a_1) \leqslant f(a_2)$, 又存在 $a_3, a_4 \in D$, $a_3 < a_4$ (a_3, a_4 与 a_1, a_2 至少有三个互不相等), $f(a_3) \geqslant f(a_4)$. 在 a_1, a_2, a_3, a_4 中总可选出三个点, 记为 x_1, x_2, x_3, 它们满足 $x_1 < x_2 < x_3$, 且

$$f(x_1) \leqslant f(x_2), f(x_2) \geqslant f(x_3) \text{ (或 } (x_1) \geqslant f(x_2), f(x_2) \leqslant f(x_3)),$$

于是 $[f(x_1) - f(x_2)][f(x_2) - f(x_3)] \leqslant 0$ 与 (3.1) 相矛盾. 因此, f 为严格单调函数.

定理 3.4.5 设 $f(x)$ 在区间 I 上有定义.

(1) 若 $f(x)$ 在区间 I 上连续, 则值域 $f(I)$ 为区间;

(2) 若 $f(x)$ 在区间 I 上单调, 且值域 $f(I)$ 为区间, 则 $f(x)$ 在区间 I 上连续.

证 (1) 值域 $f(I)$ 是区间等价于 $f(x)$ 在区间 I 上具有介值性, 因此, 由连续函数的介值定理可知, $f(I)$ 是区间.

(2) 不妨设 $f(x)$ 单调递增. 假如 $f(x)$ 有间断点 x_0, 在其两侧任取两点 x 和 x', 则有

$$f(x) \leqslant f(x_0^-) \leqslant f(x_0) \leqslant f(x_0^+) \leqslant f(x').$$

此不等式对于 I 中所有小于 x_0 的 x 和所有大于 x_0 的 x' 均成立. 由于 x_0 是间断点, 故有

$$f(x_0^-) < f(x_0^+).$$

于是在开区间 $(f(x_0^-), f(x_0^+))$ 中至多只可能有唯一一个点 $f(x_0)$ 在值域 $f(I)$ 中, 从而 $f(I)$ 不是一个区间. 与题设矛盾. 因此, $f(x)$ 不存在间断点.

注 3.4.2 这个定理简而言之, 就是当 $f(x)$ 在区间 I 上单调时, 其连续性等价于值域 $f(I)$ 是区间. 当然前者推出后者时并不需要单调性.

定理 3.4.6 设 f 为区间 I 上的严格递增 (减) 函数. 则

(1) f 存在反函数

$$f^{-1}: f(I) \to I$$

且 f^{-1} 为严格递增 (减) 函数;

(2) 若 f 在区间 I 上连续, 则反函数 f^{-1} 在值域 $f(I)$ 上也连续.

证 (1) f^{-1} 存在的充要条件是 f 一一对应 (对任意 $x_1, x_2 \in I, x_1 \neq x_2$, 有 $f(x_1) \neq f(x_2)$), f 严格单调自然是一一对应的, 所以存在反函数 f^{-1}.

任取 $y_1, y_2 \in f(I)$, $y_1 < y_2$, 必有 $x_1, x_2 \in I$, 使 $y_1 = f(x_1), y_2 = f(x_2)$, 易证 $x_1 < x_2$. 假若不然, $x_1 \geqslant x_2$, 由严格递增性得 $y_1 = f(x_1) \geqslant f(x_2) = y_2$, 与 $y_1 < y_2$ 矛盾, 因此, $x = f^{-1}(y)$ 为严格单调递增函数.

(2) 由 (1) 知, f^{-1} 在 $f(I)$ 上 (严格) 单调递增, 而值域 I 是区间, 根据定理 3.4.5, f^{-1} 在值域 $f(I)$ 上连续.

f 严格单调递减的情形类似可证, 或用 $-f$ 代 f.

注 3.4.3　在例 3.4.2 后面的思考题中, 由于题设条件没有说 $f(x)$ 在 $[a,b]$ 上连续, 因而, 不能肯定 f^{-1} 的连续性, 也就不能用那种做法.

思考　若 $f(x)$ 在 I 上存在反函数, $f(x)$ 在 I 上是否一定严格单调? 试看函数

$$f(x) = \begin{cases} x, & x \text{ 为有理数}, \\ -x, & x \text{ 为无理数}, \end{cases} \quad x \in [-1, 1].$$

注 3.4.4　当 $f(x)$ 在 I 上连续时, 则 $f(x)$ 存在反函数的充要条件是 $f(x)$ 严格单调 (见本节习题 3), 由上一定理 (2) 知, 这时反函数也是连续的.

定理 3.4.7　设 $f(x)$ 是区间 I 上的单调函数, 数列 $\{x_n\}$ 由迭代公式 $x_{n+1} = f(x_n)$ $(n = 1, 2, \cdots)$ 生成, 且 $\{x_n\} \subset I$. 则有

(1) 当 $f(x)$ 在区间 I 上 (严格) 单调递增时, $\{x_n\}$ 为 (严格) 单调数列 (要么单调递增, 要么单调递减);

(2) 当 $f(x)$ 在区间 I 上 (严格) 单调递减时, $\{x_n\}$ 的奇数项子列 $\{x_{2n-1}\}$ 和偶数项子列 $\{x_{2n}\}$ 都是 (严格) 单调数列, 但单调性相反.

证　(1) 若 $f(x)$ 在区间 I 上单调递增. 考察数列的前两项. 若 $x_1 < x_2 = f(x_1)$, 则有 $x_2 = f(x_1) \leqslant f(x_2) = x_3$. 用数学归纳法易证, 数列 $\{x_n\}$ 单调递增. 类似可证, 在 $x_1 > x_2$ 时, 数列 $\{x_n\}$ 单调递减. 若 $x_1 = x_2$, 则有

$$x_1 = x_2 = f(x_1) = f(x_2) = x_3 = f(f(x_1)) = f(f(x_2)) = f(x_3) = x_4 = \cdots.$$

即 $\{x_n\}$ 为常值数列. $\{x_n\}$ 中只要有某两项相等, 由于 $f(x)$ 的单调性, 它们之间的所有项都相等, 类似 $x_1 = x_2$ 时的情况, 可推知后面各项也都相等, 即为常值.

(2) 设 $f(x)$ 在区间 I 上单调递减. 注意到复合函数 $f(f(x))$ 是单调递增的, 也就是对 $a, b \in I$, $a < b$, 且 $f(a), f(b) \in I$, 必有 $f(f(a)) \leqslant f(f(b))$.

若 $x_1 = x_3$, 则有 $x_5 = f(x_4) = f(f(x_3)) = f(f(x_1)) = x_3$.

用归纳法可证子列 $\{x_{2k-1}\}$ 为常值数列.

若 $x_1 < x_3$, 由 f 单调递减推出 $x_2 = f(x_1) \geqslant f(x_3) = x_4$, 然后可得 $x_3 \leqslant x_5$. 用数学归纳法可证得子列 $\{x_{2k-1}\}$ 单调递增. 由于 f 单调递减, 从 $x_{2k} = f(x_{2k-1})$, $k \in \mathbf{N}_+$, 可知子列 $\{x_{2k}\}$ 单调递减.

对于 $x_1 > x_3$ 的讨论完全类似.

注 3.4.5　该定理事先不知道数列收敛与否, 既不要求数列有界, 也不要求区间 I 有界.

注 3.4.6　从该定理及其证明过程可以看出, 以上单调性颇具特点. 比如, 在 (1) 中 f 单调递增时, $\{x_n\}$ 只有两种情况: 要么严格单调递增, 要么从某项之后成

为常值数列. 若区间 I 或数列 $\{x_n\}$ 有界, 这时一定收敛; 在 (2) 中 f 单调递减时, $\{x_n\}$ 不单调, 但其奇数项子列 $\{x_{2n-1}\}$ 和偶数项子列 $\{x_{2n}\}$ 却是具有相反单调性的收敛数列, 当其极限相等时, 才能保证 $\{x_n\}$ 收敛. 不论哪种情况, 在证得 $\{x_n\}$ 收敛以后, 可在迭代公式 $x_{n+1} = f(x_n)$ 两边取极限, 求出极限值.

第 2 讲的例 2.1.8 中, $x_1 = 1, x_{n+1} = \dfrac{1}{1 + x_n}$, $n = 1, 2, \cdots$. 可由迭代公式 $x_{n+1} = f(x_n)$ 递推而来, 其中 $f(x) = \dfrac{1}{1 + x}$ 严格单调递减, 属于定理 3.4.7(2) 的情形, $\{x_{2n-1}\}$ 严格单调递减, $\{x_{2n}\}$ 严格单调递增, 二者收敛于同一极限 $\dfrac{\sqrt{5} - 1}{2}$, 从而有 $\lim\limits_{n \to \infty} x_n = \dfrac{\sqrt{5} - 1}{2}$.

例 3.4.3 设 $f(x)$ 是 $(0, \infty)$ 上的单调函数, $\lim\limits_{x \to +\infty} f(2x)/f(x) = 1$. 证明: 对任意 $a > 0$, 有 $\lim\limits_{x \to +\infty} f(ax)/f(x) = 1$.

证明 不妨设 $f(x)$ 单调递增. 首先有

$$\lim_{x \to +\infty} \frac{f(2^n x)}{f(x)} = \lim_{x \to +\infty} \frac{f(2^n x)}{f(2^{n-1} x)} \cdot \frac{f(2^{n-1} x)}{f(2^{n-2} x)} \cdots \cdots \frac{f(2x)}{f(x)} = 1.$$

其次, 对 $a \geqslant 1$, 存在 $n \in \mathbf{Z}$, 使得 $2^n \leqslant a < 2^{n+1}$. 从而有

$$f(2^n x) \leqslant f(ax) \leqslant f(2^{n+1} x), \quad x > 0.$$

由此知 $\lim\limits_{x \to +\infty} f(ax)/f(x) = 1$.

当 $a < 1$ 时, 令 $t = ax$, 则有

$$\lim_{x \to +\infty} \frac{f(ax)}{f(x)} = \lim_{x \to +\infty} \frac{f(t)}{f(t/a)} = \lim_{x \to +\infty} \frac{f(t/a)}{f(t)} = 1.$$

例 3.4.4 设函数 $f(x), g(x)$ 在 (a, b) 上单调, 且对 (a, b) 内的任一有理数 r, 均有 $f(r) = g(r)$, 则 $f(x)$ 与 $g(x)$ 的连续点相同, 且在连续点上的函数值相同.

证 设 $x_0 \in (a, b)$ 是 $f(x)$ 的连续点, 则对满足 $r_n \to x_0 (n \to \infty)$ 的任一有理数列 $\{r_n\}$, 必有 $\lim\limits_{n \to \infty} f(r_n) = f(x_0)$. 现设 $g(x)$ 单调递增, 则存在左极限 $g(x_0^-)$、右极限 $g(x_0^+)$, 且有

$$g(x_0^-) \leqslant g(x_0) \leqslant g(x_0^+).$$

若取有理数列 $\{r_n\}$ 从右侧趋于 x_0, 则

$$g(x_0^+) = \lim_{n \to \infty} g(r_n) = \lim_{n \to \infty} f(r_n) = f(x_0).$$

若取有理数列 $\{r_n\}$ 从左侧趋于 x_0, 则同理可得 $g(x_0^-) = f(x_0)$. 于是有

$$f(x_0) = g(x_0^-) \leqslant g(x_0) \leqslant g(x_0^+) = f(x_0).$$

这说明 x_0 也是 $g(x)$ 的连续点, 且 $g(x_0) = f(x_0)$.

反过来, 同理可证: $g(x)$ 的连续点也是 $f(x)$ 的连续点.

 习　题　3.4

1. 证明定理 3.4.1 中 $\lim\limits_{x \to x_0^-} f(x)$ 等于 f 在左邻域 $(x_0 - \delta_0, x_0)$ 上的上确界.

2. 设函数 $f(x)$ 是 $[a, +\infty)$ 上的单调递增 (减) 函数. 证明: 存在有限极限 $\lim\limits_{x \to +\infty} f(x)$ 的充要条件是 $f(x)$ 在 $[a, +\infty)$ 上有上 (下) 界.

3. 设 $f(x)$ 是区间 I 上的连续函数. 证明: $f(x)$ 在 I 上严格单调当且仅当它存在反函数.

4. 设 $f(x)$ 在区间 (a, b) 上为单调递增函数, 且存在数列 $\{x_n\} \subset (a, b)$, 使得 $\lim\limits_{n \to \infty} x_n = b$, $\lim\limits_{n \to \infty} f(x_n) = A$. 证明: (1) A 是 f 在区间 (a, b) 上的上界; (2) $\lim\limits_{x \to b} f(x) = A$.

5. 设函数 $f(x)$ 在 $(0, 1)$ 内有定义, 且函数 $e^x f(x)$ 和 $e^{-f(x)}$ 在 $(0, 1)$ 内单调递增. 证明: $f(x)$ 在 $(0, 1)$ 内连续.

6. 设函数 $f(x)$ 在 (a, b) 内可导. 证明: $f(x)$ 在 (a, b) 内严格单调递增的充要条件是对任意 $x_1, x_2 \in (a, b), x_1 < x_2$, 存在 $\xi \in (x_1, x_2)$, 使得 $f'(\xi) > 0$.

7. 设函数 f 在其不动点 a (即满足 $f(a) = a$) 处连续, 在点 a 的邻域 $(a - \delta, a + \delta)$ 中严格单调递增, 并且有

$$f(x) > x, x \in (a - \delta, a); f(x) < x, x \in (a, a + \delta).$$

证明: 由迭代 $x_{n+1} = f(x_n)(n = 1, 2, \cdots)$ 生成的数列, 当 $x_1 \in (a - \delta, a + \delta), x_1 \neq a$ 时, 必有 $x_n \in (a - \delta, a + \delta), n = 2, 3, \cdots$, 且 $\{x_n\}$ 是以 a 为极限的严格单调数列.

8. 著名的斐波那契数列定义如下:

$$F_1 = F_2 = 1, \ F_{n+2} = F_{n+1} + F_n, \ n = 1, 2, \cdots.$$

讨论数列 $\{F_{n+1}/F_n\}$ 的收敛性.

9. 设 $f(x) = a^x (a > 0, a \neq 1)$, $x_{n+1} = f(x_n)$, $x_1 = p$, $n = 1, 2, \cdots$. 分类讨论 $f(x)$ 的不动点的存在性和数列 $\{x_n\}$ 的单调性与收敛性.

10. 证明: 单调函数的间断点是第一类间断点 (跳跃型), 间断点的数量至多可列.

第 4 讲

导函数的两个重要特性

导函数固然也是函数, 但并非每个函数都可以充当某个函数的导函数. 导函数具有一般函数所没有的某些独特性质, 熟悉并运用好这些性质, 对于深入理解导函数、学好数学分析具有重要作用. 这一讲介绍导函数的两个重要特性 (介值性质和导数极限定理) 及其应用.

4.1 导函数的介值性

闭区间上的连续函数具有一条很好的性质, 即介值性. 下面的达布定理告诉我们, 导函数不必连续但也同样具有介值性质, 这是导函数的一个重要特性.

定理 4.1.1 (达布定理) 设 $f(x)$ 在区间 I 上可微, 则 $f'(x)$ 在 I 上具有介值性质, 即若有 $[a, b] \subset I$ 及 μ 满足 $f'(a) < \mu < f'(b)$ 或 $f'(a) > \mu > f'(b)$, 则存在 $\xi \in (a, b)$, 使 $f'(\xi) = \mu$.

证 只考虑 $f'(a) < \mu < f'(b)$ 的情形.

(*方法一*) 令 $g(x) = f(x) - \mu x$, 则 $g'(x) = f'(x) - \mu$.

$$g'(a) = f'(a) - \mu < 0, \quad g'(b) = f'(b) - \mu > 0.$$

只需证明存在 $\xi \in (a, b)$, 使 $g'(\xi) = 0$. 因为 $g(x)$ 在 $[a, b]$ 上连续, 所以存在最小值点 $\xi \in [a, b]$. 下证 $\xi \in (a, b)$. 若不然, 则 $\xi = a$ 或 $\xi = b$, 若 $\xi = a$, 则有 $g(a) \leqslant g(x)$, 从而

$$\frac{g(x) - g(a)}{x - a} \geqslant 0, \quad \lim_{x \to a^+} \frac{g(x) - g(a)}{x - a} = g'(a) \geqslant 0,$$

这与 $g'(a) < 0$ 矛盾, 故 ξ 不可能是 a. 同理可证 ξ 不可能是 b. 因此 $\xi \in (a, b)$, 即 ξ 是 $g(x)$ 的极小值点, 所以 $g'(\xi) = 0$, 即 $f'(\xi) = \mu$.

(方法二)　　只需考虑 $\mu = 0$ 的情况, 此时 $f'(a) < 0$, $f'(b) > 0$, 若 $f(a) = f(b)$, 则由罗尔 (Rolle) 定理得证. 否则, 不妨设 $f(a) > f(b)$, 由 $\lim\limits_{x \to b} \dfrac{f(x) - f(b)}{x - b} = f'(b) > 0$ 知, 存在 $\delta \in (0, b - a)$ 使当 $x \in (b - \delta, b)$ 时, 有

$$\frac{f(x) - f(b)}{x - b} > 0,$$

从而 $f(x) < f(b)$, 取一点 $x_0 \in (b - \delta, b)$, 则有 $f(x_0) < f(b) < f(a)$, 根据连续函数的介值定理, 存在 $c \in (a, x_0)$ 使 $f(c) = f(b)$, 再在 $[c, b]$ 上应用罗尔定理, 可知存在 $\xi \in (c, b)$ 使 $f'(\xi) = 0$.

注 4.1.1　此证在得出 $f(x_0) < f(b) < f(a)$ 后, 便知 $f(x)$ 在 $[a, b]$ 上的最小值不会在 a, b 处取得, 因此有极小值点 $\xi \in (a, b)$, 由费马引理得 $f'(\xi) = 0$. 这提供了另一种证法.

(方法三)　　令 $f_a(t) = \begin{cases} f'(a), & t = a, \\ \dfrac{f(t) - f(a)}{t - a}, & t \neq a, \end{cases}$ $f_b(t) = \begin{cases} f'(b), & t = b, \\ \dfrac{f(t) - f(b)}{t - b}, & t \neq b, \end{cases}$

则 $f_a(a) = f'(a)$, $f_a(b) = f_b(a)$, $f_b(b) = f'(b)$, 且 $f_a(t)$ 和 $f_b(t)$ 在 $[a, b]$ 上连续, 在 (a, b) 内可导.

因为 $f'(a) < \mu < f'(b)$, μ 要么介于 $f_a(a) = f'(a)$ 与 $f_a(b)$ 之间, 要么介于 $f_b(b) = f'(b)$ 与 $f_b(a)$ 之间, 要么等于 $f_a(b) = f_b(a)$.

若 μ 在 $f_a(a)$ 与 $f_a(b)$ 之间, 则由 $f_a(t)$ 的连续性, 存在 $c \in (a, b] \subset I$ 使

$$\mu = f_a(c) = \frac{f(c) - f(a)}{c - a} = f'(\xi_1), \quad \xi_1 \in (a, c).$$

若 μ 在 $f_b(b)$ 与 $f_b(a)$ 之间, 则由 $f_b(t)$ 的连续性, 存在 $d \in [a, b) \subset I$ 使

$$\mu = f_b(d) = \frac{f(d) - f(b)}{d - b} = f'(\xi_2), \quad \xi_2 \in (d, b).$$

若 $\mu = f_a(b) = f_b(a)$, 则由中值定理有

$$\mu = f_a(b) = \frac{f(b) - f(a)}{b - a} = f'(\xi_3), \quad a < \xi_3 < b.$$

综上所述, 所以存在 $\xi \in (a, b)$, 使 $f'(\xi) = \mu$.

例 4.1.1　　狄利克雷函数 $D(x) = \begin{cases} 1, & x\text{为有理数}, \\ 0, & x\text{为无理数}, \end{cases}$ 是否存在原函数?

解 假设存在原函数 $F(x)$ 使 $F'(x) = D(x)$, 则 $F'(0) = D(0) = 1, F'(\sqrt{2}) = 0$. 由于 $F'(\sqrt{2}) < \dfrac{1}{2} < F'(0)$, 根据达布定理, 存在 $\xi \in (0, \sqrt{2})$, 使 $\dfrac{1}{2} = F'(\xi) = D(\xi) = 0$ 或 1, 矛盾. 因此, $D(x)$ 不存在原函数.

例 4.1.2 设 $f(x)$ 在 $[0,1]$ 上可导, 且 $f(1) = 2024, \lim\limits_{x \to 0+} \dfrac{f(x)}{x} = 2022$. 则存在 $\xi \in (0,1)$ 使 $f'(\xi) = 2023$.

证 由 $\lim\limits_{x \to 0+} \dfrac{f(x)}{x}$ 的存在性推知 $\lim\limits_{x \to 0+} f(x) = 0$, 由 $f(x)$ 的连续性可得 $f(0) = \lim\limits_{x \to 0+} f(x) = 0$.

于是有 $2022 = \lim\limits_{x \to 0+} \dfrac{f(x)}{x} = \lim\limits_{x \to 0+} \dfrac{f(x) - 0}{x - 0} = f'(0)$.

根据拉格朗日中值定理, 存在 $c \in (0,1)$, 使 $f'(c) = \dfrac{f(1) - f(0)}{1 - 0} = \dfrac{2024 - 0}{1 - 0} = 2024$. 因为 $f'(0) = 2022 < 2023 < 2024 = f'(c)$, 由达布定理, 存在 $\xi \in (0, c)$ 使 $f'(\xi) = 2023$.

例 4.1.3 设 $f(x)$ 在 $(-\infty, +\infty)$ 上可微, 且存在常数 $a_1, b_1, a_2, b_2 (a_1 < a_2)$ 使 $\lim\limits_{x \to -\infty} [f(x) - (a_1 x + b_1)]$ 存在, $\lim\limits_{x \to +\infty} [f(x) - (a_2 x + b_2)]$ 存在, 则对任意 $k \in (a_1, a_2)$, 存在 ξ 使 $f'(\xi) = k$.

证 由题设知 $\lim\limits_{x \to -\infty} \dfrac{f(x)}{x} = a_1, \lim\limits_{x \to +\infty} \dfrac{f(x)}{x} = a_2$. 于是有

$$\lim_{x \to -\infty} \frac{f(x) - f(0)}{x} = a_1, \qquad \lim_{x \to +\infty} \frac{f(x) - f(0)}{x} = a_2.$$

因此, 对 $k \in (a_1, a_2)$, 根据极限性质和拉格朗日中值定理, 存在 $x_1 < 0, x_2 > 0$, 使

$$f'(\xi_1) = \frac{f(x_1) - f(0)}{x_1} < k < \frac{f(x_2) - f(0)}{x_2} = f'(\xi_2) \quad (x_1 < \xi_1 < 0 < \xi_2 < x_2).$$

由达布定理, 存在 $\xi \in (\xi_1, \xi_2)$, 使 $f'(\xi) = k$.

例 4.1.4 设 $f(x)$ 在 $[-1,1]$ 上存在三阶导数, $f(-1) = 0, f(1) = 1, f'(0) = 0$, 证明: 存在 $\xi \in (-1,1)$ 使 $f'''(\xi) = 3$.

证 由泰勒公式, 存在 $\eta_1 \in (-1, 0), \eta_2 \in (0, 1)$ 使

$$0 = f(-1) = f(0) + \frac{1}{2}f''(0) - \frac{1}{6}f'''(\eta_1), \tag{4.1}$$

$$1 = f(1) = f(0) + \frac{1}{2}f''(0) + \frac{1}{6}f'''(\eta_2). \tag{4.2}$$

式 (4.2) 减去式 (4.1) 得 $f'''(\eta_1) + f'''(\eta_2) = 6$, 不妨设 $f'''(\eta_1) \leqslant f'''(\eta_2)$, 则有 $f'''(\eta_1) \leqslant \dfrac{f'''(\eta_1) + f'''(\eta_2)}{2} = 3 \leqslant f'''(\eta_2)$, 由达布定理, 存在 $\xi \in [\eta_1, \eta_2]$ 使 $f'''(\xi) = 3$.

例 4.1.5　$f(x)$ 在 $(-\infty, +\infty)$ 上二阶可微且有界, 试证: 存在点 $x_0 \in (-\infty, +\infty)$, 使得 $f''(x_0) = 0$.

证　若 $f''(x)$ 在 $(-\infty, +\infty)$ 内变号, 则由达布定理知, $f''(x)$ 必有零点. 假若 $f''(x)$ 不变号, 不妨设 $f''(x) > 0$, 则 $f'(x)$ 严格单调递增, $f'(x)$ 一定不是常数, 故存在 $\bar{x}$ 使 $f'(\bar{x}) \neq 0$. 若 $f'(\bar{x}) > 0$, 则当 $x > \bar{x}$ 时, 存在 $\bar{x} < \xi < x$ 使

$$f(x) = f(\bar{x}) + f'(\xi)(x - \bar{x}) > f(\bar{x}) + f'(\bar{x})(x - \bar{x}) \to +\infty \quad (x \to +\infty).$$

若 $f'(\bar{x}) < 0$, 则当 $x < \bar{x}$ 时, 存在 $x < \xi < \bar{x}$ 使

$$f(x) = f(\bar{x}) + f'(\xi)(x - \bar{x}) > f(\bar{x}) + f'(\bar{x})(x - \bar{x}) \to +\infty \quad (x \to -\infty).$$

这与 $f(x)$ 有界的假设矛盾.

注 4.1.2　本命题对有限区间显然不成立, 例如, $(-1, 1)$ 上的 $f(x) = x^2$. 在半无限区间也不成立, 例如, $(0, +\infty)$ 上的 $f(x) = \dfrac{1}{1+x}$, 或 $(1, +\infty)$ 上的 $f(x) = \dfrac{1}{x}$.

 习　题　4.1

$\cdots\cdots\cdots\cdots\cdots\cdots\cdots\cdots\cdots\cdots\cdots\cdots\cdots\cdots\cdots\cdots\cdots\cdots\cdots\cdots\cdots\cdots\cdots$

1. 证明: 函数 $f(x) = \begin{cases} |x|, & x \neq 0, \\ 1, & x = 0 \end{cases}$ 没有原函数.

2. 设 $f(x)$ 在 $[a, b]$ 上可导, $x_1, x_2 \in [a, b]$, 证明:
(1) 若 $f'(x_1) + f'(x_2) = 0$, 则存在 $\xi \in [a, b]$ 使 $f'(\xi) = 0$;
(2) 若 $f'(x_1) + f'(x_2) = \mu$, 则存在 $\xi \in [a, b]$ 使 $f'(\xi) = \dfrac{\mu}{2}$.

3. 设 $f(x)$ 在 (a, b) 内可导, $x_i \in (a, b)$, $\lambda_i > 0 (i = 1, 2, \cdots, n)$, 且 $\sum\limits_{i=1}^{n} \lambda_i = 1$, 证明: 存在 $\xi \in (a, b)$, 使得 $\sum\limits_{i=1}^{n} \lambda_i f'(x_i) = f'(\xi)$.

4. 设 $f(x)$ 在 (a, b) 内可导, 且 $x_i, y_i \in (a, b)$, $x_i < y_i (i = 1, 2, \cdots, n)$, 证明: 存在 $\xi \in (a, b)$, 使得 $\sum\limits_{i=1}^{n} [f(y_i) - f(x_i)] = f'(\xi) \sum\limits_{i=1}^{n} (y_i - x_i)$.

5. 设 $f(x)$ 在 $[a, b]$ 上二阶可导, 且有 $f(a) = f(b) = 0$, $f'(a) f'(b) > 0$, 证明: 存在 $\xi \in (a, b)$, 使得 $f''(\xi) = 0$.

6. 设 $f(x)$ 在 $[-1, 1]$ 上二阶可导, $f(-1) = 0, f(0) = 0, f(1) = 1$, 证明: 存在 $\xi \in (-1, 1)$ 使 $f''(\xi) = 1$.

7. 设 $f(x), g(x)$ 在 $[a, b]$ 上可导, 且 $g'(x) \neq 0, x \in [a, b]$, 证明: 函数 $\dfrac{f'(x)}{g'(x)}$ 可取到 $\dfrac{f'(a)}{g'(a)}$ 与 $\dfrac{f'(b)}{g'(b)}$ 之间的一切值.

8. 设 $f(x)$ 在 $(a, +\infty)$ 上可导, 且 $\lim\limits_{x \to +\infty} f'(x) = l$. (1) 若 l 为有限数, $\lim\limits_{x \to +\infty} f(x)$ 是否一定存在? (2) 若 $l = +\infty$, 是否有 $\lim\limits_{x \to +\infty} f(x) = +\infty$?

4.2 导函数极限定理

一般而言, 函数在某点存在极限并不一定在该点连续, 下面定理告诉我们, 若函数在某点连续而不知在该点是否可导, 只要其导函数在该点有极限, 即可推知函数在该点可导而且导函数连续, 这是导函数的又一特性.

定理 4.2.1 (导数极限定理) 设函数 $f(x)$ 在点 x_0 处连续, 在 x_0 的两侧 (空心邻域)(即 $(x_0 - \delta, x_0) \cup (x_0, x_0 + \delta)$) 内可导, 若极限 $\lim\limits_{x \to x_0} f'(x)$ 存在, 则 $f(x)$ 在 x_0 处可导, 且 $f'(x_0) = \lim\limits_{x \to x_0} f'(x)$, 即 $f'(x)$ 在 x_0 处连续.

证 (方法一) 对任意 $x \in (x_0 - \delta, x_0) \cup (x_0, x_0 + \delta)$, 由拉格朗日中值定理, 在 x_0 与 x 之间存在 ξ 使

$$\frac{f(x) - f(x_0)}{x - x_0} = f'(\xi). \tag{4.3}$$

由于 $\lim\limits_{x \to x_0} f'(x)$ 存在, 且当 $x \to x_0$ 时, $\xi \to x_0$, 所以式 (4.3) 中令 $x \to x_0$, 得

$$f'(x_0) = \lim_{x \to x_0} \frac{f(x) - f(x_0)}{x - x_0} = \lim_{x \to x_0} f'(\xi) = \lim_{x \to x_0} f'(x).$$

(方法二) 因为 $f(x)$ 在 x_0 处连续, 所以 $\lim\limits_{x \to x_0} [f(x) - f(x_0)] = 0$. 而 $f(x)$ 在 $(x_0 - \delta, x_0) \cup (x_0, x_0 + \delta)$ 内可导, 由洛必达法则, 有

$$f'(x_0) = \lim_{x \to x_0} \frac{f(x) - f(x_0)}{x - x_0} = \lim_{x \to x_0} f'(x) \quad \left(\frac{0}{0} 型\right).$$

注 4.2.1 定理 4.2.1 的逆命题不正确. 若函数在 x_0 处存在导数, 导函数在该点处未必存在极限. 反例如下:

$$f(x) = \begin{cases} x^2 \sin \dfrac{1}{x}, & x \neq 0, \\ 0, & x = 0, \end{cases} \quad f'(x) = \begin{cases} 2x \sin \dfrac{1}{x} - \cos \dfrac{1}{x}, & x \neq 0, \\ 0, & x = 0. \end{cases}$$

显然, $f'(0)$ 存在, 但 $\lim\limits_{x \to 0} f'(x)$ 不存在. 此例反过来提醒我们: 当定理 4.2.1 中其他条件成立, 而 $\lim\limits_{x \to x_0} f'(x)$ 不存在时, 并不能断定 $f'(x_0)$ 不存在. 换言之, $\lim\limits_{x \to x_0} f'(x)$ 存在并非必要条件.

注 4.2.2 $f(x)$ 在 x_0 处的连续性是一个基本前提, 需优先检验, 否则, 可能得到错误的结果. 例如, $f(x) = \begin{cases} x, & x \neq 0, \\ 1, & x = 0, \end{cases}$ 当 $x \neq 0$ 时, $f'(x) = 1$, 但 $f(x)$ 在 $x = 0$ 处不连续 (自然不可导), 但若忽视这一条, 滥用定理 4.2.1, 就可能得到 $f'(0) = \lim\limits_{x \to 0} f'(x) = 1$ 的荒谬结论.

例 4.2.1   设 $f(x) = \begin{cases} \dfrac{\sin x^2}{x}, & x \neq 0, \\ 0, & x = 0, \end{cases}$ 讨论 $f'(x)$ 的连续性.

解   只需考虑 $f'(x)$ 在 $x = 0$ 处的连续性. 由于 $f(x)$ 在 $x = 0$ 处显然连续, 且当 $x \neq 0$ 时

$$f'(x) = \frac{2x^2 \cos x^2 - \sin x^2}{x^2} = 2\cos x^2 - \frac{\sin x^2}{x^2},$$

$$\lim_{x \to 0} f'(x) = \lim_{x \to 0}\left[2\cos x^2 - \frac{\sin x^2}{x^2}\right] = 1,$$

由定理 4.2.1 知, $f'(0) = 1$ 且 $f'(x)$ 在 $x = 0$ 处连续, 从而导函数 $f'(x)$ 处处连续.

我们知道, 单侧导数和导函数的单侧极限是不同的概念. $f'_+(a) = \lim\limits_{x \to a^+} \dfrac{f(x) - f(a)}{x - a}$ 是 $f(x)$ 在 a 点的右导数, $f'(a^+) = \lim\limits_{x \to a^+} f'(x)$ 是导函数 $f'(x)$ 在 a 点的右极限. 一般情况下二者并无蕴含关系, 甚至未必同时存在. 例如, 注 4.2.1 的反例说明在 $x = 0$ 处 (左、右) 导数存在, 而导函数在 $x = 0$ 处的 (左、右) 极限不存在; 注 4.2.2 的例子则说明了相反的情形. 在适当的条件下, 二者之间存在密切关系.

定理 4.2.2 (单侧导数极限定理)   设 $f(x)$ 在 (a, b) 内可导, 在 a 处右连续, 如果导函数 $f'(x)$ 在 a 处存在右极限 $f'(a^+) = \lim\limits_{x \to a^+} f'(x) = A$, 则 $f(x)$ 必在 a 点存在右导数 $f'_+(a)$, 且有 $f'_+(a) = f'(a^+) = A$, 从而 $f'(x)$ 在 a 处右连续.

证   因为 $f(x)$ 在 a 右连续, 所以 $\lim\limits_{x \to a^+}[f(x) - f(a)] = 0$. 又因为 $f(x)$ 在 (a, b) 内可导, 由洛必达法则有

$$f'_+(a) = \lim_{x \to a^+} \frac{f(x) - f(a)}{x - a} = \lim_{x \to a^+} f'(x) = A.$$

注 4.2.3　当 $f'_+(a)$ 和 $f'(a^+)$ 同时存在时, 二者一定相等, 对 $f'_-(a)$ 和 $f'(a^-)$, $f'(a)$ 和 $\lim\limits_{x\to a} f'(x)$ 也有类似的结论.

思考　① 试用拉格朗日中值定理证明该定理; ② 定理 4.2.1 和定理 4.2.2 中导函数的 (右) 极限可否为 $\pm\infty$? ③ 注 4.2.1 和注 4.2.2 可否类推到定理 4.2.2?

由定理 4.2.2 可以得到导函数的另一个重要性质.

推论 4.2.1　设 $f(x)$ 在 (a, b) 内可导, 则导函数 $f'(x)$ 在 (a, b) 内不存在第一类间断点.

证 (方法一)　假若 $f'(x)$ 在 (a, b) 内有第一类间断点 x_0, 则 $f'(x)$ 在 x_0 的两个单侧极限 $f'(x_0^+)$ 和 $f'(x_0^-)$ 均存在. 又 $f'(x_0)$ 存在, 所以

$$f'_+(x_0) = f'_-(x_0) = f'(x_0) \tag{4.4}$$

且 $f(x)$ 在 x_0 连续, 自然也单侧连续. 由定理 4.2.2 知

$$f'_+(x_0) = f'(x_0^+), \quad f'_-(x_0) = f'(x_0^-) \tag{4.5}$$

联合式 (4.4), (4.5) 得

$$f'(x_0^+) = f'(x_0) = f'(x_0^-),$$

这表明 $f'(x)$ 在 x_0 处连续. 矛盾!

(方法二)　反证法. 假设 x_0 为 $f'(x)$ 的第一类间断点, 则 $f'(x_0^-)$ 与 $f'(x_0^+)$ 存在, 且 $f'(x_0^-) \neq f'(x_0)$ (或 $f'(x_0^+) \neq f'(x_0)$). 不失一般性, 设 $f'(x_0^-) < f'(x_0)$, 对 $\varepsilon_0 = f'(x_0) - f'(x_0^-) > 0$, 存在 $\delta > 0$, 当 $x_0 - \delta < x < x_0$ 时,

$$\left| f'(x) - f'(x_0^-) \right| < \frac{\varepsilon_0}{2} = \frac{1}{2}[f'(x_0) - f'(x_0^-)],$$

于是

$$f'(x) < f'(x_0^-) + \frac{1}{2}[f'(x_0) - f'(x_0^-)] = \frac{1}{2}[f'(x_0) + f'(x_0^-)].$$

任取 $x_1 \in (x_0 - \delta, x_0)$, 则 $f'(x_1) < \dfrac{1}{2}[f'(x_0) + f'(x_0^-)] < f'(x_0)$. 在 (x_1, x_0) 中没有 ξ, 使得 $f'(\xi) = \dfrac{1}{2}[f'(x_0) + f'(x_0^-)]$, 这与达布定理相矛盾.

推论 4.2.1 表明, 有第一类间断点的函数不存在原函数. 但无第一类间断点的非连续函数也未必有原函数, 如例 4.1.1. 换言之, 导函数可以有第二类间断点, 如注 4.2.1 中的反例.

思考　如果一个导函数在某区间上单调, 它在该区间上存在间断点吗?

注 4.2.4　一般地, 对 $f(x) = \begin{cases} g(x), & x > x_0, \\ h(x), & x \leqslant x_0. \end{cases}$ 若 $f(x)$ 在 x_0 处连续,
$x > x_0$ 时 $g'(x)$ 存在, $x < x_0$ 时 $h'(x)$ 存在. 且 $\lim\limits_{x \to x_0^+} g'(x) = \lim\limits_{x \to x_0^-} h'(x)$, 则 $f(x)$
在 x_0 可导且

$$f'(x_0) = \lim_{x \to x_0^+} g'(x) = \lim_{x \to x_0^-} h'(x).$$

例 4.2.2　设 $g(x), h(x)$ 在 (a, b) 内有定义, $x_0 \in (a, b)$, $f(x) = \begin{cases} g(x), & x > x_0, \\ h(x), & x \leqslant x_0. \end{cases}$
如果 $g(x_0) = h(x_0), g'_+(x_0)$ 和 $h'_-(x_0)$ 存在, 则 $f(x)$ 在 x_0 处连续. 若 $g'_+(x_0) = h'_-(x_0)$. 则 $f(x)$ 在 x_0 处可导.

证　由 $g(x_0) = h(x_0)$ 和右导数的定义有

$$\begin{aligned} f'_+(x_0) &= \lim_{x \to x_0^+} \frac{f(x) - f(x_0)}{x - x_0} = \lim_{x \to x_0^+} \frac{g(x) - h(x_0)}{x - x_0} \\ &= \lim_{x \to x_0^+} \frac{g(x) - g(x_0)}{x - x_0} = g'_+(x_0), \end{aligned}$$

同理可证 $f'_-(x_0) = h'_-(x_0)$. 于是, $f(x)$ 在 x_0 处存在左、右导数, 由此推知 $f(x)$ 在 x_0 处左连续与右连续, 从而连续. 又由 $g'_+(x_0) = h'_-(x_0)$ 可得 $f'_+(x_0) = f'_-(x_0)$, 所以 $f(x)$ 在 x_0 处可导.

定理 4.2.1、定理 4.2.2 和例 4.2.2 对分段函数在分段点的求导很有用.

例 4.2.3　设 $f(x) = \begin{cases} \mathrm{e}^x - 1, & x > 0, \\ \sin x, & x \leqslant 0, \end{cases}$ 求 $f'(x)$.

解　$f(x)$ 在 $x = 0$ 处连续, $x > 0$ 时 $f'(x) = \mathrm{e}^x$; $x < 0$ 时 $f'(x) = \cos x$, 且 $\lim\limits_{x \to 0^+} f'(x) = \lim\limits_{x \to 0^+} \mathrm{e}^x = 1 = \lim\limits_{x \to 0^-} \cos x = \lim\limits_{x \to 0^-} f'(x)$, 所以由定理 4.2.2 知 $f'(0) = 1$. 利用例 4.2.2 也很方便.

例 4.2.4　求 $f(x) = 3x^3 + x^2 |x|$ 在 $x = 0$ 处存在的最高阶导数.

解　将 $f(x)$ 分段表示为

$$f(x) = \begin{cases} 4x^3, & x \geqslant 0, \\ 2x^3, & x < 0. \end{cases}$$

它在 $x = 0$ 处连续, 由例 4.2.2 易得 $f'(0) = f''(0) = 0$, 且

$$f''(x) = \begin{cases} 24x, & x \geqslant 0, \\ 12x, & x < 0. \end{cases}$$

由定理 4.2.2 可得 $f'''_+(0) = 24, f'''_-(0) = 12$, 故 $f'''(0)$ 不存在. 因此, $f(x)$ 在 $x = 0$ 处存在的最高阶导数为 $f''(0) = 0$.

例 4.2.5　讨论函数 $f(x) = [x] \sin \pi x$ 的可导性.

解　当 $x \neq n (n$ 为整数) 时, $f(x)$ 显然可导. 即 $f(x)$ 在一切非整数点处可导. 现考察 $f(x)$ 在 $x = n$ 处的可导性. 令 $0 < \delta < 1$, 则在 $x = n$ 附近有

$$f(x) = \begin{cases} (n-1) \sin \pi x, & x \in (n-\delta, n), \\ n \sin \pi x, & x \in [n, n+\delta). \end{cases}$$

在各分段区间内直接求导, 有

$$f'(x) = \begin{cases} (n-1)\pi \cos \pi x, & x \in (n-\delta, n), \\ n\pi \cos \pi x, & x \in (n, n+\delta). \end{cases}$$

因为 $f(x)$ 连续, 由定理 4.2.2 得

$$f'_-(n) = \lim_{x \to n^-} (n-1)\pi \cos \pi x = (-1)^n (n-1)\pi,$$
$$f'_+(n) = \lim_{x \to n^+} n\pi \cos \pi x = (-1)^n n\pi,$$

$f'_+(n) \neq f'_-(n)$, 所以 $f(x)$ 在任一整数点 $x = n$ 处不可导.

注 4.2.5　函数在一点不可导通常有这几种情形:

(1) 函数在该点不连续, 如 $f(x) = \begin{cases} x, & x < 0, \\ x+1, & x \geqslant 0. \end{cases}$ $f'_+(0) = 1, f'_-(0) = +\infty$. $f(x)$ 在 0 点不连续, 但右导数存在.

(2) 函数在该点连续, 但左、右导数中至少有一个不存在, 如

$$f(x) = \begin{cases} x \sin \dfrac{1}{x}, & x < 0, \\ 0, & x \geqslant 0. \end{cases}$$

$f'_+(0) = 0, f'_-(0)$ 不存在.

(3) 函数在该点左、右导数都存在, 但不相等, 如例 4.2.5 中的整数点.

 习　题　4.2

1. 求下列函数存在的各阶导数, 并讨论一阶导函数的连续性.

(1) $f(x) = |(x+1)|^3$;   (2) $f(x) = |\ln|x||$, $x \neq 0$;

(3) $f(x) = \begin{cases} x^2, & x > 0, \\ -x^2, & x \leqslant 0; \end{cases}$ (4) $f(x) = \begin{cases} \mathrm{e}^{-\frac{1}{x}}, & x > 0, \\ 0, & x \leqslant 0. \end{cases}$

2. 求下列函数在不可导点处的左、右导数:

(1) $f(x) = |\ln(1+x)|$;   (2) $f(x) = \sqrt{1 - \cos x}$;   (3) $f(x) = \begin{cases} x\mathrm{e}^x, & x > 0, \\ ax^2, & x \leqslant 0. \end{cases}$

3. 函数 $f(x) = \begin{cases} g(x), & x \in (x_0 - \delta, x_0), \\ h(x), & x \in [x_0, x_0 + \delta). \end{cases}$ 在下列各条件下能否保证 $f(x)$ 在 x_0 处可导?

(1) $g(x)$ 和 $h(x)$ 均在 $(x_0 - \delta, x_0 + \delta)$ 内有定义且在 x_0 处可导, 且 $g'(x_0) = h'(x_0)$;

(2) $g(x)$ 在 $(x_0 - \delta, x_0)$ 内可导, $h(x)$ 在 $(x_0, x_0 + \delta)$ 内可导, $\lim\limits_{x \to x_0^-} g'(x)$, $\lim\limits_{x \to x_0^+} h'(x)$ 均存在且相等.

4. 设 $f(x) = \begin{cases} \sin x, & x \leqslant 1, \\ ax + b, & x > 1. \end{cases}$ 确定 a, b, 使 $f(x)$ 在 $x = 1$ 处可导.

5. 设 $f(x) = \begin{cases} x^k \sin\dfrac{1}{x}, & x \neq 0, \\ 0, & x = 0. \end{cases}$ 当 k 分别满足什么条件时, 有

(1) $f(x)$ 在 $x = 0$ 处连续;

(2) $f(x)$ 在 $x = 0$ 处可导;

(3) $f'(x)$ 在 $x = 0$ 处连续.

6. 设 $\varphi(x)$ 在 a 处连续, $f(x) = |x - a|\varphi(x)$, 求 $f'_+(a)$ 和 $f'_-(a)$, 并给出 $f'(a)$ 存在的条件.

7. 设 $f(x) = \max\{x - x^2, |x|^3\}$. 求 $f'(x) = 0$ 的根.

8. 讨论函数 $f(x)$ 和 $|f(x)|$ 在其定义域内一点 x_0 处的可导性之间的关系.

9. 分别用两种方法证明符号函数不存在原函数.

10. 设 $f(x)$ 在 $[0,1]$ 上连续, 在 $(0,1)$ 上可导, 且有

$$\left| xf'(x) - f(x) + f(0) \right| \leqslant Cx^2, x \in (0,1), C \ \text{是正常数}.$$

证明: $f'_+(0)$ 存在.

第5讲

中值定理的推广及其应用

微分中值定理和积分中值定理是数学分析的重要理论基础,占有十分重要的地位,用途非常广泛. 本讲简介其若干推广形式及其应用,以扩大其使用范围,同时,也展示传统数学分析和高等数学教材有关知识的灵活运用与拓展.

5.1 罗尔定理和拉格朗日中值定理的推广及有关问题

微分中值定理是研究可微函数性态的理论基础和有力工具,它不仅是微分学的核心内容,也在整个数学分析中起着极其重要的作用. 这一节介绍微分中值定理的若干推广及其应用.

➤ 广义罗尔定理

定理 5.1.1(广义罗尔定理) 设 (a, b) 为有限或无限区间,$f(x)$ 在 (a, b) 内可微,且 $\lim\limits_{x \to a^+} f(x) = \lim\limits_{x \to b^-} f(x) = A(A$ 有限或为 $\pm\infty)$,则存在 $\xi \in (a, b)$,使 $f'(\xi) = 0$.

证 第一步 先证 A 有限的情形.

(方法一) 反证法. 若不然,对 $x \in (a, b)$,$f'(x) \neq 0$,由达布定理,$f'(x)$ 恒正或恒负,不妨设 $f'(x) > 0$,则 $f(x)$ 严格递增. 这与 $\lim\limits_{x \to a^+} f(x) = \lim\limits_{x \to b^-} f(x) = A$ 矛盾. 事实上,取定 $x_0, x_1 \in (a, b)$ 使得 $x_0 < x_1$,则对 $x \in (a, x_0); y \in (x_1, b)$ 有

$$f(x) < f(x_0) < f(x_1) < f(y),$$

$$A = \lim_{x \to a^+} f(x) < f(x_0) < f(x_1) < \lim_{y \to b^-} f(y) = A,$$

矛盾,所以存在 $\xi \in (a, b)$,使 $f'(\xi) = 0$.

(方法二)　(1) 当 (a, b) 为有限区间时, 令 $F(x) = \begin{cases} f(x), & x \in (a, b), \\ A, & x = a \text{或} x = b, \end{cases}$
则 $F(x)$ 在 $[a, b]$ 上连续, 在 (a, b) 内可导, 且 $F(a) = F(b)$, 由罗尔定理, 存在 $\xi \in (a, b)$, 使 $F'(\xi) = 0$. 而在 (a, b) 内, $f'(x) = F'(x)$, 故有 $f'(\xi) = 0$.

(2) 设 $(a, b) = (-\infty, +\infty)$, 令 $x = \tan t, -\dfrac{\pi}{2} < t < \dfrac{\pi}{2}$, 则函数 $g(t) = f(\tan t)$ 在有限区间 $\left(-\dfrac{\pi}{2}, \dfrac{\pi}{2}\right)$ 内满足类似 (1) 的条件. 由 (1) 知, 存在 $t_0 \in \left(-\dfrac{\pi}{2}, \dfrac{\pi}{2}\right)$, 使 $g'(t_0) = f'(\tan t_0) \sec^2 t_0 = 0$. 因 $\sec^2 t_0 \neq 0$, 故有 $f'(\xi) = 0, \xi = \tan t_0$.

注 5.1.1　也可作替换 $x = \ln\left(\dfrac{1+t}{1-t}\right), -1 < t < 1$.

(3) $(a, b) = (a, +\infty)(a$ 为有限数$)$. 这时令 $x = \varphi(t) = \dfrac{1}{t} + a - 1$, 则 $\varphi(1) = a, \varphi(t) \to +\infty(t \to 0^+)$. 记 $g(t) = f[\varphi(t)]$, 则 $g(t)$ 在 $(0, 1)$ 内可导, 且 $\lim\limits_{t \to 0^+} g(t) = \lim\limits_{t \to 0^+} f[\varphi(t)] = \lim\limits_{x \to +\infty} f(x) = A = \lim\limits_{x \to a^+} f(x) = \lim\limits_{t \to 1^-} f[\varphi(t)]$, 于是函数 $g(t)$ 在有限区间 $(0, 1)$ 内满足 (1) 的条件. 因此, 由 (1) 的结论知, 存在 $t_0 \in (0, 1)$ 使 $g'(t_0) = f'(\xi)\varphi'(t_0) = 0$, 其中 $\xi = \varphi(t_0), \varphi'(t_0) = -\dfrac{1}{t_0^2} \neq 0$, 故有 $f'(\xi) = 0$.

注 5.1.2　也可令 $\varphi(t) = a + \tan\left(\dfrac{\pi}{2}t\right)$ 或 $\varphi(t) = a + \dfrac{t}{1-t}, t \in (0, 1)$.

(4) 当 $a = -\infty, b$ 为有限数时, 类似 (3) 可证. 请读者试做.

(方法三)　若 $f(x) \equiv A$, 则结论显然成立. 若 $f(x) \not\equiv A$, 则存在 $x_0 \in (a, b)$, 使得 $f(x_0) \neq A$, 不妨设 $f(x_0) > A$. 对 $0 < \varepsilon_0 < f(x_0) - A$, 由 $\lim\limits_{x \to a^+} f(x) = \lim\limits_{x \to b^-} f(x) = A$ 知:

若 a 为有限数, 则存在 $\delta_1 > 0$, 使当 $x \in (a, a + \delta_1)$ 时 (若 $a = -\infty$, 则存在 $M_1 > 0$, 当 $x < -M_1$ 时) 有

$$f(x) < A + \varepsilon_0 < f(x_0).$$

若 b 为有限数, 则存在 $\delta_2 > 0$, 使当 $x \in (b - \delta_2, b)$ 时 (若 $b = +\infty$, 则存在 $M_2 > 0$, 当 $x > M_2$ 时) 有

$$f(x) < A + \varepsilon_0 < f(x_0).$$

现取定 $x_1 \in (a, a+\delta_1)(x_1 \in (-\infty, -M_1))$, 且 $x_1 < x_0$, 使 $f(x_1) < A+\varepsilon_0 < f(x_0)$, $x_2 \in (b - \delta_2, b)(x_2 \in (M_2, +\infty))$, 且 $x_2 > x_0$, 使 $f(x_2) < A+\varepsilon_0 < f(x_0)$. 由连续

函数的介值定理, 存在 $\xi_1 \in (x_1, x_0)$, $\xi_2 \in (x_0, x_2)$ 使

$$f(\xi_1) = A + \varepsilon_0 = f(\xi_2).$$

于是 $f(x)$ 在 $[\xi_1, \xi_2]$ 上满足罗尔定理条件, 从而存在 $\xi \in (\xi_1, \xi_2)$, 使 $f'(\xi) = 0$.

第二步 再证 $A = \pm\infty$ 的情形. 先考虑 $A = +\infty$. 任取定一点 $x_0 \in (a, b)$, 因为 $\lim\limits_{x \to a^+} f(x) = \lim\limits_{x \to b^-} f(x) = +\infty$, 所以对任意 $M > \max\{0, f(x_0)\}$, 存在充分接近 a 的点 $a_1 \in (a, x_0)$ 和充分接近 b 的点 $b_1 \in (x_0, b)$ 使 $f(a_1) \geqslant M, f(b_1) \geqslant M$.

因为 $f(x)$ 在闭区间 $[a_1, b_1] \subset (a, b)$ 上连续, 故存在最小值点 $\xi \in [a_1, b_1]$, 注意到 $x_0 \in (a_1, b_1)$ 且 $f(x_0) < M \leqslant f(a_1)$(或 $f(b_1)$), 从而 $\xi \neq a_1$, $\xi \neq b_1$, 即 $\xi \in (a_1, b_1)$. 因为 $f(x)$ 可微, 所以 $f'(\xi) = 0$.

$A = -\infty$ 时同理可证.

注 5.1.3 在方法三得到 $f(x_1) < A + \varepsilon_0 < f(x_0)$, $f(x_2) < A + \varepsilon_0 < f(x_0)$ 之后, 还可采取下面证法: 由 $x_0 \in (x_1, x_2)$, $f(x_0) > f(x_1)$, $f(x_0) > f(x_2)$ 可知 $f(x)$ 在 $[x_1, x_2]$ 上的最大值点 $\xi \in (x_1, x_2)$, 所以 $f'(\xi) = 0$.

例 5.1.1 设函数 $f(x)$ 在 $[0, +\infty)$ 可导, 且 $0 \leqslant f(x) \leqslant \dfrac{x}{1 + x^2}$. 证明: 存在 $\xi > 0$ 使

$$f'(\xi) = \frac{1 - \xi^2}{(1 + \xi^2)^2}.$$

证 设 $F(x) = \dfrac{x}{1 + x^2} - f(x)$, 则在 $[0, +\infty)$ 可导, 由 $0 \leqslant f(x) \leqslant \dfrac{x}{1 + x^2}$ 得 $F(0) = f(0) = 0 = \lim\limits_{x \to +\infty} f(x) = \lim\limits_{x \to +\infty} F(x)$, 据广义罗尔定理, 存在 $\xi > 0$, 使 $F'(\xi) = 0$, 即 $f'(\xi) = \dfrac{1 - \xi^2}{(1 + \xi^2)^2}$.

当 $f(x)$ 满足 (广义) 罗尔定理条件时, 一定存在导数为 0 的点 (驻点), 请问是否存在导数大于零或小于零的点呢? 显然常值函数就是一个反例, 那么当 $f(x)$ 不是常值函数时答案如何呢?

例 5.1.2 设 $f(x)$ 在 (a, b) 内可导, $\lim\limits_{x \to a^+} f(x) = \lim\limits_{x \to b^-} f(x) = A$, 且 $f(x)$ 不恒为常数. 则存在 $\xi, \eta \in (a, b)$, 使 $f'(\xi) > 0$, $f'(\eta) < 0$.

证 假若对 $x \in (a, b)$ 恒有 $f'(x) \leqslant 0$, 则 $f(x)$ 在 (a, b) 内单调递减, 故对任意 $x, y, z \in (a, b)$, $y < x < z$, 有 $f(y) \geqslant f(x) \geqslant f(z)$, $A = \lim\limits_{y \to a^+} f(y) \geqslant f(x) \geqslant \lim\limits_{z \to b^-} f(z) = A$. 所以 $f(x) \equiv A$, 与题设矛盾.

同理可证存在导数小于 0 的点.

思考　类比考虑拉格朗日中值定理条件下, 若 $f(x)$ 不是线性函数, 是否存在 $\xi, \eta \in (a, b)$ 使

$$f'(\xi) < \frac{f(b) - f(a)}{b - a} < f'(\eta) ?$$

例 5.1.3　设 $f(x)$ 在 $(a, +\infty)$ 内二阶可导, $\lim\limits_{x \to a^+} f(x) = \lim\limits_{x \to +\infty} f(x)$ 存在且有限, 证明存在 $\xi \in (a, +\infty)$, 使 $f''(\xi) = 0$.

证　假若 $f''(x)$ 在 $(a, +\infty)$ 内不变号, 不妨设 $f''(x) > 0$, 于是 $f'(x)$ 严格递增. 由于 $\lim\limits_{x \to +\infty} f(x)$ 存在且有限, 利用拉格朗日中值定理得 $f'(\xi_x) = \dfrac{f(2x) - f(x)}{x}$ $\to 0$ $(x \to +\infty)$, 其中 $x < \xi_x < 2x$. 由 $f'(x)$ 严格递增知, $\lim\limits_{x \to +\infty} f'(x)$ 存在 (或为 $+\infty$), 且对 $x > a$, 有 $f'(x) < f'(\xi_x) < f'(2x)$, 从而有 $\lim\limits_{x \to +\infty} f'(x) = \lim\limits_{x \to +\infty} f'(\xi_x) = 0$. 而由广义罗尔定理知, 存在 $x_1 \in (a, +\infty)$, 使 $f'(x_1) = 0$, 这与 $f'(x)$ 的严格递增性矛盾, 故 $f''(x)$ 在 $(a, +\infty)$ 内变号. 于是由达布定理立得欲证.

思考　(1) 本题对有限区间是否成立? (2) $\lim\limits_{x \to a^+} f(x) = \lim\limits_{x \to +\infty} f(x) = +\infty$ 时是否成立?

➤ **存在不可微点时拉格朗日中值定理的推广**

定理 5.1.2　设 $f(x)$ 在 $[a, b]$ 上连续, 若 $f(x)$ 在 (a, b) 内除了有限个点外可微, 证明: 存在 $\xi \in (a, b)$, 使得 $|f(b) - f(a)| \leqslant |f'(\xi)| (b - a)$.

证　不妨设 $f(x)$ 仅在 $c \in (a, b)$ 处不可微, 分别在区间 $[a, c]$ 与 $[c, b]$ 上应用拉格朗日中值定理, 得到

$$f(c) - f(a) = f'(\xi_1)(c - a), \quad \xi_1 \in (a, c),$$
$$f(b) - f(c) = f'(\xi_2)(b - c), \quad \xi_2 \in (c, b),$$
$$f(b) - f(a) = f'(\xi_1)(c - a) + f'(\xi_2)(b - c),$$

令 $|f'(\xi)| = \max\{|f'(\xi_1)|, |f'(\xi_2)|\}$, 便得 $|f(b) - f(a)| \leqslant |f'(\xi)| (b - a)$.

定理 5.1.3　设 $f(x)$ 在 $[a, b]$ 上连续, 若 $f(x)$ 在 (a, b) 内除了 n 个点外可微, 证明存在 $n + 1$ 个点满足 $a < \xi_1 < \xi_2 < \cdots < \xi_{n+1} < b$ 和 $n + 1$ 个正数 $\lambda_1, \lambda_2, \cdots, \lambda_{n+1}$ 满足 $\sum\limits_{i=1}^{n+1} \lambda_i = 1$ 使得

$$f(b) - f(a) = \sum_{i=1}^{n+1} \lambda_i f'(\xi_i)(b - a).$$

证 不妨设 $f(x)$ 仅在 $c \in (a, b)$ 处不可微, 分别在区间 $[a, c]$ 与 $[c, b]$ 上应用拉格朗日中值定理, 得到

$$f(c) - f(a) = f'(\xi_1)(c - a), \quad \xi_1 \in (a, c),$$

$$f(b) - f(c) = f'(\xi_2)(b - c), \quad \xi_2 \in (c, b),$$

取 $\lambda_1 = \dfrac{c-a}{b-a}$, $\lambda_2 = \dfrac{b-c}{b-a}$, 则 $\lambda_1 + \lambda_2 = 1$, $\lambda_1 > 0$, $\lambda_2 > 0$, 且

$$f(b) - f(a) = [\lambda_1 f'(\xi_1) + \lambda_2 f'(\xi_2)](b - a).$$

此法不难推广到 $f(x)$ 在 $n+1$ 个点上不可微的情形, 读者不妨一试.

> **单侧可导情况下微分中值定理的推广**

先看费马定理在单侧可导情况下是否成立.

若 $f(x)$ 在极值点 x_0 处存在右导数, 是否必有 $f'_+(x_0) = 0$? 一般未必. 请看反例, $f(x) = |x|$, $x = 0$ 是其极小值点, 但 $f'_+(0) = 1$.

思考 若 $f'_+(x_0) = 0$, 且 $f'_+(x)$ 在 x_0 两侧符号相反, x_0 一定是极值点吗? 考察函数

$$f(x) = \begin{cases} x^2, & x \geqslant 0, \\ \dfrac{1}{x}, & x < 0. \end{cases} \qquad f'_+(x) = \begin{cases} 2x, & x \geqslant 0, \\ \dfrac{-1}{x^2}, & x < 0. \end{cases}$$

$f'_+(0) = 0$, $f'_+(x)$ 在 $x = 0$ 两侧异号.

在罗尔定理、拉格朗日中值定理和柯西中值定理中, 可以用连续的右导数 $f'_+(x)$ (或左导数 $f'_-(x)$) 代替导数 $f'(x)$, 得到完全类似的结论.

下面是罗尔定理在右可导情况下的推广.

定理 5.1.4 设函数 $f(x)$ 在 $[a, b]$ 上连续, $f(a) = f(b)$, $f(x)$ 在开区间内有连续的右导数, 则存在 $\xi \in (a, b)$, 使得 $f'_+(\xi) = 0$.

证 若 $f(x)$ 为常数, 则在 (a, b) 内 $f'_+(x) \equiv 0$, 现设 $f(x)$ 不为常数, 只需证明存在 $\alpha, \beta \in (a, b)$ 使 $f'_+(\alpha) \leqslant 0$, $f'_+(\beta) \geqslant 0$. 再由 $f'_+(x)$ 的连续性和介值定理, 便知在 α 与 β 之间存在 ξ, 使得 $f'_+(\xi) = 0$.

事实上, 由 $f(x)$ 在 $[a, b]$ 上连续可知, $f(x)$ 在 $[a, b]$ 上取得最大和最小值. 因为 $f(a) = f(b)$, 所以最大值和最小值至少有一个在内部达到, 不妨设 $\alpha \in (a, b)$ 是 $f(x)$ 的最大值点 (最小值类似讨论), 于是有

$$f'_+(\alpha) = \lim_{x \to \alpha^+} \frac{f(x) - f(\alpha)}{x - \alpha} \leqslant 0,$$

任取一点 c 满足 $a < c < \alpha$, 因 $f(x)$ 在 $[c, \alpha]$ 上连续, $f(x)$ 在 $[c, \alpha]$ 上某一点 β 处达到最小值, 于是有

$$f'_+(\beta) = \lim_{x \to \beta^+} \frac{f(x) - f(\beta)}{x - \beta} \geqslant 0.$$

若 $\beta < \alpha$, 则由介值定理可得结论.

若 $\beta = \alpha$, 则因为 α 是 $f(x)$ 在 (a, b) 内的最大值点, β 是 $f(x)$ 在 $[c, \alpha] \subset (a, b)$ 上的最小值点, 从而推知 $f(x)$ 在区间 $[c, \alpha]$ 上最大值与最小值相等, 因此 $f(x)$ 在 $[c, \alpha]$ 上为常数, 于是对 $\xi \in (c, \alpha)$ 均有 $f'_+(\xi) = 0$.

在此基础上不难得到拉格朗日中值定理在右可导情况下的推广.

定理 5.1.5　设 $f(x)$ 在 $[a, b]$ 内连续, 在 (a, b) 内有连续的右导数, 则存在 $\xi \in (a, b)$ 使

$$f(b) - f(a) = f'_+(\xi)(b - a).$$

证　令 $F(t) = f[a + t(b-a)] - f(a) - [f(b) - f(a)]t$, 则 $F(0) = F(1) = 0$. 由定理 5.1.4 可知, 存在 $t_0 \in (0, 1)$, 使 $F'_+(t_0) = 0$, 即 $f'_+[a + t_0(b-a)](b-a) = f(b) - f(a)$, $\xi = a + t_0(b-a)$.

大家知道, 在可微情况下, 拉格朗日中值定理有一推论: 若 $f(x)$ 在某区间上的导数恒为零, 则 $f(x)$ 在该区间为常数, 那么在单侧可导情形下有没有相应的推广? 答案是肯定的.

例 5.1.4　设 $f(x)$ 在 (a, b) 内连续、右导数存在, 且 $f'_+(x) \equiv 0$, 证明: $f(x)$ 在 (a, b) 内是常数.

证　由 $f'_+(x)$ 恒为零知, 右导数连续, 由定理 5.1.5 可知, $f(x)$ 任意两点的值相等.

例 5.1.5　设 $f(x)$ 在 (a, b) 内连续, 且存在连续的右导数 $f'_+(x)$, 则 $f'(x)$ 也存在并且连续.

证　对任意 $x_0 \in (a, b)$, 为证 $f'(x_0)$ 存在, 需证明 $f'_-(x_0)$ 存在且等于 $f'_+(x_0)$. 因为 $f'_-(x_0) = \lim_{h \to 0^-} \dfrac{f(x_0 + h) - f(x_0)}{h} = \lim_{h \to 0^-} f'_+(x_0 + \theta h) = f'_+(x_0)$(根据定理 5.1.5 和 $f'_+(x)$ 的连续性), 所以 $f'_-(x_0)$ 存在且 $f'_-(x_0) = f'_+(x_0)$, 从而 $f'(x_0)$ 存在且 $f'(x_0) = f'_+(x_0)$. 因为 x_0 任意, 所以对任意 $x \in (a, b)$ 有 $f'(x) = f'_+(x)$, 而 $f'_+(x)$ 连续, 自然 $f'(x)$ 连续.

定理 5.1.6　设 $f(x)$ 在闭区间 $[a, b]$ 上连续, 在开区间 (a, b) 内存在左、右导数 $f'_-(x)$、$f'_+(x)$, 证明: 存在 $x_0 \in (a, b)$ 及 $p \geqslant 0$, $q \geqslant 0$, $p + q = 1$, 使得

$$[pf'_+(x_0) + qf'_-(x_0)](b - a) = f(b) - f(a).$$

定理 5.1.7 设 $f(x)$, $g(x)$ 在闭区间 $[a, b]$ 上连续, 在开区间 (a, b) 内存在左、右导数 $f'_-(x)$, $f'_+(x)$, $g'_-(x)$, $g'_+(x)$, 证明: 存在 $x_0 \in (a, b)$ 和 $p \geqslant 0$, $q \geqslant 0$, $p + q = 1$, 使得

$$[pf'_+(x_0) + qf'_-(x_0)][g(b) - g(a)] = [pg'_+(x_0) + qg'_-(x_0)][f(b) - f(a)].$$

➤ 中值的渐近性

中值定理只断定了中值的存在性, 并未告诉其具体位置, 人们为了进一步了解中值的性态, 便通过区间的变化, 观察其渐近性.

例 5.1.6 当 $x > 0$ 时, 由拉格朗日中值定理有

$$\sqrt{x+1} - \sqrt{x} = \frac{1}{2\sqrt{x + \theta(x)}}, \quad 0 < \theta(x) < 1. \tag{5.1}$$

证明: (1) $\dfrac{1}{4} \leqslant \theta(x) \leqslant \dfrac{1}{2}$;

(2) $\lim\limits_{x \to 0^+} \theta(x) = \dfrac{1}{4}$, $\lim\limits_{x \to +\infty} \theta(x) = \dfrac{1}{2}$.

证 从式 (5.1) 容易解出 $\theta(x) = \dfrac{1}{4} + \dfrac{1}{2}[\sqrt{x(x+1)} - x]$. 由此可得 (1), (2).

例 5.1.7 设函数 f 在点 a 处二阶可导, 且 $f''(a) \neq 0$, 则当 $|h|$ 充分小时, 存在 $\theta \in (0,1)$ 使 $f(a+h) - f(a) = f'(a + \theta h)h$, 且其中的 θ 具有性质 $\lim\limits_{h \to 0} \theta = \dfrac{1}{2}$.

证 (方法一) 由于 $f''(a)$ 存在, 所以至少在 a 的一个邻域中 $f(x)$ 可导. 当 $|h|$ 充分小时, 根据 $h > 0$ 或 $h < 0$ 可在区间 $[a, a+h]$ 或 $[a+h, a]$ 上应用拉格朗日中值定理, 得到

$$f(a+h) - f(a) = f'(a + \theta h)h, \tag{5.2}$$

其中 $0 < \theta < 1$. 考虑分式

$$I = \frac{f(a+h) - f(a) - f'(a)h}{h^2}. \tag{5.3}$$

若令 $F(x) = f(a+x) - f(a) - f'(a)x$, $G(x) = x^2$, 则由柯西中值定理, 存在 $\eta \in (0, h)$ 使式 (5.3) 变为

$$I = \frac{F(h)}{G(h)} = \frac{F(h) - F(0)}{G(h) - G(0)} = \frac{f'(a+\eta) - f'(a)}{2\eta}. \tag{5.4}$$

将式 (5.2) 代入式 (5.3) 的分子, 又有

$$I = \frac{f'(a+\theta h)\,h - f'(a)\,h}{h^2} = \frac{f'(a+\theta h) - f'(a)}{h}. \tag{5.5}$$

比较式 (5.4), 式 (5.5) 两式右端, 可得

$$\theta \cdot \left(\frac{f'(a+\theta h) - f'(a)}{\theta h} \right) = \frac{f'(a+\eta) - f'(a)}{2\eta}. \tag{5.6}$$

由于 $0 < \theta < 1$, η 在 a 与 $a+h$ 之间, 在式 (5.6) 两边令 $h \to 0$, 得 $f''(a) \lim\limits_{h \to 0} \theta = \frac{1}{2} f''(a)$. 由于 $f''(a) \neq 0$, 所以 $\lim\limits_{h \to 0} \theta = \frac{1}{2}$.

（方法二）　由泰勒公式有

$$f(a+h) = f(a) + f'(a)\,h + \frac{1}{2} f''(a)h^2 + o(h^2).$$

与式 (5.2) 比较可得

$$f'(a+\theta h)\,h - f'(a)\,h = \frac{1}{2} f''(a)\,h^2 + o(h^2),$$

$$\theta \cdot \left(\frac{f'(a+\theta h) - f'(a)}{\theta h} \right) = \frac{1}{2} f''(a) + \frac{o(h^2)}{h^2}.$$

令 $h \to 0$, 得 $f''(a) \lim\limits_{h \to 0} \theta = \frac{1}{2} f''(a)$, 由于 $f''(a) \neq 0$, 故有 $\lim\limits_{h \to 0} \theta = \frac{1}{2}$.

一般地, 若函数 $f(x)$ 在点 a 处 $n+1$ 阶可导, 且 $f^{(n+1)}(a) \neq 0$, 记

$$f(a+h) = f(a) + hf'(a) + \frac{h^2}{2!} f''(a) + \cdots + \frac{h^n}{n!} f^{(n)}(a+h\theta(h)), \quad 0 < \theta(h) < 1.$$

则有 $\lim\limits_{h \to 0} \theta(h) = \dfrac{1}{n+1}$.

对柯西中值定理、泰勒公式和积分中值定理的中值渐近性都有相应的结果.

➤ $\lim\limits_{x \to x_0} f(\xi_x)$ 存在时, $\lim\limits_{x \to x_0} f(x)$ 是否存在

对于含有中值的函数极限问题有必要提醒初学者, 众所周知, 中值依赖于函数和所论区间, 如果 ξ_x 表示中值, 当 $\lim\limits_{x \to x_0} f(\xi_x)$ 存在时, $\lim\limits_{x \to x_0} f(x)$ 是否存在? 答案是否定的, 这里 ξ_x 介于 x_0 与 x 之间, 当 $x \to x_0$ 时它一般是跳跃变化的. 下面用例子加以具体说明:

设 $f(x) = \begin{cases} x^2 \sin \dfrac{1}{x}, & x \neq 0, \\ 0, & x = 0, \end{cases}$ $f'(x) = \begin{cases} 2x \sin \dfrac{1}{x} - \cos \dfrac{1}{x}, & x \neq 0, \\ 0, & x = 0. \end{cases}$

$$x \sin \frac{1}{x} = \frac{x^2 \sin \frac{1}{x}}{x} = \frac{f(x)}{x} = \frac{f(x) - f(0)}{x - 0} = f'(\xi_x) = 2\xi_x \sin \frac{1}{\xi_x} - \cos \frac{1}{\xi_x},$$

易知 $\lim\limits_{x \to 0} \left(2\xi_x \sin \dfrac{1}{\xi_x} - \cos \dfrac{1}{\xi_x} \right) = \lim\limits_{x \to 0} f'(\xi_x) = \lim\limits_{x \to 0} x \sin \dfrac{1}{x} = 0,$

但是 $\lim\limits_{x \to 0} \left(2x \sin \dfrac{1}{x} - \cos \dfrac{1}{x} \right)$ 并不存在.

若已知 $\lim\limits_{x \to x_0} f(x)$ 存在, 又得到 $\lim\limits_{x \to x_0} f(\xi_x) = l$, 则有

$$\lim_{x \to x_0} f(x) = \lim_{x \to x_0} f(\xi_x) = l.$$

➤ **拉格朗日中值定理的反问题**

现在考虑拉格朗日中值定理的反问题: 对 $\xi \in (a, b)$, 是否一定存在 $x_1, x_2 \in (a, b)$, $x_1 < x_2$, 使 $\dfrac{f(x_2) - f(x_1)}{x_2 - x_1} = f'(\xi)$? 答案是否定的.

请看反例 $f(x) = x^3$, $x \in [-1, 1]$, 取 $\xi = 0 \in (-1, 1)$, 则对任意 $x_1, x_2 \in (-1, 1)$, $x_1 \neq x_2$,

$$\frac{x_2^3 - x_1^3}{x_2 - x_1} = x_2^2 + x_1 x_2 + x_1^2 \neq 0 = f'(\xi).$$

在适当的条件下, 则有下面结论.

例 5.1.8 设 $f(x)$ 在 (a, b) 内可导, 在 $\xi \in (a, b)$ 处 $f''(\xi)$ 存在, 且 $f''(\xi) \neq 0$, 则存在 $x_1, x_2 \in (a, b)$, $x_1 < \xi < x_2$, 满足 $\dfrac{f(x_2) - f(x_1)}{x_2 - x_1} = f'(\xi)$.

为了开阔思路, 下面给出几种不同的证法.

证 (方法一) 不妨设 $f''(\xi) > 0$. 分两种情况讨论:

(i) 若 $f'(\xi) = 0$, 因为 $f''(\xi) > 0$, 故 ξ 是 $f(x)$ 严格极小值点, 即存在 $\delta > 0$, $[\xi - \delta, \xi + \delta] \subset (a, b)$, 有 $f(\xi) < f(x)$ $(\xi - \delta \leqslant x \leqslant \xi + \delta, x \neq \xi)$.

若 $f(\xi - \delta) = f(\xi + \delta)$, 则可取 $x_1 = \xi - \delta$, $x_2 = \xi + \delta$ 使命题成立.

若 $f(\xi - \delta) \neq f(\xi + \delta)$, 不妨设 $f(\xi - \delta) < f(\xi + \delta)$, $x_1 = \xi - \delta$, 则有

$$f(\xi) < f(x_1) = f(\xi - \delta) < f(\xi + \delta).$$

根据连续函数的介值定理知, 存在 $x_2 \in (\xi, \xi + \delta)$, 使 $f(x_2) = f(x_1)$, 于是

$$\frac{f(x_2) - f(x_1)}{x_2 - x_1} = 0 = f'(\xi).$$

(ii) 若 $f'(\xi) \neq 0$, 令 $g(x) = f(x) - f'(\xi)x$, 则有 $g'(\xi) = 0$. 由 (i) 知, 存在 $x_1, x_2 \in (a, b)$ 使 $\dfrac{g(x_2) - g(x_1)}{x_2 - x_1} = 0$, 即 $\dfrac{f(x_2) - f(x_1)}{x_2 - x_1} = f'(\xi)$.

(方法二) 下面对 $f''(\xi) < 0$ 的情形给出另一种证法: 因为 $\lim\limits_{x \to \xi} \dfrac{f'(x) - f'(\xi)}{x - \xi}$ $= f''(\xi) < 0$, 则由极限的保号性知, 存在 $\delta > 0$ 使得

$$f'(x) > f'(\xi), \quad x \in [\xi - \delta, \xi),$$

$$f'(x) < f'(\xi), \quad x \in (\xi, \xi + \delta].$$

取定 $x_1 \in (\xi, \xi+\delta]$, $x_2 \in [\xi-\delta, \xi)$ 使 $f'(x_1) < f'(\xi) < f'(x_2)$. 若 $\dfrac{f(x_2) - f(x_1)}{x_2 - x_1} >$ $f'(\xi)$, 作 $F(x) = \begin{cases} \dfrac{f(x) - f(x_1)}{x - x_1}, & x \in [x_2, x_1), \\ f'(x_1), & x = x_1, \end{cases}$ 则 $F(x_1) < f'(\xi) < F(x_2)$. 因 为 $F(x)$ 在 $[x_2, x_1]$ 上连续, 由连续函数的介值定理知, 存在 $c \in (x_2, x_1)$ 使

$$F(c) = f'(\xi), \quad 即 \frac{f(c) - f(x_1)}{c - x_1} = f'(\xi).$$

若 $\dfrac{f(x_2) - f(x_1)}{x_2 - x_1} < f'(\xi)$, 作

$$G(x) = \begin{cases} \dfrac{f(x) - f(x_2)}{x - x_2}, & x \in (x_2, x_1], \\ f'(x_2), & x = x_2, \end{cases}$$

则 $G(x_1) < f'(\xi) < G(x_2)$, 由连续函数的介值定理知, 存在 $c \in (x_2, x_1)$ 使 $G(c) = f'(\xi)$, 即 $\dfrac{f(c) - f(x_2)}{c - x_2} = f'(\xi)$. 故命题成立.

(方法三) 只考虑 $f''(\xi) < 0$ 的情形. 因为 $\lim\limits_{x \to \xi} \dfrac{f'(x) - f'(\xi)}{x - \xi} = f''(\xi) < 0$, 则由极限的保号性知, 存在 $\delta > 0$, 使得

$$f'(x) > f'(\xi), \quad x \in [\xi - \delta, \xi),$$

$$f'(x) < f'(\xi), \quad x \in (\xi, \xi + \delta].$$

考虑函数

$$F(x) = f(\xi) - f(x) + f'(\xi)(x - \xi), \ x \in [\xi - \delta, \ \xi + \delta],$$

则 $F'(x) = -f'(x) + f'(\xi)$. 并有

$$F'(x) < 0, x \in [\xi - \delta, \xi); \quad F'(x) > 0, x \in (\xi, \xi + \delta].$$

于是, $F(x)$ 在 $[\xi - \delta, \xi)$ 上严格递减, 在 $(\xi, \xi + \delta]$ 上严格递增, 而在 $x = \xi$ 处 $F(\xi) = 0$. 因此, $F(x) > 0, x \in [\xi - \delta, \xi + \delta], x \neq \xi$. 取 μ 满足 $F(\xi) = 0 < \mu < \min\{F(\xi - \delta), F(\xi + \delta)\}$, 由连续函数的介值定理知, 存在 x_1, x_2 满足

$$\xi - \delta < x_1 < \xi, \quad f(\xi) - f(x_1) + f'(\xi)(x_1 - \xi) = \mu, \tag{5.7}$$

$$\xi < x_2 < \xi + \delta, \quad f(\xi) - f(x_2) + f'(\xi)(x_2 - \xi) = \mu. \tag{5.8}$$

式 (5.7) 和式 (5.8) 相减, 得 $\dfrac{f(x_2) - f(x_1)}{x_2 - x_1} = f'(\xi)$.

例 5.1.8 中要求在函数曲线上选择两点, 使其连成的弦平行于对应曲线上给定点处的切线. 在上述命题的条件下, 如果在曲线上先固定一点, 能否在曲线上找到另外一点, 使它们连成的弦平行于给定点处的切线? 即对 $\xi \in (a, b)$, 是否存在 $c \in (a, b]$ 使 $\dfrac{f(c) - f(a)}{c - a} = f'(\xi)$? 一般而言, 答案是否定的. 请看反例.

考虑函数 $f(x) = x^3 - x^2, x \in [-1, 1]$, 则 $f'(x) = 3x^2 - 2x$. 取 $\xi = 0$, 则 $f'(\xi) = 0, f''(\xi) = -2 \neq 0, \xi$ 也不是 $f'(x)$ 在 $(-1, 1)$ 上的最大值点或最小值点. 于是例 5.1.8 的条件满足, 但是

$$\frac{f(x) - f(-1)}{x - (-1)} = \frac{x^3 - x^2 + 2}{x + 1} = x^2 - 2x + 2 = (x - 1)^2 + 1 \neq 0 = f'(\xi).$$

可见, 这时需要的条件更强. 下面给出结论成立的一个充分条件.

例 5.1.9 设 $f(x)$ 在 $[a, b]$ 上可导, 若 $f'(x)$ 严格单调. 证明: 对任意 $\xi \in (a, b)$, 存在点 $c \in [a, b]$, 使得

$$f'(\xi) = \frac{f(c) - f(a)}{c - a} \text{或} f'(\xi) = \frac{f(c) - f(b)}{c - b}.$$

证 不妨设 $f'(x)$ 严格递增, 则有 $f'(a) < f'(\xi) < f'(b)$.

若 $\dfrac{f(b) - f(a)}{b - a} = f'(\xi)$, 则命题已证.

若 $\dfrac{f(b) - f(a)}{b - a} > f'(\xi)$, 作函数

$$F(x) = \begin{cases} \dfrac{f(x) - f(a)}{x - a}, & a < x \leqslant b, \\ f'(a), & x = a. \end{cases}$$

易知 $F(x)$ 在 $[a, b]$ 上连续, 又 $F(a) = f'(a) < f'(\xi) < [f(b) - f(a)]/(b-a) = F(b)$.
由连续函数的介值定理, 存在 $c \in (a, b)$, 使 $F(c) = f'(\xi)$, 即 $f'(\xi) = \dfrac{f(c) - f(a)}{c - a}$.

若 $\dfrac{f(b) - f(a)}{b - a} < f'(\xi)$, 作函数

$$F(x) = \begin{cases} \dfrac{f(x) - f(b)}{x - b}, & a \leqslant x < b, \\ f'(b), & x = b, \end{cases}$$

则同理可证.

注 5.1.4　若 $f(x)$ 在 $[a,b]$ 上二阶可导, 且 $f''(x) \neq 0, x \in [a,b]$, 则满足该题的条件.

 **习 题 5.1**

. . . .

1. 设函数 $f(x)$ 在 $[0, +\infty)$ 上可导.

(1) 若 $f(0) = 1, |f(x)| \leqslant e^{-x}$. 证明存在 $x_0 > 0$ 使 $f'(x_0) = -e^{-x_0}$;

(2) 若 $0 \leqslant f(x) \leqslant \dfrac{x^n}{e^x}$, 证明存在 $\xi > 0$ 使得 $f'(\xi) = \dfrac{\xi^{n-1}(n - \xi)}{e^\xi}$;

(3) 若 $f(1) = \ln 2, |f(x)| \leqslant \ln\left(1 + \dfrac{1}{x}\right), x > 0$. 证明存在 $\xi > 0$, 使得 $f'(\xi) + \dfrac{1}{\xi(\xi + 1)} = 0$.

2. 在定理 5.1.1 中, 取 $(a, b) = (-\infty, 1)$, 请分别通过两种变量代换证明该定理.

3. 设 $f(x)$ 在 $[a,b]$ 上连续, 在 (a,b) 内可导且不是线性函数. 证明存在 $\xi \in (a,b)$, 使

$$|f'(\xi)| > \left| \dfrac{f(b) - f(a)}{b - a} \right|.$$

4. 设 $f(x)$ 在 $(-\infty, +\infty)$ 内二阶可导, $f(0)f'(0) \geqslant 0$, $\lim\limits_{x \to +\infty} f(x) = 0$. 证明: 存在 $\xi_1 < \xi_2$ 使得

$$f'(\xi_1) = f''(\xi_2) = 0.$$

试将此结论推广到三阶可导的情形: $f(x)$ 在 $(-\infty, +\infty)$ 内三阶可导, 其余条件保留, 则存在

$$\xi_1, \xi_2, \xi_3 : 0 < \xi_1 < \xi_2 < \xi_3, \text{ 使 } f'(\xi_1) = f''(\xi_2) = f'''(\xi_3) = 0.$$

是否可以推广到更高阶可导的情形?

5. 设函数 $f(x)$ 在 $[a,b]$ 上连续, 在 (a,b) 内 $f'_+(x)$ 存在, 且 $f(a) = f(b) = 0$. 证明: 存在 $\xi \in (a,b)$ 使 $f'_+(\xi) \leqslant 0$.

6. 设函数 $f(x)$ 在 $[a,b)$ 上连续, 右导数 $f'_+(x)$ 在 $[a,b)$ 上存在且连续, 若 $f(a) = 0$, 对任意 $x \in [a,b)$, $f'_+(x) \leqslant 0$, 证明: 对任意 $x \in [a,b)$, 都有 $f(x) \leqslant 0$.

7. 设函数 $f(x)$ 在极值点 x_0 的某邻域内存在右导数 $f'_+(x)$, 且 $f'_+(x)$ 在 x_0 处连续, 则必有 $f'_+(x_0) = 0$.

8. 证明: 对 $x > -1$, 存在 $\theta \in (0,1)$ 使 $\ln(1+x) = \dfrac{x}{1+\theta x}$. 并求 $\lim\limits_{x \to 0} \theta$.

9. 设函数 f 在点 a 处三阶可导, $f'''(a) \neq 0$, 且

(1) 当 $|h|$ 充分小时, 存在 $\theta_h \in (0,1)$ 使 $f(a+h) = f(a) + hf'(a) + \dfrac{h^2}{2}f''(a + \theta_h h)$. 证明 $\lim\limits_{h \to 0} \theta_h = \dfrac{1}{3}$.

(2) 若 $f''(a) = 0$, 由拉格朗日中值定理, 存在 $\theta_h \in (0,1)$ 使 $f(a+h) = f(a) + hf'(a + \theta_h h)$. 证明 $\lim\limits_{h \to 0} \theta_h = \dfrac{1}{\sqrt{3}}$.

10. 设函数 $f(x)$ 在 $[a,b]$ 上连续, 在 (a,b) 内可导, $\xi \in (a,b)$ 不是 $f'(x)$ 在 (a,b) 上的最大值点或最小值点. 证明存在 $x_1, x_2 \in (a,b)$ 使 $\dfrac{f(x_2) - f(x_1)}{x_2 - x_1} = f'(\xi)$.

5.2　柯西中值定理的别证和分式函数单调性判别法

回顾柯西中值定理: 设 $f(x)$ 和 $g(x)$ 在 $[a,b]$ 上连续, 在 (a,b) 内可导, 且对 $x \in (a,b)$, $g'(x) \neq 0$. 则存在 $\xi \in (a,b)$ 使 $\dfrac{f(b) - f(a)}{g(b) - g(a)} = \dfrac{f'(\xi)}{g'(\xi)}$.

这里提供一种利用反函数的证法.

证　根据达布定理和条件 $g'(x) \neq 0$, 可知 g 在 $[a,b]$ 上严格单调, 不妨设其严格递增, 从而连续函数 g 有反函数

$$g^{-1} : [g(a), g(b)] \to [a,b],$$

且 g^{-1} 在 $[g(a), g(b)]$ 上连续, 在 $(g(a), g(b))$ 上可微. 令

$$h = f \circ g^{-1} : [g(a), g(b)] \to f([a,b]), \tag{5.9}$$

则函数 h 在闭区间 $[g(a), g(b)]$ 上连续, 在开区间 $(g(a), g(b))$ 上可微. 对函数 $h = f \circ g^{-1}$ 用拉格朗日中值定理, 有 $\mu \in (g(a), g(b))$, 使得

$$h(g(b)) - h(g(a)) = h'(\mu)(g(b) - g(a)). \tag{5.10}$$

注意到 (5.9), 利用复合函数和反函数求导公式有

$$h'(\mu) = f'\left(g^{-1}(\mu)\right)\left(g^{-1}\right)'(\mu) = f'\left(g^{-1}(\mu)\right)\frac{1}{g'\left(g^{-1}(\mu)\right)}. \tag{5.11}$$

把 (5.9) 和 (5.11) 代入到 (5.10), 得到

$$f(b) - f(a) = \frac{f'\left(g^{-1}(\mu)\right)}{g'\left(g^{-1}(\mu)\right)}(g(b) - g(a)).$$

记 $\xi = g^{-1}(\mu)$, 即得欲证.

大家知道, 柯西中值定理中的条件 $g'(x) \neq 0$ 是苛刻的, 等于要求 $g(x)$ 严格单调, 这限制了柯西中值定理的应用范围, 例如: $f(x) = x, g(x) = x^3$, 在 $[-1,1]$ 上不满足上述定理条件, 但确实存在 $\xi = \dfrac{1}{\sqrt{3}} \in (-1,1)$ 使 $1 = \dfrac{f(1) - f(-1)}{g(1) - g(-1)} = \dfrac{f'(\xi)}{g'(\xi)}$.

柯西中值定理的条件能否放宽呢? 人们做过不少研究, 如: 将条件 $g'(x) \neq 0$ 减弱为 "$g(a) \neq g(b)$, 且 $f'(x)$ 和 $g'(x)$ 不同时为零", 这时上述例子就适用了, 但如果改取 $f(x) = x^3, g(x) = x^5$, 又不适用了; 也有干脆去掉 $g'(x) \neq 0$ 的要求, 将原式 "摆平", 即有

定理 5.2.1　设 $f(x)$ 和 $g(x)$ 在 $[a,b]$ 上连续, 在 (a,b) 内可导. 则有

$$[f(b) - f(a)]g'(\xi) = [g(b) - g(a)]f'(\xi).$$

只需设辅助函数 $F(x) = f(x)[g(b) - g(a)] - g(x)[f(b) - f(a)]$, 用罗尔定理即可得证.

由柯西中值定理可以导出判别分式函数单调性的几个判别法, 即由导数比的单调性判别函数比的单调性.

定理 5.2.2　设 $f(x)$ 和 $g(x)$ 在 $[a,b]$ 上连续, 在 (a,b) 内可导, 且对 $x \in (a,b)$, $g'(x) \neq 0$.

(1) 当 $\dfrac{f'(x)}{g'(x)}$ 在 (a,b) 内 (严格) 单调递增时, $\dfrac{f(x) - f(a)}{g(x) - g(a)}$ 在 $(a,b]$ 内也 (严格) 单调递增, 且有 $\dfrac{f'(x)}{g'(x)} \geqslant (>) \dfrac{f(x) - f(a)}{g(x) - g(a)}$.

(2) 当 $\dfrac{f'(x)}{g'(x)}$ 在 (a,b) 内 (严格) 单调递减时, $\dfrac{f(x) - f(a)}{g(x) - g(a)}$ 在 $(a,b]$ 内也 (严格) 单调递减, 且有 $\dfrac{f'(x)}{g'(x)} \leqslant (<) \dfrac{f(x) - f(a)}{g(x) - g(a)}$.

(3) 当 $\dfrac{f'(x)}{g'(x)}$ 在 (a,b) 内恒为常数时, 则 $\dfrac{f(x) - f(a)}{g(x) - g(a)}$ 也在 $(a,b]$ 内也恒为常数, 且有 $\dfrac{f(x) - f(a)}{g(x) - g(a)} = \dfrac{f'(x)}{g'(x)}$.

证　只证 (1). 由达布定理知, $g'(x)$ 不变号, 不妨设 $g'(x) > 0$(不然用 $-f(x), -g(x)$ 分别代替 $f(x), g(x)$). 由柯西中值定理, 对 $x \in (a,b)$, 存在 $\xi \in (a,x) \subset (a,b)$, 使得

$$\frac{f(x) - f(a)}{g(x) - g(a)} = \frac{f'(\xi)}{g'(\xi)}.$$

因为 $\dfrac{f'(x)}{g'(x)}$ 在 (a,b) 上 (严格) 递增, 故得欲证不等式

$$\frac{f(x)-f(a)}{g(x)-g(a)}=\frac{f'(\xi)}{g'(\xi)}\leqslant(<)\frac{f'(x)}{g'(x)},\ a<\xi<x<b.$$

由此又得 $f'(x)[g(x)-g(a)]-[f(x)-f(a)]g'(x)\geqslant(>)0.$

$$\left[\frac{f(x)-f(a)}{g(x)-g(a)}\right]'=\frac{f'(x)[g(x)-g(a)]-[f(x)-f(a)]g'(x)}{[g(x)-g(a)]^2}\geqslant(>)0.$$

因此, $\dfrac{f(x)-f(a)}{g(x)-g(a)}$ 在 (a,b) 内 (严格) 单调递增.

思考 对 $\dfrac{f(x)-f(b)}{g(x)-g(b)}$ 的情形给出相应的结论.

推论 5.2.1 设 $f(x)$ 和 $g(x)$ 在 $[a,b]$ 上连续, 在 (a,b) 内可导, 且 $f(a)=g(a)=0$, 对 $x\in(a,b)$, $g'(x)\neq 0$.

(1) 当 $\dfrac{f'(x)}{g'(x)}$ 在 (a,b) 内 (严格) 单调递增时, 则 $\dfrac{f(x)}{g(x)}$ 也在 (a,b) 内 (严格) 单调递增, 且有 $\dfrac{f'(x)}{g'(x)}\geqslant(>)\dfrac{f(x)}{g(x)}$.

(2) 当 $\dfrac{f'(x)}{g'(x)}$ 在 (a,b) 内 (严格) 单调递减时, 则 $\dfrac{f(x)}{g(x)}$ 也在 (a,b) 内 (严格) 单调递减, 且有 $\dfrac{f'(x)}{g'(x)}\leqslant(<)\dfrac{f(x)}{g(x)}$.

(3) 当 $\dfrac{f'(x)}{g'(x)}$ 在 (a,b) 内恒为常数时, 则 $\dfrac{f(x)}{g(x)}$ 也在 (a,b) 内恒为常数, 且有 $\dfrac{f'(x)}{g'(x)}=\dfrac{f(x)}{g(x)}$.

思考 推论 5.2.1 的 (1)(或 (2)) 的逆命题是否成立? 即在推论的总体条件下, 若 $\dfrac{f(x)}{g(x)}$ 在 (a,b) 内 (严格) 单调递增, 能否推出 $\dfrac{f'(x)}{g'(x)}$ 也在 (a,b) 内 (严格) 单调递增? 易知此时不难推出不等式 $\dfrac{f'(x)}{g'(x)}\geqslant(>)\dfrac{f(x)}{g(x)}$.

推论 5.2.2 设 $g(a)>0$, 对 $x\in[a,b],g'(x)>0$, 或 $g(a)<0$, 对 $x\in[a,b]$, $g'(x)<0$.

(1) 若 $\dfrac{f'(a)}{g'(a)}\geqslant\dfrac{f(a)}{g(a)},\dfrac{f'(x)}{g'(x)}$ 在 $[a,b]$ 上 (严格) 递增. 则 $\dfrac{f(x)}{g(x)}$ 在 $[a,b]$ 上 (严格) 递增, 且有 $\dfrac{f'(x)}{g'(x)}\geqslant(>)\dfrac{f(x)-f(a)}{g(x)-g(a)}\geqslant\dfrac{f(x)}{g(x)}$.

(2) 若 $\dfrac{f'(a)}{g'(a)} \leqslant \dfrac{f(a)}{g(a)}, \dfrac{f'(x)}{g'(x)}$ 在 $[a,b]$ 上 (严格) 递减. 则 $\dfrac{f(x)}{g(x)}$ 在 $[a,b]$ 上 (严格) 递减, 且有 $\dfrac{f'(x)}{g'(x)} \leqslant (<) \dfrac{f(x)-f(a)}{g(x)-g(a)} \leqslant \dfrac{f(x)}{g(x)}$.

证 只证 (1). 不妨设 $g(a) > 0$, 对 $x \in [a,b], g'(x) > 0$. 由定理 5.2.2, 对 $x \in (a,b)$, 有

$$\frac{f'(x)}{g'(x)} \geqslant (>) \frac{f(x)-f(a)}{g(x)-g(a)}. \tag{5.12}$$

又

$$\frac{f(x)-f(a)}{g(x)-g(a)} - \frac{f(x)}{g(x)} = \frac{f(x)g(a)-f(a)g(x)}{g(x)[g(x)-g(a)]}. \tag{5.13}$$

由 $g(a) > 0, g'(x) > 0$ 知 (5.13) 式右端分母大于零. 为证 (5.13) 式右端分子大于零, 令 $\varphi(x) = f(x)g(a) - f(a)g(x)$. 则 $\varphi(a) = 0$, 且

$$\varphi'(x) \geqslant (>)0 \Leftrightarrow \frac{f'(x)}{g'(x)} \geqslant (>) \frac{f(a)}{g(a)}.$$

因为 $\dfrac{f'(x)}{g'(x)}$ 在 $[a,b]$ 上 (严格) 递增, 且 $\dfrac{f'(a)}{g'(a)} \geqslant \dfrac{f(a)}{g(a)}$, 故有

$$\frac{f'(x)}{g'(x)} \geqslant (>) \frac{f'(a)}{g'(a)} \geqslant \frac{f(a)}{g(a)}.$$

从而 $\varphi'(x) \geqslant (>)0$, 而 $\varphi(a) = 0$, 故 $\varphi(x) = f(x)g(a) - f(a)g(x) \geqslant (>)0$. 于是由 (5.12)、(5.13) 式得

$$\frac{f'(x)}{g'(x)} \geqslant (>) \frac{f(x)-f(a)}{g(x)-g(a)} \geqslant \frac{f(x)}{g(x)}.$$

再由 $\left[\dfrac{f(x)}{g(x)}\right]' = \dfrac{f'(x)g(x)-f(x)g'(x)}{[g(x)]^2}$ 和上式可得 $\left[\dfrac{f(x)}{g(x)}\right]' \geqslant (>)0$. 因此, $\dfrac{f(x)}{g(x)}$ 在 $[a,b]$ 上 (严格) 递增.

思考 自证定理 5.2.2(2) 和推论 5.2.2(2).

注 5.2.1 定理 5.2.2 及其两个推论都是在区间 $[a,b]$ 上建立的, 其实在 $[a,+\infty)$ 上也是成立的, 因为对任意 $x \in [a,+\infty)$, 总存在 $b > x$, 因此, 可归结到 $[a,b]$ 上.

例 5.2.1 证明下列不等式:

(1) $\dfrac{y^x}{x^y} < \dfrac{y}{x}$, $y > x > 1$;   (2) $\ln(1+x) < \dfrac{x}{\sqrt{1+x}}$, $x > 0$.

证 (1) $\dfrac{y^x}{x^y} < \dfrac{y}{x} \Leftrightarrow x\ln y - y\ln x < \ln y - \ln x \Leftrightarrow \dfrac{x-1}{\ln x} < \dfrac{y-1}{\ln y}$, $y > x > 1$.

令 $f(x) = x - 1$, $g(x) = \ln x$. 则 $f(1) = g(1) = 0$, $g'(x) > 0$, $\dfrac{f'(x)}{g'(x)} = x$ 严格

递增. 由推论 5.2.1(1) 知 $\dfrac{x-1}{\ln x}$ 也严格递增, 故有 $\dfrac{x-1}{\ln x} < \dfrac{y-1}{\ln y}$, $y > x > 1$.

注 5.2.2 由推论 5.2.1(1)(导数比大于函数比) 可知, 当 $x > 1$ 时 $x > \dfrac{x-1}{\ln x}$.

即 $\ln x > 1 - \dfrac{1}{x}$. 令 $x = 1 + t$, $t > 0$. 则顺便得到不等式 $\ln(1+t) > \dfrac{t}{1+t}$, $t > 0$.

(2) 令 $f(x) = \sqrt{1+x}\ln(1+x)$, $g(x) = x$. 则 $f(0) = g(0) = 0$, $g'(x) > 0$,
且有

$$\frac{f'(x)}{g'(x)} = \frac{\ln(1+x)}{2\sqrt{1+x}} + \frac{\sqrt{1+x}}{1+x} = \frac{\ln(1+x)+2}{2\sqrt{1+x}}.$$

再令 $f_1(x) = \ln(1+x) + 2$, $g_1(x) = 2\sqrt{1+x}$. 则 $f_1(0) = g_1(0) = 2$, $g_1'(x) >$

0, 且 $\dfrac{f'(0)}{g'(0)} = \dfrac{f_1(0)}{g_1(0)} = 1$, $\dfrac{f_1'(x)}{g_1'(x)} = \dfrac{1}{\sqrt{1+x}}$ 严格递减, 由推论 5.2.2(2) 知 $\dfrac{f'(x)}{g'(x)} =$

$\dfrac{f_1(x)}{g_1(x)} = \dfrac{\ln(1+x)+2}{2\sqrt{1+x}}$ 严格递减. 再由推论 5.2.1(2) 知 $\dfrac{f(x)}{g(x)} = \dfrac{\sqrt{1+x}\ln(1+x)}{x}$

严格递减. 而 $\lim\limits_{x\to 0^+} \dfrac{\sqrt{1+x}\ln(1+x)}{x} = 1$. 故有 $\dfrac{x}{\sqrt{1+x}\ln(1+x)} > 1$. 即 $\ln(1+$

$x) < \dfrac{x}{\sqrt{1+x}}$, $x > 0$.

例 5.2.2 (1) 设 $f(x)$ 在 $[0, +\infty)$ 上连续且恒正. 证明: $\varphi(x) = \dfrac{\displaystyle\int_0^x \sqrt{t}f^2(t)\mathrm{d}t}{\displaystyle\int_0^x f^2(t)\mathrm{d}t}$

在 $(0, +\infty)$ 上严格递增, 且 $\varphi(x) \leqslant \sqrt{x}$.

(2) 设 $f(0) = 0$, $f''(x)$ 在 $[0, +\infty)$ 上恒正. 证明: 对 $a_i > 0$, $i = 1, 2, \cdots, n$,
$(n > 1)$, 有

$$\sum_{i=1}^{n} f(a_i) < f\left(\sum_{i=1}^{n} a_i\right).$$

证   (1) 因为 $\dfrac{\left(\displaystyle\int_0^x \sqrt{t}f^2(t)\mathrm{d}t\right)'}{\left(\displaystyle\int_0^x f^2(t)\mathrm{d}t\right)'} = \dfrac{\sqrt{x}f^2(x)}{f^2(x)} = \sqrt{x}$ 严格递增, 由推论 5.2.1(1)

立即可得欲证.

(2) 由题设知 $f'(x)$ 在 $(0,+\infty)$ 上严格递增, 再由推论 5.2.1(1) 可知, $\dfrac{f(x)}{x}$ 在

$(0,+\infty)$ 上严格递增. 于是由 $a_i > 0,\quad i = 1,2,\cdots,n,$ 可得 $\dfrac{f(a_i)}{a_i} < \dfrac{f\left(\displaystyle\sum_{i=1}^n a_i\right)}{\displaystyle\sum_{i=1}^n a_i}.$

即有

$$f(a_i) < \frac{a_i f\left(\displaystyle\sum_{i=1}^n a_i\right)}{\displaystyle\sum_{i=1}^n a_i},\ i = 1,2,\cdots,n.$$

将上式两端从 1 到 n 相加, 即得欲证.

思考   试取几个具体函数, 得出相应的不等式.

例 5.2.3   设 $f(x)$ 和 $g(x)$ 在 $[a,b]$ 上连续, 在 (a,b) 内可导, 且 $g(a) > 0$, 对 $x \in (a,b)$, $g'(x) > 0$. 若 a 是 $\dfrac{f(x)}{g(x)}$ 的最小值点, $\dfrac{f'(x)}{g'(x)}$ 在 (a,b) 内 (严格) 单调递增. 则 $\dfrac{f(x)}{g(x)}$ 也在 (a,b) 内 (严格) 单调递增, 且有

$$\frac{f'(x)}{g'(x)} \geqslant (>)\frac{f(x) - f(a)}{g(x) - g(a)} \geqslant \frac{f(x)}{g(x)}\ .$$

证   因为 $g'(x) > 0$. 则对 $x \in [a,b], g(x) > 0$. 由柯西中值定理和 $\dfrac{f'(x)}{g'(x)}$ 的 (严格) 递增性, 对 $x \in (a,b)$, 存在 $\xi, a < \xi < x \leqslant b$, 使

$$\frac{f'(x)}{g'(x)} \geqslant (>)\frac{f'(\xi)}{g'(\xi)} = \frac{f(x) - f(a)}{g(x) - g(a)}. \tag{5.14}$$

由于 a 是 $\dfrac{f(x)}{g(x)}$ 的最小值点, 故有 $\dfrac{f(x)}{g(x)} \geqslant \dfrac{f(a)}{g(a)}$, 即 $f(x)g(a) \geqslant f(a)g(x)$.

上式两边同加 $f(x)g(a)$, 并移项整理得

$$[f(x) - f(a)]g(x) = f(x)g(x) - f(a)g(x) \geqslant f(x)g(x) - f(x)g(a)$$

$$= f(x)[g(x) - g(a)].$$

由此可得 $\dfrac{f(x) - f(a)}{g(x) - g(a)} \geqslant \dfrac{f(x)}{g(x)}$. 结合 (5.14) 可得 $\dfrac{f'(x)}{g'(x)} \geqslant (>)\dfrac{f(x) - f(a)}{g(x) - g(a)} \geqslant$

$\dfrac{f(x)}{g(x)}$. 再由 $\left[\dfrac{f(x)}{g(x)}\right]' = \dfrac{f'(x)g(x) - f(x)g'(x)}{[g(x)]^2}$ 和上式可得 $\left[\dfrac{f(x)}{g(x)}\right]' \geqslant (>)0$. 因此,

$\dfrac{f(x)}{g(x)}$ 在 $[a,b]$ (严格) 递增.

习 题 5.2

1. 设 $0 < x < y < \dfrac{\pi}{2}$. 证明: (1) $\dfrac{\tan x - x}{x - \sin x} > 2$; (2) $\dfrac{2x}{\pi} < \sin x < x$; (3) $x^2 < \sin x \cdot \tan x$;

(4) $e^y > e^x(1 + \sin y - \sin x)$; (5) $\dfrac{\tan x}{\tan y} < \dfrac{x}{y} < \dfrac{\sin x}{\sin y}$; (6) $\dfrac{x^2}{\pi} < 1 - \cos x < \dfrac{x^2}{2}$.

2. 设 $b > a > 0$. 证明: 存在 $\xi \in (a,b)$, 使 $ae^b - be^a = (1 - \xi)e^\xi(a - b)$.

3. 设 $f(x)$ 在 $[a,b](ab > 0)$ 上连续, 在 (a,b) 内可导. 证明: 存在 $\xi \in (a,b)$, 使

$$\frac{1}{b - a}\begin{vmatrix} a & b \\ f(a) & f(b) \end{vmatrix} = \xi f'(\xi) - f(\xi).$$

4. 设 $f(x)$ 在 $(0,a]$ 上连续可微, 且存在有限极限 $\lim\limits_{x \to 0^+} \sqrt{x}f(x)$. 证明: $f(x)$ 在 $(0,a]$ 上一致连续.

5. 设 $f(x)$ 在 $[0,+\infty)$ 上可微, $f(0) = 0$, 且 $f'(x)$ 严格单调递增. 证明: $\dfrac{f(x)}{x}$ 在 $(0,+\infty)$ 上严格单调递增.

6. 设 $f(x)$ 在 $[0,+\infty)$ 上连续且恒正. 讨论 $\varphi(x) = \dfrac{\displaystyle\int_0^x f(t)\ln(1 + t)\mathrm{d}t}{\displaystyle\int_0^x f(t)\arctan\sqrt{t}\mathrm{d}t}$ 在 $(0,+\infty)$ 上的单调性.

7. 证明不等式: (1) $\dfrac{\arctan x}{\ln(1 + x)} < \dfrac{3}{2}, x > 0$; (2) $\dfrac{1}{\ln 2} - 1 < \dfrac{1}{\ln(1 + x)} - \dfrac{1}{x} < \dfrac{1}{2}$, $x \in (0.1)$.

8. 设 $f(x)$ 在 $(a,+\infty)$ 上可导, 且 $|g'(x)| \leqslant f'(x)$, $x \in (0,+\infty)$. 若 $\lim\limits_{x \to +\infty} f(x)$ 存在, 证明: $\lim\limits_{x \to +\infty} g(x)$ 存在.

9. 设 $f(x)$ 在 $(0,+\infty)$ 上二次可导, $f(0) = 0$. 证明: 对任意 $x > 0$, 存在 $\xi \in (0,x)$, 使

$$f'(x) - \frac{f(x)}{x} = \xi f''(\xi).$$

10. 设 $f(x)$ 在 $[a,b]$ 上二次可导, $f'(a) = f'(b) = 0$. 证明: 存在 $\xi \in (a,b)$, 使得

$$f''(\xi) \geqslant \frac{4\,|f(b) - (a)|}{(b-a)^2}.$$

5.3　积分中值定理的推广及其应用

积分中值定理是积分的一条重要性质, 是积分学乃至数学分析的重要理论结果和有效工具之一. 课本上通常讲的积分中值定理, 一般要求函数连续, 且"中值"属于闭区间. 下面将减弱对函数的要求, 并将结论改进为"中值"属于开区间, 当然不排除同时在端点取得, 这不仅与微分中值定理的"中值"表述相一致, 也扩大了积分中值定理的应用范围.

定理 5.3.1(积分第一中值定理特殊形式)　设函数 $f(x)$ 在闭区间 $[a, b]$ 上可积且有原函数. 则至少存在一点 $\xi \in (a, b)$, 使得 $\int_a^b f(x)\mathrm{d}x = f(\xi)(b-a)$.

证　设 $F(x)$ 是 $f(x)$ 在 $[a, b]$ 上的一个原函数, 因为 $f(x)$ 在闭区间 $[a, b]$ 上可积, 则由广义牛顿–莱布尼茨 (Newton-Leibniz) 公式有

$$\int_a^b f(x)\mathrm{d}x = F(b) - F(a).$$

再由拉格朗日中值定理知, 存在 $\xi \in (a, b)$ 使得

$$F(b) - F(a) = F'(\xi)(b-a) = f(\xi)(b-a),$$

于是有

$$\int_a^b f(x)\mathrm{d}x = f(\xi)(b-a), \quad \xi \in (a, b).$$

例 5.3.1　设 $f(x)$ 在 $[0, 1]$ 上可导, 且 $f(1) = \int_0^1 xf(x)\mathrm{d}x$. 证明: 存在 $\xi \in (0, 1)$, 使

$$f'(\xi) = -\frac{f(\xi)}{\xi}.$$

证　由定理 5.3.1 有 $1 \cdot f(1) = f(1) = \int_0^1 xf(x)\mathrm{d}x = cf(c), c \in (0,1)$. 令 $F(x) = xf(x)$, 则 $F(1) = F(c)$. 由罗尔定理, 存在 $\xi \in (c,1)$ 使 $F'(\xi) = 0$, 即 $\xi f'(\xi) + f(\xi) = 0$ 或 $f'(\xi) = -\dfrac{f(\xi)}{\xi}$.

例 5.3.2 设 $f(x)$ 在 $[0, 1]$ 上可导, 且 $f(1) = \int_0^1 e^{1-x^2} f(x) dx$. 证明: 存在 $\xi \in (0, 1)$, 使 $f'(\xi) = 2\xi f(\xi)$.

证 由定理 5.3.1 有 $f(1) = \int_0^1 e^{1-x^2} f(x) dx = e^{1-c^2} f(c)$, $c \in (0, 1)$, 即 $e^{-1} f(1) = e^{-c^2} f(c)$.

令 $F(x) = e^{-x^2} f(x)$, 则 $F(1) = F(c)$. 由罗尔定理, 存在 $\xi \in (c, 1)$ 使 $F'(\xi) = 0$, 即 $e^{-\xi^2} f'(\xi) - 2\xi e^{-\xi^2} f(\xi) = 0$, 或 $f'(\xi) = 2\xi f(\xi)$.

注 5.3.1 例 5.3.1 和例 5.3.2 是从 1996 年和 2001 年全国硕士生入学统考数学试题改编而来, 原题为了保证 ξ 属于开区间, 分别假设 $f(1) = 2\int_0^{\frac{1}{2}} x f(x) dx$ 和 $f(1) = 3\int_0^{\frac{1}{3}} e^{1-x^2} f(x) dx$. 类似题目在全国研究生入学统考试题中多次出现.

例 5.3.3 设 $f(x)$ 在 $[0, b]$ 上连续且严格单调下降, $0 < c < b$. 证明:

$$b \int_0^c f(x) dx > c \int_0^b f(x) dx.$$

证 由定理 5.3.1, 存在 $\xi \in (0, c)$, $\eta \in (c, b)$ 使得

$$\frac{\int_0^c f(x) dx}{c} = f(\xi), \quad \frac{\int_c^b f(x) dx}{b-c} = f(\eta).$$

因为 $f(x)$ 在 $[0, b]$ 上严格单调下降, 故有

$$\frac{\int_0^c f(x) dx}{c} = f(\xi) > f(\eta) = \frac{\int_c^b f(x) dx}{b-c}$$

即

$$(b-c) \int_0^c f(x) dx > c \int_c^b f(x) dx$$

于是得

$$b \int_0^c f(x) dx > c \int_0^b f(x) dx.$$

例 5.3.4 设 $f(x)$ 在 $[0, \pi]$ 上连续, 且 $\int_0^\pi f(x) dx = 0$, $\int_0^\pi f(x) \cos x dx = 0$,

证明: 存在 $\xi_1, \xi_2 \in (0, \pi), \xi_1 \neq \xi_2$, 使 $f(\xi_1) = f(\xi_2) = 0$.

证 设 $F(x) = \int_0^x f(t)\mathrm{d}t$, 则 $F(0) = 0, F(\pi) = 0$,

$$0 = \int_0^\pi f(x)\cos x\mathrm{d}x = \int_0^\pi \cos x\mathrm{d}F(x)$$

$$= \cos x F(x)\Big|_0^\pi + \int_0^\pi F(x)\sin x\mathrm{d}x = \int_0^\pi F(x)\sin x\mathrm{d}x$$

$$= \pi F(\eta)\sin \eta \quad (\eta \in (0, \pi)),$$

因为 $\sin \eta \neq 0$, 所以 $F(\eta) = 0$.

所以 $F(0) = F(\eta) = F(\pi) = 0$, 由罗尔定理知, 存在 $\xi_1 \in (0, \eta), \xi_2 \in (\eta, \pi)$, 使 $f(\xi_1) = f(\xi_2) = 0$.

思考 本题能否直接对两个等式分别使用定理 5.3.1, 得到 $f(\xi_1) = 0, f(\xi_2)$ $\cos \xi_2 = 0$, 进而推出 $f(\xi_1) = f(\xi_2) = 0$?

注 5.3.2 本题也可假设 $f(x)$ 只有一个零点, 用反证法推出矛盾.

定理 5.3.1 可以推广到更一般的情形, 即数学分析中讲的积分第一中值定理的改进形式:

定理 5.3.2(积分第一中值定理)   设函数 $f(x)$ 在闭区间 $[a, b]$ 上可积且有原函数, $g(x)$ 在 $[a, b]$ 上可积且不变号, 则至少存在一点 $\xi \in (a, b)$, 使得

$$\int_a^b f(x)g(x)\mathrm{d}x = f(\xi)\int_a^b g(x)\mathrm{d}x.$$

证 因为 $f(x)$ 在 $[a, b]$ 上可积, 所以 $f(x)$ 在 $[a, b]$ 上有界, 从而有上、下确界, 记其上确界为 M, 下确界为 m.

若 $M = m$, 则结论显然成立, 下设 $M > m$. 又 $g(x)$ 在 $[a, b]$ 上不变号, 不妨设 $g(x) \geqslant 0, \forall x \in [a, b]$, 故 $mg(x) \leqslant f(x)g(x) \leqslant Mg(x)$, 从而

$$m\int_a^b g(x)\mathrm{d}x \leqslant \int_a^b f(x)g(x)\mathrm{d}x \leqslant M\int_a^b g(x)\mathrm{d}x. \tag{5.15}$$

若 $\int_a^b g(x)\mathrm{d}x = 0$, 则由式 (5.15) 知 $\int_a^b f(x)g(x)\mathrm{d}x = 0$, 结论自然成立. 若

$\displaystyle\int_a^b g(x)\mathrm{d}x > 0$, 则由式 (5.15) 有

$$m \leqslant \frac{\displaystyle\int_a^b f(x)g(x)\mathrm{d}x}{\displaystyle\int_a^b g(x)\mathrm{d}x} \leqslant M. \tag{5.16}$$

(i) 若式 (5.16) 中两个不等号都是严格的, 则由确界的定义知: 存在 $x_1, x_2 \in [a, b]$ 使得

$$m \leqslant f(x_1) < \frac{\displaystyle\int_a^b f(x)g(x)\mathrm{d}x}{\displaystyle\int_a^b g(x)\mathrm{d}x} < f(x_2) \leqslant M.$$

因为 $f(x)$ 在 $[a, b]$ 上有原函数, 所以由达布定理知 $f(x)$ 在 $[a, b]$ 上具有介值性, 即在 x_1 与 x_2 之间存在 ξ, 使得

$$f(\xi) = \frac{\displaystyle\int_a^b f(x)g(x)\mathrm{d}x}{\displaystyle\int_a^b g(x)\mathrm{d}x},$$

即存在 $\xi \in (a, b)$ 使得 $\displaystyle\int_a^b f(x)g(x)\mathrm{d}x = f(\xi)\int_a^b g(x)\mathrm{d}x$.

(ii) 若式 (5.16) 中至少有一个等号成立, 不妨设第二个等号成立, 即 $\dfrac{\displaystyle\int_a^b f(x)g(x)\mathrm{d}x}{\displaystyle\int_a^b g(x)\mathrm{d}x} = M$, 则 $\displaystyle\int_a^b [M - f(x)]g(x)\mathrm{d}x = 0$. 又 $\displaystyle\int_a^b g(x)\mathrm{d}x > 0$, 故存在 (a, b) 的一个子区间 $[\alpha, \beta]$ 使得 $g(x) > 0, \forall x \in [\alpha, \beta]$, 从而

$$0 \leqslant \int_\alpha^\beta [M - f(x)]g(x)\mathrm{d}x \leqslant \int_a^b [M - f(x)]g(x)\mathrm{d}x = 0,$$

所以 $\displaystyle\int_\alpha^\beta [M - f(x)]g(x)\mathrm{d}x = 0$.

假设任意 $x \in [\alpha, \beta]$, 恒有 $f(x) < M$, 则有任意 $x \in [\alpha, \beta]$, $[M-f(x)]g(x) > 0$, 于是 $\displaystyle\int_\alpha^\beta [M - f(x)]g(x)\mathrm{d}x > 0$, 这与 $\displaystyle\int_\alpha^\beta [M - f(x)]g(x)\mathrm{d}x = 0$ 矛盾. 所以存在

$\xi \in [\alpha, \beta]$ 使得 $f(\xi) = M$, 即存在 $\xi \in (a,\ b)$ 使得 $\displaystyle\int_a^b f(x)g(x)\mathrm{d}x = f(\xi)\int_a^b g(x)\mathrm{d}x.$

定理 5.3.1 显然是定理 5.3.2 的特殊情形.

注 5.3.3　定理 5.3.1 和定理 5.3.2 对 $f(x)$ 的假设要弱于连续性, $f(x) = \begin{cases} 2x\sin\dfrac{1}{x} - \cos\dfrac{1}{x}, & x \neq 0, \\ 0, & x = 0 \end{cases}$ 就是一个在 $[-1, 1]$ 上可积且有原函数但不连续的例子, 请读者验证.

现在用定理 5.3.2 给出例 5.3.4 另一种证法.

证　由 $\displaystyle\int_0^\pi f(x)\mathrm{d}x = 0$ 可推知, $f(x)$ 在 $(0, \pi)$ 内必存在零点 x_0. 现假如 $f(x)$ 在 $(0, \pi)$ 内只有一个零点 x_0, 则 $f(x)$ 在 $(0, x_0)$ 内严格同号, 在 (x_0, π) 内严格同号. 于是由 $0 = \displaystyle\int_0^\pi f(x)\mathrm{d}x = \int_0^{x_0} f(x)\mathrm{d}x + \int_{x_0}^\pi f(x)\mathrm{d}x$ 可得

$$\int_0^{x_0} f(x)\mathrm{d}x = -\int_{x_0}^\pi f(x)\mathrm{d}x \neq 0.$$

根据定理 5.3.2, 存在 $\xi_1 \in (0, x_0), \xi_2 \in (x_0, \pi)$ 使

$$\begin{aligned} 0 = \int_0^\pi f(x)\cos x\mathrm{d}x &= \int_0^{x_0} f(x)\cos x\mathrm{d}x + \int_{x_0}^\pi f(x)\cos x\mathrm{d}x \\ &= \cos\xi_1 \int_0^{x_0} f(x)\mathrm{d}x + \cos\xi_2 \int_{x_0}^\pi f(x)\mathrm{d}x \\ &= (\cos\xi_1 - \cos\xi_2)\int_0^{x_0} f(x)\mathrm{d}x \neq 0, \end{aligned}$$

(因为 $\cos x$ 在 $(0, \pi)$ 内严格单调递减, $\cos\xi_1 \neq \cos\xi_2$), 矛盾. 因此, $f(x)$ 在 $(0, \pi)$ 内至少存在两个零点.

例 5.3.5　求极限 $\displaystyle\lim_{n\to\infty} \int_n^{n+p} \mathrm{e}^{\frac{1}{x}}\sqrt{\dfrac{n}{x}}\mathrm{d}x \ (p > 0).$

解　由定理 5.3.2 知, 存在 $n < \xi_n < n + p$, 使

$$\begin{aligned} \text{原式} &= \lim_{n\to\infty} \sqrt{n}\mathrm{e}^{\frac{1}{\xi_n}} \int_n^{n+p} \frac{1}{\sqrt{x}}\mathrm{d}x \\ &= \lim_{n\to\infty} 2\sqrt{n}\mathrm{e}^{\frac{1}{\xi_n}}(\sqrt{n+p} - \sqrt{n}) \\ &= \lim_{n\to\infty} \frac{2p\sqrt{n}\mathrm{e}^{\frac{1}{\xi_n}}}{\sqrt{n+p} + \sqrt{n}} = p. \end{aligned}$$

下面推广积分第二中值定理, 它也是积分第一中值定理的应用, 其独特之处是 "中值" 位于积分上下限.

定理 5.3.3(积分第二中值定理) 设函数 $f(x)$ 在闭区间 $[a, b]$ 上连续, $g'(x)$ 在 $[a, b]$ 上可积且不变号, 则至少存在一点 $\xi \in (a, b)$, 使得

$$\int_a^b f(x)g(x)\mathrm{d}x = g(a)\int_a^\xi f(x)\mathrm{d}x + g(b)\int_\xi^b f(x)\mathrm{d}x.$$

证 令 $F(x) = \displaystyle\int_a^x f(t)\mathrm{d}t, x \in [a, b]$, 则有

$$\begin{aligned}
\int_a^b f(x)g(x)\mathrm{d}x &= \int_a^b g(x)\mathrm{d}F(x) \\
&= g(x)F(x)\big|_a^b - \int_a^b F(x)g'(x)\mathrm{d}x \\
&= g(b)F(b) - F(\xi)\int_a^b g'(x)\mathrm{d}x \quad (\text{用到定理}5.3.2, \xi \in (a, b)) \\
&= g(b)\int_a^b f(x)\mathrm{d}x - [g(b) - g(a)]\int_a^\xi f(x)\mathrm{d}x \\
&= g(a)\int_a^\xi f(x)\mathrm{d}x + g(b)\int_\xi^b f(x)\mathrm{d}x.
\end{aligned}$$

一般条件下的积分第二中值定理如下.

定理 5.3.4(一般情形的积分第二中值定理) 设函数 $f(x)$ 在闭区间 $[a, b]$ 上可积.

(1) 若 $g(x)$ 在 $[a, b]$ 上单调递减且非负, 则至少存在一点 $\xi \in [a, b]$, 使得

$$\int_a^b f(x)g(x)\mathrm{d}x = g(a)\int_a^\xi f(x)\mathrm{d}x;$$

(2) 若 $g(x)$ 在 $[a, b]$ 上单调递增且非负, 则至少存在一点 $\xi \in [a, b]$, 使得

$$\int_a^b f(x)g(x)\mathrm{d}x = g(b)\int_\xi^b f(x)\mathrm{d}x;$$

(3) 若 $g(x)$ 在 $[a, b]$ 上单调, 则至少存在一点 $\xi \in [a, b]$, 使得

$$\int_a^b f(x)g(x)\mathrm{d}x = g(a)\int_a^\xi f(x)\mathrm{d}x + g(b)\int_\xi^b f(x)\mathrm{d}x.$$

例 5.3.6 求极限 $\displaystyle\lim_{x\to 0}\frac{1}{x}\int_x^{2x}\sin\frac{1}{t}\mathrm{d}t.$

解　由定理 5.3.4(2) 有

$$\int_x^{2x} \sin\frac{1}{t}\mathrm{d}t = \int_x^{2x} t^2 \frac{\sin(1/t)}{t^2}\mathrm{d}t = (2x)^2 \int_\xi^{2x} \frac{\sin(1/t)}{t^2}\mathrm{d}t$$

$$= -4x^2 \int_\xi^{2x} \sin\frac{1}{t}\mathrm{d}\left(\frac{1}{t}\right)$$

$$= -4x^2 \left(\cos\frac{1}{\xi} - \cos\frac{1}{2x}\right) \ (\xi \text{在} x \text{与} 2x \text{之间}),$$

所以原式 $= \lim\limits_{x\to 0} 4x\left(\cos\dfrac{1}{2x} - \cos\dfrac{1}{\xi}\right) = 0.$

例 5.3.7　设 $f(x)$ 在 $[0, 2\pi]$ 上单调. 求极限

$$\lim_{n\to\infty} \int_0^{2\pi} f(x)\sin nx\mathrm{d}x \text{和} \lim_{n\to\infty} \int_0^{2\pi} f(x)\cos nx\mathrm{d}x.$$

证　由定理 5.3.4(3) 有

$$\int_0^{2\pi} f(x)\sin nx\mathrm{d}x = f(0)\int_0^\xi \sin nx\mathrm{d}x + f(2\pi)\int_\xi^{2\pi} \sin nx\mathrm{d}x$$

$$= f(0)\frac{1-\cos n\xi}{n} - f(2\pi)\frac{1-\cos n\xi}{n}$$

$$= [f(0) - f(2\pi)]\frac{1-\cos n\xi}{n}, \quad \xi \in [0, 2\pi].$$

所以 $\lim\limits_{n\to\infty} \int_0^{2\pi} f(x)\sin nx\mathrm{d}x = 0.$ 同理可求另一极限.

注 5.3.4　本题只要 $f(x)$ 可积即可, 区间也不必是 $[0, 2\pi]$, 一般情形就是黎曼–勒贝格引理, 在傅里叶级数中有用.

例 5.3.8　估计积分 $\displaystyle\int_a^b \frac{\sin x}{x}\mathrm{d}x$ 的值, 其中 $0 < a < b$.

解　注意到 $\dfrac{1}{x}$ 在积分区间上不变号, 利用积分第一中值定理可得

$$\left|\int_a^b \frac{\sin x}{x}\mathrm{d}x\right| = \left|\sin\xi \int_a^b \frac{1}{x}\mathrm{d}x\right| \leqslant \left|\int_a^b \frac{1}{x}\mathrm{d}x\right| = \ln\frac{b}{a} = \ln\left(1 + \frac{b-a}{a}\right) < \frac{b}{a} - 1.$$

若用定理 5.3.4(1), 则可得到另一估计式. 因为 $\dfrac{1}{x}$ 在积分区间上单调递减且

非负, 由定理 5.3.4(1) 可得

$$\left| \int_a^b \frac{\sin x}{x} \mathrm{d}x \right| = \left| \frac{1}{a} \int_a^\xi \sin x \mathrm{d}x \right| \leqslant \frac{1}{a} \left| \cos \xi - \cos a \right| \leqslant \frac{2}{a}.$$

这个估计与区间右端点无关.

例 5.3.9 利用积分中值定理证明:

$$\frac{1}{22} < \int_0^{10} \frac{\mathrm{e}^{-x}}{x+10} \mathrm{d}x < \frac{1}{10}.$$

证明 利用定理 5.3.2(积分第一中值定理), 取

$$f(x) = \frac{1}{x+10}, \quad g(x) = \mathrm{e}^{-x},$$

则有 (其中 $0 < \xi_1 < 10,\ 0 < \xi_2 < 10$)

$$\frac{1}{22} = \frac{1 - 1/2}{11} < \frac{1 - 1/\mathrm{e}}{11} = \frac{1}{11} \int_0^1 \mathrm{e}^{-x} \mathrm{d}x$$

$$\leqslant \frac{1}{\xi_2 + 10} \int_0^1 \mathrm{e}^{-x} \mathrm{d}x = \int_0^1 \frac{\mathrm{e}^{-x}}{x+10} \mathrm{d}x$$

$$< \int_0^{10} \frac{\mathrm{e}^{-x}}{x+10} \mathrm{d}x = \frac{1}{\xi_1 + 10} \int_0^{10} \mathrm{e}^{-x} \mathrm{d}x$$

$$\leqslant \frac{1}{10} \int_0^{10} \mathrm{e}^{-x} \mathrm{d}x = \frac{1}{10}(1 - \mathrm{e}^{-10}) < \frac{1}{10}.$$

思考 如果改取 $f(x) = \mathrm{e}^{-x}, g(x) = \dfrac{1}{x+10}$, 估计结果如何? 读者不妨一试.

注 5.3.5 如果由定理 5.3.1 估计定积分的值, 只能得出

$$m(b-a) \leqslant \int_a^b f(x) \mathrm{d}x \leqslant M(b-a),$$

其中 M 与 m 分别是 $f(x)$ 在 $[a,b]$ 上的最大值与最小值, 这个估计显然很粗略. 一般而言, 定理 5.3.2 比定理 5.3.1 估计得更为精细.

习 题 **5.3**

$\cdots\cdots\cdots\cdots\cdots\cdots\cdots\cdots\cdots\cdots\cdots\cdots\cdots\cdots\cdots\cdots\cdots\cdots\cdots\cdots\cdots\cdots\cdots\cdots\cdots\cdots\cdots$

1. 设 $f(x)$ 在 $[0,1]$ 上可导, 且 $f(1) = \int_0^1 x^\alpha f(x) \mathrm{d}x$, 其中 $\alpha > 1$ 为常数. 证明: 存在 $\xi \in (0,1)$, 使 $\alpha f(\xi) = -\xi f'(\xi)$.

2. 设 $f(x)$ 在 $[0,1]$ 上可导, 且 $f(1) = \displaystyle\int_0^1 x e^{1-x} f(x) \mathrm{d}x$. 证明: 存在 $\xi \in (0,1)$, 使

$$f(\xi) - f'(\xi) = \frac{f(\xi)}{\xi}.$$

3. 设 $f(x)$ 在 $\left[0, \dfrac{\pi}{2}\right]$ 上可导, 且 $\displaystyle\int_0^{\frac{\pi}{2}} f(x) \sin x \mathrm{d}x = 0$. 证明: 存在 $\xi \in \left(0, \dfrac{\pi}{2}\right)$ 使

$$f(\xi) = -f'(\xi) \tan \xi.$$

4. 设 $f(x)$ 在 $[a,b]$ 上连续, 且 $\displaystyle\int_a^b f(x) \mathrm{d}x = \int_a^b x f(x) \mathrm{d}x = 0$, 证明 $f(x)$ 在 (a,b) 内至少存在两个零点. 若还有 $\displaystyle\int_a^b x^2 f(x) \mathrm{d}x = 0$, $f(x)$ 在 (a,b) 内是否至少存在三个零点?

5. 设 $f(x)$ 在 $[0,\pi]$ 上连续, 且 $\displaystyle\int_0^\pi f(x) \sin x \mathrm{d}x = 0$, $\displaystyle\int_0^\pi f(x) \cos x \mathrm{d}x = 0$, 证明 $f(x)$ 在 $(0,\pi)$ 内至少存在两个零点.

6. 设 $f(x)$ 在 $[a,b]$ 上连续, 在 $x = a$ 处存在右导数, 且 $f'_+(a) \neq 0$. 则存在 $\xi \in (a,b)$, 使得 $\displaystyle\int_a^b f(x) \mathrm{d}x = f(\xi)(b-a)$. 证明: $\displaystyle\lim_{x \to a^+} \frac{\xi - a}{x - a} = \frac{1}{2}$.

7. 设函数 $f(x)$ 和 $g(x)$ 在闭区间 $[a,b]$ 上连续, $\displaystyle\int_a^b g(x) \mathrm{d}x \neq 0$. 证明: 存在 $\xi \in (a,b)$ 使

$$\frac{\displaystyle\int_a^b f(x) \mathrm{d}x}{\displaystyle\int_a^b g(x) \mathrm{d}x} = \frac{f(\xi)}{g(\xi)}.$$

8. 利用积分中值定理求下列极限:

(1) $\displaystyle\lim_{n \to +\infty} \int_0^1 \frac{x^n}{1+x} \mathrm{d}x$;

(2) $\displaystyle\lim_{n \to +\infty} \int_0^2 \frac{\cos^2 nx}{1+x} \mathrm{d}x$;

(3) $\displaystyle\lim_{n \to +\infty} \int_0^1 \frac{1}{1+x^n} \mathrm{d}x$;

(4) $\displaystyle\lim_{n \to +\infty} \int_0^2 \mathrm{e}^{x^2} \sin nx \mathrm{d}x$;

(5) $\displaystyle\lim_{x \to 0^+} \int_{x^2}^x \cos \frac{1}{\sqrt{t}} \mathrm{d}t$;

(6) $\displaystyle\lim_{x \to +\infty} \frac{1}{x} \int_0^x \sqrt{t} \sin t \mathrm{d}t$.

9. 设函数 $f(x)$ 和 $g(x)$ 在闭区间 $[a,b]$ 上连续, 证明: 存在 $\xi \in (a,b)$, 使得

$$g(\xi) \int_a^\xi f(x) \mathrm{d}x = f(\xi) \int_\xi^b g(x) \mathrm{d}x.$$

10. 证明下列不等式:

(1) $1 < \displaystyle\int_0^2 \mathrm{e}^{x^2} \mathrm{d}x < \mathrm{e}$;

(2) $\dfrac{\pi}{2} - \dfrac{\pi^3}{144} < \displaystyle\int_0^{\frac{\pi}{2}} \frac{\sin x}{x} \mathrm{d}x < \dfrac{\pi}{2}$;

(3) $\displaystyle\int_0^{2\pi} \ln(1+x)\sin x\mathrm{d}x \leqslant 0.$

11. 设函数 $f(x)$ 在 $[a,b]$ 上连续可微. 证明:

$$(b-a)\,|f(x)| \leqslant \left|\int_a^b f(x)\mathrm{d}x\right| + (b-a)\int_a^b \left|f'(x)\right|\mathrm{d}x, \ x\in[a,b].$$

12. 设 $f(x)$ 在 $[0,2\pi]$ 上连续. 证明:

$$\lim_{n\to+\infty} \int_0^{2\pi} f(x)\,|\sin nx|\mathrm{d}x = \frac{2}{\pi}\int_0^{2\pi} f(x)\mathrm{d}x.$$

13. 设 $f(x)$ 在 $[0,1]$ 上连续.

(1) 求极限 $\displaystyle\lim_{n\to+\infty}\int_0^1 f(x^n)\mathrm{d}x$ 和 $\displaystyle\lim_{n\to+\infty}\int_0^1 \frac{nf(x)}{1+n^2x^2}\mathrm{d}x$;

(2) 若 $f(x)$ 在 $[0,1]$ 上连续可微, 证明: 存在 $\xi\in(0,1)$, 使 $\displaystyle\int_0^1 f(x)\mathrm{d}x = f(0) + \frac{1}{2}f'(\xi).$

14. 设 $f(x)$ 是 $[0,1]$ 上的严格递增非负连续函数, 由积分第一中值定理, 存在 $\xi_n\in(0,1)$, 使 $(f(\xi_n))^n = \displaystyle\int_0^1 (f(x))^n\mathrm{d}x$, $n = 1,2,\cdots$. 证明: $\displaystyle\lim_{n\to\infty}\xi_n = 1$. 若将 $f(x)$ 严格递增换为严格递减, $\displaystyle\lim_{n\to\infty}\xi_n$ 是什么状况? 若再将 $[0,1]$ 换为 $[1,2]$, 情形如何?

第6讲

凸函数及其应用

　　凸函数是具有良好性质和广泛应用的一类重要函数, 在许多学科分支 (如泛函分析、最优化理论、控制论、数理经济学等) 中有重要作用, 关于凸函数与凸集的研究已形成一个专门的数学分支——凸分析. 目前有关凸函数的理论十分丰富, 而大学的数学分析或高等数学教材往往只有粗浅的介绍, 而且定义不尽相同. 本讲根据国际上通用的凸函数定义, 介绍凸函数的几种等价定义、重要性质、判定条件及其应用.

6.1　凸函数的定义和性质

　　定义 6.1.1　设函数 $f(x)$ 在区间 I 上有定义, 若对任意 $x_1, x_2 \in I$, 及任意 $\lambda \in (0, 1)$ 总有

$$f(\lambda x_1 + (1 - \lambda)x_2) \leqslant \lambda f(x_1) + (1 - \lambda)f(x_2), \tag{6.1}$$

则称 $f(x)$ 为区间 I 上的凸函数 (convex function). 若 $x_1 \neq x_2$ 时, 式 (6.1) 呈严格不等式, 则称 $f(x)$ 为严格凸函数.

　　若 $-f(x)$ 为凸函数 (严格凸函数), 则称 $f(x)$ 为凹函数 (concave function)(严格凹函数).

　　如图 6-1, 记 $A(x_1, f(x_1))$, $B(x_2, f(x_2))$, 弦 AB 的方程为 $\dfrac{y - f(x_2)}{f(x_1) - f(x_2)} = \dfrac{x - x_2}{x_1 - x_2}$, 参数方程 $\begin{cases} y = \lambda f(x_1) + (1 - \lambda)f(x_2), \\ x = \lambda x_1 + (1 - \lambda)x_2. \end{cases}$ 这表明在点 $x = \lambda x_1 + (1 - \lambda)x_2$ 处, 对应弦 AB 上的点的纵坐标为 $y = \lambda f(x_1) + (1 - \lambda)f(x_2)$.

　　凸函数 (凹函数) 的几何意义: 连接曲线 $y = f(x)$ 上任意两点的弦总位于对应曲线的上方 (下方).

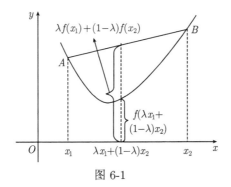

图 6-1

下述定理给出了凸函数的几种等价定义:

定理 6.1.1 $f(x)$ 在区间 I 上为凸函数的充要条件是对任意 x_1, x_2, $x_3 \in I$, $(x_1 < x_2 < x_3)$, 下列不等式之一成立 (图 6-2):

(1) $\dfrac{f(x_2) - f(x_1)}{x_2 - x_1} \leqslant \dfrac{f(x_3) - f(x_1)}{x_3 - x_1}$ $(k_{AB} \leqslant k_{AC})$;

(2) $\dfrac{f(x_3) - f(x_1)}{x_3 - x_1} \leqslant \dfrac{f(x_3) - f(x_2)}{x_3 - x_2}$ $(k_{AC} \leqslant k_{BC})$;

(3) $\dfrac{f(x_2) - f(x_1)}{x_2 - x_1} \leqslant \dfrac{f(x_3) - f(x_2)}{x_3 - x_2}$ $(k_{AB} \leqslant k_{BC})$;

(4) $\begin{vmatrix} 1 & 1 & 1 \\ x_1 & x_2 & x_3 \\ f(x_1) & f(x_2) & f(x_3) \end{vmatrix} \geqslant 0$ $(A, B, C$确定的三角形有向面积非负$)$.

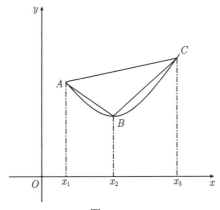

图 6-2

注 6.1.1 k_{AB} 表示弦 AB 的斜率; 严格凸对应严格不等式.

证 利用行列式计算法则可得

$$\begin{vmatrix} 1 & 1 & 1 \\ x_1 & x_2 & x_3 \\ f(x_1) & f(x_2) & f(x_3) \end{vmatrix} = \begin{vmatrix} x_2 - x_1 & x_3 - x_1 \\ f(x_2) - f(x_1) & f(x_3) - f(x_1) \end{vmatrix}$$

$$= \begin{vmatrix} x_2 - x_1 & x_3 - x_2 \\ f(x_2) - f(x_1) & f(x_3) - f(x_2) \end{vmatrix}$$

$$= \begin{vmatrix} x_3 - x_1 & x_3 - x_2 \\ f(x_3) - f(x_1) & f(x_3) - f(x_2) \end{vmatrix}$$

三个二阶行列式非负恰好对应 (1)~(3) 三个不等式, 现只需证明其中任一不等式
与凸函数的定义等价.

对任意 $x_1, x_2, x_3 \in I$, $x_1 < x_2 < x_3$, 设 $x_2 = \lambda x_1 + (1 - \lambda)x_3$, $0 < \lambda < 1$, 则

$$(3) \Leftrightarrow \frac{f(x_2) - f(x_1)}{(1 - \lambda)(x_3 - x_1)} \leqslant \frac{f(x_3) - f(x_2)}{\lambda(x_3 - x_1)}$$

$$\Leftrightarrow \lambda[f(x_2) - f(x_1)] \leqslant (1 - \lambda)[f(x_3) - f(x_2)]$$

$$\Leftrightarrow f(x_2) = f(\lambda x_1 + (1 - \lambda)x_3) \leqslant \lambda f(x_1) + (1 - \lambda)f(x_3).$$

推论 6.1.1 $f(x)$ 在区间 I 上为凸函数的充要条件是对任意 $x_1, x_2, x_3 \in I$,
$(x_1 < x_2 < x_3)$, 有三弦不等式:

$$\frac{f(x_2) - f(x_1)}{x_2 - x_1} \leqslant \frac{f(x_3) - f(x_1)}{x_3 - x_1} \leqslant \frac{f(x_3) - f(x_2)}{x_3 - x_2} \quad (k_{AB} \leqslant k_{AC} \leqslant k_{BC}).$$

注 6.1.2 严格凸对应严格不等式.

推论 6.1.2 $f(x)$ 为区间 I 上的凸函数 (严格凸函数) 的充要条件是对 $\forall x$,
$y \in I$, $x \neq y$, $\dfrac{f(x) - f(y)}{x - y}$ 关于 x 或关于 y 都是单调递增函数 (严格递增函数).

注 6.1.3 该结论既是定理 6.1.1 中条件 (1)~(3) 的直接推论, 又是他们的
统一表述.

推论 6.1.3 若 $f(x)$ 为区间 I 上的凸函数, 则 $f(x)$ 在开区间 $(a, b) \subset I$ 内
处处存在左、右导数 (从而处处连续), 且对 $x, y \in (a, b)$, $x < y$, 有

$$f'_-(x) \leqslant f'_+(x) \leqslant \frac{f(y) - f(x)}{y - x} \leqslant f'_-(y) \leqslant f'_+(y).$$

(从而知 $f'_+(x)$ 和 $f'_-(y)$ 均为单调递增函数).

证 任取 $x_0, x_1, x_2 \in (a, b)$ 满足 $x_1 < x_0 < x_2$, 由推论 6.1.2 有

$$\frac{f(x_1) - f(x_0)}{x_1 - x_0} \leqslant \frac{f(x_2) - f(x_0)}{x_2 - x_0}.$$

$\dfrac{f(x_1) - f(x_0)}{x_1 - x_0}$ 关于 x_1 单调递增且有上界, 故存在左极限

$$f'_-(x_0) = \lim_{x_1 \to x_0^-} \frac{f(x_1) - f(x_0)}{x_1 - x_0} \leqslant \frac{f(x_2) - f(x_0)}{x_2 - x_0}.$$

同理, 当 $x_2 \to x_0^+$ 时, $\dfrac{f(x_2) - f(x_0)}{x_2 - x_0}$ 存在右极限且有下界 $f'_-(x_0)$, 即有

$$f'_-(x_0) \leqslant \lim_{x_2 \to x_0^+} \frac{f(x_2) - f(x_0)}{x_2 - x_0} = f'_+(x_0).$$

现设 $x, y \in (a, b) \subset I$, $x < y$, 则对任意 $x < t < y$, 根据推论 6.1.1(三弦不等式)有

$$\frac{f(t) - f(x)}{t - x} \leqslant \frac{f(y) - f(x)}{y - x} \leqslant \frac{f(y) - f(t)}{y - t},$$

$$f'_+(x) = \lim_{t \to x^+} \frac{f(t) - f(x)}{t - x} \leqslant \frac{f(y) - f(x)}{y - x} \leqslant \lim_{t \to y^-} \frac{f(y) - f(t)}{y - t} = f'_-(y).$$

联合上述结论可得 $f'_-(x) \leqslant f'_+(x) \leqslant \dfrac{f(y) - f(x)}{y - x} \leqslant f'_-(y) \leqslant f'_+(y)$. 可见 $f'_+(x)$ 和 $f'_-(x)$ 单调递增.

注 6.1.4 该推论的逆命题也成立, 即该推论也是凸函数的一个充要条件, 但逆命题证明较难.

推论 6.1.4 设 $f(x)$ 是区间 I 上的凸函数, 则右导数 $f'_+(x)$ 在 $(a, b) \subset I$ 内是右连续函数, 左导数 $f'_-(x)$ 在 $(a, b) \subset I$ 内是左连续函数.

证 任取 $x_0 \in (a, b)$, 对任意 $x, y \in (a, b)$, $x_0 < x < y$, 由推论 6.1.3 有 $\dfrac{f(y) - f(x)}{y - x} \geqslant f'_+(x)$, 从而可得

$$\frac{f(y) - f(x_0)}{y - x_0} = \lim_{x \to x_0^+} \frac{f(y) - f(x)}{y - x} \geqslant \lim_{x \to x_0^+} f'_+(x).$$

令 $y \to x_0^+$, 得 $f'_+(x_0) \geqslant \lim\limits_{x \to x_0^+} f'_+(x)$. 由推论 6.1.3 有 $f'_+(x_0) \leqslant f'_+(x)$, $f'_+(x_0) \leqslant$

$\lim\limits_{x \to x_0^+} f'_+(x)$. 于是得 $f'_+(x_0) = \lim\limits_{x \to x_0^+} f'_+(x)$. 因此, $f'_+(x)$ 在 x_0 处右连续. 同理可证

$f'_-(x)$ 在 x_0 处左连续.

推论 6.1.5　设 $f(x)$ 是区间 I 上的凸函数, 右导数 $f'_+(x)$(或左导数 $f'_-(x)$) 在 $(a, b) \subset I$ 内左连续 (右连续), 则导数 $f'(x)$ 在 $(a, b) \subset I$ 内也存在并且连续.

证　对任意 $x_0 \in (a, b)$, 当 $x < x_0$ 时, 由推论 6.1.3 有 $f'_+(x) \leqslant f'_-(x_0) \leqslant f'_+(x_0)$, 于是, 根据 $f'_+(x)$ 的左连续性得到 $f'_+(x_0) = \lim\limits_{x \to x_0^-} f'_+(x) \leqslant f'_-(x_0) \leqslant f'_+(x_0)$, $f'_-(x_0) = f'_+(x_0)$, 即 $f(x)$ 在 x_0 处可导. 由 x_0 的任意性知 $f'(x)$ 在 $(a, b) \subset I$ 内处处存在. 由 $f'_+(x_0) = \lim\limits_{x \to x_0^-} f'_+(x)$ 知, $f'(x) = f'_+(x)$ 在 x_0 处左连续. 又由推论 6.1.4 知 $f'(x) = f'_+(x)$ 右连续, 因此, $f'(x)$ 连续.

注 6.1.5　实际上, 结合推论 6.1.4 的结论和推论 6.1.5 的条件, 可知 $f'_+(x)$ 连续. 于是利用第 5 讲例 5.1.6 的结论便可直接得到推论 6.1.5.

例 6.1.1　设 $g(x)$ 在 $[a, b]$ 上单调递增, 证明: 对任意 $c \in (a, b)$, $f(x) = \int_c^x g(t)\mathrm{d}t$ 为凸函数.

证　因为 $g(x)$ 递增, 积分有意义, 且对任意 $x_1 < x_2 < x_3$,

$$\frac{f(x_2) - f(x_1)}{x_2 - x_1} = \frac{1}{x_2 - x_1} \int_{x_1}^{x_2} g(t)\mathrm{d}t \leqslant g(x_2) \leqslant \frac{1}{x_3 - x_2} \int_{x_2}^{x_3} g(t)\mathrm{d}t$$
$$= \frac{f(x_3) - f(x_2)}{x_3 - x_2},$$

由定理 6.1.1 知 $f(x)$ 为凸函数.

例 6.1.2　设 $f(x)$ 是 $[a, b]$ 上的凸函数. 证明: $f(x)$ 在 $[a, b]$ 上有界.

证　对任意 $x \in [a, b]$, 取 $\lambda = \dfrac{x - a}{b - a} \in [0, 1]$, 则 $x = \lambda b + (1 - \lambda)a$. 因 $f(x)$ 是凸函数, 故有

$$f(x) = f(\lambda b + (1 - \lambda)a) \leqslant \lambda f(b) + (1 - \lambda)f(a) \leqslant M = \max\{f(a), f(b)\},$$

因此, $f(x)$ 在 $[a, b]$ 上有上界.

又对任意 $x \in [a, b]$, 有

$$f\left(\frac{a + b}{2}\right) = f\left(\frac{x + a + b - x}{2}\right) \leqslant \frac{f(x)}{2} + \frac{f(a + b - x)}{2} \leqslant \frac{f(x)}{2} + \frac{M}{2}.$$

于是有 $f(x) \geqslant 2f\left(\dfrac{a + b}{2}\right) - M$, 即 $f(x)$ 在 $[a, b]$ 上有下界.

例 6.1.3 设 $\varphi(x)$ 是 $(0, +\infty)$ 上的函数, 证明: $x\varphi(x)$ 是凸函数的充要条件为 $\varphi\left(\dfrac{1}{x}\right)$ 是凸函数.

证 由定理 6.1.1(1) 知 $f(x)$ 为区间 I 上凸函数的充要条件为, 对 I 内任意三点 $x_1 < x_2 < x_3$, 有

$$\frac{f(x_2) - f(x_1)}{x_2 - x_1} \leqslant \frac{f(x_3) - f(x_1)}{x_3 - x_1},$$

即 $f(x_1)(x_3 - x_2) + f(x_2)(x_1 - x_3) + f(x_3)(x_2 - x_1) \geqslant 0$. 设 $x\varphi(x)$ 是凸函数, 则对 $0 < x_1 < x_2 < x_3$, 有 $\dfrac{1}{x_3} < \dfrac{1}{x_2} < \dfrac{1}{x_1}$, 由上述充要条件得

$$\frac{1}{x_3}\varphi\left(\frac{1}{x_3}\right)\left(\frac{1}{x_1} - \frac{1}{x_2}\right) + \frac{1}{x_2}\varphi\left(\frac{1}{x_2}\right)\left(\frac{1}{x_3} - \frac{1}{x_1}\right) + \frac{1}{x_1}\varphi\left(\frac{1}{x_1}\right)\left(\frac{1}{x_2} - \frac{1}{x_3}\right) \geqslant 0,$$

整理得

$$\frac{1}{x_1 x_2 x_3}\left[\varphi\left(\frac{1}{x_1}\right)(x_3 - x_2) + \varphi\left(\frac{1}{x_2}\right)(x_1 - x_3) + \varphi\left(\frac{1}{x_3}\right)(x_2 - x_1)\right] \geqslant 0,$$

即

$$\varphi\left(\frac{1}{x_1}\right)(x_3 - x_2) + \varphi\left(\frac{1}{x_2}\right)(x_1 - x_3) + \varphi\left(\frac{1}{x_3}\right)(x_2 - x_1) \geqslant 0,$$

故 $\varphi\left(\dfrac{1}{x}\right)$ 也为凸函数. 由相反方向的推理可知: 若 $\varphi\left(\dfrac{1}{x}\right)$ 为凸函数, 则 $x\varphi(x)$ 也为凸函数.

例 6.1.4 设 $f(x)$ 为 $[a, b]$ 上的凸函数, 对任意 $c \in (a, b)$, 证明:

$$f(x) - f(c) = \int_c^x f'_-(t)\mathrm{d}t = \int_c^x f'_+(t)\mathrm{d}t.$$

证 因为 $f(x)$ 为 $[a, b]$ 上的凸函数, 故对任意 $x \in (a, b)$ 单侧导数 $f'_-(x)$, $f'_+(x)$ 均存在且单调递增, 从而积分 $\displaystyle\int_c^x f'_-(t)\mathrm{d}t$ 和 $\displaystyle\int_c^x f'_+(t)\mathrm{d}t$ 有意义. 对 $[c, x]$ 作任一分法,

$$T : c = x_0 < x_1 < \cdots < x_n = x,$$

则有

$$f(x) - f(c) = \sum_{k=1}^n [f(x_k) - f(x_{k-1})].$$

由凸函数的性质, 当 $x_{k-1} < x_k$ 时, 有

$$f'_-(x_{k-1}) \leqslant f'_+(x_{k-1}) \leqslant \frac{f(x_k) - f(x_{k-1})}{x_k - x_{k-1}} \leqslant f'_-(x_k) \leqslant f'_+(x_k),$$

于是有

$$f(x_k) - f(x_{k-1}) \geqslant f'_-(x_{k-1})(x_k - x_{k-1}), \quad f(x_k) - f(x_{k-1}) \leqslant f'_-(x_k)(x_k - x_{k-1}).$$

故

$$\sum_{k=1}^{n} f'_-(x_{k-1})(x_k - x_{k-1}) \leqslant f(x) - f(c) \leqslant \sum_{k=1}^{n} f'_-(x_k)(x_k - x_{k-1}).$$

令 $\|T\| = \max_{1 \leqslant k \leqslant n}\{\Delta x_k\}$, 则由 $f'_-(x)$ 的可积性得

$$\int_c^x f'_-(t)\mathrm{d}t = \lim_{\|T\| \to 0} \sum_{k=1}^{n} f'_-(x_{k-1})(x_k - x_{k-1})$$

$$= \lim_{\|T\| \to 0} \sum_{k=1}^{n} f'_-(x_k)(x_k - x_{k-1}) = f(x) - f(c).$$

同理可证 $\displaystyle\int_c^x f'_+(t)\mathrm{d}t = f(x) - f(c)$.

 习 题　6.1

· ·

1. 若 $f(x)$ 在区间 I 上是凸函数, 证明: 对任意四点 $s, t, u, v \in I$, $s < t < u < v$ 有 $\dfrac{f(t) - f(s)}{t - s} \leqslant \dfrac{f(v) - f(u)}{v - u}$. 其逆命题是否成立?

2. 设 $f(x), g(x)$ 均为区间 I 上的凸函数, 证明: $F(x) = \max\{f(x), g(x)\}$ 也是 I 上凸函数.

3. 证明: $f(x)$ 为区间 I 上的凸函数 $\Leftrightarrow$ 对 $x_1, x_2 \in I$, $\varphi(\lambda) = f(\lambda x_1 + (1 - \lambda)x_2)$ 为 $[0, 1]$ 上的凸函数.

4. 设函数 $f(x)$ 在区间 I 上连续. 证明: $f(x)$ 为区间 I 上的凸函数 $\Leftrightarrow$ 对任意 $x_1, x_2 \in I$ 有

$$f\left(\frac{x_1 + x_2}{2}\right) \leqslant \frac{f(x_1) + f(x_2)}{2}.$$

5. 设 $f(x)$ 是 $[0, +\infty)$ 上的 (严格) 凸函数, $f(x) \geqslant 0, f(0) = 0$. 证明: $f(x), \dfrac{f(x)}{x}$ 在 $(0, +\infty)$ 上 (严格) 单调递增.

6. 设 $f(x)$ 是 $[0, +\infty)$ 上的凸函数. 证明: $F(x) = \dfrac{1}{x}\displaystyle\int_0^x f(t)\mathrm{d}t$ 在 $(0, +\infty)$ 上也是凸函数.

7. 设 $f(x)$ 为开区间 I 上的凸函数, 试用推论 6.1.3 证明: $f(x)$ 在任一闭区间 $[a, b] \subset I$ 上是利普希茨连续 (Lipschitz) 的, 即存在常数 $k > 0$, 使 $|f(x) - f(y)| \leqslant k\,|x - y|$, $x, y \in [a, b]$.

8. 设 $f(x)$ 为 $(0, +\infty)$ 上的函数, 证明: $g(x) = xf\left(\dfrac{1}{x}\right)$ 是 $(0, +\infty)$ 上的凸函数的充要条件为 $f(x)$ 是 $(0, +\infty)$ 上的凸函数.

9. 设 $f(x)$ 为区间 I 上的正齐次函数, 即对任意 $\lambda \geqslant 0$, 有 $f(\lambda x) = \lambda f(x)$. 证明: $f(x)$ 为凸函数的充要条件是 $f(x_1 + x_2) \leqslant f(x_1) + f(x_2)$, $x_1, x_2 \in I$.

6.2 凸函数的判定条件

定理 6.2.1 设函数 $f(x)$ 在区间 I 上可导, 则

(1) $f(x)$ 在 I 上为凸函数的充要条件是 $f'(x)$ 在 I 上单调递增,

(2) $f(x)$ 在 I 上为严格凸函数的充要条件是 $f'(x)$ 在 I 上严格单调递增.

证 (1) 充分性. 任取 $x_1, x_2 \in I$, $x_1 < x_2$, 对 $x \in (x_1, x_2)$, 由拉格朗日中值定理知, 存在 $\xi_1 \in (x_1, x), \xi_2 \in (x, x_2)$ 使

$$\frac{f(x_1) - f(x)}{x_1 - x} = f'(\xi_1), \qquad \frac{f(x_2) - f(x)}{x_2 - x} = f'(\xi_2).$$

因为 $\xi_1 < \xi_2$, $f'(x)$ 单调递增, 所以 $\dfrac{f(x_1) - f(x)}{x_1 - x} = f'(\xi_1) \leqslant f'(\xi_2) = \dfrac{f(x_2) - f(x)}{x_2 - x}$. 由定理 6.1.1(3) 知 $f(x)$ 在 I 上为凸函数.

必要性. 由推论 6.1.3 知 $f'_+(x)$ 在 I 中任一开区间内递增, 现在 $f'(x)$ 存在, 故 $f'(x) = f'_+(x)$, 因此, $f'(x)$ 在 I 中任一开区间内递增. 若 I 有右端点 b, 则由假设知 $f(x)$ 在 b 有左导数, 对任意 $x \in (\alpha, \beta) \subset I$ 有

$$f'(x) = f'_+(x) = \lim_{t \to x^+} \frac{f(t) - f(x)}{t - x} \leqslant \frac{f(b) - f(x)}{b - x}$$

$$\overset{x < t < b}{\leqslant} \lim_{t \to b^-} \frac{f(b) - f(t)}{b - t} = f'_-(b) = f'(b).$$

同理, 若 I 有左端点 a, 则 $f'(a) \leqslant f'(x)$. 因此 $f'(x)$ 在 I 上单调递增 (无论 I 有限或无限, 开或闭或半开半闭).

(2) 充分性. 只需在 (1) 的证明中注意此时 $\xi_1 < \xi_2 \Rightarrow f'(\xi_1) < f'(\xi_2)$ 即可得证.

必要性. 设 $f(x)$ 严格凸, 则 $f(x)$ 是凸函数, 由 (1) 知 $f'(x)$ 单调递增. 假若 $f'(x)$ 不严格递增, 则在 I 中存在 $x_1 < x_2$, 使 $f'(x_1) \geqslant f'(x_2)$, 而 $f'(x)$ 递增, 故

对 $x \in (x_1, x_2)$ 有

$$f'(x_2) \leqslant f'(x_1) \leqslant f'(x) \leqslant f'(x_2)$$

于是, $f'(x)$ 在 $[x_1, x_2]$ 上为常数, $f(x)$ 在 $[x_1, x_2]$ 上为线性函数, 因此不可能为严格凸函数, 与假设矛盾.

定理 6.2.2　$f(x)$ 在区间 (a, b) 上为凸函数的充要条件是, 对任意 $x_0 \in (a, b)$ 和 $\alpha \in [f'_-(x_0), f'_+(x_0)]$, 当 $x \in (a, b)$ 时, 有 $f(x) \geqslant f(x_0) + \alpha(x - x_0)$.

证　必要性. 设 $f(x)$ 为凸函数. 对任意 $x_0 \in (a, b)$, 由推论 6.1.3 知, 当 $x > x_0$ 时, $\dfrac{f(x) - f(x_0)}{x - x_0} \geqslant f'_+(x_0)$, 任取 $\alpha \leqslant f'_+(x_0)$, 则有 $f(x) \geqslant f(x_0) + \alpha(x - x_0)$. 当 $x < x_0$ 时, $\dfrac{f(x) - f(x_0)}{x - x_0} \leqslant f'_-(x_0)$. 任取 $\alpha \geqslant f'_-(x_0)$, 则有 $f(x) \geqslant f(x_0) + \alpha(x - x_0)$.

因为 $f'_-(x_0) \leqslant f'_+(x_0)$, 所以, 对任意 $\alpha \in [f'_-(x_0), f'_+(x_0)]$, 恒有

$$f(x) \geqslant f(x_0) + \alpha(x - x_0), \quad x \in (a, b). \tag{6.2}$$

充分性. 任取 $x_1, x_2 \in (a, b)$, $x_1 < x_0 < x_2$, 由 $f(x) \geqslant f(x_0) + \alpha(x - x_0)$ 知,

$$f(x_1) \geqslant f(x_0) + \alpha(x_1 - x_0), f(x_2) \geqslant f(x_0) + \alpha(x_2 - x_0).$$

注意到 $x_1 < x_0 < x_2$, 由以上两式可得

$$\frac{f(x_1) - f(x_0)}{x_1 - x_0} \leqslant \alpha \leqslant \frac{f(x_2) - f(x_0)}{x_2 - x_0}.$$

由定理 6.1.1(1) 知 $f(x)$ 是 (a, b) 上的凸函数.

例 6.2.1　设 $f(x)$ 是 $(-\infty, +\infty)$ 上有上界的凸函数. 证明: $f(x)$ 必为常数.

证　任取 $x_0 \in (-\infty, +\infty)$, 对任意 $x \in (-\infty, +\infty)$, 由定理 6.2.2(取 $\alpha = f'_+(x_0)$) 有

$$f(x) \geqslant f(x_0) + f'_+(x_0)(x - x_0).$$

假设 $f'_+(x_0) > 0$, 在上式中令 $x \to +\infty$, 则 $f(x) \to +\infty$. 与 $f(x)$ 的有界性矛盾. 假设 $f'_+(x_0) < 0$, 在上式中令 $x \to -\infty$, 则 $f(x) \to +\infty$. 与 $f(x)$ 的有界性矛盾. 因此, $f'_+(x_0) = 0$. 同理可证 $f'_-(x_0) = 0$. 于是 $f'(x_0) = f'_+(x_0) = f'_-(x_0) = 0$. 由 x_0 的任意性可知 $f'(x) \equiv 0$. 所以 $f(x)$ 为常数.

注 6.2.1　不难证明: 定义在 $[a, b]$ 上的凸函数若在 (a, b) 内某点达到最大值, 则它必为常数.

当 $f(x)$ 可导时, 则由定理 6.2.2 及其证明过程可得下述定理:

定理 6.2.3 区间 I 上的可导函数 $f(x)$ 为凸函数的充要条件是对任意 $x, x_0 \in I$, 恒有

$$f(x) \geqslant f(x_0) + f'(x_0)(x - x_0).$$

$f(x)$ 在 I 上严格凸的充分必要条件是当 $x \neq x_0$ 时, 上式呈严格不等式.

几何意义是曲线 $y = f(x)$ 上任意一点处的切线恒位于曲线下方.

推论 6.2.1 设 $f(x)$ 是区间 I 上的可导凸函数, 则 $x_0 \in (a, b) \subset I$ 是 $f(x)$ 的极小值点的充分必要条件为 $f'(x_0) = 0$.

证 必要性即为费马引理. 反之, 若 $f'(x_0) = 0$, 则由定理 6.2.3 得 $f(x) \geqslant f(x_0)$, 从而 $f(x_0)$ 是最小值.

例 6.2.2 设 $f(x)$ 是 $[a, b]$ 上的连续凸函数, 且在 (a, b) 内可导. 证明: 对任意 $\xi \in (a, b)$, 必有 $x_1, x_2 \in (a, b)$, $x_1 \neq x_2$, $x_1 \leqslant \xi \leqslant x_2$, 使得 $\dfrac{f(x_2) - f(x_1)}{x_2 - x_1} = f'(\xi)$.

证 由定理 6.2.3 知, 对 $x \in (a, b)$, 有

$$f(x) \geqslant f(\xi) + f'(\xi)(x - \xi). \tag{6.3}$$

任取 $\alpha, \beta, a \leqslant \alpha < \xi < \beta \leqslant b$, 代入式 (6.3) 并整理, 则有

$$\frac{f(\alpha) - f(\xi)}{\alpha - \xi} \leqslant f'(\xi) \leqslant \frac{f(\beta) - f(\xi)}{\beta - \xi}.$$

记 $\dfrac{f(\beta) - f(\alpha)}{\beta - \alpha} = \mu$.

(i) 若 $\mu = f'(\xi)$, 则取 $x_1 = \alpha, x_2 = \beta$.

(ii) 若 $\mu < f'(\xi)$, 令 $k(x) = \dfrac{f(\beta) - f(x)}{\beta - x}$, $x \in [\alpha, \beta)$. 则 $k(x)$ 在 $[\alpha, \beta)$ 上连续, 且 $k(\alpha) = \dfrac{f(\beta) - f(\alpha)}{\beta - \alpha} = \mu < f'(\xi) \leqslant k(\xi)$. 由连续函数的介值定理, 存在 $x_1 \in (\alpha, \xi]$, 使 $k(x_1) = \dfrac{f(\beta) - f(x_1)}{\beta - x_1} = f'(\xi)$.

(iii) 若 $\mu > f'(\xi)$, 令 $g(x) = \dfrac{f(x) - f(\alpha)}{x - \alpha}$, $x \in (\alpha, \beta]$. 则 $g(x)$ 在 $(\alpha, \beta]$ 上连续, 且

$$g(\beta) = \frac{f(\beta) - f(\alpha)}{\beta - \alpha} = \mu > f'(\xi) \geqslant g(\xi) = \frac{f(\alpha) - f(\xi)}{\alpha - \xi}.$$

由连续函数的介值定理, 存在 $x_2 \in [\xi, \beta)$ 使 $g(x_2) = \dfrac{f(x_2) - f(\alpha)}{x_2 - \alpha} = f'(\xi)$

注 6.2.2　此题属于拉格朗日中值定理的反问题, 在第 5 讲第 1 节最后部分及本节习题中也有涉及.

定理 6.2.4　设 $f(x)$ 在区间 I 上二阶可导, 则 $f(x)$ 在 I 上为凸函数的充要条件是 $f''(x) \geqslant 0$. $f(x)$ 在 I 上为严格凸函数的充要条件是对任意 $x \in I$ 有 $f''(x) \geqslant 0$, 且在 I 的任一子区间上, $f''(x)$ 不恒为零.

证　第一个结论由定理 6.2.1(1) 直接可得. 现证第二个结论.

必要性. 设 $f(x)$ 在 I 上严格凸, 则由定理 6.2.1(2) 知 $f'(x)$ 在 I 上严格单调递增. 同时, $f(x)$ 也是 I 上的凸函数, 由第一个结论知 $f''(x) \geqslant 0$. 假如 $f''(x)$ 在 I 的某一子区间 $[a, b]$ 上恒为零, 则 $f'(x)$ 在 $[a, b]$ 上为常数, 这与 $f'(x)$ 的严格单调性矛盾.

充分性. 设 $f''(x) \geqslant 0$, 且在 I 的任一子区间上 $f''(x)$ 不恒为 0, 则由本定理第一个结论知 $f(x)$ 是 I 上的凸函数, 由定理 6.2.1(1) 知 $f'(x)$ 单调递增. 假如 $f(x)$ 不严格凸, 则由定理 6.2.1.(2) 知 $f'(x)$ 不严格单调递增, 即 $f'(x)$ 单调递增但不严格递增, 故存在 $x_1, x_2 \in I$, $x_1 < x_2$, 使 $f'(x_1) = f'(x_2)$, 由 $f'(x)$ 的递增性知, 于是, 对 $x \in (x_1, x_2)$ 有 $f'(x_1) \leqslant f'(x) \leqslant f'(x_2)$. 因此, $f'(x)$ 在 $[x_1, x_2]$ 上恒为常数, $f''(x)$ 在 $[x_1, x_2]$ 上恒为零, 与假设矛盾.

例 6.2.3　设 $f(x)$ 是正值二阶可导函数, 证明: $\ln f(x)$ 是凸函数的充要条件是 $f(x)f''(x) - [f'(x)]^2 \geqslant 0$, 即 $\begin{vmatrix} f(x) & f'(x) \\ f'(x) & f''(x) \end{vmatrix} \geqslant 0$.

证　由定理 6.2.4 知, $\ln f(x)$ 是凸函数的充要条件是 $[\ln f(x)]'' \geqslant 0$. 因为

$$[\ln f(x)]'' = \left[\frac{f'(x)}{f(x)} \right]' = \frac{f(x)f''(x) - [f'(x)]^2}{f^2(x)},$$

于是 $\ln f(x)$ 是凸函数的充要条件为

$$\frac{f(x)f''(x) - [f'(x)]^2}{f^2(x)} \geqslant 0,$$

即　　$f(x)f''(x) - [f'(x)]^2 \geqslant 0$.

习　题　6.2

1. 验证下列函数是 (严格) 凸函数:

(1) $f(x) = x \ln x$, $x \in (0, +\infty)$;　　　　　(2) $f(x) = \ln \dfrac{x}{\sin x}$, $x \in (0, \pi)$;

(3) $f(x) = \begin{cases} 1, & x = 0, \\ x^2, & x > 0, \end{cases}$ $x \in [0, +\infty)$;　　(4) $f(x) = \ln(2^x + 3^x), x \in (-\infty, +\infty)$.

2. 不用定理 6.2.2, 直接证明定理 6.2.3.

3. 设 $f(x)$ 是 $(0, +\infty)$ 上的可微凸函数, 对任意 $x \in (0, +\infty)$, 证明:

(1) $\dfrac{f(x) - f(x-h)}{h} \leqslant f'(x) \leqslant \dfrac{f(x+h) - f(x)}{h}, (0 < h < x)$;

(2) 若 $\lim\limits_{x \to +\infty} \dfrac{f(x)}{x} = l$, 则 $\lim\limits_{x \to +\infty} f'(x) = l$ (l有限或为 $+\infty$).

4. 设 $f(x)$ 是 $[a, b]$ 上连续, 在 (a, b) 内二阶可导, $f(a) = f(b) = 0$, 且存在 $c \in (a, b)$, 使 $f(c) > 0$. 证明: 存在 $\xi \in (a, b)$, 使 $f''(\xi) < 0$.

5. 设 $f(x)$ 是 $(0, +\infty)$ 上的可微凸函数或凹函数, 且 $\lim\limits_{x \to +\infty} f(x)$ 存在. 证明: $\lim\limits_{x \to +\infty} f'(x) = 0$. 如果 $f(x)$ 非凸非凹, 结论还成立吗?

6. 设 $f(x), g(x)$ 是正值二阶可导函数, $\ln f(x), \ln g(x)$ 均为凸函数. 证明: 对 $\alpha > 0, \beta > 0$, $\ln[\alpha f(x) + \beta g(x)]$ 也是凸函数.

7. 设 $f(x)$ 在 (a, b) 上可导. 证明: 对任意 $x, y \in (a, b), x \neq y$, 存在唯一的 $\xi \in (a, b)$ 使得 $f'(\xi) = \dfrac{f(y) - f(x)}{y - x}$ 的充要条件是 $f(x)$ 是严格凸或严格凹函数.

8. 设 f 是 (a, b) 上的凸函数, $c \in (a, b)$. 证明: f 在 c 处可微的充要条件是

$$\lim_{h \to 0^+} \frac{f(c+h) + f(c-h) - 2f(c)}{h} = 0.$$

6.3 詹森不等式及其应用

定理 6.3.1(詹森 (Jensen) 不等式) $f(x)$ 为区间 I 上的凸函数的充要条件是对任意 $x_i \in I$, $\lambda_i \geqslant 0$, $i = 1, 2, \cdots, n$, $\sum\limits_{i=1}^{n} \lambda_i = 1$, 有如下不等式成立:

$$f(\lambda_1 x_1 + \lambda_2 x_2 + \cdots + \lambda_n x_n) \leqslant \lambda_1 f(x_1) + \lambda_2 f(x_2) + \cdots + \lambda_n f(x_n). \quad (6.4)$$

证 充分性显然, 下证必要性 (用数学归纳法). $n = 2$ 时即为凸函数定义, 假设 $n = k - 1$ 时式 (6.4) 成立, 即对于 $\lambda_i \geqslant 0$, $\sum\limits_{i=1}^{k-1} \lambda_i = 1$ 有

$$f(\lambda_1 x_1 + \lambda_2 x_2 + \cdots + \lambda_{k-1} x_{k-1}) \leqslant \lambda_1 f(x_1) + \lambda_2 f(x_2) + \cdots + \lambda_{k-1} f(x_{k-1}).$$

于是, 当 $\lambda_i \geqslant 0$, $\sum\limits_{i=1}^{k} \lambda_i = 1$ 时有

$$f(\lambda_1 x_1 + \lambda_2 x_2 + \cdots + \lambda_{k-1} x_{k-1} + \lambda_k x_k)$$

$$= f\left[(1 - \lambda_k) \frac{\lambda_1 x_1 + \lambda_2 x_2 + \cdots + \lambda_{k-1} x_{k-1}}{1 - \lambda_k} + \lambda_k x_k \right]$$

$$\leqslant (1 - \lambda_k) f\left(\frac{\lambda_1 x_1 + \lambda_2 x_2 + \cdots + \lambda_{k-1} x_{k-1}}{1 - \lambda_k} \right) + \lambda_k f(x_k)$$

$$\leqslant (1 - \lambda_k) \left[\frac{\lambda_1}{1 - \lambda_k} f(x_1) + \cdots + \frac{\lambda_{k-1}}{1 - \lambda_k} f(x_{k-1}) \right] + \lambda_k f(x_k)$$

$$= \lambda_1 f(x_1) + \cdots + \lambda_{k-1} f(x_{k-1}) + \lambda_k f(x_k).$$

当且仅当诸 $x_i \in I$ 不全相等时, (6.4) 取严格不等号, 此为 $f(x)$ 在区间 I 上严格凸的充要条件. 对于 (严格) 凹函数, 则不等式反向.

詹森不等式在不等式证明方面具有广泛的应用, 下面略举数例.

例 6.3.1　设 $x_k > 0$　$(k = 1, 2, \cdots, n)$, 证明:

$$\frac{n}{\dfrac{1}{x_1} + \dfrac{1}{x_2} + \cdots + \dfrac{1}{x_n}} \leqslant \sqrt[n]{x_1 x_2 \cdots x_n} \leqslant \frac{x_1 + x_2 + \cdots + x_n}{n},$$

等号当且仅当 $x_1 = x_2 = \cdots = x_n$ 时成立.

证　先证明右端不等式, 对 $x_k > 0$, $k = 1, 2, \cdots, n$. 考虑函数 $y = \ln x$, 则 $y' = \dfrac{1}{x}$, $y'' = -\dfrac{1}{x^2} < 0$, 任意 $x \in (0, +\infty)$, 故 $y = \ln x$ 在 $(0, +\infty)$ 上严格凹. 于是有

$$\ln \frac{x_1 + x_2 + \cdots + x_n}{n} \geqslant \frac{\ln x_1 + \ln x_2 + \cdots + \ln x_n}{n} = \ln \sqrt[n]{x_1 x_2 \cdots x_n}.$$

由于 $y = \ln x$ 单调递增, 故有

$$\sqrt[n]{x_1 x_2 \cdots x_n} \leqslant \frac{x_1 + x_2 + \cdots + x_n}{n}, \tag{6.5}$$

等号当且仅当 $x_1 = x_2 = \cdots = x_n$ 时成立. 对于左端不等式, 考虑严格凸函数 $y = -\ln x$, $x \in (0, +\infty)$, 于是,

$$-\ln \frac{\dfrac{1}{x_1} + \dfrac{1}{x_2} + \cdots + \dfrac{1}{x_n}}{n} \leqslant -\frac{\ln \dfrac{1}{x_1} + \ln \dfrac{1}{x_2} + \cdots + \ln \dfrac{1}{x_n}}{n} = \ln \sqrt[n]{x_1 x_2 \cdots x_n}$$

即

$$\frac{n}{\dfrac{1}{x_1} + \dfrac{1}{x_2} + \cdots + \dfrac{1}{x_n}} \leqslant \sqrt[n]{x_1 x_2 \cdots x_n}, \tag{6.6}$$

等号当且仅当 $x_1 = x_2 = \cdots = x_n$ 时成立, 综合 (6.5) 和 (6.6) 例 6.3.1 得证.

例 6.3.2　设 $x, y > 0$, $p, q > 1$, 且 $\dfrac{1}{p} + \dfrac{1}{q} = 1$, 证明: $x^{\frac{1}{p}} y^{\frac{1}{q}} \leqslant \dfrac{x}{p} + \dfrac{y}{q}$.

证　因为函数 $y = \ln x$ 在 $(0, +\infty)$ 上严格凹, 所以对 $x, y > 0$, $p, q > 1$, 且 $\dfrac{1}{p} + \dfrac{1}{q} = 1$ 有

$$\ln\left(\frac{1}{p}x + \frac{1}{q}y\right) \geqslant \frac{1}{p}\ln x + \frac{1}{q}\ln y = \ln x^{\frac{1}{p}}y^{\frac{1}{q}}.$$

即

$$x^{\frac{1}{p}}y^{\frac{1}{q}} \leqslant \frac{x}{p} + \frac{y}{q}. \tag{6.7}$$

注 6.3.1 不等式 (6.7) 被称为 Young 不等式, 它可以等价地写为 $xy \leqslant \dfrac{x^p}{p} + \dfrac{y^q}{q}$. 若设 $x_k, y_k \geqslant 0\ (k = 1, 2, \cdots, n)$, 在 Young 不等式中令 $x = \dfrac{x_k^p}{X}$, $y = \dfrac{y_k^q}{Y}$, 其中 $X = \displaystyle\sum_{k=1}^{n} x_k^p > 0, Y = \sum_{k=1}^{n} y_k^q > 0$, 可得 Hölder 不等式

$$\sum_{k=1}^{n} x_k y_k \leqslant \left(\sum_{k=1}^{n} x_k^p\right)^{\frac{1}{p}} \left(\sum_{k=1}^{n} y_k^q\right)^{\frac{1}{q}}.$$

特别地, 当 $p = q = 2$ 时, Hölder 不等式称为 Schwarz 不等式.

例 6.3.3 设 $x_i > 0\ (i = 1, 2, \cdots, n)$. 证明:

$$\frac{x_1 x_2 \cdots x_n}{(x_1 + x_2 + \cdots + x_n)^n} \leqslant \frac{(1 + x_1) \cdots (1 + x_n)}{(n + x_1 + x_2 + \cdots + x_n)^n},$$

指出等号成立的条件.

证明 不等式可整理为

$$\begin{aligned}
\frac{x_1 x_2 \cdots x_n}{(1 + x_1)(1 + x_2) \cdots (1 + x_n)} &\leqslant \left(\frac{x_1 + x_2 + \cdots + x_n}{n + x_1 + x_2 + \cdots + x_n}\right)^n \\
&= \left(\frac{\frac{1}{n}(x_1 + x_2 + \cdots + x_n)}{1 + \frac{1}{n}(x_1 + x_2 + \cdots + x_n)}\right)^n.
\end{aligned}$$

两边取对数, 得

$$\frac{1}{n}\sum_{i=1}^{n} \ln\left(\frac{x_i}{1 + x_i}\right) \leqslant \ln\left(\frac{\frac{1}{n}\sum\limits_{i=1}^{n} x_i}{1 + \frac{1}{n}\sum\limits_{i=1}^{n} x_i}\right).$$

令 $f(x) = \ln\left(\dfrac{x}{1 + x}\right)$, 则上式可以写成

$$\frac{1}{n}\sum_{i=1}^{n} f(x_i) \leqslant f\left(\frac{1}{n}\sum_{i=1}^{n} x_i\right).$$

所以, 只需证明 $f(x)$ 在 $(0, +\infty)$ 上是凹函数, 即可得出上述不等式.

$$f'(x) = \frac{1}{x(1+x)}, \quad f''(x) = -\frac{1+2x}{x^2(1+x)^2} < 0.$$

因此, f 是 $(0, +\infty)$ 上的严格凹函数, 当且仅当诸 x_i 全相等时式中的等号成立.

例 6.3.4 (Hadamard 定理)　设 $f(x)$ 是 $[a, b]$ 上连续的凸函数. 试证: 对任意 $x_1, x_2 \in [a, b]$, $x_1 < x_2$, 有

$$f\left(\frac{x_1 + x_2}{2}\right) \leqslant \frac{1}{x_2 - x_1} \int_{x_1}^{x_2} f(t)\,\mathrm{d}t \leqslant \frac{f(x_1) + f(x_2)}{2}. \tag{6.8}$$

证　令 $t = x_1 + \lambda(x_2 - x_1), \lambda \in [0, 1]$, 则

$$\frac{1}{x_2 - x_1} \int_{x_1}^{x_2} f(t)\,\mathrm{d}t = \int_0^1 f[x_1 + \lambda(x_2 - x_1)]\mathrm{d}\lambda$$

$$\leqslant \int_0^1 [(1-\lambda)f(x_1) + \lambda f(x_2)]\mathrm{d}\lambda$$

$$= f(x_2)\left.\frac{\lambda^2}{2}\right|_0^1 + f(x_1)\left[-\frac{(1-\lambda)^2}{2}\right]\Bigg|_0^1 = \frac{f(x_1) + f(x_2)}{2}.$$

令 $t = \dfrac{x_1 + x_2}{2} + \mu, \mu \in \left[-\dfrac{x_2 - x_1}{2}, \dfrac{x_2 - x_1}{2}\right]$, 则有

$$\int_{x_1}^{x_2} f(t)\,\mathrm{d}t = \int_{-(x_2-x_1)/2}^{(x_2-x_1)/2} f\left(\frac{x_1 + x_2}{2} + \mu\right)\mathrm{d}\mu$$

$$= \int_0^{(x_2-x_1)/2}\left[f\left(\frac{x_1 + x_2}{2} + \mu\right) + f\left(\frac{x_1 + x_2}{2} - \mu\right)\right]\mathrm{d}\mu$$

$$\geqslant \int_0^{(x_2-x_1)/2} 2f\left(\frac{x_1 + x_2}{2}\right)\mathrm{d}\mu = (x_2 - x_1)f\left(\frac{x_1 + x_2}{2}\right).$$

注 6.3.2　不等式 (6.8) 等价于

$$f\left(\frac{x_1 + x_2}{2}\right)(x_2 - x_1) \leqslant \int_{x_1}^{x_2} f(x)\,\mathrm{d}x \leqslant \frac{f(x_1) + f(x_2)}{2}(x_2 - x_1).$$

图 6-3 表示该不等式的几何意义. 由于 $y = f(x)$ 是凸的, 弧段 $\overset{\frown}{X_1 X_2}$ 在切线的上方, 在弦 $\overline{X_1 X_2}$ 的下方, 故曲边梯形的面积介于两个梯形 $x_1 x_2 X_2 X_1$ 和 $x_1 x_2 X_2' X_1'$ 的面积之间. 当 $f(x)$ 是严格凸函数时, 上述不等式是严格不等式.

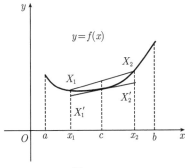

图 6-3

例 6.3.5 证明: $\dfrac{e^x - e^y}{x - y} < \dfrac{e^x + e^y}{2}$.

证 由例 6.3.4 右边不等式立即可得.

例 6.3.6 设 $f(x)$ 在 $[0, 1]$ 上可导, $f(x) \leqslant 0$, $f'(x) \geqslant 0$. 若 $F(x) = \displaystyle\int_0^x f(t)\mathrm{d}t$. 证明:

$$2\int_0^1 F(t)\mathrm{d}t \leqslant F(x) \leqslant xF(1), \ x \in (0, \ 1).$$

证 由 $F''(x) = f'(x) \geqslant 0$ 知 $F(x)$ 是凸函数, 故有

$$F(x) = F(x \cdot 1 + (1 - x) \cdot 0) \leqslant xF(1) + (1 - x)F(0) = xF(1).$$

又由 $F'(x) = f(x) \leqslant 0$ 知 $F(x)$ 单调递减, 根据例 6.3.4 不等式右半部分可得

$$\int_0^1 F(t)\mathrm{d}t \leqslant \frac{1}{2}[F(0) + F(1)] = \frac{1}{2}F(1) \leqslant \frac{1}{2}F(x), \quad x \in (0, \ 1).$$

例 6.3.7 设 $x_k > 0 \ (k = 1, 2, \cdots, n)$, 试求 $(x_1 + x_2 + \cdots + x_n)\left(\dfrac{1}{x_1} + \dfrac{1}{x_2} + \cdots + \dfrac{1}{x_n}\right)$ 的最小值.

解 令 $f(x) = \dfrac{1}{x} \ (x > 0)$, 则 $f''(x) = \dfrac{2}{x^3} > 0$, 故 $f(x)$ 为 $(0, +\infty)$ 上的凸函数, 所以

$$\frac{n}{\displaystyle\sum_{k=1}^n x_k} = f\left(\frac{1}{n}\sum_{k=1}^n x_k\right) \leqslant \frac{1}{n}\sum_{k=1}^n f(x_k) = \frac{1}{n}\sum_{k=1}^n \frac{1}{x_k}.$$

即

$$\left(\sum_{k=1}^{n} x_k\right)\left(\sum_{k=1}^{n} \frac{1}{x_k}\right) \geqslant n^2.$$

并且当 $x_1 = x_2 = \cdots = x_n$ 时等号成立, 所以 $\left(\sum_{k=1}^{n} x_k\right)\left(\sum_{k=1}^{n} \frac{1}{x_k}\right)$ 有最小

值 n^2.

 习　题　6.3

1. 证明下列不等式:

(1) $(x^b + y^b)^{1/b} < (x^a + y^a)^{1/a}, x > 0, y > 0, b > a > 0$;

(2) $(x + y) \ln \dfrac{x + y}{a + b} < x \ln \dfrac{x}{a} + y \ln \dfrac{y}{b}, a > 0, b > 0, c > 0$;

(3) $(abc)^{\frac{a+b+c}{3}} \leqslant \left(\dfrac{a + b + c}{3}\right)^{a+b+c} \leqslant a^a b^b c^c, a > 0, b > 0, c > 0$;

(4) $\sqrt[n]{\dfrac{\sin x_1}{x_1} \cdot \dfrac{\sin x_2}{x_2} \cdot \cdots \cdot \dfrac{\sin x_n}{x_n}} \leqslant \dfrac{\sin x}{x}, x_k \in (0, \pi), k = 1, 2, \cdots, n, x = \dfrac{1}{n} \sum_{k=1}^{n} x_k$.

2. 设 $x_k > 0, \lambda_k \in (0, 1), k = 1, 2, \cdots, n$, 且 $\sum_{k=1}^{n} \lambda_k = 1$. 证明广义算术一几何平均不

等式:

$$\prod_{k=1}^{n} x_k^{\lambda_k} \leqslant \sum_{k=1}^{n} \lambda_k x_k.$$

3. 设 $x_k > 0, \lambda_k > 0, k = 1, 2, \cdots, n, \sum_{k=1}^{n} \lambda_k = 1$. 证明:

$$\left(\sum_{k=1}^{n} \lambda_k x_k\right)^{\sum\limits_{k=1}^{n} \lambda_k x_k} \leqslant \prod_{k=1}^{n} x_k^{\lambda_k x_k}.$$

4. 设 $f(x)$ 是正值函数, $\ln f(x)$ 是凸函数, 证明 $f(x)$ 也是凸函数 (注意未假设可导).

第7讲

重积分和线面积分的计算

关于重积分和线面积分的常规计算, 高等数学中已有详细介绍, 本讲将重点介绍重积分的一般变量变换公式、重积分计算中的对称性、线积分中如何将空间曲线积分化为平面曲线积分的方法以及应用格林公式、高斯公式、斯托克斯公式和两类线面积分之间的关系计算线、面积分的方法技巧.

7.1　重积分的计算

▷ 重积分的一般变量代换公式

在定积分的计算方法中, 换元法是一种化难为易的有效方法. 这种方法可以推广到重积分. 在定积分中, 换元积分公式对简化定积分计算起着重要的作用, 对于重积分也有相应的换元公式, 用它可简化积分区域或被积函数.

定理 7.1.1　设 $f(x, y)$ 在有界闭区域 D 上可积, 变换 $T: x = x(u, v), y = y(u, v)$ 将 uOv 平面上由按段光滑封闭曲线所围的闭区域 D' 一对一地映成 xOy 平面上的闭区域 D, 函数 $x(u, v), y(u, v)$ 在 D' 上分别具有一阶连续偏导数, 且它们的雅可比行列式

$$J(u, v) = \frac{\partial(x, y)}{\partial(u, v)} \neq 0, \quad (u, v) \in D',$$

则

$$\iint\limits_{D} f(x, y)\mathrm{d}x\mathrm{d}y = \iint\limits_{D'} f(x(u, v), y(u, v))|J(u, v)|\mathrm{d}u\mathrm{d}v. \tag{7.1}$$

证　显然, 在定理条件下, 式 (7.1) 两端的二重积分都存在. 根据定理条件可知变换 T 可逆. 在 uOv 坐标平面上, 用平行于坐标轴的直线分割区域 D', 任取其

中一个小矩形 (图 7-1), 其顶点为

$$M_1'(u,v), \qquad\qquad M_2'(u+h,v),$$
$$M_3'(u+h,v+k), \quad M_4'(u,v+k).$$

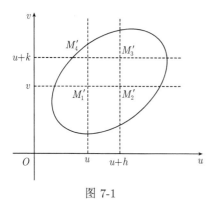

图 7-1

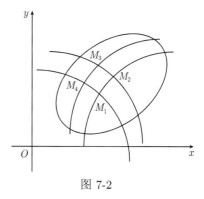

图 7-2

通过变换 T, 在 xOy 平面上得到一个曲边四边形 (图 7-2), 其对应顶点为 $M_i(x_i, y_i)$ $(i = 1, 2, 3, 4)$. 令 $\rho = \sqrt{h^2 + k^2}$, 则

$$x_2 - x_1 = x(u+h,v) - x(u,v) = \left.\frac{\partial x}{\partial u}\right|_{(u,v)} h + o(\rho),$$

$$x_4 - x_1 = x(u,v+k) - x(u,v) = \left.\frac{\partial x}{\partial v}\right|_{(u,v)} k + o(\rho).$$

同理得

$$y_2 - y_1 = \left.\frac{\partial y}{\partial u}\right|_{(u,v)} h + o(\rho),$$

$$y_4 - y_1 = \left.\frac{\partial y}{\partial v}\right|_{(u,v)} k + o(\rho).$$

当 h, k 充分小时, 曲边四边形 $M_1 M_2 M_3 M_4$ 近似于平行四边形, 其面积近似为

$$\Delta\sigma \approx \left| \overrightarrow{M_1 M_2} \times \overrightarrow{M_1 M_4} \right| = \left| \begin{array}{cc} x_2 - x_1 & y_2 - y_1 \\ x_4 - x_1 & y_4 - y_1 \end{array} \right|$$

$$\approx \left| \begin{array}{cc} \dfrac{\partial x}{\partial u}h & \dfrac{\partial y}{\partial u}k \\ \dfrac{\partial x}{\partial v}h & \dfrac{\partial y}{\partial v}k \end{array} \right| = \left| \begin{array}{cc} \dfrac{\partial x}{\partial u} & \dfrac{\partial x}{\partial v} \\ \dfrac{\partial y}{\partial u} & \dfrac{\partial y}{\partial v} \end{array} \right| hk = |J(u,v)| \, hk.$$

令 $(h,k) \to (0,0)$, 可知在 uOv 坐标面上的面积元素 $\mathrm{d}\sigma'$ 与 xOy 面上的面积元素 $\mathrm{d}\sigma$ 之间有关系 $\mathrm{d}\sigma = |J(u,v)|\,\mathrm{d}\sigma'$, 从而得到二重积分的换元公式:

$$\iint\limits_{D} f(x,y)\mathrm{d}x\mathrm{d}y = \iint\limits_{D'} f(x(u,v),y(u,v))\,|J(u,v)|\,\mathrm{d}u\mathrm{d}v.$$

这里要指出: 如果雅可比 (Jocobi) 行列式 $J(u,v)$ 只在 D' 内的个别点上, 或一条曲线上为零, 而在其他点处不为零, 则换元公式 (7.1) 仍成立.

特别, 在变换为极坐标 $x = r\cos\theta, y = r\sin\theta$ 的特殊情况下, 雅可比行列式为

$$J = \frac{\partial(x,y)}{\partial(r,\theta)} = \begin{vmatrix} \cos\theta & -r\sin\theta \\ \sin\theta & r\cos\theta \end{vmatrix} = r.$$

它仅在 $r = 0$ 处为零, 故换元公式成立, 且有

$$\iint\limits_{D} f(x,y)\mathrm{d}x\mathrm{d}y = \iint\limits_{D'} f(r\cos\theta, r\sin\theta)\,r\mathrm{d}r\mathrm{d}\theta. \tag{7.2}$$

例 7.1.1 求 $\displaystyle\iint\limits_{D} \mathrm{e}^{\frac{x-y}{x+y}}\mathrm{d}x\mathrm{d}y$, 其中 D 是由 x 轴, y 轴和直线 $x+y=2$ 所围成的闭区域.

解 令 $u = y-x, v = y+x$, 则变换 $T: x = \dfrac{1}{2}(v-u), y = \dfrac{1}{2}(v+u)$, 将 uOv 平面闭区域 D' 变换为 xOy 平面闭区域 D, 如图 7-3 所示.

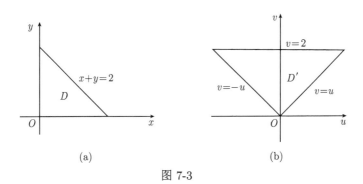

图 7-3

$$J(u,v) = \begin{vmatrix} -\dfrac{1}{2} & \dfrac{1}{2} \\ \dfrac{1}{2} & \dfrac{1}{2} \end{vmatrix} = -\dfrac{1}{2}, \text{ 由换元公式 (7.1) 有}$$

$$\iint\limits_{D} \mathrm{e}^{\frac{x-y}{x+y}}\mathrm{d}x\mathrm{d}y = \iint\limits_{D'} \mathrm{e}^{\frac{-u}{v}} \cdot \frac{1}{2}\mathrm{d}u\mathrm{d}v = \frac{1}{2}\int_{0}^{2} \mathrm{d}v \int_{-v}^{v} \mathrm{e}^{\frac{-u}{v}}\mathrm{d}u = \mathrm{e} - \mathrm{e}^{-1}.$$

例 7.1.2　计算 $I = \iint\limits_{D} \dfrac{3x}{y^2 + xy^3}\mathrm{d}\sigma$, 其中 D 由曲线：$xy = 1, xy = 3, y^2 = x, y^2 = 3x$ 围成.

解　作变换 $T: \begin{cases} u = xy, \\ v = \dfrac{y^2}{x}, \end{cases}$ (图 7-4), 则 $D' = \{(u,v)\,|\,1 \leqslant u \leqslant 3, 1 \leqslant v \leqslant 3\}$.

$$\frac{\partial(x,y)}{\partial(u,v)} = \frac{1}{\dfrac{\partial(u,v)}{\partial(x,y)}} = \frac{1}{\begin{vmatrix} y & x \\ -\dfrac{y^2}{x^2} & \dfrac{2y}{x} \end{vmatrix}} = \frac{1}{\dfrac{2y^2 + y^2}{x}} = \frac{x}{3y^2} = \frac{1}{3v}, \quad \mathrm{d}\sigma = \frac{1}{3v}\mathrm{d}u\mathrm{d}v.$$

$$I = \iint\limits_{D} \frac{3x}{y^2 + xy^3}\mathrm{d}\sigma = \iint\limits_{D'} \frac{\mathrm{d}u\mathrm{d}v}{v^2(1+u)} = \int_{1}^{3} \frac{1}{v^2}\mathrm{d}v \int_{1}^{3} \frac{1}{(1+u)}\mathrm{d}u = \frac{2}{3}\ln 2.$$

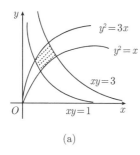
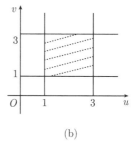

(a)   (b)

图 7-4

注 7.1.1　雅可比行列式具有如下的运算性质：$J(u,v) = \dfrac{\partial(x,y)}{\partial(u,v)} = \dfrac{1}{\dfrac{\partial(u,v)}{\partial(x,y)}}$,

证略.

注 7.1.2　定理 7.1.1 的结论可以推广到三重积分, 即

设在三重积分 $\iiint\limits_{\Omega} f(x,y,z)\mathrm{d}x\mathrm{d}y\mathrm{d}z$ 中作变量变换：

$$T: \begin{cases} x = x(u,v,w), \\ y = y(u,v,w), \\ z = z(u,v,w), \end{cases} \quad (u,v,w) \in \Omega',$$

又设 T 建立了 Ω' 与 Ω 之间的一一对应; 函数 $x(u,v,w), y(u,v,w), z(u,v,w)$ 及其一阶偏导数在 Ω' 上连续; 雅可比行列式

$$J(u,v,w) = \frac{\partial(x,y,z)}{\partial(u,v,w)} = \begin{vmatrix} x_u & x_v & x_w \\ y_u & y_v & y_w \\ z_u & z_v & z_w \end{vmatrix} \neq 0, \quad (u,v,w) \in \Omega',$$

则有

$$\iiint\limits_{\Omega} f(x,y,z)\mathrm{d}x\mathrm{d}y\mathrm{d}z = \iiint\limits_{\Omega'} f(x(u,v,w), y(u,v,w), z(u,v,w))|J(u,v,w)|\mathrm{d}u\mathrm{d}v\mathrm{d}w.$$

$$(7.3)$$

例 7.1.3　求 6 个平面

$$\begin{cases} a_1 x + b_1 y + c_1 z = \pm h_1, \\ a_2 x + b_2 y + c_2 z = \pm h_2, \\ a_3 x + b_3 y + c_3 z = \pm h_3, \end{cases} \quad \Delta = \begin{vmatrix} a_1 & b_1 & c_1 \\ a_2 & b_2 & c_2 \\ a_3 & b_3 & c_3 \end{vmatrix} \neq 0$$

所围成的平行六面体 Ω 的体积, 其中 a_i, b_i, c_i, h_i 都为常数, 且 $h_i > 0 (i = 1, 2, 3)$.

解　已知平行六面体 Ω 的体积 V 是三重积分 $V = \iiint\limits_{\Omega} \mathrm{d}x\mathrm{d}y\mathrm{d}z$. 设

$$\begin{cases} u = a_1 x + b_1 y + c_1 z, \\ v = a_2 x + b_2 y + c_2 z, \\ w = a_3 x + b_3 y + c_3 z, \end{cases} \text{有} \begin{cases} u = \pm h_1, \\ v = \pm h_2, \\ w = \pm h_3, \end{cases}$$

于是 xyz 空间中的平行六面体 Ω 变成 uvw 空间的长方体 $\Omega_1 : -h_1 \leqslant u \leqslant h_1$, $-h_2 \leqslant v \leqslant h_2$, $-h_3 \leqslant w \leqslant h_3$.

由函数行列式的性质, 有 $\dfrac{\partial(x,y,z)}{\partial(u,v,w)} = \dfrac{1}{\dfrac{\partial(u,v,w)}{\partial(x,y,z)}} = \dfrac{1}{\Delta}$. 由坐标变换公式

(7.3), 有

$$V = \iiint\limits_{\Omega} \mathrm{d}x\mathrm{d}y\mathrm{d}z = \frac{1}{|\Delta|} \iiint\limits_{\Omega_1} \mathrm{d}u\mathrm{d}v\mathrm{d}w = \frac{1}{|\Delta|} \int_{-h_1}^{h_1} \mathrm{d}u \int_{-h_2}^{h_2} \mathrm{d}v \int_{-h_3}^{h_3} \mathrm{d}w = \frac{8}{|\Delta|} h_1 h_2 h_3.$$

➤ **几种特殊情况**

1) 柱坐标变换

$T : x = r\cos\theta, y = r\sin\theta, z = z, 0 \leqslant r < +\infty, 0 \leqslant \theta \leqslant 2\pi, -\infty < z < +\infty,$

$J(r, \theta, z) = r$, 则有

$$\iiint\limits_{\Omega} f(x, y, z)\mathrm{d}x\mathrm{d}y\mathrm{d}z = \iiint\limits_{\Omega'} f(r\cos\theta, r\sin\theta, z)r\mathrm{d}r\mathrm{d}\theta\mathrm{d}z \ (\Omega = \Omega').$$

例 7.1.4　计算 $\iiint\limits_{\Omega}(x^2 + y^2)\mathrm{d}x\mathrm{d}y\mathrm{d}z$,　$\Omega : 2(x^2 + y^2) = z$ 与 $z = 4$ 所围成的闭区域.

解　$\Omega = \{(x, y, z) | 2(x^2 + y^2) \leqslant z \leqslant 4, x^2 + y^2 \leqslant 2\}$, 应用柱坐标变换

$$\iiint\limits_{\Omega}(x^2 + y^2)\mathrm{d}x\mathrm{d}y\mathrm{d}z = \int_0^{2\pi}\mathrm{d}\theta\int_0^{\sqrt{2}}\mathrm{d}r\int_{2r^2}^4 r^3\mathrm{d}z = \frac{8}{3}\pi.$$

2) 球坐标变换

$$T : x = \rho\sin\varphi\cos\theta, y = \rho\sin\varphi\sin\theta, z = \rho\cos\varphi,$$

$$0 \leqslant \rho < +\infty, 0 \leqslant \theta \leqslant 2\pi, 0 \leqslant \varphi \leqslant \pi,$$

$J(\rho, \varphi, \theta) = \rho^2\sin\varphi$, 则有

$$\iiint\limits_{\Omega} f(x, y, z)\mathrm{d}x\mathrm{d}y\mathrm{d}z = \iiint\limits_{\Omega'} f(\rho\sin\varphi\cos\theta, \rho\sin\varphi\sin\theta, \rho\cos\varphi)\rho^2\sin\varphi\mathrm{d}\rho\mathrm{d}\varphi\mathrm{d}\theta.$$

3) 广义球坐标变换

$$T : x = a\rho\sin\varphi\cos\theta, y = b\rho\sin\varphi\sin\theta, z = c\rho\cos\varphi,$$

$$0 \leqslant \rho < +\infty, 0 \leqslant \theta \leqslant 2\pi, 0 \leqslant \varphi \leqslant \pi,$$

$J(\rho, \varphi, \theta) = abc\rho^2\sin\varphi$, 则有

$$\iiint\limits_{\Omega} f(x, y, z)\mathrm{d}x\mathrm{d}y\mathrm{d}z$$

$$= abc\iiint\limits_{\Omega'} f(a\rho\sin\varphi\cos\theta, b\rho\sin\varphi\sin\theta, c\rho\cos\varphi)\rho^2\sin\varphi\mathrm{d}\rho\mathrm{d}\varphi\mathrm{d}\theta.$$

例 7.1.5　求 $\iiint\limits_{\Omega} z\mathrm{d}x\mathrm{d}y\mathrm{d}z$, $\Omega : \dfrac{x^2}{a^2} + \dfrac{y^2}{b^2} + \dfrac{z^2}{c^2} \leqslant 1, z \geqslant 0$.

解 作广义球坐标变换

$$T : x = a\rho \sin \varphi \cos \theta, y = b\rho \sin \varphi \sin \theta,$$

$$z = c\rho \cos \varphi, 0 \leqslant \rho < 1, 0 \leqslant \theta \leqslant 2\pi, 0 \leqslant \varphi \leqslant \frac{\pi}{2},$$

$$\iiint\limits_{\Omega} z\mathrm{d}x\mathrm{d}y\mathrm{d}z = \int_0^{2\pi} \mathrm{d}\theta \int_0^{\frac{\pi}{2}} \mathrm{d}\varphi \int_0^1 abc^2 \rho^3 \sin \varphi \cos \varphi \mathrm{d}\rho = \frac{1}{4}\pi abc^2.$$

▷ **重积分中的对称性质**

关于重积分中的对称性, 下述命题是常用的:

命题 7.1.1 设 D 关于 x 轴对称, $f(x,y)$ 连续, D_1 表示 D 的 $y \geqslant 0$ 的部分,

若 $f(x,-y) = -f(x,y)$, 则 $\iint\limits_{D} f(x,y)\mathrm{d}x\mathrm{d}y = 0$;

若 $f(x,-y) = f(x,y)$, 则 $\iint\limits_{D} f(x,y)\mathrm{d}x\mathrm{d}y = 2\iint\limits_{D_1} f(x,y)\mathrm{d}x\mathrm{d}y.$

命题 7.1.2 设 D 关于 x 轴、y 轴都对称, $f(x,y)$ 连续, D_3 表示 D 在第一象限的部分,

若 $f(-x,y) = -f(x,y)$, 或 $f(x,-y) = -f(x,y)$, 则 $\iint\limits_{D} f(x,y)\mathrm{d}x\mathrm{d}y = 0$;

若 $f(-x,y) = f(x,y) = f(x,-y)$, 则 $\iint\limits_{D} f(x,y)\mathrm{d}x\mathrm{d}y = 4\iint\limits_{D_3} f(x,y)\mathrm{d}x\mathrm{d}y.$

命题 7.1.3 设 D 关于直线 $y = x$ 对称, $f(x,y)$ 连续, 则

$$(1) \iint\limits_{D} f(x,y)\mathrm{d}x\mathrm{d}y = \iint\limits_{D} f(y,x)\mathrm{d}x\mathrm{d}y = \frac{1}{2}\iint\limits_{D} [f(x,y) + f(y,x)]\, \mathrm{d}x\mathrm{d}y; \qquad (7.4)$$

(2) 若 $f(y,x) = -f(x,y)$, 则 $\iint\limits_{D} f(x,y)\mathrm{d}x\mathrm{d}y = 0$;

(3) 若 $f(y,x) = f(x,y)$, 则

$$\iint\limits_{D} f(x,y)\mathrm{d}x\mathrm{d}y = 2\iint\limits_{D_1} f(x,y)\mathrm{d}x\mathrm{d}y 或 \iint\limits_{D} f(x,y)\mathrm{d}x\mathrm{d}y = 2\iint\limits_{D_2} f(x,y)\mathrm{d}x\mathrm{d}y, \qquad (7.5)$$

其中 $D_1(D_2)$ 表示 D 在直线 $y = x$ 的上方 (或下方) 的部分 (图 7-5).

例 7.1.6　计算 $I = \iint\limits_D |xy|\mathrm{d}x\mathrm{d}y$, 其中

$$D = \left\{ (x,y) \big| |x| + |y| \leqslant 1 \right\}.$$

解　显然函数 $f(x,y) = |xy|$ 满足

$$f(-x,y) = f(x,y) = f(x,-y)$$

且积分域 D 关于 x 轴、y 轴都对称, 故由命题 7.1.2 有

$$I = \iint\limits_D |xy|\mathrm{d}x\mathrm{d}y = 4 \iint\limits_{D_3} |xy|\mathrm{d}x\mathrm{d}y = 4 \int_0^1 x\mathrm{d}x \int_0^{1-x} y\mathrm{d}y = \frac{1}{6}.$$

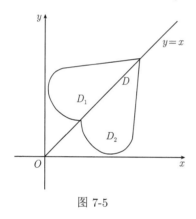

图 7-5

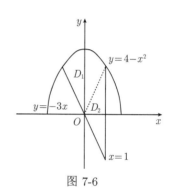

图 7-6

例 7.1.7　计算 $I = \iint\limits_D x\ln\left(y + \sqrt{1+y^2}\right)\mathrm{d}x\mathrm{d}y$, 其中 D 是由 $y = 4-x^2, y = -3x, x = 1$ 所围成的闭区域.

解　积分域如图 7-6 所示, 用直线 $y = 3x$ 把积分域 D 分成两个子区域 D_1 和 D_2, D_1 关于 y 轴对称, D_2 关于 x 轴对称. 令

$$f(x,y) = x\ln\left(y + \sqrt{1+y^2}\right),$$

当 $(x,y) \in D_1$ 时, 有

$$f(-x,y) = -x\ln(y + \sqrt{1+y^2}) = -f(x,y).$$

当 $(x,y) \in D_2$ 时, 有

$$f(x,-y) = -f(x,y).$$

根据命题 7.1.1 有

$$I = \iint\limits_{D} x \ln \left(y + \sqrt{1 + y^2} \right) \mathrm{d}x\mathrm{d}y$$

$$= \iint\limits_{D_1} x \ln \left(y + \sqrt{1 + y^2} \right) \mathrm{d}x\mathrm{d}y$$

$$+ \iint\limits_{D_2} x \ln \left(y + \sqrt{1 + y^2} \right) \mathrm{d}x\mathrm{d}y = 0.$$

例 7.1.8 计算 $I = \iint\limits_{D} \sin x^2 \cos y^2 \mathrm{d}x\mathrm{d}y$, 其中 $D = \left\{ (x, y) \big| x^2 + y^2 \leqslant 1 \right\}$.

解 因为积分域 D 关于 $y = x$ 对称, 用命题 7.1.3(7.4) 式, 有

$$I = \iint\limits_{D} \sin x^2 \cos y^2 \mathrm{d}x\mathrm{d}y$$

$$= \frac{1}{2} \iint\limits_{D} \left(\sin x^2 \cos y^2 + \sin x^2 \cos y^2 \right) \mathrm{d}x\mathrm{d}y$$

$$= \frac{1}{2} \iint\limits_{D} \sin(x^2 + y^2) \mathrm{d}x\mathrm{d}y.$$

应用极坐标得 $I = \dfrac{1}{2} \displaystyle\int_0^{2\pi} \mathrm{d}\theta \int_0^1 r \sin r^2 \mathrm{d}r = \dfrac{\pi}{2}(1 - \cos 1)$.

例 7.1.9 计算 $I = \iint\limits_{x^4 + y^4 \leqslant 1} (3x^2 + 5y^2) \mathrm{d}x\mathrm{d}y$.

解 因为积分域 D 关于 $y = x$ 对称, 用命题 7.1.3 及命题 7.1.2 有

$$I = \frac{1}{2} \iint\limits_{x^4 + y^4 \leqslant 1} [(3x^2 + 5y^2) + (3y^2 + 5x^2)] \mathrm{d}x\mathrm{d}y = 4 \iint\limits_{x^4 + y^4 \leqslant 1} (x^2 + y^2) \mathrm{d}x\mathrm{d}y$$

$$= 16 \int_0^{\frac{\pi}{2}} \mathrm{d}\theta \int_0^{r(\theta)} r^3 \mathrm{d}r = 4 \int_0^{\frac{\pi}{2}} r^4(\theta) \mathrm{d}\theta$$

$$= 4 \int_0^{\frac{\pi}{2}} \frac{\mathrm{d}\theta}{\cos^4 \theta + \sin^4 \theta} \xlongequal{t = \tan \theta} 4 \int_0^{+\infty} \frac{t^2 + 1}{t^4 + 1} \mathrm{d}t = 2\sqrt{2}\pi.$$

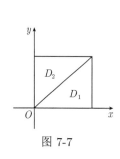

图 7-7

例 7.1.10　计算 $I = \iint\limits_{D} (x+y)\mathrm{sgn}(x-y)\mathrm{d}x\mathrm{d}y$, 其中

$$D = \{(x, y) \,|\, 0 \leqslant x \leqslant 1, 0 \leqslant y \leqslant 1\}.$$

解 (方法一)　如图 7-7 所示: $D = D_1 \cup D_2$, 其中

$$D_1 = \{(x, y) \,|\, 0 \leqslant x \leqslant 1, 0 \leqslant y \leqslant x\}.$$

$$D_2 = \{(x, y) \,|\, 0 \leqslant x \leqslant 1, x \leqslant y \leqslant 1\}.$$

$$I = \iint\limits_{D} (x+y)\mathrm{sgn}(x-y)\mathrm{d}x\mathrm{d}y = \iint\limits_{D_1} (x+y)\mathrm{d}x\mathrm{d}y - \iint\limits_{D_2} (x+y)\mathrm{d}x\mathrm{d}y = \frac{1}{2} - \frac{1}{2} = 0.$$

(方法二)　由对称性 (命题 7.1.3)

$$I = \iint\limits_{D} (x+y)\mathrm{sgn}(x-y)\mathrm{d}x\mathrm{d}y = \iint\limits_{D} (x+y)\mathrm{sgn}(y-x)\mathrm{d}x\mathrm{d}y$$

$$= -\iint\limits_{D} (x+y)\mathrm{sgn}(x-y)\mathrm{d}x\mathrm{d}y \quad (\text{因 sgn}x \text{ 是奇函数}),$$

$$2\iint\limits_{D} (x+y)\mathrm{sgn}(x-y)\mathrm{d}x\mathrm{d}y = 0 \Rightarrow \iint\limits_{D} (x+y)\mathrm{sgn}(x-y)\mathrm{d}x\mathrm{d}y = 0.$$

 习　题　**7.1**

· ·

1. 计算二重积分 $I = \iint\limits_{D} \mathrm{e}^{-(x^2+y^2-\pi)} \sin(x^2 + y^2)\mathrm{d}x\mathrm{d}y$, 其中 $D = \{(x, y) | x^2 + y^2 \leqslant \pi\}$.

2. 设区域 $D = \{(x, y) | x^2 + y^2 \leqslant 4, x \geqslant 0, y \geqslant 0\}$, $f(x)$ 为 D 上的正值连续函数, a, b 为常数, 则 $\iint\limits_{D} \dfrac{a\sqrt{f(x)} + b\sqrt{f(y)}}{\sqrt{f(x)} + \sqrt{f(y)}}\mathrm{d}\sigma$ 等于 (　　　).

　　(A) $ab\pi$;　　　　　(B) $\dfrac{ab}{2}\pi$;　　　　　(C) $(a+b)\pi$;　　　　　(D) $\dfrac{a+b}{2}\pi$.

3. 设 $a > 0$, $f(x) = g(x) = \begin{cases} a, & \text{若} 0 \leqslant x \leqslant 1, \\ 0, & \text{其他}, \end{cases}$ 而 D 表示全平面, 则

$$I = \iint\limits_{D} f(x)g(y-x)\mathrm{d}x\mathrm{d}y = \underline{\qquad}.$$

4. 求 $I = \iint\limits_{D} \left(\sqrt{x^2 + y^2} + y \right) \mathrm{d}\sigma$, 其中 D 是由圆 $x^2 + y^2 = 4$ 和 $(x+1)^2 + y^2 = 1$ 围成的平面区域.

5. 设 $D = \left\{ (x, y) \,\middle|\, x^2 + y^2 \leqslant \sqrt{2}, x \geqslant 0, y \geqslant 0 \right\}$, $[1 + x^2 + y^2]$ 表示不超过 $1 + x^2 + y^2$ 的最大整数. 计算二重积分 $\iint\limits_{D} xy[1 + x^2 + y^2]\mathrm{d}x\mathrm{d}y$.

6. 证明: $\displaystyle\int_0^a \mathrm{d}x \int_0^x \frac{f'(y)}{\sqrt{(a-x)(x-y)}}\mathrm{d}y = \pi[f(a) - f(0)]$.

7. 计算 $I = \iint\limits_{D} \sqrt{\sqrt{x} + \sqrt{y}}\mathrm{d}x\mathrm{d}y$, 其中 $D : \sqrt{x} + \sqrt{y} = 1$ 与 $x = 0$, $y = 0$ 在第一象限所围区域.

8. 计算 $I = \iiint\limits_{\Omega} z^2 \mathrm{d}v$, 其中 Ω 为 $x^2 + y^2 + z^2 \leqslant R^2$ 和 $x^2 + y^2 + z^2 \leqslant 2Rz$ 的公共部分.

9. 计算 $I = \iiint\limits_{\Omega} (x^2 + 5xy^2 \sin\sqrt{x^2 + y^2})\mathrm{d}x\mathrm{d}y\mathrm{d}z$, 其中 Ω 由 $z = \frac{1}{2}(x^2 + y^2), z = 1, z = 4$ 所围成.

10. 设 $\Omega : x^2 + y^2 + z^2 \leqslant 1$, 计算 $I = \iiint\limits_{\Omega} \frac{z\ln(x^2 + y^2 + z^2 + 1)}{x^2 + y^2 + z^2 + 1}\mathrm{d}v$.

11. 设 Ω 由锥面 $z = \sqrt{x^2 + y^2}$ 和球面 $x^2 + y^2 + z^2 = 4$ 所围成, 计算 $I = \iiint\limits_{\Omega} (x + y + z)^2 \mathrm{d}v$.

12. 计算三重积分 $I = \iiint\limits_{\Omega} (y^2 + z^2)\mathrm{d}v$, 其中 Ω 是由 xOy 平面上曲线 $y^2 = 2x$ 绕 x 轴旋转而成的曲面与平面 $x = 5$ 所围成的闭区域.

13. 用二重积分证明: xOy 平面上的光滑曲线弧 $y = f(x)(\geqslant 0)(a \leqslant x \leqslant b)$ 绕 x 轴旋转所得的旋转曲面的面积为 $A = 2\pi \displaystyle\int_a^b f(x)\sqrt{1 + f'^2(x)}\mathrm{d}x$.

14. 计算 $I = \iiint\limits_{\Omega} (x^2 + y^2)\mathrm{d}x\mathrm{d}y\mathrm{d}z$, 其中 Ω 是由曲面 $x^2 + y^2 = 2z$ 及平面 $z = 2, z = 8$ 所围成的闭区域.

15. 求平面 $\dfrac{x}{a} + \dfrac{y}{b} + \dfrac{z}{c} = 1$ 被三坐标面所割出的有限部分的面积.

16. 计算三重积分 $\iiint\limits_{\Omega} f(x, y, z)\mathrm{d}v$, 其中 Ω: $x^2 + y^2 + z^2 \leqslant 1$,

$$f(x, y, z) = \begin{cases} 0, & z > \sqrt{x^2 + y^2}, \\ \sqrt{x^2 + y^2}, & 0 \leqslant z \leqslant \sqrt{x^2 + y^2}, \\ \sqrt{x^2 + y^2 + z^2}, & z < 0. \end{cases}$$

17. 由曲面 $z = \sqrt{2 - x^2 - y^2}$ 与 $z = \sqrt{x^2 + y^2}$ 围成一立体, 其密度为 $\mu = \sqrt{x^2 + y^2}$, 求

此立体的质量.

18. 设 $f(x)$ 在区间 $[a,b]$ 上连续, 且 $f(x) > 0$, 试证明 $\int_a^b f(x)\mathrm{d}x \int_a^b \dfrac{1}{f(x)}\mathrm{d}x \geqslant (b-a)^2$.

19. 利用适当的坐标变换计算曲面 $\left(\dfrac{x}{a}+\dfrac{y}{b}\right)^2 + \left(\dfrac{z}{c}\right)^2 = 1\,(x>0,y>0,z>0,a>0,b>0,c>0)$ 所围立体的体积.

20. 计算 $I = \iint\limits_D x\left[1+yf(x^2+y^2)\right]\mathrm{d}x\mathrm{d}y$, 其中 D 由 $y=x^3, y=1$ 和 $x=-1$ 所围成的区域, $f(x)$ 为连续函数.

21. 设 $f(x)$ 在 $[0,1]$ 上连续, 并设 $\int_0^1 f(x)\mathrm{d}x = A$, 求 $\int_0^1 \mathrm{d}x \int_x^1 f(x)f(y)\mathrm{d}y$.

22. 计算积分 $I = \iint\limits_{0\leqslant x\leqslant y\leqslant \pi} \ln|\sin(x-y)|\mathrm{d}x\mathrm{d}y$.

7.2　曲线积分的计算

➤ 用公式计算第一类曲线积分

若 $L:\begin{cases} x=x(t),\\ y=y(t),\end{cases} t\in[\alpha,\beta]$, 则 $\int_L f(x,y)\mathrm{d}s = \int_\alpha^\beta f(x(t),y(t))\sqrt{x'^2(t)+y'^2(t)}\,\mathrm{d}t$.

对空间的曲线积分有类似的公式.

例 7.2.1　计算曲线积分 $I = \oint_L \dfrac{\sqrt[3]{|xy|}}{x^{\frac{2}{3}}+y^{\frac{2}{3}}}\mathrm{d}s$, 其中 $L: x^{\frac{2}{3}}+y^{\frac{2}{3}} = 1$.

解　由于 $L: x^{\frac{2}{3}}+y^{\frac{2}{3}} = 1$, 所以 $I = \oint_L \sqrt[3]{|xy|}\mathrm{d}s$. L 的参数方程为

$$\begin{cases} x=\cos^3 t,\\ y=\sin^3 t,\end{cases} t\in[0,2\pi],\ \mathrm{d}s = \sqrt{x'^2(t)+y'^2(t)}\,\mathrm{d}t = 3|\sin t\cos t|\mathrm{d}t.$$

$$I = \int_0^{2\pi} |\sin t\cos t|\cdot 3|\sin t\cos t|\mathrm{d}t = 3\int_0^{2\pi} \sin^2 t\cos^2 t\mathrm{d}t.$$

$$= 12\int_0^{\frac{\pi}{2}} \sin^2 t\cos^2 t\mathrm{d}t = 12\int_0^{\frac{\pi}{2}} [\sin^2 t - \sin^4 t]\mathrm{d}t$$

$$= 12\left[\frac{1}{2}\cdot\frac{\pi}{2} - \frac{3}{4}\cdot\frac{1}{2}\cdot\frac{\pi}{2}\right] = \frac{3}{4}\pi.$$

▷用公式计算第二类曲线积分

若 $L:\begin{cases} x = x(t), \\ y = y(t), \end{cases}$ $t = \alpha$ 对应曲线 L 的起点, $t = \beta$ 对应曲线 L 的终点, 则

$$\int_L P(x,y)\mathrm{d}x + Q(x,y)\mathrm{d}y = \int_\alpha^\beta \{P[x(t),y(t)]x'(t) + Q[x(t),y(t)]y'(t)\}\mathrm{d}t.$$

对空间的曲线积分有类似的公式.

例 7.2.2　计算 $I = \int_L (x^2 - 2xy)\mathrm{d}x + (y^2 - 2xy)\mathrm{d}y$, 其中 L 是抛物线的一

段: $y = x^2$, $-1 \leqslant x \leqslant 1$, 方向由点 $(-1,1)$ 到点 $(1,1)$.

解　$I = \int_{-1}^1 [(x^2 - 2x^3) + (x^4 - 2x^3)2x]\mathrm{d}x = \int_{-1}^1 (x^2 - 2x^3 + 2x^5 - 4x^4)\mathrm{d}x$

$$= 2\int_0^1 (x^2 - 4x^4)\mathrm{d}x = 2\left(\frac{1}{3} - \frac{4}{5}\right) = -\frac{14}{15}.$$

例 7.2.3　计算 $I = \int_L y\mathrm{d}x - x\mathrm{d}y + (x^2 + y^2)\mathrm{d}z$, 其中 L 是曲线 $x = \mathrm{e}^t$,

$y = \mathrm{e}^{-t}$, $z = a^t (0 \leqslant t \leqslant 1)$, 由点 $(\mathrm{e}, \mathrm{e}^{-1}, a)$ 到点 $(1,1,1)$ 的一段.

解　$I = -\int_0^1 [\mathrm{e}^{-t}\mathrm{e}^t + \mathrm{e}^t\mathrm{e}^{-t} + (\mathrm{e}^{2t} + \mathrm{e}^{-2t})a^t \ln a]\mathrm{d}t$

$$= -\int_0^1 2\mathrm{d}t - \ln a \cdot \int_0^1 [(\mathrm{e}^2 a)^t + (\mathrm{e}^{-2}a)^t]\mathrm{d}t$$

$$= -2 - \ln a \cdot \left[\frac{1}{\ln(\mathrm{e}^2 a)}(\mathrm{e}^2 a)^t + \frac{1}{\ln(\mathrm{e}^{-2}a)}(\mathrm{e}^{-2}a)^t\right]_0^1$$

$$= -2 + \frac{\ln a(1 - \mathrm{e}^2 a)}{2 + \ln a} + \frac{\ln a(1 - \mathrm{e}^{-2}a)}{\ln a - 2}.$$

▷格林公式及积分与路径的无关性

设 $P(x,y), Q(x,y)$ 在包含 L 的区域内具有一阶连续偏导数, 则有

$$\oint_L P(x,y)\mathrm{d}x + Q(x,y)\mathrm{d}y = \iint_D \left(\frac{\partial Q}{\partial x} - \frac{\partial P}{\partial y}\right)\mathrm{d}x\mathrm{d}y.$$

例 7.2.4　设 $f(x) > 0$ 且满足: ① $f(x)$ 连续可微, $f(1) = \dfrac{1}{2}$; ② 沿平面内

任一分段光滑闭曲线 L, 积分

$$\oint_L \left[y\mathrm{e}^x f(x) - \frac{y}{x}\right]\mathrm{d}x - \ln f(x)\mathrm{d}y = 0.$$

求 $f(x)$.

解　设 $P = ye^x f(x) - \dfrac{y}{x}, Q = -\ln f(x)$, 由条件② $\dfrac{\partial Q}{\partial x} = \dfrac{\partial P}{\partial y}$ 得,

$$e^x f(x) - \frac{1}{x} = -\frac{f'(x)}{f(x)},$$

即 $\dfrac{f(x) - xf'(x)}{f^2(x)} = xe^x$, 由 $\left(\dfrac{x}{f(x)}\right)' = xe^x$, 可得 $\dfrac{x}{f(x)} = \displaystyle\int xe^x \mathrm{d}x = xe^x - e^x + $

$C, f(x) = \dfrac{x}{xe^x - e^x + C}$. 又 $f(1) = \dfrac{1}{2}$, 得 $C = 2$, 故 $f(x) = \dfrac{x}{xe^x - e^x + 2}$ $(x > 0)$.

例 7.2.5　设在上半平面 $D = \{(x, y) \,|\, y > 0\}$ 内, 函数 $f(x, y)$ 具有连续偏导数, 且对任意的 $t > 0$ 都有 $f(tx, ty) = t^{-2} f(x, y)$. 证明: 对 D 内的任意分段光滑的有向简单闭曲线 L, 都有 $\displaystyle\oint_L yf(x, y)\mathrm{d}x - xf(x, y)\mathrm{d}y = 0$.

证　对 $f(tx, ty) = t^{-2} f(x, y)$ 两端对 t 求导得

$xf_x'(tx, ty) + yf_y'(tx, ty) = -2t^{-3} f(x, y)$. 令 $t = 1$, 则 $xf_x'(x, y) + yf_y'(x, y) = -2f(x, y)$, 再令 $P = yf(x, y), Q = -xf(x, y)$, 所给曲线积分等于 0 的充分必要条件为

$$\frac{\partial Q}{\partial x} = \frac{\partial P}{\partial y}, \frac{\partial Q}{\partial x} = -f(x, y) - xf_x'(x, y), \quad \frac{\partial P}{\partial y} = f(x, y) + yf_y'(x, y).$$

要求 $\dfrac{\partial Q}{\partial x} = \dfrac{\partial P}{\partial y}$ 成立, 只要

$$xf_x'(x, y) + yf_y'(x, y) = -2f(x, y), \tag{7.6}$$

式 (7.6) 我们已经证明, 所以 $\dfrac{\partial Q}{\partial x} = \dfrac{\partial P}{\partial y}$, 于是结论成立.

例 7.2.6　设 L 是从点 $A\left(3, \dfrac{2}{3}\right)$ 到 $B(1, 2)$ 的线段, f 连续, 求

$$I = \int_L \frac{1 + y^2 f(xy)}{y}\mathrm{d}x + \frac{xy^2 f(xy) - x}{y^2}\mathrm{d}y.$$

解　设 $F(x)$ 为 $f(x)$ 的一个原函数, 则

$$I = \int_L \frac{y\mathrm{d}x - x\mathrm{d}y}{y^2} + f(xy)(y\mathrm{d}x + x\mathrm{d}y)$$

$$= \int_L \mathrm{d}\left(\frac{x}{y}\right) + \mathrm{d}F(xy) = \left[\frac{x}{y} + F(xy)\right]\Big|_A^B = -4.$$

▶用斯托克斯公式计算曲线积分

设 $P(x, y, z), Q(x, y, z), R(x, y, z)$ 具有一阶连续偏导数, 则有

$$\oint_\Gamma P\mathrm{d}x + Q\mathrm{d}y + R\mathrm{d}z = \iint_\Sigma \begin{vmatrix} \mathrm{d}y\mathrm{d}z & \mathrm{d}z\mathrm{d}x & \mathrm{d}x\mathrm{d}y \\ \dfrac{\partial}{\partial x} & \dfrac{\partial}{\partial y} & \dfrac{\partial}{\partial z} \\ P & Q & R \end{vmatrix} = \iint_\Sigma \begin{vmatrix} \cos\alpha & \cos\beta & \cos\gamma \\ \dfrac{\partial}{\partial x} & \dfrac{\partial}{\partial y} & \dfrac{\partial}{\partial z} \\ P & Q & R \end{vmatrix} \mathrm{d}S.$$

例 7.2.7 计算 $I = \oint_L (z-y)\mathrm{d}x + (x-z)\mathrm{d}y + (x-y)\mathrm{d}z$, 其中 L 是曲线
$\begin{cases} x^2 + y^2 = 1, \\ x - y + z = 2, \end{cases}$ 从 z 轴的负向看去 L 的方向是逆时针方向.

解 (方法一) (用参数方程) 令 $x = \cos t, y = \sin t, z = 2 - \cos t + \sin t$, 则

$$\mathrm{d}x = -\sin t\mathrm{d}t, \mathrm{d}y = \cos t\mathrm{d}t, \mathrm{d}z = (\sin t + \cos t)\mathrm{d}t,$$

$$I = \int_{2\pi}^0 [-(2 - \cos t)\sin t + (2\cos t - \sin t - 2)\cos t$$

$$+ (\cos t - \sin t)(\sin t + \cos t)]\mathrm{d}t$$

$$= -\int_{2\pi}^0 [2(\sin t + \cos t) - 2\cos 2t - 1]\mathrm{d}t = -2\pi.$$

(方法二) (斯托克斯 (Stokes) 公式) 设 Σ 为平面 $x - y + z = 2$ 以 L 为边界的有限部分, 其法向量与 z 轴正向的夹角为钝角. D_{xy} 为 Σ 在 xOy 平面投影, 即 $D_{xy} : x^2 + y^2 \leqslant 1$. 由斯托克斯公式

$$I = \iint_\Sigma \begin{vmatrix} \mathrm{d}y\mathrm{d}z & \mathrm{d}z\mathrm{d}x & \mathrm{d}x\mathrm{d}y \\ \dfrac{\partial}{\partial x} & \dfrac{\partial}{\partial y} & \dfrac{\partial}{\partial z} \\ z-y & x-z & x-y \end{vmatrix} = \iint_\Sigma 2\mathrm{d}x\mathrm{d}y = \iint_{D_{xy}} 2\mathrm{d}x\mathrm{d}y = -2\pi.$$

▶一类特殊空间曲线积分的计算方法

定理 7.2.1 设 $\Gamma : \begin{cases} F(x, y, z) = 0, \\ z = \varphi(x, y), \end{cases}$ 且 P, Q, R, F, φ 都具有一阶连续偏导数, 则

$$I = \int_\Gamma P(x, y, z)\mathrm{d}x + Q(x, y, z)\mathrm{d}y + R(x, y, z)\mathrm{d}z$$

$$= \int_{\Gamma'} \{P[x,y,\varphi(x,y)] + R[x,y,\varphi(x,y)]\varphi_x(x,y)\}\mathrm{d}x$$

$$+ \{Q[x,y,\varphi(x,y)] + R[x,y,\varphi(x,y)]\varphi_y(x,y)\}\mathrm{d}y, \tag{7.7}$$

其中 Γ' 是 Γ 在 xOy 平面上的投影曲线, 其方向与 Γ 的方向一致 (证略).

例 7.2.8 计算 $I = \oint_{\Gamma} (y^2 - z^2)\mathrm{d}x + (2z^2 - x^2)\mathrm{d}y + (3x^2 - y^2)\mathrm{d}z$,其中 Γ 是平面 $x + y + z = 2$ 与柱面 $|x| + |y| = 1$ 的交线, 从 z 轴正向看去, Γ 是逆时针方向的.

解　由 $x + y + z = 2$ 知 $z = 2 - x - y$, 从而 $\mathrm{d}z = -\mathrm{d}x - \mathrm{d}y$, 故有

$$I = \oint_{\Gamma'} [y^2 - (2 - x - y)^2]\mathrm{d}x + [2(2 - x - y)^2 - x^2]\mathrm{d}y - (3x^2 - y^2)(\mathrm{d}x + \mathrm{d}y)$$

$$= \oint_{\Gamma'} [-4x^2 + y^2 - 2xy + 4x + 4y - 4)]\mathrm{d}x$$

$$+ [-2x^2 + 3y^2 + 4xy - 8x - 8y + 8]\mathrm{d}y,$$

其中 Γ' 是 xOy 平面上的正方形的边界曲线 $|x| + |y| = 1$, 方向是逆时针的. 再用格林公式得

$$I = -2\iint_{D_{xy}} (x - y + 6)\mathrm{d}x\mathrm{d}y = -12\iint_{D_{xy}} \mathrm{d}x\mathrm{d}y = -24.$$

(第二个等式用到了二重积分的对称性 $\displaystyle\iint_{D_{xy}} (x - y)\mathrm{d}x\mathrm{d}y = 0$.)

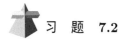 习　题　7.2

....

1. 计算曲线积分 $\displaystyle\oint_L \mathrm{e}^{\sqrt{x^2+y^2}}\mathrm{d}s$, 其中 L 为圆周 $x^2 + y^2 = a^2$, 直线 $y = x$ 及 x 轴在第一象限内所围成的扇形的整个边界.

2. 计算曲线积分 $\displaystyle\int_L (y + 3x)^2\mathrm{d}x + (3x^2 - y^2\sin\sqrt{y})\,\mathrm{d}y$, 其中 L 为曲线 $y = x^2$ 上出点 $A(-1,1)$ 到点 $B(1,1)$ 的一段弧.

3. 验证: $\dfrac{x\mathrm{d}y - y\mathrm{d}x}{x^2 + y^2}$ 在右半平面 $(x > 0)$ 内是全微分式, 并求出一个原函数 $u(x,y)$.

4. 选择 a, b 使 $(2ax^3y^3 - 3y^2 + 5)\mathrm{d}x + (3x^4y^2 - 2bxy - 4)\mathrm{d}y$ 是某一函数 $u(x,y)$ 的全微分, 并求 $u(x,y)$.

5. 计算曲线积分 $I = \oint_L \dfrac{x\mathrm{d}y - y\mathrm{d}x}{4x^2 + y^2}$, 其中 L 是以 $(1,0)$ 为中心, R 为半径的圆周 $(R > 1)$, 取逆时针方向.

6. 设 L 是不经过 $(2,0)$, $(-2,0)$ 的分段光滑的简单闭曲线 (无重点), 试就 L 的不同情形计算曲线积分

$$I = \oint_L \left[\frac{y}{(2-x)^2 + y^2} + \frac{y}{(2+x)^2 + y^2} \right] \mathrm{d}x + \left[\frac{2-x}{(2-x)^2 + y^2} - \frac{2+x}{(2+x)^2 + y^2} \right] \mathrm{d}y,$$

L 取正方向.

7. 计算 $I = \oint_\Gamma xyz\mathrm{d}z$, 其中 Γ 是用平面 $y = z$ 截球面 $x^2 + y^2 + z^2 = 1$ 所得的截痕, 从 z 轴的正向看去, 沿逆时针方向.

8. 已知变力 $\boldsymbol{F} = yz\boldsymbol{i} + zx\boldsymbol{j} + xy\boldsymbol{k}$, 问: 将质点从原点沿直线移到曲面 $\dfrac{x^2}{a^2} + \dfrac{y^2}{b^2} + \dfrac{z^2}{c^2} = 1$ 的第一卦限部分上的哪一点做功最大? 并求出最大功.

9. 计算 $\displaystyle\int_L x\mathrm{d}x + y\mathrm{d}y + (x+y-1)\mathrm{d}z$, L 是从点 $(1,1,1)$ 到点 $(2,3,4)$ 的直线段.

10. 设有方向依纵轴的负方向, 且大小等于作用点的纵坐标的平方的力构成一个力场. 求质量为 m 的质点沿抛物线 $y^2 = 1 - x$ 从点 $(1,0)$ 移到点 $(0,1)$ 时, 场力所做的功.

11. 设质点 P 沿着以 AB 为直径的圆周, 从点 $A(3,4)$ 运动到点 $B(1,2)$ 的过程中受力 $\boldsymbol{F}$ 的作用, $\boldsymbol{F}$ 的大小等于点 P 到原点 O 之间的距离, 其方向垂直于线段 $\overline{OP}$ 且与 y 轴正向的夹角小于 $\dfrac{\pi}{2}$, 求变力 $\boldsymbol{F}$ 对质点 P 所做的功.

12. 设函数 $f(x)$ 在 $(-\infty, +\infty)$ 内具有一阶连续导数, L 是上半平面 $(y > 0)$ 内的有向分段光滑曲线, 其起点为 (a,b), 终点为 (c,d). 记

$$I = \int_L \frac{1}{y}[1 + y^2 f(xy)]\mathrm{d}x + \frac{x}{y^2}[y^2 f(xy) - 1]\mathrm{d}y,$$

(1) 证明曲线积分 I 与路径无关;

(2) 当 $ab = cd$ 时, 求 I 的值.

13. 设函数 $\varphi(y)$ 具有连续导数, 在围绕原点的任意分段光滑的简单闭曲线 L 上, 曲线积分 $\oint_L \dfrac{\varphi(y)\mathrm{d}x + 2xy\mathrm{d}y}{2x^2 + y^4}$ 的值为同一常数.

(1) 求证: 对右半平面 $x > 0$ 内的任意分段光滑简单闭曲线 C, 有 $\oint_C \dfrac{\varphi(y)\mathrm{d}x + 2xy\mathrm{d}y}{2x^2 + y^4} = 0$;

(2) 求函数 $\varphi(y)$ 的表达式.

14. 确定 $f(x), \varphi(x)$ 使曲线积分

$$\int_L \left\{ \frac{\varphi(x)}{2}y^2 + [x^2 - f(x)y] \right\} \mathrm{d}x + [f(x)y + \varphi(x)]\mathrm{d}y + z\mathrm{d}z = 0,$$

其中 L 是任意空间闭曲线, 假定函数 $f(x), \varphi(x)$ 满足 $f(0) = -1, \varphi(0) = 0$, 试计算沿曲线 L 从 $M_0(0, 1, 0)$ 到 $M_1 \left(\dfrac{1}{2}, 0, 1 \right)$ 的曲线积分:

$$\int_{M_0}^{M_1} \left\{ \frac{\varphi(x)}{2} y^2 + [x^2 - f(x)]y \right\} \mathrm{d}x + [f(x)y + \varphi(x)]\mathrm{d}y + z\mathrm{d}z.$$

15. 设 $f(u)$ 连续, $\varphi'(v)$ 连续, 且 $\iint\limits_{D}(x + y)\varphi'(x - y)\mathrm{d}x\mathrm{d}y = A, L : x^2 + y^2 = 1, D$ 为 L 所围成的圆域, 计算 $I = \oint_{L} [f(x^2 + y^2) + \varphi(x - y)](x\mathrm{d}x + y\mathrm{d}y)$.

16. 计算 $I = \oint_{L}(y^2 + z^2)\mathrm{d}x + (z^2 + x^2)\mathrm{d}y + (x^2 + y^2)\mathrm{d}z$, 其中 L 是曲线 $x^2 + y^2 + z^2 = 4x$ 与 $x^2 + y^2 = 2x$ 交线 $z \geqslant 0$ 部分, 曲线方向规定为从原点进入第一卦限.

17. 计算 $I = \oint_{\Gamma} yz\mathrm{d}x + 3zx\mathrm{d}y - xy\mathrm{d}z$, 其中 Γ 是曲线 $\begin{cases} x^2 + y^2 = 4y, \\ 3y - z + 1 = 0, \end{cases}$ 从 z 轴正向看去, Γ 是逆时针方向的.

7.3　曲面积分的计算

➤ 用公式计算第一类曲面积分

若 $\Sigma : z = z(x, y), (x, y) \in D_{xy}, z(x, y)$ 具有连续的偏导数, $f(x, y, z)$ 在 Σ 上连续, 则

$$\iint\limits_{\Sigma} f(x, y, z)\mathrm{d}S = \iint\limits_{D_{xy}} f\left[x, y, z\left(x, y\right)\right] \sqrt{1 + z_x^2 + z_y^2}\mathrm{d}x\mathrm{d}y \tag{7.8}$$

例 7.3.1　设 Σ 是椭球面 $\dfrac{x^2}{2} + \dfrac{y^2}{2} + z^2 = 1$ 的上半部分, 点 $P(x, y, z) \in \Sigma, \Pi$ 是 Σ 在 P 点的切平面, $\rho(x, y, z)$ 是 $O(0, 0, 0)$ 到平面 Π 的距离, 求 $\iint\limits_{\Sigma} \dfrac{z}{\rho(x, y, z)}\mathrm{d}S$.

解　设 (X, Y, Z) 是 Π 上的任一点, 则 Π 的方程为 $\dfrac{x}{2}X + \dfrac{y}{2}Y + zZ = 1$, 从而

$$\rho(x, y, z) = \frac{1}{\sqrt{\left(\dfrac{x}{2}\right)^2 + \left(\dfrac{y}{2}\right)^2 + z^2}} = \left(\frac{x^2}{4} + \frac{y^2}{4} + z^2\right)^{-\frac{1}{2}}$$

由于 $\Sigma: z = \sqrt{1 - \dfrac{x^2}{2} - \dfrac{y^2}{2}}$ 有, $\rho(x, y, z) = \dfrac{2}{\sqrt{4 - (x^2 + y^2)}}$, 及

$$\mathrm{d}S = \sqrt{1 + \left(\frac{\partial z}{\partial x}\right)^2 + \left(\frac{\partial z}{\partial y}\right)^2}\,\mathrm{d}x\mathrm{d}y = \frac{\sqrt{4 - x^2 - y^2}}{2\sqrt{1 - \dfrac{x^2}{2} - \dfrac{y^2}{2}}}\,\mathrm{d}x\mathrm{d}y,$$

所以 $\displaystyle\iint\limits_{\Sigma} \frac{z}{\rho(x, y, z)}\mathrm{d}S = \frac{1}{4}\iint\limits_{D_{xy}}(4 - x^2 - y^2)\mathrm{d}x\mathrm{d}y$, 其中 $D_{xy}\ x^2 + y^2 \leqslant 2$ 是 Σ 在 xOy

平面的投影.

$$\iint\limits_{\Sigma} \frac{z}{\rho(x, y, z)}\mathrm{d}S = \frac{1}{4}\int_0^{2\pi}\mathrm{d}\theta\int_0^{\sqrt{2}}(4 - r^2)r\mathrm{d}r = \frac{3}{2}\pi.$$

➤**利用曲面的参数方程计算第一类曲面积分**

若曲面 Σ 用参数方程表示, $\Sigma: x = x(u, v), y = y(u, v), z = z(u, v),\ (u, v) \in D$, 设 $x = x(u, v), y = y(u, v)$ 确定了两个隐函数: $u = u(x, y), v = v(x, y)$. 可将 z 看作 x, y 的函数, 按照复合函数求导法则有

$$\begin{cases} \dfrac{\partial z}{\partial u} = \dfrac{\partial z}{\partial x}\dfrac{\partial x}{\partial u} + \dfrac{\partial z}{\partial y}\dfrac{\partial y}{\partial u}, \\[3mm] \dfrac{\partial z}{\partial v} = \dfrac{\partial z}{\partial x}\dfrac{\partial x}{\partial v} + \dfrac{\partial z}{\partial y}\dfrac{\partial y}{\partial v}. \end{cases}$$

由这两个方程可解出 $\dfrac{\partial z}{\partial x}, \dfrac{\partial z}{\partial y}$ 得

$$\frac{\partial z}{\partial x} = -\frac{D(y, z)}{D(u, v)}\bigg/\frac{D(x, y)}{D(u, v)}, \quad \frac{\partial z}{\partial y} = -\frac{D(z, x)}{D(u, v)}\bigg/\frac{D(x, y)}{D(u, v)}.$$

曲面面积元素为

$$\mathrm{d}S = \sqrt{1 + \left(\frac{\partial z}{\partial x}\right)^2 + \left(\frac{\partial z}{\partial y}\right)^2}\,\mathrm{d}x\mathrm{d}y$$

$$= \sqrt{\left(\frac{D(x, y)}{D(u, v)}\right)^2 + \left(\frac{D(y, z)}{D(u, v)}\right)^2 + \left(\frac{D(z, x)}{D(u, v)}\right)^2}\,\mathrm{d}u\mathrm{d}v \tag{7.9}$$

在式 (7.9) 中用到了 $\mathrm{d}x\mathrm{d}y = \left| \dfrac{D(x,y)}{D(u,v)} \right| \mathrm{d}u\mathrm{d}v$ (参看二重积分的变量代换). 再由式 (7.8) 可得.

定理 7.3.1　设 $f(x,y,z)$ 在 Σ 上连续, 曲面 Σ 由参数方程

$$x = x(u,v), \quad y = y(u,v), \quad z = z(u,v), \quad (u,v) \in D,$$

表示, D 是 uOv 平面上可求面积的有界闭区域, 函数 $x(u,v), y(u,v), z(u,v)$ 在 D 上有连续的一阶偏导数, 并建立了 D 与 Σ 上的点的一一对应, $\dfrac{\partial(y,z)}{\partial(u,v)}, \dfrac{\partial(z,x)}{\partial(u,v)},$ $\dfrac{\partial(x,y)}{\partial(u,v)}$ 在 D 上不同时为零, 则

$$\iint\limits_{\Sigma} f(x,y,z)\mathrm{d}S = \iint\limits_{D} f[x(u,v),y(u,v),z(u,v)]\rho(u,v)\mathrm{d}u\mathrm{d}v, \tag{7.10}$$

其中

$$\rho(u,v) = \sqrt{\left(\frac{\partial(y,z)}{\partial(u,v)}\right)^2 + \left(\frac{\partial(z,x)}{\partial(u,v)}\right)^2 + \left(\frac{\partial(x,y)}{\partial(u,v)}\right)^2}, \tag{7.11}$$

经过简单计算可得 $\rho(u,v) = \sqrt{EG - F^2}$, 这里

$$E = x_u^2 + y_u^2 + z_u^2, \quad F = x_u x_v + y_u y_v + z_u z_v, \quad G = x_v^2 + y_v^2 + z_v^2.$$

式 (7.10) 也可写成

$$\iint\limits_{\Sigma} f(x,y,z)\mathrm{d}S = \iint\limits_{D} f[x(u,v),y(u,v),z(u,v)]\sqrt{EG - F^2}\mathrm{d}u\mathrm{d}v. \tag{7.12}$$

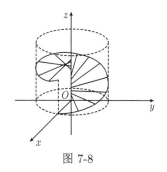

图 7-8

注 7.3.1　向量 $\left\{ \dfrac{\partial(y,z)}{\partial(u,v)}, \dfrac{\partial(z,x)}{\partial(u,v)}, \dfrac{\partial(x,y)}{\partial(u,v)} \right\}$ 是曲面 Σ 在点 (x,y,z) 处的法向量.

例 7.3.2　计算 $I = \iint\limits_{\Sigma} z\mathrm{d}S$, 其中 Σ 为螺旋面的一部分:

$$x = u\cos v, \quad y = u\sin v,$$
$$z = v \ (0 \leqslant u \leqslant a, 0 \leqslant v \leqslant 2\pi).$$

解　螺旋面 Σ 如图 7-8 所示. 先算面积元素 $\mathrm{d}S = \sqrt{EG - F^2}\mathrm{d}u\mathrm{d}v$. 因为

$$E = x_u^2 + y_u^2 + z_u^2 = \cos^2 v + \sin^2 v = 1,$$

$$G = x_v^2 + y_v^2 + z_v^2 = u^2 \sin^2 v + u^2 \cos^2 v + 1 = 1 + u^2,$$

$$F = x_u x_v + y_u y_v + z_u z_v$$

$$= \cos v \cdot (-u \sin v) + \sin v \cdot (u \cos v) + 0 \cdot 1 = 0.$$

所以

$$\mathrm{d}S = \sqrt{EG - F^2} \mathrm{d}u \mathrm{d}v = \sqrt{1 + u^2} \mathrm{d}u \mathrm{d}v,$$

$$I = \iint\limits_{\Sigma} z \mathrm{d}S = \iint\limits_{D} v \sqrt{1 + u^2} \mathrm{d}u \mathrm{d}v$$

$$= \int_0^{2\pi} v \mathrm{d}v \int_0^a \sqrt{1 + u^2} \mathrm{d}u$$

$$= 2\pi^2 \left[\frac{u}{2} \sqrt{1 + u^2} + \frac{1}{2} \ln \left(u + \sqrt{1 + u^2} \right) \right]_0^a$$

$$= \pi^2 a \sqrt{1 + a^2} + \pi^2 \ln(a + \sqrt{1 + a^2}).$$

注 7.3.2　若参变量 u, v 取为 x, y, 则曲面 Σ 的参数方程为

$$x = x, \quad y = y, \quad z = z(x, y), \quad (x, y) \in D.$$

可见式 (7.8) 是式 (7.10) 的特殊情况.

特别, 当 $f(x, y, z) = 1$ 时, 曲面 Σ 的面积为

$$S = \iint\limits_{\Sigma} \mathrm{d}S = \iint\limits_{D} \sqrt{\left(\frac{\partial (y, z)}{\partial (u, v)} \right)^2 + \left(\frac{\partial (z, x)}{\partial (u, v)} \right)^2 + \left(\frac{\partial (x, y)}{\partial (u, v)} \right)^2} \mathrm{d}u \mathrm{d}v, \qquad (7.13)$$

$$S = \iint\limits_{\Sigma} \mathrm{d}S = \iint\limits_{D} \sqrt{EG - F^2} \mathrm{d}u \mathrm{d}v. \qquad (7.14)$$

几种特殊情况:

(1) 若 Σ 是球面

$$x = R \sin \varphi \cos \theta, \quad y = R \sin \varphi \sin \theta, \quad z = R \cos \varphi, \quad (\varphi, \theta) \in D,$$

其中 θ, φ 是参数, R 是球面的半径, D 为 $\{(\varphi, \theta) | 0 \leqslant \varphi \leqslant \pi, 0 \leqslant \theta \leqslant 2\pi\}$, 则

$$\mathrm{d}S = \rho (\varphi, \theta) \mathrm{d}\varphi \mathrm{d}\theta = R^2 \sin \varphi \mathrm{d}\varphi \mathrm{d}\theta.$$

(2) 若 Σ 是圆柱面

$$x = R\cos\theta, \quad y = R\sin\theta, \quad z = z, \quad (z, \theta) \in D,$$

其中 θ, z 是参数, h 为圆柱的高, D 为 $\{(z, \theta) \,|\, 0 \leqslant z \leqslant h, 0 \leqslant \theta \leqslant 2\pi\}$, 则

$$\mathrm{d}S = \rho(\theta, z)\,\mathrm{d}\theta\mathrm{d}z = R\mathrm{d}\theta\mathrm{d}z.$$

(3) 若 Σ 是圆锥面

$$x = r\sin\alpha\cos\theta, \quad y = r\sin\alpha\sin\theta, \quad z = r\cos\alpha, \quad (r, \theta) \in D,$$

其中 θ, r 是参数, α 是圆锥的半顶角, h 为圆锥的高, D 为 $\Big\{(r, \theta) \,|\, 0 \leqslant \theta \leqslant 2\pi, 0 \leqslant r \leqslant \dfrac{h}{\cos\alpha}\Big\}$, 则 $\mathrm{d}S = \rho(r, \theta)\,\mathrm{d}r\mathrm{d}\theta = r\sin\alpha\mathrm{d}r\mathrm{d}\theta$.

例 7.3.3　设一块曲面 Σ 是球面 $z = \sqrt{a^2 - x^2 - y^2}$ 在圆锥面 $z = \sqrt{x^2 + y^2}$ 里面的部分, 其面密度为 $\mu(x, y, z) = z^3$, 求该曲面的质量 M.

解　$\Sigma : x = a\sin\varphi\cos\theta, y = a\sin\varphi\sin\theta, z = a\cos\varphi, 0 \leqslant \varphi \leqslant \dfrac{\pi}{4}, 0 \leqslant \theta \leqslant 2\pi$.

$$M = \iint\limits_{\Sigma} \mu(x, y, z)\mathrm{d}S = \iint\limits_{\Sigma} z^3\mathrm{d}S = \iint\limits_{D} (a\cos\varphi)^3 \cdot a^2\sin\varphi\mathrm{d}\varphi\mathrm{d}\theta$$

$$= a^5 \int_0^{2\pi} \mathrm{d}\theta \int_0^{\frac{\pi}{4}} \sin\varphi\cos^3\varphi\mathrm{d}\varphi = a^5 \cdot 2\pi \left(-\frac{\cos^4\varphi}{4}\right)\Bigg|_0^{\frac{\pi}{4}} = \frac{3}{8}\pi a^5.$$

例 7.3.4　设带电圆锥面 $z = \sqrt{x^2 + y^2}$, 高为 h, 在 (x, y, z) 点的电荷密度 $\mu(x, y, z)$ 为锥面上任一点到原点的距离, 求总电量 Q.

解　$\Sigma : x = r\sin\dfrac{\pi}{4}\cos\theta, y = r\sin\dfrac{\pi}{4}\sin\theta, z = r\cos\dfrac{\pi}{4}, 0 \leqslant r \leqslant \sqrt{2}h, 0 \leqslant \theta \leqslant 2\pi$, 而 $\mathrm{d}S = r\sin\dfrac{\pi}{4}\mathrm{d}r\mathrm{d}\theta = \dfrac{\sqrt{2}}{2}r\mathrm{d}r\mathrm{d}\theta$, 则

$$Q = \iint\limits_{\Sigma} \mu(x, y, z)\mathrm{d}S = \iint\limits_{\Sigma} \sqrt{x^2 + y^2 + z^2}\mathrm{d}S$$

$$= \frac{\sqrt{2}}{2} \iint\limits_{D} r \cdot r\mathrm{d}r\mathrm{d}\theta = \frac{\sqrt{2}}{2} \int_0^{2\pi} \mathrm{d}\theta \int_0^{\sqrt{2}h} r^2\mathrm{d}r = \frac{4\pi h^3}{3}.$$

➤第一类曲面积分的对称性质

命题 7.3.1　设 G 是空间有界闭区域, $\Sigma \subset G$ 是关于 xOy 平面对称的分片光滑曲面, 函数 $f(x,y,z)$ 在 Σ 上连续.

(1) 若 $f(x,y,z)$ 关于变量 z 为奇函数, 即 $f(x,y,-z) = -f(x,y,z)$, 则

$$\iint\limits_{\Sigma} f(x,y,z)\mathrm{d}S = 0.$$

(2) 若 $f(x,y,z)$ 关于变量 z 为偶函数, 即 $(f(x,y,-z) = f(x,y,z))$, 则

$$\iint\limits_{\Sigma} f(x,y,z)\mathrm{d}S = 2\iint\limits_{\Sigma_1} f(x,y,z)\mathrm{d}S,$$

其中 Σ_1 表示 Σ 的 $z \geqslant 0$ 部分.

命题 7.3.2　如果积分变量 x,y,z 在曲面方程中具有轮换对称性 (即三个变量轮换位置, 曲面方程不变) 则有 $\iint\limits_{\Sigma} f(x,y,z)\mathrm{d}S = \iint\limits_{\Sigma} f(y,z,x)\mathrm{d}S = \iint\limits_{\Sigma} f(z,x,y)\mathrm{d}S.$

例 7.3.5　计算曲面积分 $I = \oiint\limits_{\Sigma} [(x+y)^2 + z^2 + 2yz]\,\mathrm{d}S$, 其中 Σ 是球面 $x^2 + y^2 + z^2 = 2x + 2z$.

解　$I = \oiint\limits_{\Sigma} [(x^2+y^2+z^2)+2xy+2yz]\,\mathrm{d}S = \oiint\limits_{\Sigma} (2x+2z)\mathrm{d}S + 2\oiint\limits_{\Sigma} (x+z)y\,\mathrm{d}S$

用重心公式及对称性有

$$I = 2(\bar{x}+\bar{z})\oiint\limits_{\Sigma}\mathrm{d}S + 0 = 32\pi \quad \Sigma : (x-1)^2 + y^2 + (z-1)^2 = (\sqrt{2})^2.$$

➤用公式计算第二类曲面积分

若有向光滑曲面 $\Sigma : z = z(x,y), (x,y) \in D_{xy}$, $R(x,y,z)$ 在 Σ 上连续, 则有

$$\iint\limits_{\Sigma} R(x,y,z)\mathrm{d}x\mathrm{d}y = \pm \iint\limits_{D_{xy}} R[x,y,z(x,y)]\mathrm{d}x\mathrm{d}y. \tag{7.15}$$

当 Σ 取上 (下) 侧时, 右边积分取正 (负) 号. 对坐标 y,z 及对坐标 z,x 的曲面积分也有类似结果.

例 7.3.6　计算 $I = \oiint\limits_{\Sigma} \dfrac{\mathrm{e}^z}{\sqrt{x^2 + y^2}}\mathrm{d}x\mathrm{d}y$, 其中 Σ 为锥面 $z = \sqrt{x^2 + y^2}$ 与平面 $z = 1, z = 2$ 所围立体的边界曲面, 取外侧.

解　记 Σ_1 为锥面部分, Σ_2, Σ_3 分别为平面 $z = 1, z = 2$ 部分, 如图 7-9 所示, 在 xOy 平面的投影分别为 D_1, D_2, D_3, 则 Σ_1, Σ_2 取下侧, Σ_3 取上侧. 于是

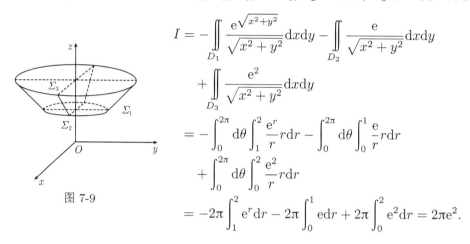

图 7-9

$$
\begin{aligned}
I &= -\iint\limits_{D_1} \frac{\mathrm{e}^{\sqrt{x^2+y^2}}}{\sqrt{x^2+y^2}}\mathrm{d}x\mathrm{d}y - \iint\limits_{D_2} \frac{\mathrm{e}}{\sqrt{x^2+y^2}}\mathrm{d}x\mathrm{d}y \\
&\quad + \iint\limits_{D_3} \frac{\mathrm{e}^2}{\sqrt{x^2+y^2}}\mathrm{d}x\mathrm{d}y \\
&= -\int_0^{2\pi}\mathrm{d}\theta\int_1^2 \frac{\mathrm{e}^r}{r}r\mathrm{d}r - \int_0^{2\pi}\mathrm{d}\theta\int_0^1 \frac{\mathrm{e}}{r}r\mathrm{d}r \\
&\quad + \int_0^{2\pi}\mathrm{d}\theta\int_0^2 \frac{\mathrm{e}^2}{r}r\mathrm{d}r \\
&= -2\pi\int_1^2 \mathrm{e}^r\mathrm{d}r - 2\pi\int_0^1 \mathrm{e}\,\mathrm{d}r + 2\pi\int_0^2 \mathrm{e}^2\mathrm{d}r = 2\pi\mathrm{e}^2.
\end{aligned}
$$

➤**利用综合计算公式计算第二类曲面积分**

在高等数学中, 公式

$$
\iint\limits_{\Sigma} P\mathrm{d}y\mathrm{d}z + Q\mathrm{d}z\mathrm{d}x + R\mathrm{d}x\mathrm{d}y = \iint\limits_{\Sigma}(P\cos\alpha + Q\cos\beta + R\cos\gamma)\mathrm{d}S \qquad (7.16)
$$

建立了两类曲面积分之间的联系, 其中 $\cos\alpha$, $\cos\beta$, $\cos\gamma$ 是有向曲面 Σ 上点 (x, y, z) 处的法向量的方向余弦.

作为应用, 我们由公式 (7.16) 推出对坐标的曲面积分的综合计算公式, 写成

定理 7.3.2　设积分曲面 Σ 的方程为 $z = z(x, y), (x, y) \in D_{xy}$, 其中 D_{xy} 是 Σ 在 xOy 面上的投影区域, 被积函数 $P(x, y, z), Q(x, y, z), R(x, y, z)$ 在 Σ 上连续, 函数 $z = z(x, y)$ 在 D_{xy} 上具有一阶连续偏导数, 则

$$
\begin{aligned}
&\iint\limits_{\Sigma} P(x, y, z)\mathrm{d}y\mathrm{d}z + Q(x, y, z)\mathrm{d}z\mathrm{d}x + R(x, y, z)\mathrm{d}x\mathrm{d}y \\
&= \pm\iint\limits_{D_{xy}} \{P[x, y, z(x, y)](-z_x) + Q[x, y, z(x, y)](-z_y) + R[x, y, z(x, y)]\}\mathrm{d}x\mathrm{d}y.
\end{aligned}
$$

$$(7.17)$$

其中当 Σ 取上侧时, 式 (7.17) 右端取正号; 当 Σ 取下侧时, 右端取负号.

证　设 $\Sigma: z = z(x, y)\ (x, y) \in D_{xy}, \Sigma$ 取上侧, 在点 $M(x, y, z)$ 的法向量为

$\boldsymbol{n} = \{-z_x, -z_y, 1\}$, 其方向余弦为

$$\cos\alpha = \frac{-z_x}{\sqrt{1+z_x^2+z_y^2}}, \quad \cos\beta = \frac{-z_y}{\sqrt{1+z_x^2+z_y^2}}, \quad \cos\gamma = \frac{1}{\sqrt{1+z_x^2+z_y^2}}.$$

面积元素 $\mathrm{d}S = \sqrt{1+z_x^2+z_y^2}\mathrm{d}x\mathrm{d}y$, 代入式 (7.16), 可得

$$\iint\limits_{\Sigma} P(x,y,z)\mathrm{d}y\mathrm{d}z + Q(x,y,z)\mathrm{d}z\mathrm{d}x + R(x,y,z)\mathrm{d}x\mathrm{d}y$$
$$= \iint\limits_{\Sigma} [P(x,y,z)\cos\alpha + Q(x,y,z)\cos\beta + R(x,y,z)\cos\gamma]\mathrm{d}S$$
$$= \iint\limits_{D_{xy}} \{P[x,y,z(x,y)](-z_x) + Q[x,y,z(x,y)](-z_y) + R[x,y,z(x,y)]\}\mathrm{d}x\mathrm{d}y.$$

若 Σ 取下侧, 在点 $M(x,y,z)$ 的法向量为 $\boldsymbol{n} = \{z_x, z_y, -1\}$, 其方向余弦为

$$\cos\alpha = \frac{z_x}{\sqrt{1+z_x^2+z_y^2}}, \quad \cos\beta = \frac{z_y}{\sqrt{1+z_x^2+z_y^2}}, \quad \cos\gamma = \frac{-1}{\sqrt{1+z_x^2+z_y^2}}.$$

可得

$$\iint\limits_{\Sigma} P(x,y,z)\mathrm{d}y\mathrm{d}z + Q(x,y,z)\mathrm{d}z\mathrm{d}x + R(x,y,z)\mathrm{d}x\mathrm{d}y$$
$$= -\iint\limits_{D_{xy}} \{P[x,y,z(x,y)](-z_x) + Q[x,y,z(x,y)](-z_y) + R[x,y,z(x,y)]\}\mathrm{d}x\mathrm{d}y,$$

即式 (7.17) 成立. 定理证毕.

例 7.3.7 计算曲面积分 $I = \iint\limits_{\Sigma}(z^2+x)\mathrm{d}y\mathrm{d}z - z\mathrm{d}x\mathrm{d}y$, 其中 Σ 是旋转抛物面 $z = \frac{1}{2}(x^2+y^2)$ 介于平面 $z = 0$ 及 $z = 2$ 之间的部分的下侧.

解 积分曲面 Σ 的方程为 $z = \frac{1}{2}(x^2+y^2)$, 则 $z_x = x$, $z_y = y$; Σ 在 xOy 平面的投影域为 $D_{xy} = \{(x,y)\mid x^2+y^2 \leqslant 4\}$(图 7-10); 而 $P = z^2+x, Q = 0, R = -z$. 并注意到 Σ 取下侧, 应用公式 (7.17) 可得

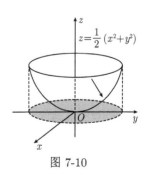

图 7-10

$$I = -\iint\limits_{D_{xy}} \left\{ \left[\frac{1}{4}(x^2+y^2)^2 + x \right](-x) - \frac{1}{2}(x^2+y^2) \right\} \mathrm{d}x\mathrm{d}y$$

$$= -\iint\limits_{D_{xy}} \frac{1}{4}(x^2+y^2)^2(-x)\mathrm{d}x\mathrm{d}y + \iint\limits_{D_{xy}} \left[x^2 + \frac{1}{2}(x^2+y^2) \right] \mathrm{d}x\mathrm{d}y.$$

根据二重积分的对称性质知, 上式右端第一个积分值等于零. 故

$$I = \iint\limits_{D_{xy}} \left[x^2 + \frac{1}{2}(x^2+y^2) \right] \mathrm{d}x\mathrm{d}y = \int_0^{2\pi} \mathrm{d}\theta \int_0^2 \left(r^2\cos^2\theta + \frac{1}{2}r^2 \right) r\mathrm{d}r = 8\pi.$$

▷利用两类曲面积分之间的关系计算第二类曲面积分

有的第二类曲面积分, 直接计算比较麻烦, 甚至不可能, 而应用两类曲面积分之间的关系 (式(7.16)) 把它化为第一类曲面积分, 则计算十分简单.

例 7.3.8　计算曲面积分

$$I = \iint\limits_{\Sigma} [f(x,y,z)+x]\mathrm{d}y\mathrm{d}z + [2f(x,y,z)+y]\mathrm{d}z\mathrm{d}x + [f(x,y,z)+z]\mathrm{d}x\mathrm{d}y,$$

其中 $f(x,y,z)$ 为连续函数, Σ 是平面 $x-y+z=1$ 在第四卦限部分的上侧.

解　设 Σ 的法向量为 $\boldsymbol{n} = \{\cos\alpha, \cos\beta, \cos\gamma\}$, 则

$$\cos\alpha = \frac{1}{\sqrt{3}}, \quad \cos\beta = -\frac{1}{\sqrt{3}}, \quad \cos\gamma = \frac{1}{\sqrt{3}},$$

于是

$$I = \iint\limits_{\Sigma} \{[f(x,y,z)+x]\cos\alpha + [2f(x,y,z)+y]\cos\beta + [f(x,y,z)+z]\cos\gamma\}\mathrm{d}S,$$

$$= \iint\limits_{\Sigma} f(x,y,z)(\cos\alpha + 2\cos\beta + \cos\gamma)\mathrm{d}S + \iint\limits_{\Sigma} (x\cos\alpha + y\cos\beta + z\cos\gamma)\mathrm{d}S$$

$$= \iint\limits_{\Sigma} f(x,y,z)\cdot 0\mathrm{d}S + \iint\limits_{\Sigma} \frac{1}{\sqrt{3}}[x-y+(1-x+y)]\sqrt{3}\mathrm{d}x\mathrm{d}y = \iint\limits_{D_{xy}} \mathrm{d}x\mathrm{d}y = \frac{1}{2}.$$

▷应用高斯公式计算第二类曲面积分

设空间区域 Ω 由分片光滑的有向曲面 Σ 所围成, P, Q, R 在 Ω 上连续, 且具有一阶连续偏导数, 则有

$$\iiint\limits_{\Omega} \left(\frac{\partial P}{\partial x} + \frac{\partial Q}{\partial y} + \frac{\partial R}{\partial z} \right) \mathrm{d}x\mathrm{d}y\mathrm{d}z = \oiint\limits_{\Sigma} P\mathrm{d}y\mathrm{d}z + Q\mathrm{d}z\mathrm{d}x + R\mathrm{d}x\mathrm{d}y,$$

其中 Σ 取外侧.

在应用高斯公式解题时, 首先要验证问题是否满足定理的条件; 其次要考虑一些具体问题. 例如, 能否利用轮换对称性, 区域对称性, 函数奇偶性, 能否利用拼凑拆项来简化计算等.

例 7.3.9   计算 $I = \oiint\limits_{\Sigma} \dfrac{x\mathrm{d}y\mathrm{d}z + y\mathrm{d}z\mathrm{d}x + z\mathrm{d}x\mathrm{d}y}{(x^2 + y^2 + z^2)^{\frac{3}{2}}}$, 设

(1) Σ 为 $x^2 + y^2 + z^2 = \varepsilon^2$, 取外侧;

(2) Σ 为不包含原点且不过原点的闭曲面的外侧;

(3) Σ 为包含原点的闭曲面的外侧.

解   (1) 因为 $x^2 + y^2 + z^2 = \varepsilon^2$, 应用高斯公式有

$$I = \frac{1}{\varepsilon^3} \oiint\limits_{\Sigma} x\mathrm{d}y\mathrm{d}z + y\mathrm{d}z\mathrm{d}x + z\mathrm{d}x\mathrm{d}y = \frac{1}{\varepsilon^3} \iiint\limits_{\Omega} 3\mathrm{d}x\mathrm{d}y\mathrm{d}z = \frac{1}{\varepsilon^3} \cdot 3 \cdot \frac{4}{3}\pi\varepsilon^3 = 4\pi.$$

(2) 若 Σ 不包含原点且不过原点, 而

$$\frac{\partial P}{\partial x} = \frac{1}{r^3} - \frac{3x^2}{r^5}, \quad \frac{\partial Q}{\partial y} = \frac{1}{r^3} - \frac{3y^2}{r^5}, \quad \frac{\partial R}{\partial z} = \frac{1}{r^3} - \frac{3z^2}{r^5},$$

其中 $r = \sqrt{x^2 + y^2 + z^2}$, 即 $\dfrac{\partial P}{\partial x} + \dfrac{\partial Q}{\partial y} + \dfrac{\partial R}{\partial z} = 0$, 于是

$$I = \iiint\limits_{\Omega} \left(\frac{\partial P}{\partial x} + \frac{\partial Q}{\partial y} + \frac{\partial R}{\partial z} \right) \mathrm{d}x\mathrm{d}y\mathrm{d}z = \iiint\limits_{\Omega} 0 \cdot \mathrm{d}x\mathrm{d}y\mathrm{d}z = 0.$$

(3) 若 Σ 包含原点, 作半径充分小的球面 $\Sigma_1 : x^2 + y^2 + z^2 = \varepsilon^2$, 取内侧, 使该球面位于 Σ 之内, 则在 Σ 与 Σ_1 之间的区域 Ω_1 上由 (2) 的结果, 有

$$\iiint\limits_{\Omega_1} \left(\frac{\partial P}{\partial x} + \frac{\partial Q}{\partial y} + \frac{\partial R}{\partial z} \right) \mathrm{d}x\mathrm{d}y\mathrm{d}z = 0.$$

根据 (1) 的结果, 并注意 Σ_1 取内侧, 则有

$$\oiint\limits_{\Sigma_1} \frac{x\mathrm{d}y\mathrm{d}z + y\mathrm{d}z\mathrm{d}x + z\mathrm{d}x\mathrm{d}y}{(x^2 + y^2 + z^2)^{\frac{3}{2}}} = -4\pi,$$

从而

$$I = \oiint\limits_{\Sigma} \frac{x\mathrm{d}y\mathrm{d}z + y\mathrm{d}z\mathrm{d}x + z\mathrm{d}x\mathrm{d}y}{(x^2 + y^2 + z^2)^{\frac{3}{2}}}$$

$$= -\oiint\limits_{\Sigma_1} \frac{x\mathrm{d}y\mathrm{d}z + y\mathrm{d}z\mathrm{d}x + z\mathrm{d}x\mathrm{d}y}{(x^2 + y^2 + z^2)^{\frac{3}{2}}} = -(-4\pi) = 4\pi.$$

例 7.3.10　计算 $I = \oiint\limits_{\Sigma}(x - y - z)\mathrm{d}y\mathrm{d}z + [2y + \sin(z + x)]\mathrm{d}z\mathrm{d}x + (3z +$

$\mathrm{e}^{x+y})\mathrm{d}x\mathrm{d}y$, 其中 Σ 为曲面 $|x - y + z| + |y - z + x| + |z - x + y| = 1$ 的外侧.

解　因为 $\dfrac{\partial P}{\partial x} + \dfrac{\partial Q}{\partial y} + \dfrac{\partial R}{\partial z} = 1 + 2 + 3 = 6$, 所以 $I = 6\iiint\limits_{\Omega}\mathrm{d}x\mathrm{d}y\mathrm{d}z = 6 \cdot V$,

Ω 是由 Σ 所围的区域, V 是 Ω 的体积. 对 Ω 作旋转变换: $u = x - y + z, v = y - z + x, w = z - x + y$, Σ 变成 $|u| + |v| + |w| = 1$. Ω 是对称八面体, 其第一卦限部分由 $u + v + w = 1$ 及 $u = 0, v = 0, w = 0$ 所围成, 而

$$J = \frac{\partial(x, y, z)}{\partial(u, v, w)} = 1 \Big/ \frac{\partial(u, v, w)}{\partial(x, y, z)} = \frac{1}{4},$$

故有

$$I = 6\iiint\limits_{|u|+|v|+|w|=1} \frac{1}{4}\mathrm{d}u\mathrm{d}v\mathrm{d}w = 6 \cdot \frac{1}{4} \cdot 8 \cdot \frac{1}{6} = 2.$$

➤**曲面用参数方程表示时第二类曲面积分的计算**

若光滑曲面 Σ 由参数方程 $x = x(u, v)$, $y = y(u, v)$, $z = z(u, v)$, $(u, v) \in D$ 给出, 且在 D 上函数行列式 $A = \dfrac{\partial(y, z)}{\partial(u, v)}, B = \dfrac{\partial(z, x)}{\partial(u, v)}, C = \dfrac{\partial(x, y)}{\partial(u, v)}$ 不同时为零, 则有

$$\iint\limits_{\Sigma} P\mathrm{d}y\mathrm{d}z = \pm\iint\limits_{D} P[x(u, v), y(u, v), z(u, v)]A\mathrm{d}u\mathrm{d}v, \tag{7.18}$$

$$\iint\limits_{\Sigma} Q\mathrm{d}z\mathrm{d}x = \pm\iint\limits_{D} Q[x(u, v), y(u, v), z(u, v)]B\mathrm{d}u\mathrm{d}v, \tag{7.19}$$

$$\iint\limits_{\Sigma} R\mathrm{d}x\mathrm{d}y = \pm\iint\limits_{D} R[x(u, v), y(u, v), z(u, v)]C\mathrm{d}u\mathrm{d}v, \tag{7.20}$$

当向量 $\{A, B, C\}$ 与曲面 Σ 选定的侧一致时, 二重积分前取正号, 否则取负号.

证　仅证式 (7.20), 类似地可证式 (7.18), (7.19). 由两类曲面积分之间的关系有

$$\iint\limits_{\Sigma} P\mathrm{d}y\mathrm{d}z = \iint\limits_{\Sigma} R\cos\gamma\mathrm{d}S. \tag{7.21}$$

容易算出

$$\cos\gamma = \pm\frac{C}{\sqrt{A^2+B^2+C^2}}, \tag{7.22}$$

并注意到 $\mathrm{d}S = \sqrt{A^2+B^2+C^2}\mathrm{d}u\mathrm{d}v$, 结合式 (7.22), 便得式 (7.20).

例 7.3.11 计算 $I = \iint\limits_{\Sigma} x^3\mathrm{d}y\mathrm{d}z$, 其中 Σ 为椭球面 $\dfrac{x^2}{a^2} + \dfrac{y^2}{b^2} + \dfrac{z^2}{c^2} = 1$ 的上半部分的上侧.

解 将椭球面 $\dfrac{x^2}{a^2} + \dfrac{y^2}{b^2} + \dfrac{z^2}{c^2} = 1$ 表示成参数形式

$$x = a\sin\varphi\cos\theta, \quad y = b\sin\varphi\sin\theta, \quad z = c\cos\varphi, \quad 0 \leqslant \varphi \leqslant \frac{\pi}{2}, 0 \leqslant \theta \leqslant 2\pi.$$

根据式 (7.18), 有

$$I = \pm\iint\limits_{D} a^3\sin^3\varphi\cos^3\theta \cdot A\mathrm{d}\varphi\mathrm{d}\theta,$$

其中 D 是 $\varphi O\theta$ 平面上的区域 $0 \leqslant \varphi \leqslant \dfrac{\pi}{2}, 0 \leqslant \theta \leqslant 2\pi$, 容易算出 $A = bc\sin^2\varphi\cos\theta$, $C = ab\cos\varphi\sin\varphi > 0$, 所以 $\{A, B, C\}$ 方向向上, 故二重积分前取正号, 即

$$I = \iint\limits_{D} a^3bc\sin^5\varphi\cos^4\theta\mathrm{d}\varphi\mathrm{d}\theta = a^3bc\int_0^{\frac{\pi}{2}} \sin^5\varphi\mathrm{d}\varphi\int_0^{2\pi} \cos^4\theta\mathrm{d}\theta = \frac{2}{5}\pi a^3bc.$$

➤ **第二类曲面积分的对称性质**

命题 7.3.3 如果积分变量 x, y, z 在曲面方程中具有轮换对称性 (即三个变量轮换位置, 曲面方程不变) 则有

$$\iint\limits_{\Sigma} f(x,y,z)\mathrm{d}y\mathrm{d}z = \iint\limits_{\Sigma} f(y,z,x)\mathrm{d}z\mathrm{d}x = \iint\limits_{\Sigma} f(z,x,y)\mathrm{d}x\mathrm{d}y.$$

例 7.3.12 计算 $I = \iint\limits_{\Sigma} \dfrac{2\mathrm{d}y\mathrm{d}z}{x\cos^2 x} + \dfrac{\mathrm{d}z\mathrm{d}x}{\cos^2 y} - \dfrac{\mathrm{d}x\mathrm{d}y}{z\cos^2 z}$, 其中 Σ 是球面 $x^2 + y^2 + z^2 = 1$ 的外侧.

解 利用轮换对称性, 有 $\iint\limits_{\Sigma} \dfrac{2\mathrm{d}y\mathrm{d}z}{x\cos^2 x} = \iint\limits_{\Sigma} \dfrac{2\mathrm{d}x\mathrm{d}y}{z\cos^2 z}$. 又 $\iint\limits_{\Sigma} \dfrac{\mathrm{d}z\mathrm{d}x}{\cos^2 y} = 0$, 所以

$$I = \iint\limits_{\Sigma} \frac{\mathrm{d}x\mathrm{d}y}{z\cos^2 z} = 2\oiint\limits_{x^2+y^2\leqslant 1} \frac{\mathrm{d}x\mathrm{d}y}{\sqrt{1-x^2-y^2}\cos^2\sqrt{1-x^2-y^2}}$$

$$= 2\int_0^{2\pi} \mathrm{d}\theta \int_0^1 \frac{r\mathrm{d}r}{\sqrt{1-r^2}\cos^2\sqrt{1-r^2}} = -4\pi \int_0^1 \frac{\mathrm{d}\sqrt{1-r^2}}{\cos^2\sqrt{1-r^2}} = 4\pi\tan1.$$

 **习　题　7.3**

1. 计算下列对面积的曲面积分:

(1) $I = \iint\limits_{\Sigma} \left(2x + \frac{4}{3}y + z\right)\mathrm{d}S$, 其中 Σ 是平面 $\frac{x}{2} + \frac{y}{3} + \frac{z}{4} = 1$ 在第一卦限部分.

(2) $I = \iint\limits_{\Sigma} (x^2 + y^2 + z)\mathrm{d}S$, 其中 Σ 是锥面 $z = \sqrt{x^2 + y^2}$ 介于 $z = 0$ 及 $z = 1$ 之间的部分.

(3) $I = \iint\limits_{\Sigma} (x + y + z)\mathrm{d}S$, 其中 Σ: $z = \sqrt{a^2 - x^2 - y^2}$.

2. 求 $I = \iint\limits_{\Sigma} |xyz|\,\mathrm{d}S$, 其中 Σ 为曲面 $z = x^2 + y^2$ 被平面 $z = 1$ 所割下的部分.

3. 设 Σ 是球面 $x^2 + y^2 + z^2 - 2ax - 2ay - 2az + a^2 = 0\ (a > 0)$, 证明:

$$I = \oiint\limits_{\Sigma} (x + y + z - \sqrt{3}a)\,\mathrm{d}S \leqslant 12\pi a^3.$$

4. 计算 $\iint\limits_{\Sigma} x\mathrm{d}S$, 其中 Σ 为圆柱面 $x^2 + y^2 = 1$ 被平面 $z = x + 2$ 及 $z = 0$ 所截部分.

5. 计算下列对坐标的曲面积分:

(1) $I = \iint\limits_{\Sigma} xyz\mathrm{d}x\mathrm{d}y$, 其中 Σ 是球面 $x^2 + y^2 + z^2 = 1\ (x \geqslant 0, y \geqslant 0)$ 的外侧.

(2) $I = \iint\limits_{\Sigma} xz^2\mathrm{d}x\mathrm{d}y$, 其中 Σ 是上半球面 $z = \sqrt{R^2 - y^2 - y^2}\ (x > 0, y > 0)$ 部分取上侧.

6. 设 Σ 是曲面 $1 - \frac{z}{5} = \frac{(x-2)^2}{16} + \frac{(y-1)^2}{9}\ (z \geqslant 0)$, 取上侧, 计算

$$I = \iint\limits_{\Sigma} \frac{x\mathrm{d}y\mathrm{d}z + y\mathrm{d}z\mathrm{d}x + z\mathrm{d}x\mathrm{d}y}{(x^2 + y^2 + z^2)^{\frac{3}{2}}}.$$

7. 计算曲面积分 $I = \iint\limits_{\Sigma} 2x^3\mathrm{d}y\mathrm{d}z + 2y^3\mathrm{d}z\mathrm{d}x + 3(z^2 - 1)\mathrm{d}x\mathrm{d}y$, 其中 Σ 是曲面 $z = 1 - x^2 - y^2\ (z \geqslant 0)$ 的上侧.

8. 设点 $M(\xi, \eta, \varsigma)$ 是椭球面 $\dfrac{x^2}{a^2} + \dfrac{y^2}{b^2} + \dfrac{z^2}{c^2} = 1$ 上第一卦限的点, $\varSigma$ 是椭球面在点 M 处的切平面被三坐标平面所截得的三角形, 法向量与 z 轴的夹角为锐角, 问 ξ, η, ς 为何值时, 曲面积分 $I = \iint\limits_{\varSigma} x\mathrm{d}y\mathrm{d}z + y\mathrm{d}z\mathrm{d}x + z\mathrm{d}x\mathrm{d}y$ 的值最小, 并求出其最小值.

9. 设函数 $u(x, y, z)$ 在球面 $\varSigma : x^2 + y^2 + z^2 = 2z$ 所围的闭区域 $\varOmega$ 上具有二阶连续偏导数, 且满足关系式 $\dfrac{\partial^2 u}{\partial x^2} + \dfrac{\partial^2 u}{\partial y^2} + \dfrac{\partial^2 u}{\partial z^2} = x^2 + y^2 + z^2$, $\boldsymbol{n}^0$ 为 $\varSigma$ 的外法向量, 计算 $\iint\limits_{\varSigma} \dfrac{\partial u}{\partial \boldsymbol{n}^0} \mathrm{d}S$.

10. 计算 $I = \iint\limits_{\varSigma} 2(1 - x^2)\mathrm{d}y\mathrm{d}z + 8xy\mathrm{d}y\mathrm{d}z - 4xz\mathrm{d}x\mathrm{d}y$, 其中 $\varSigma$ 为曲线 $x = \mathrm{e}^y (0 \leqslant y \leqslant a)$ 绕 x 轴旋转而成的旋转曲面的外侧.

11. 设 $f(x, y, z) = \dfrac{x + z^2}{x^2 + y^2 + z^2} + \oiint\limits_{\varSigma} f(x, y, z)\mathrm{d}y\mathrm{d}z + f(x, y, z)\mathrm{d}x\mathrm{d}y$, 其中 $\varSigma$ 表示 $x^2 + y^2 = R^2, z = R, z = -R\ (R > 0)$ 所围成立体的外侧, 求 $f(x, y, z)$.

12. 设 $u = u(x, y, z)$ 在闭区域 V 内具有连续的二阶偏导数, 试证: V 内任何闭光滑曲面 S 上的积分 $\oiint\limits_{S} \dfrac{\partial u}{\partial \boldsymbol{n}} \mathrm{d}S = 0$ 的充分必要条件是 u 为 V 内的调和函数 $\left(\text{即} \dfrac{\partial^2 u}{\partial x^2} + \dfrac{\partial^2 u}{\partial y^2} + \dfrac{\partial^2 u}{\partial z^2} = 0 \right)$.

13. 计算曲面积分 $I = \iint\limits_{\varSigma} (y - z)\mathrm{d}y\mathrm{d}z + (z - x)\mathrm{d}z\mathrm{d}x + (x - y)\mathrm{d}x\mathrm{d}y$, 其中 $\varSigma$ 为锥面 $z = \sqrt{x^2 + y^2}\ (0 \leqslant z \leqslant h)$ 部分的下侧.

14. 计算曲面积分 $I = \oiint\limits_{\varSigma} (x - y + z)\mathrm{d}y\mathrm{d}z + (y - z + x)\mathrm{d}z\mathrm{d}x + (z - x + y)\mathrm{d}x\mathrm{d}y$, 其中 $\varSigma$ 为曲面 $|x - y + z| + |y - z + x| + |z - x + y| = 1$ 的外侧.

15. 计算曲面积分 $I = \iint\limits_{\varSigma} x\mathrm{d}y\mathrm{d}z + y\mathrm{d}z\mathrm{d}x + z\mathrm{d}x\mathrm{d}y$, 其中 $\varSigma$ 是由参数方程

$$\begin{cases} x = (a + b\cos\theta)\cos\varphi, \\ y = (a + b\cos\theta)\sin\varphi, \\ z = b\sin\varphi \end{cases}$$ 所给出的曲面, 方向取外侧, 式中 θ, φ 为参数, $0 \leqslant \theta \leqslant 2\pi, 0 \leqslant \varphi \leqslant 2\pi, a, b$ 为常数, $a > b > 0$.

第8讲

数项级数的敛散性判别法

一般教材上关于数项级数敛散性的判别法多有介绍, 本讲将加以深化、推广和灵活运用.

8.1 柯西判别法及其推广

比较原理适用于正项级数, 回顾高等数学中讲过的正项级数比较原理:

比较原理 1 设 $\displaystyle\sum_{n=1}^{\infty} u_n, \sum_{n=1}^{\infty} v_n$ 都是正项级数, 存在 $c > 0$, 使

$$u_n \leqslant cv_n \quad (n = 1, 2, 3, \cdots).$$

(i) 若 $\displaystyle\sum_{n=1}^{\infty} v_n$ 收敛, 则 $\displaystyle\sum_{n=1}^{\infty} u_n$ 也收敛;

(ii) 若 $\displaystyle\sum_{n=1}^{\infty} u_n$ 发散, 则 $\displaystyle\sum_{n=1}^{\infty} v_n$ 也发散.

比较原理 2(极限形式)   设 $\displaystyle\sum_{n=1}^{\infty} u_n, \sum_{n=1}^{\infty} v_n$ 均为正项级数, 若

$$\lim_{n \to \infty} \frac{u_n}{v_n} = l \in (0, +\infty),$$

则 $\displaystyle\sum_{n=1}^{\infty} u_n, \sum_{n=1}^{\infty} v_n$ 同敛散.

根据比较原理, 可以利用已知其敛散性的级数作为比较对象来判别其他级数的敛散性. 柯西判别法和达朗贝尔判别法是以几何级数作为比较对象而得到的判别法. 下面用比较判别法推出更宽泛的柯西判别法.

定理 8.1.1(柯西判别法 1)   设 $\sum\limits_{n=1}^{\infty} u_n$ 为正项级数,

(i) 若从某一项起 (即存在 N, 当 $n > N$ 时) 有 $\sqrt[n]{u_n} \leqslant q < 1$ (q 为常数), 则 $\sum\limits_{n=1}^{\infty} u_n$ 收敛;

(ii) 若从某项起, $\sqrt[n]{u_n} \geqslant 1$, 则 $\sum\limits_{n=1}^{\infty} u_n$ 发散.

证   (i) 若当 $n > N$ 时, 有 $\sqrt[n]{u_n} \leqslant q < 1$, 即 $u_n \leqslant q^n$, 而级数 $\sum\limits_{n=1}^{\infty} q^n$ 收敛, 根据比较原理 1 知级数 $\sum\limits_{n=1}^{\infty} u_n$ 也收敛.

(ii) 若从某项起, $\sqrt[n]{u_n} \geqslant 1$, 则 $u_n \geqslant 1$, 故 $\lim\limits_{n \to \infty} u_n \neq 0$, 由级数收敛的必要条件知 $\sum\limits_{n=1}^{\infty} u_n$ 发散.

作为定理 8.1.1 的推论, 我们有

定理 8.1.2(柯西判别法 2)   设 $\sum\limits_{n=1}^{\infty} u_n$ 为正项级数, $\lim\limits_{n \to \infty} \sqrt[n]{u_n} = r$, 则

(i) 当 $r < 1$ 时, $\sum\limits_{n=1}^{\infty} u_n$ 收敛;

(ii) 当 $r > 1$(或 $r = +\infty$) 时, $\sum\limits_{n=1}^{\infty} u_n$ 发散;

(iii) 当 $r = 1$ 时, 法则失效.
(证略.)

例 8.1.1   判别下列正项级数的敛散性:

(1) $\sum\limits_{n=1}^{\infty} \left(\dfrac{n}{n+1} \right)^{n(n+1)}$;

(2) $\sum\limits_{n=1}^{\infty} n^{\alpha} x^n$ (α 为任何实数, $x > 0$).

解   (1) 因为 $r = \lim\limits_{n \to \infty} 1 \left/ \left(1 + \dfrac{1}{n} \right)^{n+1} \right. = \dfrac{1}{e} < 1$, 所以原级数收敛.

(2) 对任意 α, $r = \lim\limits_{n \to \infty} \sqrt[n]{u_n} = x$. 当 $0 < x < 1$ 时收敛; 当 $x > 1$ 时发散; 当

$x = 1$ 时, 此时原级数是 p 级数, 要对 $p = -\alpha$ 进行讨论, 当 $-\alpha > 1$, 即 $\alpha < -1$ 时收敛; 当 $-\alpha \leqslant 1$ 时, 即 $\alpha \geqslant -1$ 时发散.

例 8.1.2 判别级数 $\sum\limits_{n=1}^{\infty} \dfrac{1}{3^n}\left[\sqrt{2} + (-1)^n\right]^n$ 的敛散性.

解 由于

$$\lim_{n \to \infty} \sqrt[n]{u_n} = \lim_{n \to \infty} \sqrt[n]{\frac{1}{3^n}[\sqrt{2} + (-1)^n]^n} = \lim_{n \to \infty} \frac{\sqrt{2} + (-1)^n}{3}$$

不存在, 故应用定理 8.1.2 无法判别级数的敛散性. 又因为

$$\sqrt[n]{u_n} = \sqrt[n]{\frac{1}{3^n}[\sqrt{2} + (-1)^n]^n} = \frac{\sqrt{2} + (-1)^n}{3} \leqslant \frac{\sqrt{2} + 1}{3} = q < 1,$$

由定理 8.1.1(柯西判别法 1) 知原级数收敛.

例 8.1.3 设正项数列 $\{a_n\}$ 单调减少, 且 $\sum\limits_{n=1}^{\infty} (-1)^n a_n$ 发散, 试问: 级数 $\sum\limits_{n=1}^{\infty} \left(\dfrac{1}{a_n + 1}\right)^n$ 是否收敛? 并说明理由.

解 该级数 $\sum\limits_{n=1}^{\infty} \left(\dfrac{1}{a_n + 1}\right)^n$ 收敛, 证明如下:

由于 $\{a_n\}$ 单调减少且 $a_n \geqslant 0$, 根据单调有界准则知极限 $\lim\limits_{n \to \infty} a_n$ 存在. 设 $\lim\limits_{n \to \infty} a_n = a$, 则 $a \geqslant 0$. 如果 $a = 0$, 则由莱布尼茨判别法知 $\sum\limits_{n=1}^{\infty} (-1)^n a_n$ 收敛, 这与 $\sum\limits_{n=1}^{\infty} (-1)^n a_n$ 发散矛盾, 故 $a > 0$. 再由 $\{a_n\}$ 单调减少, 故 $a_n > a > 0$, 取 $q = \dfrac{1}{a + 1} < 1$,

$$0 < \sqrt[n]{u_n} = \frac{1}{a_n + 1} < \frac{1}{a + 1} = q < 1.$$

根据定理 8.1.1 知 $\sum\limits_{n=1}^{\infty} \left(\dfrac{1}{a_n + 1}\right)^n$ 收敛.

下面介绍柯西判别法的两个推广, 称为**广义柯西判别法**.

定理 8.1.3(广义柯西判别法 1) 设 $\sum\limits_{n=1}^{\infty} u_n$ 为正项级数, 如果 $\lim\limits_{n \to \infty} \sqrt[an+b]{u_n} =$

r (其中 $a > 0$), 则当 $r < 1$ 时, 级数收敛; 当 $r > 1$ 时, 级数发散. 当 $r = 1$ 时, 级数可能收敛也可能发散.

证 因为 $\lim\limits_{n\to\infty} \sqrt[an+b]{u_n} = r$, 即对任给正数 ε, 存在正整数 N_1, 当 $n > N_1$ 时, 有

$$(r - \varepsilon) < \sqrt[an+b]{u_n} < (r + \varepsilon). \tag{8.1}$$

对于任给常数 b, 总存在 N_2, 当 $n > N_2$ 时, 有

$$an + b > 0. \tag{8.2}$$

取 $N = \max\{N_1, N_2\}$, 当 $n > N$ 时, 式 (8.1) 和式 (8.2) 同时成立.

当 $r < 1$ 时, 取 ε 足够小, 使 $r + \varepsilon = q < 1$. 由上述讨论, 存在 N, 当 $n > N$ 时, 式 (8.1) 和式 (8.2) 同时成立, 那么有 $u_n < q^{an+b}$, 正项级数 $\sum\limits_{n=1}^{\infty} q^{an+b} = q^b \sum\limits_{n=1}^{\infty} (q^a)^n$ 收敛 (因为等比级数公比 $0 < q^a < 1$), 由比较审敛法知, 级数 $\sum\limits_{n=1}^{\infty} u_n$ 收敛.

当 $r > 1$ 时, 取 ε 足够小, 使 $r - \varepsilon = q > 1$, 由上面的讨论, 存在 N, 当 $n > N$ 时, 式 (8.1) 和式 (8.2) 同时成立, 则 $u_n > q^{an+b}$, 正项级数 $\sum\limits_{n=1}^{\infty} q^{an+b} = q^b \sum\limits_{n=1}^{\infty} (q^a)^n$ 发散. 由比较审敛法知, 级数 $\sum\limits_{n=1}^{\infty} u_n$ 发散.

当 $r = 1$ 时, 取 $u_n = \dfrac{1}{n^p}$, 那么, 对任何 $a > 0$ 和常数 b, 有 $\lim\limits_{n\to\infty} \sqrt[an+b]{u_n} = \lim\limits_{n\to\infty} \dfrac{1}{n^{p/(an+b)}} = 1$. 而 $\sum\limits_{n=1}^{\infty} \dfrac{1}{n}$ 发散, $\sum\limits_{n=1}^{\infty} \dfrac{1}{n^2}$ 收敛. 这就说明当 $r = 1$ 时, 级数可能收敛也可能发散.

例 8.1.4 判别级数 $\sum\limits_{n=1}^{\infty} \left(\dfrac{1}{3n-1}\right)^{2n-1}$ 的收敛性.

解 因为 $\lim\limits_{n\to\infty} \sqrt[2n-1]{u_n} = \lim\limits_{n\to\infty} \dfrac{1}{3n-1} = 0 < 1$, 由广义柯西判别法 1 知, 该级数收敛.

注 8.1.1 例 8.1.4 也可用柯西判别法 2(定理 8.1.2), 但比较麻烦, 而用广义柯西判别法 1 要简单得多.

定理 8.1.4(广义柯西判别法 2)　　设 $\sum\limits_{n=1}^{\infty} u_n$ 为正项级数, 如果 $\lim\limits_{n\to\infty} \sqrt[n^m]{u_n} = r(m$ 是大于 1 的正整数), 则当 $r < 1$ 时, 级数收敛; 当 $r > 1$ 时, 级数发散; 当 $r = 1$ 时, 级数可能收敛也可能发散.

证　　因为 $\lim\limits_{n\to\infty} \sqrt[n^m]{u_n} = r$, 即对任给的正数 ε, 存在正整数 N, 当 $n > N$ 时, 有

$$r - \varepsilon < \sqrt[n^m]{u_n} < r + \varepsilon.$$

当 $r < 1$ 时, 取 ε 足够小, 使 $r + \varepsilon = q < 1$. 由上面的讨论, 存在 N, 当 $n > N$ 时, 有 $u_n < q^{n^m}$. 因为 $q^{n^m} < q^n (m > 1)$, 又正项级数 $\sum\limits_{n=1}^{\infty} q^n$ 收敛 (因 $q \in (0, 1)$), 由比较审敛法知, $\sum\limits_{n=1}^{\infty} q^{n^m}$ 收敛, 所以 $\sum\limits_{n=1}^{\infty} u_n$ 收敛.

当 $r > 1$ 时, 取 ε 足够小, 使 $r - \varepsilon = q > 1$. 由上面的讨论, 存在 N, 当 $n > N$ 时, 有 $u_n > q^{n^m} > 1$, 那么 $\lim\limits_{n\to\infty} u_n \neq 0$, 所以级数 $\sum\limits_{n=1}^{\infty} u_n$ 发散.

当 $r = 1$ 时, 同样取 $u_n = \dfrac{1}{n^p}\ (p > 0)$, 那么

$$\lim_{n\to\infty} \sqrt[n^m]{\frac{1}{n^p}} = \lim_{n\to\infty} \left(\frac{1}{\sqrt[n^m]{n}}\right)^p = \left(\lim_{n\to\infty} \frac{1}{n^{1/n^m}}\right)^p = 1$$

这说明 $r = 1$ 时, 级数可能收敛也可能发散.

例 8.1.5　　判断级数 $\sum\limits_{n=1}^{\infty} \left(\dfrac{n}{2n+1}\right)^{n^2}$ 的收敛性.

解　　因为 $\lim\limits_{n\to\infty} \sqrt[n^2]{u_n} = \lim\limits_{n\to\infty} \sqrt[n^2]{\left(\dfrac{n}{2n+1}\right)^{n^2}} = \lim\limits_{n\to\infty} \dfrac{n}{2n+1} = \dfrac{1}{2} < 1$, 由广义柯西判别法 2 知原级数收敛.

定理 8.1.5(广义柯西判别法 3)　　设 $w_n = u_n v_n, u_n \geqslant 0, v_n \geqslant 0 (n = 1, 2, 3, \cdots)$. 若 $\lim\limits_{n\to\infty} \sqrt[n]{u_n} = u, \lim\limits_{n\to\infty} \dfrac{v_n}{v_{n-1}} = v$, 则当 $uv < 1$ 时, 级数 $\sum\limits_{n=1}^{\infty} w_n$ 收敛; 当 $uv > 1$ 时, 级数 $\sum\limits_{n=1}^{\infty} w_n$ 发散.

证　从例 1.5.5 知, 由 $\lim\limits_{n\to\infty}\dfrac{v_n}{v_{n-1}}=v$, 可得 $\lim\limits_{n\to\infty}\sqrt[n]{v_n}=v$. 于是

$$\lim_{n\to\infty}\sqrt[n]{w_n}=\lim_{n\to\infty}\sqrt[n]{u_n}\cdot\lim_{n\to\infty}\sqrt[n]{v_n}=uv.$$

再用柯西判别法 2(定理 8.1.2) 便得结论.

例 8.1.6　判定级数 $\displaystyle\sum_{n=1}^{\infty}\dfrac{n!}{(2n+1)^n}\left(\dfrac{n+1}{n}\right)^{n^2}$ 的敛散性.

解　设 $u_n=\left(\dfrac{n+1}{n}\right)^{n^2}$, $v_n=\dfrac{n!}{(2n+1)^n}$, 则

$$\lim_{n\to\infty}\sqrt[n]{u_n}=\lim_{n\to\infty}\left(\dfrac{n+1}{n}\right)^n=\mathrm{e},$$

$$\lim_{n\to\infty}\dfrac{v_n}{v_{n-1}}=\lim_{n\to\infty}\dfrac{n}{2n-1}\cdot\left(\dfrac{2n-1}{2n+1}\right)^n=\lim_{n\to\infty}\dfrac{n}{2n-1}\cdot\lim_{n\to\infty}\dfrac{\left(1-\dfrac{1}{2n}\right)^n}{\left(1+\dfrac{1}{2n}\right)^n}=\dfrac{1}{2\mathrm{e}}.$$

由于 $\mathrm{e}\cdot\dfrac{1}{2\mathrm{e}}=\dfrac{1}{2}<1$, 根据广义柯西判别法 3 知, 级数 $\displaystyle\sum_{n=1}^{\infty}\dfrac{n!}{(2n+1)^n}\left(\dfrac{n+1}{n}\right)^{n^2}$ 收敛.

例 8.1.7　判定 $\displaystyle\sum_{n=1}^{\infty}\left(\dfrac{n^2-n+3}{n^2+3n-4}\right)^n\cdot\dfrac{x^{n-1}}{1+x^n}$ $(x>0)$ 的敛散性.

解　设 $u_n=\left(\dfrac{n^2-n+3}{n^2+3n-4}\right)^n$, $v_n=\dfrac{x^{n-1}}{1+x^n}$, 则

$$\lim_{n\to\infty}\sqrt[n]{u_n}=\lim_{n\to\infty}\dfrac{n^2-n+3}{n^2+3n-4}=1,$$

$$\lim_{n\to\infty}\dfrac{v_n}{v_{n-1}}=\lim_{n\to\infty}\dfrac{x+x^n}{1+x^n}=\begin{cases}x,&0<x<1,\\1,&x\geqslant1.\end{cases}$$

所以, 当 $0<x<1$ 时, 级数 $\displaystyle\sum_{n=1}^{\infty}\left(\dfrac{n^2-n+3}{n^2+3n-4}\right)^n\cdot\dfrac{x^{n-1}}{1+x^n}$ 收敛; 当 $x\geqslant1$ 时, 由于

$$\lim_{n\to\infty}\sqrt[n]{u_n}\cdot\lim_{n\to\infty}\dfrac{v_n}{v_{n-1}}=1,$$

广义柯西判别法 3 失效. 然而当 $x \geqslant 1$ 时

$$\lim_{n \to \infty} \left(\frac{n^2 - n + 3}{n^2 + 3n - 4} \right)^n \cdot \frac{x^{n-1}}{1 + x^n} = \begin{cases} \dfrac{1}{2\mathrm{e}^4}, & x = 1, \\[2mm] \dfrac{1}{x\mathrm{e}^4}, & x > 1. \end{cases}$$

由级数收敛的必要条件知, 当 $x \geqslant 1$ 时级数 $\displaystyle\sum_{n=1}^{\infty} \left(\frac{n^2 - n + 3}{n^2 + 3n - 4} \right)^n \cdot \frac{x^{n-1}}{1 + x^n}$ 发散.

 习　题　**8.1**

．．．

1. 若级数 $\displaystyle\sum_{n=1}^{\infty} u_n$ 收敛, 下列各级数是否收敛? 反之如何?

(1) $\displaystyle\sum_{n=1}^{\infty} u_n^2$;　　　　　　　　　　　　　(2) $\displaystyle\sum_{n=1}^{\infty} \frac{u_n + u_{n+1}}{2}$;

(3) $\displaystyle\sum_{n=1}^{\infty} \sqrt{u_n u_{n+1}}(u_n > 0)$;　　　　　(4) $\displaystyle\sum_{k=1}^{\infty} u_{2k}, \sum_{k=1}^{\infty} u_{2k-1}$.

2. 选择题.

(1) 设 $u_n = (-1)^n \ln\left(1 + \dfrac{1}{\sqrt{n}}\right)$, 则级数 (　　　)

(A) $\displaystyle\sum_{n=1}^{\infty} u_n$ 与 $\displaystyle\sum_{n=1}^{\infty} u_n^2$ 都收敛;　　　　　(B) $\displaystyle\sum_{n=1}^{\infty} u_n$ 与 $\displaystyle\sum_{n=1}^{\infty} u_n^2$ 都发散;

(C) $\displaystyle\sum_{n=1}^{\infty} u_n$ 收敛而 $\displaystyle\sum_{n=1}^{\infty} u_n^2$ 发散;　　　(D) $\displaystyle\sum_{n=1}^{\infty} u_n$ 发散而 $\displaystyle\sum_{n=1}^{\infty} u_n^2$ 收敛.

(2) 下列各选项正确的是 (　　　)

(A) 若 $\displaystyle\sum_{n=1}^{\infty} u_n^2$ 与 $\displaystyle\sum_{n=1}^{\infty} v_n^2$ 都收敛, 则 $\displaystyle\sum_{n=1}^{\infty} (u_n + v_n)^2$ 收敛;

(B) 若 $\displaystyle\sum_{n=1}^{\infty} |u_n v_n|$ 收敛, 则 $\displaystyle\sum_{n=1}^{\infty} u_n^2$ 与 $\displaystyle\sum_{n=1}^{\infty} v_n^2$ 都收敛;

(C) 若正项级数 $\displaystyle\sum_{n=1}^{\infty} u_n$ 发散, 则 $u_n \geqslant \dfrac{1}{n}$;

(D) 若级数 $\displaystyle\sum_{n=1}^{\infty} u_n$ 收敛, 且 $u_n \geqslant v_n (n = 1, 2, \cdots)$, 则级数 $\displaystyle\sum_{n=1}^{\infty} v_n$ 也收敛.

3. 用比较判别法判别下列级数的敛散性:

(1) $\displaystyle\sum_{n=1}^{\infty} \frac{1}{\sqrt[3]{n^2 + n + 1}}$;　　　　　　　　(2) $\displaystyle\sum_{n=1}^{\infty} \left(\frac{1}{n} - \ln \frac{n+1}{n} \right)$;

(3) $\displaystyle\sum_{n=1}^{\infty} n^{\lambda} \sin \frac{\pi}{2\sqrt[3]{n}}$;

(4) $\displaystyle\sum_{n=1}^{\infty} \int_0^{1/n} \frac{\sqrt{x}}{1+x^2} \mathrm{d}x$.

4. 设 $u_n = \displaystyle\int_n^{n+1} \mathrm{e}^{-\sqrt{x}} \mathrm{d}x$, 判别 $\displaystyle\sum_{n=1}^{\infty} u_n$ 的敛散性.

5. 判别级数 $\displaystyle\sum_{n=1}^{\infty} \frac{a^n}{1+a^{2n}} \ (a > 0)$ 的敛散性.

6. 设 $\{a_n\}, \{b_n\}$ 为正项数列, $\displaystyle\lim_{n \to +\infty} \frac{a_{n+1}}{a_n} = p$, $\displaystyle\lim_{n \to +\infty} \sqrt[n]{b_n} = q$. 证明: 当 $pq < 1$ 时 $\displaystyle\sum_{n=1}^{\infty} a_n b_n$ 收敛; 当 $pq > 1$ 时 $\displaystyle\sum_{n=1}^{\infty} a_n b_n$ 发散.

7. 设 $a_n > 0, n = 1, 2, \cdots$. 证明:

(1) 若 $\displaystyle\lim_{n \to +\infty} \frac{a_{n+1}}{a_n} < 1$, 则 $\displaystyle\lim_{n \to +\infty} \frac{a_{2n}}{a_n} = 0$;

(2) 若 $\displaystyle\lim_{n \to +\infty} \frac{a_{2n+1}}{a_{2n}} = p$, $\displaystyle\lim_{n \to +\infty} \frac{a_{2n}}{a_{2n-1}} = q, pq < 1$, 则 $\displaystyle\sum_{n=1}^{\infty} a_n$ 收敛.

8. 设函数 $\varphi(x)$ 在 $(-\infty, +\infty)$ 上连续, 周期为 1, 且 $\displaystyle\int_0^1 \varphi(x)\mathrm{d}x = 0$, 函数 $f(x)$ 在 $[0,1]$ 上有连续导数, 设 $a_n = \displaystyle\int_0^1 f(x)\varphi(nx)\mathrm{d}x$, 证明级数 $\displaystyle\sum_{n=1}^{\infty} a_n^2$ 收敛.

9. 判定 $\displaystyle\sum_{n=1}^{\infty} \left(\frac{n^2 + 10n + 1}{n^2 - 2n + 5} \right)^n \cdot \frac{a^n \cdot n!}{n^n} \ (a > 0)$ 的敛散性.

8.2 达朗贝尔判别法及其推广

用比较原理还能推出更宽泛的**达朗贝尔** (d'Alembert) 判别法.

定理 8.2.1(达朗贝尔判别法 1) 设 $\displaystyle\sum_{n=1}^{\infty} u_n$ 为正项级数,

(i) 若从某项起 (存在 $N, n > N$ 时), 有 $\dfrac{u_{n+1}}{u_n} \leqslant q < 1$, 则 $\displaystyle\sum_{n=1}^{\infty} u_n$ 收敛;

(ii) 若从某项起 (存在 $N, n > N$ 时), 有 $\dfrac{u_{n+1}}{u_n} \geqslant 1$, 则 $\displaystyle\sum_{n=1}^{\infty} u_n$ 发散.

证明 (i) 由 $n > N$ 时, 有 $\dfrac{u_{n+1}}{u_n} \leqslant q < 1$, 从而

$$u_{N+1} \leqslant q u_N, \quad u_{N+2} \leqslant q u_{N+1} \leqslant q^2 u_N, \quad u_{N+3} \leqslant q^3 u_N, \cdots, \quad u_{N+k} \leqslant q^k u_N, \cdots$$

由于 $\displaystyle\sum_{k=1}^{\infty} u_N q^k$ 收敛, 由比较原理知 $\displaystyle\sum_{k=1}^{\infty} u_{N+k}$ 收敛, 故 $\displaystyle\sum_{n=1}^{\infty} u_n$ 收敛.

(ii) 若存在 N, 当 $n > N$ 时, 有 $\dfrac{u_{n+1}}{u_n} \geqslant 1$, 则 $u_{n+1} \geqslant u_n$, 故 $\lim\limits_{n\to\infty} u_n \neq 0$, 由级数收敛的必要条件知 $\sum\limits_{n=1}^{\infty} u_n$ 发散.

定理 8.2.2(达朗贝尔判别法 2) 设 $\lim\limits_{n\to\infty} \dfrac{u_{n+1}}{u_n} = r$, 则

(i) 若 $r < 1$, 则 $\sum\limits_{n=1}^{\infty} u_n$ 收敛;

(ii) 若 $r > 1$(或 $r = +\infty$), 则 $\sum\limits_{n=1}^{\infty} u_n$ 发散;

(iii) 若 $r = 1$, 敛散性不能确定.

这正是高等数学中的**达朗贝尔判别法**.

例 8.2.1 判别下列级数的敛散性:

(1) $\sum\limits_{n=1}^{\infty} \dfrac{n!}{n^n}$; (2) $\sum\limits_{n=1}^{\infty} \dfrac{2^n}{n}$; (3) $\sum\limits_{n=1}^{\infty} \dfrac{\alpha^n}{n^s}$ $(s > 0, \alpha > 0)$.

解 (1) 因为 $r = \lim\limits_{n\to\infty} \dfrac{u_{n+1}}{u_n} = \dfrac{1}{\mathrm{e}} < 1$, 所以级数 $\sum\limits_{n=1}^{\infty} \dfrac{n!}{n^n}$ 收敛.

(2) 因为 $r = \lim\limits_{n\to\infty} \dfrac{u_{n+1}}{u_n} = 2 > 1$, 所以原级数发散.

(3) 对任意 $s > 0$, $r = \lim\limits_{n\to\infty} \dfrac{u_{n+1}}{u_n} = \lim\limits_{n\to\infty} \dfrac{\alpha^{n+1}}{(n+1)^s} \dfrac{n^s}{\alpha^n} = \alpha$. 当 $0 < \alpha < 1$ 时, 级数收敛 (任意 $s > 0$); 当 $\alpha > 1$ 时, 级数发散; 当 $\alpha = 1$ 时原级数为 $\sum\limits_{n=1}^{\infty} \dfrac{1}{n^s}$ 的敛散性要进一步判定, 当 $s > 1$ 时级数收敛, 当 $s \leqslant 1$ 时级数发散.

例 8.2.2 判别级数 $\sum\limits_{n=1}^{\infty} \dfrac{[(n+1)!]^n}{2! \cdot 4! \cdot \cdots \cdot (2n)!}$ 的敛散性.

解 因为

$$\frac{u_{n+1}}{u_n} = \frac{(n+2)^{n+1}(n+1)!}{(2n+2)!} = \frac{(n+2)^{n+1}}{(n+2) \cdot (n+3) \cdot \cdots \cdot (2n+2)}$$

$$\leqslant \left(\frac{n+2}{n+3}\right)^n = \left(1 - \frac{1}{n+3}\right)^n,$$

及 $\lim\limits_{n\to\infty} \left(1 - \dfrac{1}{n+3}\right)^n = \dfrac{1}{\mathrm{e}} < \dfrac{1}{2}$, 故存在 N, 当 $n > N$ 时, 有 $\left(1 - \dfrac{1}{n+3}\right)^n < \dfrac{1}{2}$.

从而, 当 $n > N$ 时, $\dfrac{u_{n+1}}{u_n} < \dfrac{1}{2}$. 根据定理 8.2.1, 可知级数 $\displaystyle\sum_{n=1}^{\infty} \dfrac{[(n+1)!]^n}{2!\cdot 4!\cdot\cdots\cdot(2n)!}$ 收敛.

在上一节例 8.1.1(2) 中, $\dfrac{u_{n+1}}{u_n} = \begin{cases} 2, & n\text{为偶数}, \\ \dfrac{1}{8}, & n\text{为奇数}. \end{cases}$ 上述达朗贝尔判别法失效.

下面推广达朗贝尔判别法, 称其为**广义达朗贝尔判别法**.

定理 8.2.3(广义达朗贝尔判别法 1) 设 $\displaystyle\sum_{n=1}^{\infty} u_n$ 为正项级数, k 是某正整数,

(i) 如果对一切 n, 有 $\dfrac{u_{n+k}}{u_n} \leqslant q < 1$, 则级数收敛;

(ii) 如果 $\dfrac{u_{n+k}}{u_n} \geqslant 1$, 则级数发散.

(证略.)

例 8.2.3 判别级数 $\dfrac{1}{2} + \dfrac{1}{3} + \dfrac{1}{2^2} + \dfrac{1}{3^2} + \cdots + \dfrac{1}{2^n} + \dfrac{1}{3^n} + \cdots$ 的收敛性.

解 (*方法一*) 取 $k = 2$, 由于

$$\frac{u_{n+k}}{u_n} = \begin{cases} \dfrac{1}{2}, & n\text{为奇数}, \\ \dfrac{1}{3}, & n\text{为偶数}, \end{cases}$$
$$\leqslant \frac{1}{2} < 1.$$

根据定理 8.2.3 知该级数收敛.

(*方法二*) $u_{2n-1} = \dfrac{1}{2^n}, u_{2n} = \dfrac{1}{3^n}$,

$$\lim_{n\to\infty} \sqrt[2n-1]{u_{2n-1}} = \lim_{n\to\infty} 1/2^{\frac{n}{2n-1}} = \frac{1}{\sqrt{2}} < 1, \lim_{n\to\infty} \sqrt[2n]{u_{2n}} = \lim_{n\to\infty} \frac{1}{\sqrt{3}} < 1.$$

根据柯西判别法知该级数收敛.

定理 8.2.4(广义达朗贝尔判别法 2) 设 $\displaystyle\sum_{n=1}^{\infty} u_n$ 为正项级数, k 是某一正整数,

$$\lim_{n\to\infty} \frac{u_{n+k}}{u_n} = q \ (\text{或} +\infty).$$

(i) 如果 $q < 1$, 则级数收敛;

(ii) 如果 $q > 1$, 则级数发散.

证　(i) 如果 $q < 1$, 对 $\varepsilon = \dfrac{1-q}{2} > 0$, 存在 N, 当 $n > N$ 时, 有

$$\left|\frac{u_{n+k}}{u_n} - q\right| < \frac{1-q}{2}.$$

从而

$$\frac{u_{n+k}}{u_n} \leqslant q + \frac{1-q}{2} = \frac{1+q}{2} < 1.$$

由定理 8.2.3(广义达朗贝尔判别法 1) 知 $\displaystyle\sum_{n=1}^{\infty} u_n$ 收敛.

(ii) 如果 $q > 1$, 则从某项开始, $u_{n_0+k} \geqslant u_{n_0}$, 此时 $\displaystyle\lim_{n\to\infty} u_n \neq 0$, 故原级数发散.

例 8.2.4　确定下列级数的敛散性:

(1) $\displaystyle\sum_{n=1}^{\infty} 2^{-n-(-1)^n}$;　　　　　　(2) $\displaystyle\sum_{n=1}^{\infty} e^{\left\{2\sin\frac{n\pi}{2}+\cos\frac{n\pi}{2}-n\right\}}$.

解　(1) 取 $k = 2$, 由于 $\displaystyle\lim_{n\to\infty} \frac{u_{n+2}}{u_n} = \lim_{n\to\infty} \frac{2^{-(n+2)-(-1)^{n+2}}}{2^{-n-(-1)^n}} = \frac{1}{4} < 1$, 所以原级数收敛.

(2) 取 $k = 4$, 由于 $\displaystyle\lim_{n\to\infty} \frac{u_{n+4}}{u_n} = \lim_{n\to\infty} \frac{e^{\left\{2\sin\frac{(n+4)\pi}{2}+\cos\frac{(n+4)\pi}{2}-(n+4)\right\}}}{e^{\left\{2\sin\frac{n\pi}{2}+\cos\frac{n\pi}{2}-n\right\}}} = \frac{1}{e^4} < 1$, 所以原级数收敛.

注 8.2.1　达朗贝尔类判别法都是基于比式进行判定, 当通项中含有 $n^n, n!, a^n$ 等因子或含有 n 的连乘积时, 比较适合用比式判别法; 当通项 u_n 中含有以 n 为幂指数的因子, 且 $\sqrt[n]{u_n}$ 较易计算时, 用柯西类根式判别法比较合适.

注 8.2.2　由于 $\displaystyle\lim_{n\to+\infty} \frac{u_{n+1}}{u_n} = l \Rightarrow \lim_{n\to+\infty} \sqrt[n]{u_n} = l$, 或一般地有

$$\lim_{n\to+\infty} \inf \frac{u_{n+1}}{u_n} \leqslant \lim_{n\to+\infty} \inf \sqrt[n]{u_n} \leqslant \lim_{n\to+\infty} \sup \sqrt[n]{u_n} \leqslant \lim_{n\to+\infty} \sup \frac{u_{n+1}}{u_n}.$$

所以, 从理论上讲, 若比式判别法可行, 则根式判别法也可行. 但二者相比, 前者较易计算, 而后者适用范围更广. 不过, 如果比式判别法失效, 还可进一步考虑 $n\left(1 - \dfrac{u_{n+1}}{u_n}\right)$, 利用 8.3 节的拉贝判别法.

 习　题 8.2

. . . .

1. 选择题.

(1) 设 $0 \leqslant a_n \leqslant \dfrac{1}{n}(n = 1, 2, \cdots)$, 则下列级数中肯定收敛的是 (　　)

(A) $\displaystyle\sum_{n=1}^{\infty} a_n$;　　　　(B) $\displaystyle\sum_{n=1}^{\infty} (-1)^n a_n$;　　(C) $\displaystyle\sum_{n=1}^{\infty} \sqrt{a_n}$;　　(D) $\displaystyle\sum_{n=1}^{\infty} (-1)^n a_n^2$.

(2) 若级数 $\displaystyle\sum_{n=1}^{\infty} a_n$ 收敛, 则下列级数中肯定收敛的是 (　　)

(A) $\displaystyle\sum_{n=1}^{\infty} |a_n|$;　　　　(B) $\displaystyle\sum_{n=1}^{\infty} (-1)^n a_n$;　　(C) $\displaystyle\sum_{n=1}^{\infty} a_n a_{n+1}$;　　(D) $\displaystyle\sum_{n=1}^{\infty} \dfrac{a_n + a_{n+1}}{2}$.

2. 判别下列级数的敛散性:

(1) $\displaystyle\sum_{n=1}^{\infty} \dfrac{(n!)^2}{(2n)!}$;　　　　(2) $\displaystyle\sum_{n=1}^{\infty} \dfrac{(2n)!}{2^{n^2}}$;　　　　(3) $\displaystyle\sum_{n=2}^{\infty} \dfrac{\ln n}{n^p}, p > 1$;

(4) $\displaystyle\sum_{n=2}^{\infty} \dfrac{1}{n \cdot \ln n \cdot \ln \ln n}$;　　(5) $\displaystyle\sum_{n=2}^{\infty} \dfrac{n^{\ln n}}{(\ln n)^n}$;　　(6) $\displaystyle\sum_{n=1}^{\infty} \dfrac{n - \arctan n}{n^2}$.

3. 若两个正项级数 $\displaystyle\sum_{n=1}^{\infty} u_n$ 和 $\displaystyle\sum_{n=1}^{\infty} v_n$ 发散, 则 $\displaystyle\sum_{n=1}^{\infty} \max(u_n, v_n), \sum_{n=1}^{\infty} \min(u_n, v_n)$ 两级数的敛散性如何?

4. 设 $\displaystyle\sum_{n=1}^{\infty} u_n$ 为正项级数, 且 $\displaystyle\lim_{n \to +\infty} \left(\dfrac{u_{n+1}}{u_n} \right)^n = q$. 证明:

(1) 当 $0 \leqslant q < \dfrac{1}{e}$ 时, $\displaystyle\sum_{n=1}^{\infty} u_n$ 收敛;

(2) 当 $q > \dfrac{1}{e}$ 时, $\displaystyle\sum_{n=1}^{\infty} u_n$ 发散.

5. 设 $\{u_n\}$ 为斐波那契数列 $u_1 = u_2 = 1$, $u_{n+1} = u_n + u_{n-1}$, $n = 2, 3, \cdots$. 证明: (1) 级数 $\displaystyle\sum_{n=1}^{\infty} \dfrac{1}{u_n}$ 收敛;

(2) 级数 $\displaystyle\sum_{n=1}^{\infty} \dfrac{u_n}{2^n}$ 收敛, 并求其和.

8.3　拉贝判别法与高斯判别法

柯西判别法和达朗贝尔判别法是基于把所要判别的级数与某一几何级数相比较的想法而得到的, 也就是说, 如果给定级数的通项收敛于零的速度比某收敛的等比 (几何) 级数的通项收敛于零的速度快, 则能判定该级数收敛. 如果级数的通项收敛于零的速度较慢, 它们就无能为力了. 拉贝 (Raabe) 以 p-级数 $\sum\limits_{n=1}^{\infty} \dfrac{1}{n^p}$ 作为比较对象, 得到了拉贝判别法. 高斯 (Gauss) 以级数 $\sum\limits_{n=2}^{\infty} \dfrac{1}{n(\ln n)^p}$ 作为比较对象, 得到了高斯判别法.

定理 8.3.1(拉贝判别法)　设 $\sum\limits_{n=1}^{\infty} u_n$ 为正项级数, 若有

$$\frac{u_{n+1}}{u_n} = 1 - \frac{\alpha}{n} + o\left(\frac{1}{n}\right) \quad (n \to \infty), \tag{8.3}$$

则在 $\alpha > 1$ 时, 级数 $\sum\limits_{n=1}^{\infty} u_n$ 收敛; 在 $\alpha < 1$ 时, 级数 $\sum\limits_{n=1}^{\infty} u_n$ 发散. 证略.

注 8.3.1　式 (8.3) 其实相当于

$$\lim_{n \to \infty} n \cdot \left(1 - \frac{u_{n+1}}{u_n}\right) = \alpha. \tag{8.4}$$

推论 8.3.1(拉贝判别法的极限形式)　设 $\sum\limits_{n=1}^{\infty} u_n$ 为正项级数, 且极限 (8.4) 存在或为 $+\infty$, 则当 $\alpha > 1$ 时, 级数 $\sum\limits_{n=1}^{\infty} u_n$ 收敛; 当 $\alpha < 1$ 时, 级数 $\sum\limits_{n=1}^{\infty} u_n$ 发散; 当 $\alpha = 1$ 时, 拉贝判别法失效.

例 8.3.1　当 s 分别为 1 和 3 时, 讨论级数 $\sum\limits_{n=1}^{\infty} \left(\dfrac{1 \cdot 3 \cdots (2n-1)}{2 \cdot 4 \cdots (2n)}\right)^s$ 的敛散性.

解　对于任何 s, 都有

$$\lim_{n \to \infty} \frac{u_{n+1}}{u_n} = \lim_{n \to \infty} \left(\frac{2n+1}{2n+2}\right)^s = 1.$$

因此, 用达朗贝尔判别法不能判别其敛散性. 下面用拉贝判别法来讨论:

当 $s = 1$ 时, 由于

$$n\left(1 - \frac{u_{n+1}}{u_n}\right) = n\left(1 - \frac{2n+1}{2n+2}\right) = \frac{n}{2n+2} \to \frac{1}{2} < 1 \quad (n \to \infty),$$

故当 $s = 1$ 时级数发散;

当 $s = 3$ 时, 由于

$$n\left(1 - \frac{u_{n+1}}{u_n}\right) = n\left[1 - \left(\frac{2n+1}{2n+2}\right)^3\right] = \frac{n(12n^2 + 18n + 7)}{(2n+2)^3} \to \frac{3}{2} > 1 \quad (n \to \infty),$$

因此, 当 $s = 3$ 时级数收敛.

思考 当 $s = 2$ 时, 用拉贝判别法能否判别该级数的敛散性.

例 8.3.2 判别级数 $\displaystyle\sum_{n=1}^{\infty} \frac{\sqrt{n!}}{(2 + \sqrt{1})(2 + \sqrt{2})\cdots(2 + \sqrt{n})}$ 的敛散性.

解 由 $\displaystyle\lim_{n\to\infty} n\left(1 - \frac{u_{n+1}}{u_n}\right) = \lim_{n\to\infty} n\left(1 - \frac{\sqrt{n+1}}{2 + \sqrt{n+1}}\right) = +\infty$, 故根据拉贝判别法知级数收敛.

还有比拉贝判别法更 "精密" 的判别法, 如高斯判别法.

定理 8.3.2(高斯判别法) 设 $\displaystyle\sum_{n=1}^{\infty} u_n$ 为正项级数, 若有

$$\frac{u_{n+1}}{u_n} = 1 - \frac{1}{n} - \frac{\beta}{n\ln n} + o\left(\frac{1}{n\ln n}\right) \quad (n \to \infty),$$

则在 $\beta > 1$ 时级数 $\displaystyle\sum_{n=1}^{\infty} u_n$ 收敛; 在 $\beta < 1$ 时级数 $\displaystyle\sum_{n=1}^{\infty} u_n$ 发散.

注 8.3.2 拉贝和高斯判别法虽然比较精细, 但它们都建立在通项 u_n 单调递减的基础上, 柯西判别法虽然只是用几何级数作为比较级数得出的判别法, 功能有限, 但其适用范围不是其他判别法所能包含的, 如上一节例 8.2.4(1), $\displaystyle\lim_{n\to\infty} \sqrt[n]{u_n} = \frac{1}{2}$, 由柯西判别法可判其收敛, 而 $\dfrac{u_{n+1}}{u_n} = \begin{cases} 1/8, & n \text{ 为偶数}, \\ 2, & n \text{ 为奇数}. \end{cases}$ 拉贝判别法和高斯判别法都无法判定.

注 8.3.3 级数的敛散性是用部分和数列的极限来定义的. 一般说来, 部分和 S_n 不易求得, 于是级数的敛散性判别法就应运而生. 就正项级数而言, 从部分和有界这个充要条件出发, 推出了比较原理. 它须用预知其敛散性的级数作为比较对象. 若用几何级数充任比较级数, 就得到了柯西判别法与达朗贝尔判别法. 这两个方法简便易行, 但当极限为 1 时, 则方法失效. 若要得出结果, 只能用比几何级数收敛得更 "慢" 的级数作为比较级数. 拉贝选取了 p-级数, 拉贝判别法较柯西判别法及达朗贝尔判别法应用广泛, 但拉贝判别法的 α 也可能为 1, 此法仍可能失效. 于是又得寻求比 p-级数收敛得更慢的级数, 级数 $\displaystyle\sum_{n=2}^{\infty} \frac{1}{n \cdot (\ln n)^p}$ 就是一个, 高

斯就是用它建立了以他命名的判别法, 此法较拉贝判别法的用途更广. 沿此思路下去, 又会发现级数 $\sum\limits_{n=3}^{\infty} \dfrac{1}{n \cdot \ln n \cdot (\ln \ln n)^p}$ 较 $\sum\limits_{n=2}^{\infty} \dfrac{1}{n \cdot (\ln n)^p}$ 收敛得更慢. 从理论上讲, 还可以建立较高斯判别法更 "精密" 的判别法, 因此, 只有更 "精密", 没有最 "精密" 的敛散性判别法. 如果某级数用上述判别法都无能为力, 我们可以用级数收敛的定义、充要条件 (部分和有界) 或柯西收敛准则去判别. 不必无穷尽地建立更精密的判别法了.

例 8.3.3(对数判别法)　设 $\sum\limits_{n=1}^{\infty} u_n$ 为正项级数, $\lim\limits_{n\to\infty} \dfrac{\ln \dfrac{1}{u_n}}{\ln n} = l$. 则当 $l > 1$, 或 $l = +\infty$ 时, $\sum\limits_{n=1}^{\infty} u_n$ 收敛; $l < 1$ 时, $\sum\limits_{n=1}^{\infty} u_n$ 发散.

证明　当 $l > 1$, 或 $l = +\infty$ 时, 可取 $\alpha > 0$, 使 $l > 1 + \alpha$. 于是存在正整数 N, 当 $n > N$ 时, 有 $\dfrac{\ln \dfrac{1}{u_n}}{\ln n} > 1 + \alpha$. 从而有 $u_n < \dfrac{1}{n^{1+\alpha}}$. 由比较判别法可知, $l > 1$, 或 $l = +\infty$ 时, $\sum\limits_{n=1}^{\infty} u_n$ 收敛. 同理可证后一结论.

例 8.3.4　判别级数 $\sum\limits_{n=1}^{\infty} \dfrac{1}{(\ln \ln n)^{\ln n}}$ 的敛散性.

解　因为 $\lim\limits_{n\to\infty} \dfrac{\ln \dfrac{1}{u_n}}{\ln n} = \lim\limits_{n\to\infty} \dfrac{\ln(\ln\ln n)^{\ln n}}{\ln n} = \lim\limits_{n\to\infty} \ln\ln\ln n = +\infty$. 由例 8.3.3 知该级数收敛.

注 8.3.4　对数判别法比拉贝判别法要强, 例如, $u_{2n-1} = \dfrac{1}{n^2}, u_{2n} = \dfrac{1}{4n^2}$. 可用对数判别法, 或比较判别法判定收敛, 但拉贝判别法无法判定.

思考　对于正项级数, 能用拉贝判别法判定敛散性, 是否一定可用对数判别法判定?

 **习　题　8.3**

1. 讨论下列级数的敛散性:

(1) $\sum\limits_{n=1}^{\infty} \left(\dfrac{1 \cdot 3 \cdots (2n-1)}{2 \cdot 4 \cdots (2n)} \right)^p \ (p > 0)$;　　　　　　(2) $\sum\limits_{n=1}^{\infty} \dfrac{n^n}{\mathrm{e}^n n!}$;

(3) $\displaystyle\sum_{n=1}^{\infty} \left(1 - \frac{\alpha \ln n}{n}\right)^n / n^p \, (p > 0)$;

(4) $\displaystyle\sum_{n=1}^{\infty} \frac{n!}{(a+1)(a+2)\cdots(a+n)} \, (a > 0)$.

2. 判别下列级数的敛散性:

(1) $\displaystyle\sum_{n=1}^{\infty} \frac{1}{(\ln n)^{\ln \ln n}}$;

(2) $\displaystyle\sum_{n=1}^{\infty} 3^{-[\ln n + (-1)^n]}$;

(3) $\displaystyle\sum_{n=1}^{\infty} \left(\frac{1}{2}\right)^{1 + \frac{1}{2} + \cdots + \frac{1}{n}}$;

(4) $\displaystyle\sum_{n=1}^{\infty} \frac{\ln n}{(2 + \sqrt{1})(2 + \sqrt{2})\cdots(2 + \sqrt{n})}$.

3. 设 $\{a_n\}$ 是正项级数, $\displaystyle\lim_{n\to\infty} n\left(\frac{a_n}{a_{n+1}} - 1\right) = r$. 证明:

(1) 若 $r > 0$, 则 $\displaystyle\sum_{n=1}^{\infty} (-1)^{n-1} a_n$ 收敛. 由此判别 $\displaystyle\sum_{n=1}^{\infty} \frac{(-1)^n n^n}{\mathrm{e}^n n!}$ 是否条件收敛.

(2) 若 $r > 1$, 则 $\displaystyle\lim_{n\to\infty} \left(\frac{a_{n+1}}{a_n}\right)^n$ 存在且 $\displaystyle\lim_{n\to\infty} \left(\frac{a_{n+1}}{a_n}\right)^n < \frac{1}{\mathrm{e}}$.

$\left(\text{注:当 } a_n > 0 \text{ 时, } \varlimsup_{n\to\infty} \left(\frac{a_{n+1}}{a_n}\right)^n < \frac{1}{\mathrm{e}} \Leftrightarrow \varliminf_{n\to\infty} \left(\frac{a_n}{a_{n+1}} - 1\right) > 1.\right)$

4. 设 $\displaystyle\sum_{n=2}^{\infty} a_n$ 为正项级数, $\displaystyle\lim_{n\to\infty} \frac{\ln \frac{1}{n a_n}}{\ln \ln n} = \alpha$. 证明: $\alpha > 1$ 时, $\displaystyle\sum_{n=2}^{\infty} a_n$ 收敛; $\alpha < 1$ 时, $\displaystyle\sum_{n=2}^{\infty} a_n$ 发散.

8.4 积分判别法与导数判别法

积分判别法是利用非负函数的单调性及其积分性质, 把无穷区间上的广义积分作为比较对象来判别正项级数的敛散性.

定理 8.4.1(柯西积分判别法) 对于正项级数 $\displaystyle\sum_{n=1}^{\infty} u_n$, 设 $\{u_n\}$ 单调减少, 作单调减少的连续函数 $f(x)$ $(f(x) \geqslant 0)$, 使 $u_n = f(n)$, 则级数 $\displaystyle\sum_{n=1}^{\infty} u_n$ 与广义积分 $\displaystyle\int_1^{+\infty} f(x)\mathrm{d}x$ 同时收敛, 同时发散.

(证略.)

例 8.4.1 讨论级数 $\displaystyle\sum_{n=2}^{\infty} \frac{1}{n(\ln n)^p}$ 的敛散性, 其中 $p > 0$ 为常数.

解 取 $f(x) = \dfrac{1}{x(\ln x)^p}$, $p > 0$. 它在 $[3, +\infty)$ 上非负, 单调减少且连续. 令 $u_n = f(n) = \dfrac{1}{n(\ln n)^p}$.

当 $p = 1$ 时, $\lim\limits_{x \to +\infty} \int_3^x \dfrac{1}{t \ln t} \mathrm{d}t = \lim\limits_{x \to +\infty} [\ln\ln x - \ln\ln 3] = +\infty;$

当 $p \neq 1$ 时, $\lim\limits_{x \to +\infty} \int_3^x \dfrac{1}{t(\ln t)^p} \mathrm{d}t = \lim\limits_{x \to +\infty} \dfrac{1}{1-p}[(\ln x)^{1-p} - (\ln 3)^{1-p}]$

$$= \begin{cases} +\infty, & 0 < p < 1, \\ \dfrac{(\ln 3)^{1-p}}{p-1}, & p > 1, \end{cases}$$

故级数 $\sum\limits_{n=2}^{\infty} \dfrac{1}{n(\ln n)^p}$ 当 $p > 1$ 时收敛, 当 $0 < p \leqslant 1$ 时发散.

注 8.4.1 对于正项级数 $\sum\limits_{n=3}^{\infty} \dfrac{1}{n(\ln n)(\ln\ln n)^p}$, 考察广义积分 $\int_3^{+\infty} \dfrac{\mathrm{d}x}{x \ln x (\ln\ln x)^p}$, 同样可推得当 $p > 1$ 时收敛, 当 $0 < p \leqslant 1$ 时发散.

例 8.4.2 设 $a_1 > 1, a_{n+1} = \dfrac{a_n}{1 + a_n^p}(n = 1, 2, \cdots), 0 < p < 1$. 证明: $\sum\limits_{n=1}^{\infty} a_n$ 收敛.

证明 递推公式可改写为 $a_{n+1} + a_{n+1} a_n^p = a_n, a_n > a_{n+1}(n = 1, 2, \cdots)$, 有

$$a_{n+1} = \dfrac{a_n - a_{n+1}}{a_n^p} < \int_{a_{n+1}}^{a_n} \dfrac{\mathrm{d}x}{x^p},$$

$$\sum_{k=1}^{\infty} a_{k+1} = \lim_{n \to \infty} \sum_{k=1}^{n} a_{k+1} \leqslant \lim_{n \to \infty} \sum_{k=1}^{n} \int_{a_{k+1}}^{a_k} \dfrac{\mathrm{d}x}{x^p} = \lim_{n \to \infty} \int_{a_{n+1}}^{a_1} \dfrac{\mathrm{d}x}{x^p} = \int_0^{a_1} \dfrac{\mathrm{d}x}{x^p} < +\infty.$$

因此, 正项级数 $\sum\limits_{n=1}^{\infty} a_n$ 收敛.

例 8.4.3 设 $f(x)$ 是 $[0, +\infty)$ 上的正值递减连续函数, $\{u_n\}$ 是严格递增的正无穷大数列.

(1) 若 $\int_{u_1}^{+\infty} f(x)\mathrm{d}x$ 收敛, 且存在 $M > 0$, 使得 $u_{n+1} - u_n \geqslant M\ (n = 1, 2, \cdots)$, 证明 $\sum\limits_{n=1}^{\infty} f(u_n)$ 收敛;

(2) 若 $\int_{u_1}^{+\infty} f(x)\mathrm{d}x$ 发散, 且存在 $M > 0$, 使得 $u_{n+1} - u_n \leqslant M\ (n = 1, 2, \cdots)$, 证明 $\sum\limits_{n=1}^{\infty} f(u_n)$ 发散.

证 只需根据不等式

$$f(u_{n+1})(u_{n+1} - u_n) \leqslant \int_{u_n}^{u_{n+1}} f(x)\mathrm{d}x \leqslant f(u_n)(u_{n+1} - u_n),$$

分别利用 (1)(2) 的条件即可得证.

下面的绝对收敛判别法与函数在点 $x = 0$ 处的导数有关, 称其为导数判别法.

定理 8.4.2 设 $f(x)$ 在 $x = 0$ 的某邻域内有定义, $u_n = f\left(\dfrac{1}{n}\right)$(或当 n 充分大时成立), 且 $f''(x)$ 在 $x = 0$ 处存在, 则级数 $\displaystyle\sum_{n=1}^{\infty} u_n$ 绝对收敛的充分必要条件是 $f(0) = f'(0) = 0$.

证 (方法一) 不妨设对一切 n, 都有 $u_n = f\left(\dfrac{1}{n}\right)$, 由 $f''(x)$ 在 $x = 0$ 处存在, 易知 $f(x)$ 在 $x = 0$ 处连续, 且在 $x = 0$ 的某邻域内可导.

充分性. 由 $f(0) = f'(0) = 0$, 令 $0 < \lambda < 1$, 则有

$$\begin{aligned}
\lim_{x \to 0^+} \frac{f(x)}{x^{1+\lambda}} &= \lim_{x \to 0^+} \frac{f'(x)}{(1+\lambda)x^\lambda} = \frac{1}{1+\lambda} \lim_{x \to 0^+} \frac{f'(x) - f'(0)}{x} \cdot x^{1-\lambda} \\
&= \frac{f''(0)}{1+\lambda} \lim_{x \to 0^+} x^{1-\lambda} = 0.
\end{aligned} \tag{8.5}$$

式 (8.5) 表明 $\displaystyle\lim_{n \to \infty} \frac{|u_n|}{(1/n)^{1+\lambda}} = 0$, 而 $\displaystyle\sum_{n=1}^{\infty} \frac{1}{n^{1+\lambda}}$ 收敛, 由比较判别法知 $\displaystyle\sum_{n=1}^{\infty} u_n$ 绝对收敛.

必要性. 设 $\displaystyle\sum_{n=1}^{\infty} u_n$ 绝对收敛, 则 $f(0) = \displaystyle\lim_{n \to \infty} f\left(\frac{1}{n}\right) = \lim_{n \to \infty} u_n = 0$.

如果 $f'(0) = a \neq 0$, 则 $\displaystyle\lim_{x \to 0} \frac{f(x)}{x} = \lim_{x \to 0} \frac{f(x) - f(0)}{x - 0} = f'(0) = a$, 于是有

$$\lim_{n \to \infty} \frac{|u_n|}{\dfrac{1}{n}} = \lim_{n \to \infty} \frac{\left|f\left(\dfrac{1}{n}\right)\right|}{\dfrac{1}{n}} = |a| \neq 0.$$

由级数 $\displaystyle\sum_{n=1}^{\infty} \frac{1}{n}$ 发散知 $\displaystyle\sum_{n=1}^{\infty} |u_n|$ 发散, 这与 $\displaystyle\sum_{n=1}^{\infty} u_n$ 绝对收敛矛盾, 故 $f'(0) = 0$.

(方法二)   因为 $f(x)$ 在 $x=0$ 处连续、可导, 若 $\displaystyle\sum_{n=1}^{\infty} f\left(\dfrac{1}{n}\right)$ (绝对) 收敛, 由

必要条件可知 $f(0)=\displaystyle\lim_{n\to\infty} f\left(\dfrac{1}{n}\right)=0$, 又

$$\lim_{n\to\infty} \frac{f\left(\dfrac{1}{n}\right)}{\dfrac{1}{n}}=\lim_{n\to\infty}\frac{f\left(\dfrac{1}{n}\right)-f(0)}{\dfrac{1}{n}-0}=f'(0).$$

若 $f'(0)\neq 0$, 则因 $\displaystyle\sum_{n=1}^{\infty}\dfrac{1}{n}$ 发散. 由正项级数比较判别法可知 $\displaystyle\sum_{n=1}^{\infty} f\left(\dfrac{1}{n}\right)$ 不绝对收

敛, 矛盾. 故 $f'(0)=0$.

反之, 由泰勒公式有

$$f\left(\frac{1}{n}\right)=f(0)+f'(0)\frac{1}{n}+\frac{1}{2}f''(0)\frac{1}{n^2}+o\left(\frac{1}{n^2}\right)=\frac{1}{2}f''(0)\frac{1}{n^2}+o\left(\frac{1}{n^2}\right).$$

$$\frac{\left|f\left(\dfrac{1}{n}\right)\right|}{\dfrac{1}{n^2}}=\frac{1}{2}\left|f''(0)\right|+\frac{o\left(\dfrac{1}{n^2}\right)}{\dfrac{1}{n^2}}\to\frac{1}{2}\left|f''(0)\right|\quad(n\to\infty).$$

由 $\displaystyle\sum_{n=1}^{\infty}\dfrac{1}{n^2}$ 收敛知 $\displaystyle\sum_{n=1}^{\infty} f\left(\dfrac{1}{n}\right)$ 绝对收敛.

例 8.4.4   判别下列级数的敛散性:

(1) $\displaystyle\sum_{n=1}^{\infty}\left(\frac{1}{n}-\ln\left(1+\frac{1}{n}\right)\right)$;   (2) $\displaystyle\sum_{n=1}^{\infty}\frac{1}{n^p}\sin\frac{\pi}{n}$ $(p\geqslant 1$ 为实数$)$.

解   (1) 令 $f(x)=x-\ln(1+x)$, 显然 $f(x)$ 在 $x=0$ 处二阶可导, 且 $f(0)=0$,

又 $f'(x)=1-\dfrac{1}{1+x}$, $f'(0)=0$, 由导数判别法知 $\displaystyle\sum_{n=1}^{\infty}\left(\frac{1}{n}-\ln\left(1+\frac{1}{n}\right)\right)$ 收敛.

(2) 令 $f(x)=x^p\sin\pi x$, 则 $f(0)=0$. 又

$$f'(x)=px^{p-1}\sin\pi x+\pi x^p\cos\pi x,\ f'(0)=0,$$

$$f''(0)=\lim_{x\to 0}\frac{px^{p-1}\sin\pi x+\pi x^p\cos\pi x-0}{x}=\begin{cases}2\pi, & p=1,\\ 0, & p>1,\end{cases}$$

即 $f(x)$ 在 $x = 0$ 处二阶可导, 由导数判别法知级数 $\displaystyle\sum_{n=1}^{\infty} \frac{1}{n^p}\sin\frac{\pi}{n}$ 当 $p \geqslant 1$ 时收敛.

 习 题 8.4

....

1. 讨论下列级数的敛散性:

(1) $\displaystyle\sum_{n=1}^{\infty} n\mathrm{e}^{-\sqrt{n}}$;

(2) $\displaystyle\sum_{n=1}^{\infty} 3^{-\ln n}$;

(3) $\displaystyle\sum_{n=1}^{\infty} \ln\left(1 + \frac{1}{n^p}\right)$;

(4) $\displaystyle\sum_{n=3}^{\infty} \frac{1}{n \cdot (\ln n)^p \cdot (\ln\ln n)^q}$.

2. 判别下列级数的敛散性, 若收敛, 说明是绝对收敛, 还是条件收敛.

(1) $\displaystyle\sum_{n=1}^{\infty} (-1)^n \frac{1+n}{1+n^2}$;

(2) $\displaystyle\sum_{n=1}^{\infty} \left(\frac{\cos n}{\sqrt[n]{2}}\right)^{n^2}$;

(3) $\displaystyle\sum_{n=1}^{\infty} (-1)^n \frac{\ln n}{n}$;

(4) $\displaystyle\sum_{n=1}^{\infty} \sin(\pi\sqrt{n^2+1})$.

3. 设 $u_n > 0$ $(n = 1, 2, \cdots)$, $\displaystyle\sum_{n=1}^{\infty} \frac{u_n}{n}$ 收敛. 证明: $\displaystyle\sum_{n=1}^{\infty} \left(\sum_{k=1}^{\infty} \frac{u_n}{n^2 + k^2}\right)$ 收敛.

4. 设 $u_1 > 1$, $u_{n+1} = \dfrac{u_n}{1 + u_n^p}$ $(0 < p < 1, \ n = 1, 2, \cdots)$. 证明: 级数 $\displaystyle\sum_{n=1}^{\infty} u_n$ 收敛.

5. 设 $f(x)$ 是 $[1, +\infty)$ 上的递减连续函数, $\displaystyle\lim_{x \to +\infty} f(x) = 0$, $\{u_n\}$ $(u_1 > 1)$ 是递增的正无穷大数列. 若数列 $\{u_{n+1} - u_n\}$ 有界, 或存在 $M > 0$, 使得 $u_{n+1} - u_n \leqslant M(u_n - u_{n-1})$ $(n = 1, 2, \cdots)$. 证明下列三个级数同敛散:

(1) $\displaystyle\sum_{n=1}^{\infty} f(n)$;

(2) $\displaystyle\sum_{n=1}^{\infty} (u_{n+1} - u_n)f(u_n)$;

(3) $\displaystyle\sum_{n=1}^{\infty} (u_{n+1} - u_n)f(u_{n+1})$.

能否推出 $\displaystyle\sum_{n=1}^{\infty} f(n)$ 与 $\displaystyle\sum_{n=1}^{\infty} a^n f(a^n)$ $(a > 1)$ 同敛散?

6. 设偶函数 $f(x)$ 的二阶导数 $f''(x)$ 在 $x = 0$ 的某个邻域内连续, 且 $f(0) = 1$, $f''(0) = 2$. 试证级数 $\displaystyle\sum_{n=1}^{\infty} \left[f\left(\frac{1}{n}\right) - 1\right]$ 收敛.

7. 设 $f(x)$ 在 $x = 0$ 某邻域内具有连续的二阶导数, 且 $\displaystyle\lim_{x \to 0} \frac{f(x)}{x} = 0$. 证明: 级数 $\displaystyle\sum_{n=1}^{\infty} \sqrt{n} \cdot f\left(\frac{1}{n}\right)$ 绝对收敛.

8.5 一般项级数的敛散性判别法

关于一般项级数的敛散性, 常用柯西收敛准则、阿贝尔 (Abel) 判别法及狄利克雷判别法.

定理 8.5.1(柯西收敛准则) 级数 $\sum\limits_{n=1}^{\infty} u_n$ 收敛的充分必要条件是：对任意的 $\varepsilon > 0$, 存在 N, 当 $n > N$ 时, 对任何正整数 p, 都有 $|u_{n+1}+u_{n+2}+\cdots+u_{n+p}| < \varepsilon$. (证略.)

例 8.5.1 设正项级数 $\sum\limits_{n=1}^{\infty} u_n$ 的前 n 项部分和为 S_n, 证明：

(1) $\sum\limits_{k=m}^{n} \dfrac{u_k}{S_k} > \dfrac{S_n - S_m}{S_n}$;

(2) 若级数 $\sum\limits_{n=1}^{\infty} u_n$ 发散, 则 $\sum\limits_{n=1}^{\infty} \dfrac{u_n}{S_n^p}$ $(0 < p \leqslant 1)$ 发散;

(3) 级数 $\sum\limits_{n=1}^{\infty} \dfrac{u_n}{S_n^p}$ $(p > 1)$ 收敛.

证 （方法一） (1) 由于正项级数前 n 项部分和 S_n 是严格单调递增的. 故对 $n > m$, 有

$$\sum_{k=m}^{n} \frac{u_k}{S_k} \geqslant \frac{1}{S_n} \sum_{k=m}^{n} u_k = \frac{1}{S_n} \sum_{k=m}^{n} (S_k - S_{k-1})$$
$$= \frac{1}{S_n}(S_n - S_{m-1}) > \frac{1}{S_n}(S_n - S_m).$$

(2) 先考虑级数 $\sum\limits_{n=1}^{\infty} \dfrac{u_n}{S_n}$. 对 $n > m$, 固定 m, 令 $n \to \infty$, 由于 $\sum\limits_{n=1}^{\infty} u_n$ 发散, $\lim\limits_{n\to\infty} S_n = +\infty$, 由 (1) 可得 $\lim\limits_{n\to\infty} \dfrac{1}{S_n}(S_n - S_m) = \lim\limits_{n\to\infty} \left(1 - \dfrac{S_m}{S_n}\right) = 1$.

于是存在正整数 N, 当 $n \in N$ 时, 有 $\dfrac{1}{S_n}(S_n - S_m) > \dfrac{1}{2}$, 由 (1) 可见 $\sum\limits_{k=m}^{n} \dfrac{u_k}{S_k} > \dfrac{1}{2}$. 根据级数收敛的柯西准则, 级数 $\sum\limits_{n=1}^{\infty} \dfrac{u_n}{S_n}$ 发散.

当 $0 < p \leqslant 1$ 时, 对任何正整数 n, $\dfrac{u_n}{S_n^p} \geqslant \dfrac{u_n}{S_n}$. 由 (2) 知级数 $\sum\limits_{n=1}^{\infty} \dfrac{u_n}{S_n}$ 发散, 所

以 $\displaystyle\sum_{n=1}^{\infty}\frac{u_n}{S_n^p}$ 发散.

(3) 当 $p > 1$ 时, 对 $f(x) = \dfrac{1}{x^{p-1}}$ 在 $[a,b](a > 0)$ 上应用微分中值定理, 存在 $\xi \in (a,b)$, 使

$$\frac{1}{a^{p-1}} - \frac{1}{b^{p-1}} = \frac{p-1}{\xi^p}(b-a) > (p-1)\frac{b-a}{b^p}.$$

将 $a = S_{n-1}, b = S_n$ 代入上式, 则有

$$\frac{u_n}{S_n^p} = \frac{S_n - S_{n-1}}{S_n^p} < (p-1)\left(\frac{1}{S_{n-1}^{p-1}} - \frac{1}{S_n^{p-1}}\right).$$

于是有

$$\sum_{k=1}^{n}\frac{u_k}{S_k^p} = \frac{1}{u_1^{p-1}} + \sum_{k=2}^{n}\frac{u_k}{S_k^p} < \frac{1}{u_1^{p-1}} + \frac{1}{p-1}\sum_{k=2}^{n}\left(\frac{1}{S_{k-1}^{p-1}} - \frac{1}{S_k^{p-1}}\right)$$

$$< \frac{1}{u_1^{p-1}} + \frac{1}{p-1} \cdot \frac{1}{u_1^{p-1}} = \frac{p}{p-1} \cdot \frac{1}{u_1^{p-1}}.$$

可见正项级数 $\displaystyle\sum_{n=1}^{\infty}\frac{u_n}{S_n^p}$ 的部分和有界, 从而收敛.

(方法二) (1) 利用积分判别法证明 (2)(3).

(2) 由于 $\displaystyle\sum_{k=2}^{n}\frac{u_k}{S_k^p} = \sum_{k=2}^{n}\frac{S_k - S_{k-1}}{S_k^p} > \sum_{k=2}^{n}\int_{S_{k-1}}^{S_k}\frac{\mathrm{d}x}{x^p} = \int_{S_1}^{S_n}\frac{\mathrm{d}x}{x^p} \to +\infty \ (n \to \infty)$,

所以 $\displaystyle\sum_{n=1}^{\infty}\frac{u_n}{S_n^p}$ 发散.

(3) 由于 $\dfrac{u_n}{S_n^p} = \dfrac{S_n - S_{n-1}}{S_n^p} < \displaystyle\int_{S_{n-1}}^{S_n}\frac{\mathrm{d}x}{x^p} \ (n \geqslant 2)$, 故有 $\displaystyle\sum_{k=2}^{n}\frac{u_k}{S_k^p} < \sum_{k=2}^{n}\int_{S_{k-1}}^{S_k}\frac{\mathrm{d}x}{x^p} = $

$\displaystyle\int_{S_1}^{S_n}\frac{\mathrm{d}x}{x^p}$. 因为广义积分 $\displaystyle\int_{S_1}^{+\infty}\frac{\mathrm{d}x}{x^p} \ (p > 1)$ 收敛, 所以有 $\displaystyle\sum_{n=1}^{\infty}\frac{u_n}{S_n^p} = \lim_{n \to \infty}\sum_{k=1}^{n}\frac{u_k}{S_k^p} \leqslant$

$\displaystyle\lim_{n \to \infty}\int_{S_1}^{S_n}\frac{\mathrm{d}x}{x^p} < +\infty \ (p > 1)$, 即 $\displaystyle\sum_{n=1}^{\infty}\frac{u_n}{S_n^p} \ (p > 1)$ 收敛.

注 8.5.1 此例 (2) 及本节习题 3 表明, 对任一发散的正项级数 $\displaystyle\sum_{n=1}^{\infty}u_n$, 都存在一个收敛于零的正项数列 $\left\{v_n = \dfrac{1}{S_n}\right\}$, 或 $\left\{v_n = \dfrac{1}{S_n \ln S_n}\right\}$, 使得级数 $\displaystyle\sum_{n=1}^{\infty}u_n v_n$

仍然发散, 换句话说, 一个正项级数无论多么慢地发散于无穷大, 总能找到一个比它发散更慢的正项级数, 没有最慢, 只有更慢.

注 8.5.2　本节习题 3(2) 表明, 对任一收敛的正项级数 $\displaystyle\sum_{n=1}^{\infty} u_n$, 都存在一个单调递增无穷大正项数列 $\left\{v_n = \dfrac{1}{\sqrt{R_{n-1}}}\right\}$, 或 $\{v_n = \ln^2 R_n\}$ 使得级数 $\displaystyle\sum_{n=1}^{\infty} \dfrac{u_n}{v_n}$ 仍然收敛, 也就是说, 一个正项级数无论收敛得多么慢, 总能找到一个比它收敛更慢的正项级数, 没有最慢, 只有更慢. 因此, 任何收敛 (发散) 级数都不能作为比较法中与其他级数相比较的统一尺度.

阿贝尔引理　如果

(1) $\{a_k\}$ 为单调数列;

(2) 级数 $\displaystyle\sum_{n=1}^{\infty} b_n$ 的部分和数列 $\{B_k\}$ 有界, 即存在 $M > 0$, 使 $|B_k| \leqslant M$, 则

$$|S| = \left|\sum_{k=1}^{m} a_k b_k\right| \leqslant M\left(|a_1| + 2|a_m|\right).$$

定理 8.5.2(阿贝尔判别法)　如果

(1) 级数 $\displaystyle\sum_{n=1}^{\infty} b_n$ 收敛;

(2) 数列 $\{a_n\}$ 单调有界, 即存在正数 K, 使得 $|a_n| \leqslant K$ $(n = 1, 2, 3, \cdots)$,

则级数 $\displaystyle\sum_{n=1}^{\infty} a_n b_n$ 收敛.

证　利用阿贝尔引理来估计和数

$$\sum_{k=n+1}^{n+m} a_k b_k = \sum_{i=1}^{m} a_{n+i} b_{n+i}.$$

由条件 $(1)\displaystyle\sum_{n=1}^{\infty} b_n$ 收敛, 即对任给 $\varepsilon > 0$, 存在 N, 当 $n > N$ 时, 对任何自然数 P, 有

$$|b_{n+1} + b_{n+2} + \cdots + b_{n+p}| < \frac{\varepsilon}{3K}.$$

取 $\dfrac{\varepsilon}{3K}$ 为阿贝尔引理中的 M, 再由条件 (2), 则有

$$\left| \sum_{k=n+1}^{n+m} a_k b_k \right| = \left| \sum_{i=1}^{m} a_{n+i} b_{n+i} \right| \leqslant \frac{\varepsilon}{3K} \left(|a_{n+1}| + 2|a_{n+m}| \right) \leqslant \varepsilon,$$

由柯西收敛原理知级数 $\sum\limits_{n=1}^{\infty} a_n b_n$ 收敛.

定理 8.5.3(狄利克雷判别法)　如果

(1) 级数 $\sum\limits_{n=1}^{\infty} b_n$ 的部分和 B_n 有界, 即存在正数 M, 使 $|B_n| \leqslant M$ $(n = 1, 2, 3, \cdots)$;

(2) 并设数列 $\{a_n\}$ 单调趋向于零, 则级数 $\sum\limits_{n=1}^{\infty} a_n b_n$ 收敛.

证　由条件 (1), 对任何自然数 n 和 p, 有

$$|b_{n+1} + b_{n+2} + \cdots + b_{n+p}| = |B_{n+p} - B_n| \leqslant 2M.$$

再由于 $\lim\limits_{n \to \infty} a_n = 0$, 故对任意 $\varepsilon > 0$, 存在 N, 当 $n > N$ 时, 就有 $|a_n| < \dfrac{\varepsilon}{6M}$. 注意, 这里的 $2M$ 就是阿贝尔引理中的 M, 所以当 $n > N$ 时, 对任何自然数 m, 有

$$\left| \sum_{i=1}^{m} a_{n+i} b_{n+i} \right| = \left| \sum_{k=n+1}^{n+m} a_k b_k \right| \leqslant 2M(|a_{n+1}| + 2|a_{n+m}|) < 2M \left(\frac{\varepsilon}{6M} + \frac{2\varepsilon}{6M} \right) = \varepsilon.$$

由柯西收敛原理知 $\sum\limits_{n=1}^{\infty} a_n b_n$ 收敛.

注 8.5.3　在狄利克雷判别法中, 特取 $b_n = (-1)^n$, 则得到莱布尼茨判别法. 因此, 莱布尼茨判别法是狄利克雷判别法的特殊情况.

例 8.5.2　若级数 $\sum\limits_{n=1}^{\infty} u_n$ 收敛, 证明: 级数 $\sum\limits_{n=1}^{\infty} \dfrac{u_n}{n}$, $\sum\limits_{n=1}^{\infty} \dfrac{u_n}{\sqrt{n}}$, $\sum\limits_{n=1}^{\infty} \dfrac{n u_n}{n+1}$ 都收敛.

证　取 $b_n = u_n$, 分别取 $a_n = \dfrac{1}{n}$, $a_n = \dfrac{1}{\sqrt{n}}$, $a_n = \dfrac{n}{n+1}$, 它们都是单调有界的, 由阿贝尔判别法知它们均收敛.

例 8.5.3　若数列 $\{a_n\}$ 单调趋于零, 证明:

(1) 级数 $\sum\limits_{n=1}^{\infty} a_n \sin nx$ 对任何 x 都收敛;

(2) 级数 $\displaystyle\sum_{n=1}^{\infty} a_n \cos nx$ 对任何 $x \neq 2k\pi$ 都收敛.

证　(1) 先考虑当 $x \neq 2k\pi$ 时, 级数 $\displaystyle\sum_{n=1}^{\infty} \sin nx$ 的部分和 $\displaystyle\sum_{k=1}^{n} \sin kx$, 由积化

和差公式 $\sin A \sin B = \dfrac{1}{2}\left[\cos(A-B) - \cos(A+B)\right]$, 有

$$2\sin\frac{x}{2}(\sin x + \sin 2x + \cdots + \sin nx)$$
$$= 2\left[\sin\frac{x}{2}\sin x + \sin\frac{x}{2}\sin 2x + \cdots + \sin\frac{x}{2}\sin nx\right]$$
$$= \left[\left(\cos\frac{x}{2} - \cos\frac{3}{2}x\right) + \left(\cos\frac{3}{2}x - \cos\frac{5}{2}x\right) + \cdots\right.$$
$$\left. + \left(\cos\frac{2n-1}{2}x - \cos\frac{2n+1}{2}x\right)\right]$$
$$= \cos\frac{x}{2} - \cos\frac{2n+1}{2}x.$$

从而

$$\left|\sum_{k=1}^{n} \sin kx\right| \leqslant \frac{2}{2\left|\sin\dfrac{x}{2}\right|} = \frac{1}{\left|\sin\dfrac{x}{2}\right|} \quad (x \neq 2k\pi).$$

由狄利克雷判别法知 $\displaystyle\sum_{n=1}^{\infty} a_n \sin nx$ 收敛.

当 $x = 2k\pi$ 时, 级数的通项为零, 级数自然收敛.

(2) 由和差化积公式 $(x \neq 2k\pi)$

$$\sin A \cos B = \frac{1}{2}\left[\sin(A+B) - \sin(B-A)\right],$$

有

$$2\sin\frac{x}{2}\left[\cos x + \cos 2x + \cdots + \cos nx\right]$$
$$= \left[\left(\sin\frac{3}{2}x - \sin\frac{1}{2}x\right) + \left(\sin\frac{5}{2}x - \sin\frac{3}{2}x\right) + \cdots\right.$$
$$\left. + \left(\sin\frac{2n+1}{2}x - \sin\frac{2n-1}{2}x\right)\right]$$
$$= \sin\frac{2n+1}{2}x - \sin\frac{1}{2}x.$$

从而

$$\left| \sum_{k=1}^{n} \cos kx \right| \leqslant \frac{2}{2 \left| \sin \dfrac{x}{2} \right|} = \frac{1}{\left| \sin \dfrac{x}{2} \right|}.$$

由狄利克雷判别法知 $\sum\limits_{n=1}^{\infty} a_n \cos nx$ 收敛.

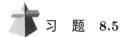 习 题 8.5

· ·

1. 利用阿贝尔判别法和狄利克雷判别法研究下列级数的敛散性及绝对或条件收敛性.

(1) $\sum\limits_{n=1}^{\infty} \dfrac{(-1)^n}{\sqrt{n}} \left(1 + \dfrac{1}{n} \right)^n$;

(2) $\sum\limits_{n=1}^{\infty} (-1)^n \dfrac{\sin^2 n}{n}$;

(3) $\sum\limits_{n=1}^{\infty} \dfrac{\sin nx}{\ln n}$;

(4) $\sum\limits_{n=1}^{\infty} \dfrac{(-1)^n}{n} \dfrac{x^n}{1+x^n}$ $(x > 0)$.

2. 讨论下列级数的敛散性及绝对或条件收敛性:

(1) $\sum\limits_{n=2}^{\infty} \sin \left(n\pi + \dfrac{1}{\ln n} \right)$;

(2) $\sum\limits_{n=1}^{\infty} \dfrac{\sin nx}{n}$;

(3) $\sum\limits_{n=1}^{\infty} (-1)^n \dfrac{\ln n}{n^{\alpha}}$;

(4) $\sum\limits_{n=1}^{\infty} \ln(1 + \dfrac{(-1)^n}{n^p})$ $(p > 0)$;

(5) $\sum\limits_{n=1}^{\infty} (-1)^n \dfrac{(\ln n)^{\alpha}}{n}$;

(6) $\sum\limits_{n=1}^{\infty} \left[\ln \dfrac{1}{n^{\alpha}} - \ln \sin \dfrac{1}{n^{\alpha}} \right]$ $(\alpha \geqslant 0)$.

3. 设 $\sum\limits_{k=1}^{\infty} a_k$ 是正项收敛级数, $R_n = \sum\limits_{k=n+1}^{\infty} a_k$. 证明:

(1) $\sum\limits_{n=1}^{\infty} \dfrac{a_k}{R_n^p}$ $(p \geqslant 1)$ 发散;

(2) $\sum\limits_{n=1}^{\infty} \dfrac{a_k}{R_{n-1}^p}$ $(p < 1)$ 收敛;

(3) $\sum\limits_{n=1}^{\infty} a_{n+1} \ln^2 R_n$ 收敛.

4. 证明: 收敛级数 $\sum\limits_{n=1}^{\infty} \dfrac{(-1)^n}{\sqrt{n}}$ 的平方是发散级数.

5. 设正项级数 $\sum\limits_{n=1}^{\infty} u_n$ 的前 n 项部分和为 $S_n, a_1 > 1, \sum\limits_{n=1}^{\infty} u_n$ 发散. 判定级数 $\sum\limits_{n=1}^{\infty} \dfrac{u_n}{S_n \ln^2 S_n}$ 和 $\sum\limits_{n=1}^{\infty} \dfrac{u_{n+1}}{S_n \ln S_n}$ 的敛散性.

6. 设级数 $\sum\limits_{n=1}^{\infty} u_n$ 收敛, $\sum\limits_{n=1}^{\infty} (v_{n+1} - v_n)$ 绝对收敛. 证明: $\sum\limits_{n=1}^{\infty} u_n v_n$ 收敛.

7. 设正项级数 $\sum\limits_{n=1}^{\infty} a_n$ 收敛.

(1) 证明: $\sum\limits_{n=1}^{\infty} \dfrac{\sqrt{a_n}}{n^p} \left(p > \dfrac{1}{2} \right)$ 收敛;

(2) 举例说明 $\sum\limits_{n=1}^{\infty} \dfrac{\sqrt{a_n}}{\sqrt{n}}$ 可能发散.

8. 设级数 $\sum\limits_{n=1}^{\infty} a_n$ 收敛于 S. 证明:

(1) $\lim\limits_{n \to +\infty} \dfrac{a_1 + 2a_2 + \cdots + na_n}{n} = 0$;

(2) $\lim\limits_{n \to \infty} \sqrt[n]{n! a_1 a_2 \cdots a_n} = 0$;

(3) 级数 $\sum\limits_{n=1}^{\infty} \dfrac{a_1 + 2a_2 + \cdots + na_n}{n(n+1)}$ 收敛于 S.

8.6　数项级数综合题

这一节给出数项级数的一些综合性例题.

例 8.6.1　设 $\{a_n\}$ 是单调减少的正项数列, 证明 $\sum\limits_{n=1}^{\infty} \dfrac{a_n - a_{n+1}}{\sqrt{a_n}}$ 收敛.

证　显见, $u_n = \dfrac{a_n - a_{n+1}}{\sqrt{a_n}} \geqslant 0$, 故级数是正项的, 要证级数收敛, 只要证明其部分和数有上界即可. 事实上, 因为

$$
\frac{a_k - a_{k+1}}{\sqrt{a_k}} = \frac{\sqrt{a_k} + \sqrt{a_{k+1}}}{\sqrt{a_k}} (\sqrt{a_k} - \sqrt{a_{k+1}})
$$

$$
= \left(1 + \frac{\sqrt{a_{k+1}}}{\sqrt{a_k}} \right) (\sqrt{a_k} - \sqrt{a_{k+1}}) \leqslant 2(\sqrt{a_k} - \sqrt{a_{k+1}}),
$$

所以

$$
S_n = \sum_{k=1}^{n} u_k = \sum_{k=1}^{n} \frac{a_k - a_{k+1}}{\sqrt{a_k}} \leqslant 2 \sum_{k=1}^{n} (\sqrt{a_k} - \sqrt{a_{k+1}})
$$

$$
= 2(\sqrt{a_1} - \sqrt{a_{n+1}}) \leqslant 2\sqrt{a_1}.
$$

根据正项级数收敛的充分必要条件知原级数收敛.

例 8.6.2 设有方程 $x^n + nx - 1 = 0$, 其中 n 为正整数. 证明:

(1) 对每一个 n, 此方程有唯一正实根 a_n;

(2) 级数 $\sum\limits_{n=1}^{\infty} (-1)^n a_n$ 和 $\sum\limits_{n=1}^{\infty} a_n^2$ 收敛.

证 (1) 记 $f_n(x) = x^n + nx - 1$. 当 $x > 0$ 时, $f_n'(x) = nx^{n-1} + n > 0$, 故 $f_n(x)$ 在 $[0, +\infty)$ 上严格单调递增. 而

$$f_n\left(\frac{1}{n}\right) = \frac{1}{n} + 1 - 1 = \frac{1}{n} > 0, f_n\left(\frac{1}{n+1}\right) = \frac{1}{(n+1)^n} + \frac{n}{n+1} - 1$$

$$= \frac{1}{(n+1)^n} - \frac{1}{n+1} < 0, n \geqslant 2.$$

由连续函数的介值定理和 $f_n(x)$ 的严格单调性知, 方程 $x^n + nx - 1 = 0$ 存在唯一正实根 a_n, $\dfrac{1}{n+1} < a_n < \dfrac{1}{n}$, 使 $f_n(a_n) = 0$.

(2) 由 $a_{n+1} < \dfrac{1}{n+1} < a_n < \dfrac{1}{n}$ 知 $\{a_n\}$ 是单调递减趋于 0 的数列, 根据交错级数的莱布尼茨判别法, $\sum\limits_{n=1}^{\infty} (-1)^n a_n$ 收敛.

又由 $a_n^n + na_n - 1 = 0$ 与 $a_n > 0$ 得 $0 < a_n = \dfrac{1 - a_n^n}{n} < \dfrac{1}{n}, 0 < a_n^2 < \dfrac{1}{n^2}$.

因正项级数 $\sum\limits_{n=1}^{\infty} \dfrac{1}{n^2}$ 收敛, 所以级数 $\sum\limits_{n=1}^{\infty} a_n^2$ 收敛.

例 8.6.3 设 $a_n \geqslant 0 \, (n = 1, 2, \cdots)$, 证明: 级数 $\sum\limits_{n=1}^{\infty} \dfrac{a_n}{(1+a_1)(1+a_2)\cdots(1+a_n)}$ 收敛.

证 记 $S_n = \sum\limits_{k=1}^{n} \dfrac{a_k}{(1+a_1)(1+a_2)\cdots(1+a_k)}, n = 1, 2, \cdots$. 依题意, 原级数是正项级数,

记 $a_0 = 0$, 则

$$S_n = \frac{a_1}{1+a_1} + \sum_{k=2}^{n}\left[\frac{1}{(1+a_1)\cdots(1+a_{k-1})} - \frac{1}{(1+a_1)\cdots(1+a_{k-1})(1+a_k)}\right]$$

$$= \frac{a_1}{1+a_1} + \left[\frac{1}{1+a_1} - \frac{1}{(1+a_1)(1+a_2)\cdots(1+a_n)}\right]$$

$$= 1 - \frac{1}{(1+a_1)(1+a_2)\cdots(1+a_n)} < 1 \, (n = 1, 2, \cdots),$$

即部分和数列 $\{S_n\}$ 有上界. 故原级数收敛.

例 8.6.4　设 $a_n - a_{n-1} = d$, $\lim\limits_{n \to \infty} a_n = +\infty$, 证明: 级数 $\sum\limits_{n=1}^{\infty} \dfrac{1}{a_n a_{n+1} \cdots a_{n+m}}$ 收敛, 其中 m 为自然数.

证　因 $a_n - a_{n-1} = d$, $\lim\limits_{n \to \infty} a_n = +\infty$, 故 $\{a_n\}$ 是等差数列, 且 $d > 0$. 于是 $a_{n+m} = a_n + md$, 即 $a_{n+m} - a_n = md$. 设法将 $u_n = \dfrac{1}{a_n a_{n+1} \cdots a_{n+m}}$ 拆成两项之差

$$
\begin{aligned}
u_n &= \frac{1}{a_n a_{n+1} \cdots a_{n+m}} \\
&= \frac{a_{n+m} - a_n}{a_n a_{n+1} \cdots a_{n+m}(a_{n+m} - a_n)} = \frac{1}{md} \frac{a_{n+m} - a_n}{a_n a_{n+1} \cdots a_{n+m}} \\
&= \frac{1}{md} \left[\frac{1}{a_n a_{n+1} \cdots a_{n+m-1}} - \frac{1}{a_{n+1} a_{n+2} \cdots a_{n+m}} \right], \\
S_n &= \sum_{k=1}^{n} u_k = \frac{1}{md} \sum_{k=1}^{n} \left[\frac{1}{a_k a_{k+1} \cdots a_{k+m-1}} - \frac{1}{a_{k+1} a_{k+2} \cdots a_{k+m}} \right] \\
&= \frac{1}{md} \left[\frac{1}{a_1 a_2 \cdots a_m} - \frac{1}{a_{n+1} a_{n+2} \cdots a_{n+m}} \right].
\end{aligned}
$$

由 $\lim\limits_{n \to \infty} a_n = +\infty$, $\lim\limits_{n \to \infty} \dfrac{1}{a_{n+1} a_{n+2} \cdots a_{n+m}} = 0$, 所以 $\lim\limits_{n \to \infty} S_n = \dfrac{1}{md} \cdot \dfrac{1}{a_1 a_2 \cdots a_m}$. 故原级数收敛.

例 8.6.5　设 $f(x) = \dfrac{1}{1 - x - x^2}$, $a_n = \dfrac{1}{n!} f^{(n)}(0) \, (n = 1, 2, \cdots)$. 证明级数 $\sum\limits_{n=0}^{\infty} \dfrac{a_{n+1}}{a_n \cdot a_{n+2}}$ 收敛, 并求其和.

证　依题意, 有 $f(x) = \sum\limits_{n=0}^{\infty} a_n x^n$, 故

$$
1 = (1 - x - x^2) \sum_{n=0}^{\infty} a_n x^n = a_0 + (a_1 - a_0) x + \sum_{n=0}^{\infty} (a_{n+2} - a_{n+1} - a_n) x^{n+2},
$$

比较两边 x 的同次幂的系数, 则得

$$
a_0 = a_1 = 1, \quad a_{n+2} = a_{n+1} + a_n, \quad n = 1, 2, \cdots.
$$

由归纳法易证 $a_n \geqslant n \, (n = 1, 2, \cdots)$, 故 $\lim\limits_{n \to +\infty} a_n = +\infty$.

记 $S_n = \sum\limits_{k=0}^{n} \dfrac{a_{k+1}}{a_k \cdot a_{k+2}}$, 由 $a_{k+1} = a_{k+2} - a_k \, (k = 0, 1, 2, \cdots)$ 知

$$S_n = \sum_{k=0}^{n} \frac{a_{k+2} - a_k}{a_k a_{k+2}} = \sum_{k=0}^{n} \left(\frac{1}{a_k} - \frac{1}{a_{k+2}} \right)$$

$$= \sum_{k=0}^{n} \left(\frac{1}{a_k} - \frac{1}{a_{k+1}} \right) + \sum_{k=0}^{n} \left(\frac{1}{a_{k+1}} - \frac{1}{a_{k+2}} \right)$$

$$= \left(\frac{1}{a_0} - \frac{1}{a_{n+1}} \right) + \left(\frac{1}{a_1} - \frac{1}{a_{n+2}} \right), n = 0, 1, 2, \cdots.$$

从而 $\lim\limits_{n \to +\infty} S_n = 2$, 所以级数 $\sum\limits_{n=0}^{\infty} \dfrac{a_{n+1}}{a_n \cdot a_{n+2}}$ 收敛, 且其和等于 $S = 2$.

注 8.6.1 方程 $x^2 - x - 1 = 0$ 的两根为 $x_1 = \dfrac{-1-\sqrt{5}}{2}, x_2 = \dfrac{-1+\sqrt{5}}{2}$, 则

$$f(x) = \frac{1}{-(x - x_1)(x - x_2)} = \frac{1}{x_2 - x_1} \left[\frac{1}{x_2 - x} - \frac{1}{x_1 - x} \right]$$

$$= \frac{1}{x_2 - x_1} \left[\frac{1}{x_2} \cdot \frac{1}{1 - (x/x_2)} - \frac{1}{x_1} \cdot \frac{1}{1 - (x/x_1)} \right]$$

$$= \frac{1}{x_2 - x_1} \left(\sum_{k=0}^{\infty} \frac{x^k}{x_2^{k+1}} - \sum_{k=0}^{\infty} \frac{x^k}{x_1^{k+1}} \right) = \frac{1}{x_2 - x_1} \sum_{k=0}^{\infty} \left(\frac{1}{x_2^{k+1}} - \frac{1}{x_1^{k+1}} \right) x^k,$$

而 $\dfrac{1}{x_1} = \dfrac{1 - \sqrt{5}}{2}, \dfrac{1}{x_2} = \dfrac{1 + \sqrt{5}}{2}, x_2 - x_1 = \sqrt{5}$, 故

$$f(x) = \frac{1}{\sqrt{5}} \sum_{k=0}^{\infty} \left[\left(\frac{1 + \sqrt{5}}{2} \right)^{k+1} - \left(\frac{1 - \sqrt{5}}{2} \right)^{k+1} \right] x^k,$$

于是

$$a_k = \frac{1}{\sqrt{5}} \left[\left(\frac{1 + \sqrt{5}}{2} \right)^{k+1} - \left(\frac{1 - \sqrt{5}}{2} \right)^{k+1} \right], k = 0, \ 1, \ 2, \ \cdots$$

这恰好是斐波那契数列的通项公式, 其递推公式为 $a_0 = 1, a_1 = 1, a_{n+2} = a_{n+1} + a_n (n = 1, 2, \cdots)$.

下一例子给出数列 $\{a_n\}$ 和级数 $\displaystyle\sum_{n=1}^{\infty} a_n$ 及 $\displaystyle\sum_{n=1}^{\infty} n(a_n - a_{n+1})$ 的收敛性之间的关系.

例 8.6.6　设正项级数 $\displaystyle\sum_{n=1}^{\infty} a_n$ 收敛, 数列 $\{a_n\}$ 单调递减. 证明:

(1) $\displaystyle\lim_{n\to+\infty} na_n = 0$;

(2) $\displaystyle\sum_{n=1}^{\infty} n(a_n - a_{n+1})$ 收敛, 且 $\displaystyle\sum_{n=1}^{\infty} n(a_n - a_{n+1}) = \sum_{n=1}^{\infty} a_n$.

证明　(1) 因为 $\displaystyle\sum_{n=1}^{\infty} a_n$ 收敛, 所以 $\forall \varepsilon > 0, \exists N \in \mathbf{N}^+$, 当 $n > N$ 时, 恒有

$$0 < a_{N+1} + a_{N+2} + \cdots + a_n < \frac{\varepsilon}{2}.$$

因为数列 $\{a_n\}$ 单调递减, 于是有

$$(n - N)a_n \leqslant a_{N+1} + a_{N+2} + \cdots + a_n < \frac{\varepsilon}{2},$$

从而当 $n > 2N$ 时,

$$0 < na_n = (n - N)a_n + (2N - N)a_n$$

$$\leqslant (n - N)a_n + (2N - N)a_N < \frac{\varepsilon}{2} + \frac{\varepsilon}{2} = \varepsilon.$$

所以

$$\lim_{n\to\infty} na_n = 0.$$

(2) $S_n = a_1 + a_2 + \cdots + a_n$

$$= (a_1 - a_2) + 2(a_2 - a_3) + \cdots + (n - 1)(a_{n-1} - a_n) + na_n$$

$$= \sum_{k=1}^{n-1} k(a_k - a_{k+1}) + na_n.$$

因为正项级数 $\displaystyle\sum_{n=1}^{\infty} a_n$ 收敛, 所以 $\displaystyle\lim_{n\to\infty} S_n$ 存在, 又由 (1) 知 $\displaystyle\lim_{n\to\infty} na_n = 0$, 从而由

上式可知级数 $\displaystyle\sum_{n=1}^{\infty} n(a_n - a_{n+1})$ 收敛.

注 8.6.2 回顾阿贝尔变换: 设有两组实数 $a_k, b_k, B_k = \sum\limits_{i=1}^{k} b_i, k = 1, 2, \cdots, n.$

则有 $\sum\limits_{k=1}^{n} a_k b_k = \sum\limits_{k=1}^{n-1} (a_k - a_{k+1}) B_k + a_n B_n$, 称之为阿贝尔变换或分部求和公式. 取 $b_k = 1, k = 1, 2, \cdots$, 则由阿贝尔变换可得

$$S_n = \sum_{k=1}^{n} a_k = \sum_{k=1}^{n} (a_k \cdot 1) = \sum_{k=1}^{n-1} k (a_k - a_{k+1}) + n a_n.$$

注 8.6.3 从上题可以看出, $\{n a_n\}, \sum\limits_{n=1}^{\infty} a_n, \sum\limits_{n=1}^{\infty} n(a_n - a_{n+1})$, 三者有其二收

敛, 则其余一个也收敛, 如果数列 $\{n a_n\}$ 收敛, 则 $\sum\limits_{n=1}^{\infty} a_n$ 与 $\sum\limits_{n=1}^{\infty} n(a_n - a_{n+1})$ 同

敛散.

注 8.6.4 此题也说明: 通项 a_n 单调递减的正项级数收敛的一个必要条件是 $\lim\limits_{n \to +\infty} a_n / \dfrac{1}{n} = \lim\limits_{n \to +\infty} n a_n = 0$, 即通项必须是比 $\dfrac{1}{n}$ 高阶的无穷小量, 但此非充分

条件, $\sum\limits_{n=1}^{\infty} \dfrac{1}{n \ln n}$ 即为反例.

注 8.6.5 由于级数与数列的密切关系, 二者常常可以互相利用, 例如, 根据

数列 $\{a_n\}$ 与级数 $\sum\limits_{n=1}^{\infty} (a_{n+1} - a_n)$ 敛散性相同的简单事实, 可以判定一些数列的

敛散性.

思考 分别用两种方法判定下列各数列的收敛性, 并考虑与本节习题 8 的关系.

$$a_n = 1 + \frac{1}{2} + \cdots + \frac{1}{n} - \ln n, \ n = 1, 2, \cdots;$$

$$a_n = 1 + \frac{1}{\sqrt{2}} + \cdots + \frac{1}{\sqrt{n}} - 2\sqrt{n}, \ n = 1, 2, \cdots;$$

$$a_n = \frac{1}{2 \ln 2} + \frac{1}{3 \ln 3} \cdots + \frac{1}{n \ln n} - \ln \ln n, \ n = 1, 2, \cdots.$$

下面介绍两个重要的判别法.

例 8.6.7 设 $\{a_n\}$ 为递减正项数列. 证明: $\sum\limits_{n=1}^{\infty} a_n$ 与 $\sum\limits_{m=0}^{\infty} 2^m a_{2^m}$ 同时收敛或

同时发散.

证   分别记这两个级数的部分和为

$$S_n = \sum_{k=1}^{n} a_k, T_m = \sum_{k=0}^{m} 2^k a_{2^k}.$$

对任一正整数 n, 选取正整数 m, 使 $2^m > n$, 则有

$$S_n < S_{2^m} = a_1 + a_2 + \cdots + a_{2^m}$$

$$< a_1 + (a_2 + a_3) + \cdots + (a_{2^m} + a_{2^m+1} + \cdots + a_{2^{m+1}-1})$$

$$< a_1 + 2a_2 + \cdots + 2^m a_{2^m} = T_m.$$

同样地, 对任一正整数 m, 选取正整数 n, 使 $n > 2^m$, 则有

$$S_n > S_{2^m} = a_1 + a_2 + \cdots + a_{2^m}$$

$$> \frac{1}{2}a_1 + a_2 + (a_3 + a_4) + \cdots + (a_{2^{m-1}+1} + \cdots + a_{2^m})$$

$$> \frac{1}{2}a_1 + a_2 + 2a_4 + \cdots + 2^{m-1}a_{2^m} = \frac{1}{2}T_m.$$

由此可见数列 $\{S_n\}$ 与 $\{T_m\}$ 同时有界或同时无界. 因而正项级数 $\sum\limits_{n=1}^{\infty} a_n$ 与

$\sum\limits_{m=0}^{\infty} 2^m a_{2^m}$ 同时收敛或同时发散.

注 8.6.6   有的书上将此判别法称作柯西凝聚判别法, 它在判别有些正项级数的敛散性时简便而有效.

例 8.6.8 $\{a_n\}$ 是递减正项数列证明:

(1) 若 $\sum\limits_{n=1}^{\infty} a_{2^n}$ 发散, 则 $\sum\limits_{n=1}^{\infty} a_n/n$ 发散;

(2) 设 $\{a_n\}$ 是递减趋于零的数列.

若 $\sum\limits_{n=1}^{\infty} a_n = +\infty$, 则 $\sum\limits_{n=1}^{\infty} \min(a_n, 1/n) = +\infty$.

证   (1) 由正项数列 $\{a_n\}$ 递减容易推出 $\{a_n/n\}$ 是正项递减数列, 而级数

$\sum\limits_{n=1}^{\infty} 2^n a_{2^n} / 2^n = \sum\limits_{n=1}^{\infty} a_{2^n}$, 已知它发散. 根据例 8.6.7, 即可得证.

(2) 由例 8.6.7 知, $\sum\limits_{n=1}^{\infty} 2^n a_{2^n}$ 发散. 因为 $\{b_n = \min(a_n, 1/n)\}$ 是递减趋于零

的数列, 所以 $\sum\limits_{n=1}^{\infty} b_n$ 与 $\sum\limits_{n=1}^{\infty} 2^n b_{2^n} = \sum\limits_{n=1}^{\infty} 2^n \min\left(a_{2^n}, \frac{1}{2^n}\right)$ 同敛散.

若 $a_{2^n} \leqslant 1/\, 2^n$, 则由 $\displaystyle\sum_{n=1}^{\infty} 2^n a_{2^n}$ 发散可知, $\displaystyle\sum_{n=1}^{\infty} b_n$ 发散, 得证.

若 $a_{2^n} > 1/\, 2^n$, 则由 $\displaystyle\sum_{n=1}^{\infty} 2^n \cdot \dfrac{1}{2^n}$ 发散可知, $\displaystyle\sum_{n=1}^{\infty} b_n$ 发散, 得证.

例 8.6.9 判别下列级数的敛散性:

(1) $\displaystyle\sum_{n=2}^{\infty} \dfrac{1}{n^p}$; (2) $\displaystyle\sum_{n=2}^{\infty} \dfrac{1}{n(\ln n)^p}$.

解 (1) 当 $p \leqslant 0$ 时, $\dfrac{1}{n^p} \geqslant 1$, $\displaystyle\sum_{n=1}^{\infty} \dfrac{1}{n^p}$ 显然发散. 当 $p > 0$ 时, $\left\{\dfrac{1}{n^p}\right\}$ 是递减正

数列. 考察级数 $\displaystyle\sum_{n=1}^{\infty} 2^n \dfrac{1}{(2^n)^p} = \sum_{n=1}^{\infty} 2^{n(1-p)}$, 这是等比级数, 且公比为 $2^{(1-p)}$.

故当 $2^{(1-p)} < 1$, 即 $p > 1$ 时, $\displaystyle\sum_{n=1}^{\infty} 2^n \dfrac{1}{(2^n)^p}$ 收敛, 据例 8.6.7, $\displaystyle\sum_{n=1}^{\infty} \dfrac{1}{n^p}$ 也收敛;

当 $2^{(1-p)} \geqslant 1$, 即 $p \leqslant 1$ 时, $\displaystyle\sum_{n=1}^{\infty} 2^n \dfrac{1}{(2^n)^p}$ 发散, 据例 8.6.7, $\displaystyle\sum_{n=1}^{\infty} \dfrac{1}{n^p}$ 也发散.

(2) 不难验证 $\left\{\dfrac{1}{n(\ln n)^p}\right\}$ 是递减正数列. 考察 $\displaystyle\sum_{n=2}^{\infty} 2^n \dfrac{1}{2^n(\ln 2^n)^p} = \dfrac{1}{\ln 2} \sum_{n=2}^{\infty} \dfrac{1}{n^p}$.

由 (1) 知, 该级数在 $p > 1$ 时收敛, $p \leqslant 1$ 时发散, 据例 8.6.7, $\displaystyle\sum_{n=2}^{\infty} \dfrac{1}{n(\ln n)^p}$ 亦然.

例 8.6.10 设 $\{a_n\}$ 是严格递减的正数列. 若存在严格递增的正整数列 $\{m_k\}$, 以及 $M > 0$, 使得 $m_{k+1} - m_k \leqslant M(m_k - m_{k-1})(k = 2, 3, \cdots)$, 则以下两级数同时收敛或同时发散:

(A) $\displaystyle\sum_{n=1}^{\infty} a_n$; (B) $\displaystyle\sum_{n=1}^{\infty} (m_{k+1} - m_k)a_{m_k}$.

证 记 $S_n = \displaystyle\sum_{k=1}^{\infty} a_k$. 对任意的 n, 取 $m_k \geqslant n$, 则

$S_n \leqslant S_{m_k}$

$\leqslant (a_1 + \cdots + a_{m_1-1}) + (a_{m_1} + \cdots + a_{m_2-1}) + \cdots + (a_{m_k} + \cdots + a_{m_{k+1}-1})$

$\leqslant (a_1 + \cdots + a_{m_1-1}) + \displaystyle\sum_{i=1}^{k} (m_{i+1} - m_i)a_{m_i},$

由此可知, (B) 收敛时 (A) 收敛.

对任意的 k, 取 $n \geqslant m_k$, 有

$$MS_n \geqslant MS_{m_k} \geqslant M(a_{m_1+1} + \cdots + a_{m_2}) + \cdots + M(a_{m_{k-1}+1} + \cdots + a_{m_k})$$

$$\geqslant M(m_2 - m_1)a_{m_2} + \cdots + M(m_k - m_{k-1})a_{m_k}$$

$$\geqslant (m_3 - m_2)a_{m_2} + \cdots + (m_{k+1} - m_k)a_{m_k}.$$

由此可知, (A) 收敛时 (B) 收敛.

注 8.6.7 由例 8.6.10 容易得出结论

若 $\{a_n\}$ 是递减正数列, 则 $\sum\limits_{n=1}^{\infty} a_n$ 与下列任一级数同敛散:

(1) $\sum\limits_{n=1}^{\infty} 3^n a_{3^n};$ (2) $\sum\limits_{n=1}^{\infty} n a_{n^2}.$

例 8.6.11 证明:

(1) 设 $\sum\limits_{n=1}^{\infty} a_n$ 是收敛的正项级数, 记 $R_n = \sum\limits_{k=n+1}^{\infty} a_k$, 若 $\sum\limits_{n=1}^{\infty} R_n$ 收敛, 则 $\lim\limits_{n\to\infty} na_n = 0$.

(2) 设 $\{a_n\}$ 是递减趋于零的数列, 若 $b_n = a_n - 2a_{n+1} + a_{n+2} \geqslant 0$ $(n = 1, 2, \cdots)$, 则 $\sum\limits_{n=1}^{\infty} nb_n = a_1$.

(3) 设 $\{a_n\}$ 是递减正数列, 若级数 $\sum\limits_{n=1}^{\infty} a_n/\sqrt{n}$ 收敛, 则级数 $\sum\limits_{n=1}^{\infty} a_n^2$ 收敛.

证 (1) 因为 $\{R_n\}$ 是递减趋于零的, 所以, 由例 8.6.6 知 $nR_n \to 0(n \to \infty)$. 从而有

$$\lim_{n\to\infty} na_n = \lim_{n\to\infty} n(R_{n-1} - R_n)$$

$$= \lim_{n\to\infty} [(n-1)R_{n-1} - nR_n + R_{n-1}] = 0.$$

(2)(i) 记 $C_n = a_n - a_{n+1}$, 则 $\{C_n\}$ 是递减趋于零的数列. 注意到 $\sum\limits_{n=1}^{N} C_n = \sum\limits_{n=1}^{N}(a_n - a_{n+1}) = a_1 - a_{N+1}$, 可知级数 $\sum\limits_{n=1}^{\infty} C_n$ 收敛, 从而有 $nC_n = n(a_n - a_{n+1}) \to 0(n \to \infty)$.

(ii) 当 $n \to \infty$ 时, 我们有

$$\sum_{k=1}^{n-1} nb_n = a_1 - na_n + (n-1)a_{n+1} = a_1 - a_{n+1} - n(a_n - a_{n+1}) \to a_1.$$

(3) 因为 $\{a_n/\sqrt{n}\}$ 是递减正数列, 所以由例 8.6.6 知 $\sqrt{n}a_n = n \cdot (a_n/\sqrt{n}) \to 0(n \to \infty)$. 不妨设 $0 \leqslant \sqrt{n}a_n \leqslant M(n = 1, 2, \cdots)$, 则由

$$a_n^2 = \frac{a_n}{\sqrt{n}} \cdot \sqrt{n}a_n \leqslant M\frac{a_n}{\sqrt{n}},$$

可知 $\sum\limits_{n=1}^{\infty} a_n^2$ 收敛.

例 8.6.12(Sapagof 判别法) 设正数数列 $\{a_n\}$ 单调递减, 则 $\lim\limits_{n\to\infty} a_n = 0$ 的充分必要条件是正项级数 $\sum\limits_{n=1}^{\infty} \left(1 - \frac{a_{n+1}}{a_n}\right)$ 发散.

证 将题中的级数记为 $\sum\limits_{n=1}^{\infty} b_n$, 其中 $b_n = 1 - \frac{a_{n+1}}{a_n}, n = 1, 2, \cdots$.

由于正数数列 $\{a_n\}$ 单调减少, 因此有极限 $\lim\limits_{n\to\infty} a_n = a \geqslant 0$. 若 $\sum\limits_{n=1}^{\infty} b_n$ 发散, 而 $a > 0$, 则 $b_n \leqslant \frac{a_n - a_{n+1}}{a}$. 由于 $\sum\limits_{n=1}^{\infty} (a_n - a_{n+1}) = \lim\limits_{n\to\infty} (a_1 - a_n) = a_1 - a$, 由比较判别法, 推出 $\sum\limits_{n=1}^{\infty} b_n$ 收敛, 矛盾. 若 $a = 0$, 则有

$$\sum_{k=n+1}^{n+p} b_k = \sum_{k=n+1}^{n+p} \frac{a_k - a_{k+1}}{a_k} \geqslant \sum_{k=n+1}^{n+p} \frac{a_k - a_{k+1}}{a_{n+1}} = 1 - \frac{a_{n+p+1}}{a_{n+1}}.$$

对任意给定的 n, 利用 $a_n \to 0$ 的条件, 总可以取到充分大的 p, 使上式大于 $\frac{1}{2}$, 可见级数 $\sum\limits_{n=1}^{\infty} b_n$ 发散.

思考 利用例 8.6.12 的结论证明

$$\lim_{n\to\infty} \frac{(2n)!}{4^n(n!)^2} = \lim_{n\to\infty} \frac{n^n}{e^n n!} = \lim_{n\to\infty} \frac{n!}{(\pi+1)\cdots(\pi+n)} = 0.$$

注 8.6.8   在变号级数敛散性判别法中, 常常需要证明某个单调数列收敛于 0, 此时, 例 8.3.3 大有用武之地, 这样就能将一些变号级数的敛散性判别归结为某个正项级数的敛散性判别.

 习 题   **8.6**

⋯⋯⋯⋯⋯⋯⋯⋯⋯⋯⋯⋯⋯⋯⋯⋯⋯⋯⋯⋯⋯⋯⋯⋯⋯⋯⋯⋯⋯⋯⋯⋯⋯⋯⋯

1. 设正项级数 $\displaystyle\sum_{n=1}^{\infty} a_n$ 发散, 判别下列级数的敛散性:

(1) $\displaystyle\sum_{n=1}^{\infty} \frac{a_n}{1+a_n}$;   (2) $\displaystyle\sum_{n=1}^{\infty} \frac{a_n}{1+na_n}$;

(3) $\displaystyle\sum_{n=1}^{\infty} \frac{a_n}{1+n^2 a_n}$;   (4) $\displaystyle\sum_{n=1}^{\infty} \frac{a_n}{1+a_n^2}$.

2. 设有数列 $\{a_n\}$, 记 $\sigma_n = \dfrac{a_1 + a_2 + \cdots + a_n}{n}$ $(n = 1, 2, \cdots)$.

(1) 若 a_n 单调递减趋于 0, 证明: $\displaystyle\sum_{n=1}^{\infty} (-1)^n \sigma_n$ 收敛.

(2) 若 $\{\sigma_n\}$ 有界, 证明: 级数 $\displaystyle\sum_{n=1}^{\infty} \frac{a_n}{n^p}$ $(p > 1)$ 收敛.

3. 设 $a_1 = 2, a_{n+1} = \dfrac{1}{2}\left(a_n + \dfrac{1}{a_n}\right), n = 1, 2, \cdots$, 试证:

(1) $\displaystyle\lim_{n\to\infty} a_n$ 存在.

(2) 级数 $\displaystyle\sum_{n=1}^{\infty}\left(\dfrac{a_n}{a_{n+1}} - 1\right)$ 收敛.

4. 设 $f_0(x)$ 在 $[0, a]$ $(a > 0)$ 上连续, 且 $f_n(x) = \displaystyle\int_0^x f_{n-1}(t)\mathrm{d}t, x \in [0, a], n = 1, 2, \cdots$. 试证级数 $\displaystyle\sum_{n=1}^{\infty} f_n(x)$ 在 $[0, a]$ 上绝对收敛.

5. 设函数 $f_0(x)$ 在 $(-\infty, +\infty)$ 内连续, $f_n(x) = \displaystyle\int_0^x f_{n-1}(t)\mathrm{d}t, (n = 1, 2, \cdots)$. 证明:

(1) $f_n(x) = \dfrac{1}{(n-1)!}\displaystyle\int_0^x f_0(t)(x-t)^{n-1}\mathrm{d}t$ $(n = 1, 2, \cdots)$;

(2) 对于 $(-\infty, +\infty)$ 内的任意固定的 x, 级数 $\displaystyle\sum_{n=1}^{\infty} f_n(x)$ 绝对收敛.

6. 设函数 $f(x)$ 在 $(-\infty, +\infty)$ 上连续, 且满足 $f(x) = \sin x + \displaystyle\int_0^x t f(x-t)\mathrm{d}t$, 证明 $\displaystyle\sum_{n=1}^{\infty} (-1)^n f\left(\dfrac{1}{n}\right)$ 收敛, 而 $\displaystyle\sum_{n=1}^{\infty} f\left(\dfrac{1}{n}\right)$ 发散.

7. 设级数 $\displaystyle\sum_{n=1}^{\infty}(a_n - a_{n-1})$ 收敛, 又 $\displaystyle\sum_{n=1}^{\infty}b_n$ 是收敛的正项级数, 证明 $\displaystyle\sum_{n=1}^{\infty}a_n b_n$ 绝对收敛.

8. 设 $f(x)$ 是 $[1,+\infty)$ 上的非负单调递减函数. 证明:

(1) 极限 $\displaystyle\lim_{n\to\infty}\left(\sum_{k=1}^{n}f(k) - \int_1^n f(x)\mathrm{d}x\right)$ 存在;

(2) 若记上述极限值为 A, 则 $0 \leqslant A \leqslant f(1)$;

(3) $\displaystyle\lim_{x\to+\infty}\sum_{k=1}^{\infty}\frac{x}{x^2+n^2} = \frac{\pi}{2}$.

9. 设级数 $\displaystyle\sum_{k=1}^{\infty}a_k$ 满足下述条件: (1) $\displaystyle\lim_{k\to+\infty}a_k = 0$. (2) $\displaystyle\sum_{k=1}^{\infty}(a_{2k-1} + a_{2k})$ 收敛. 证明: $\displaystyle\sum_{k=1}^{\infty}a_k$ 收敛.

10. 设 $\{a_n\}$ 是单调增加的正数列. 证明: 该数列与级数 $\displaystyle\sum_{n=1}^{\infty}\left(1 - \frac{a_n}{a_{n+1}}\right)$ 同敛散,$\{a_n\}$ 有界是它们收敛的充要条件.

11. 设 $a_1 \geqslant a_2 \geqslant a_3 \geqslant a_4 \geqslant \cdots \geqslant a_{2n-1} \geqslant a_{2n} \geqslant \cdots \geqslant 0$, 且级数 $\displaystyle\sum_{n=1}^{\infty}a_n$ 发散, 证明:

$$\lim_{n\to\infty}\frac{a_2 + a_4 + \cdots + a_{2n}}{a_1 + a_3 + \cdots + a_{2n-1}} = 1.$$

12. 设 $\{a_n\}$ 是递减趋于零的数列, $\displaystyle\sum_{n=1}^{\infty}\frac{a_n}{n} = +\infty$. 证明:

$$\sum_{n=1}^{\infty}\frac{1}{n}\min\left(a_n, \frac{1}{\ln n}\right) = +\infty.$$

13. 设 $\{a_n\}$ 是递减正数列, 则 $\displaystyle\sum_{n=1}^{\infty}a_n$ 与下列任一级数同敛散:

(1) $\displaystyle\sum_{n=1}^{\infty}na_{n^2}$; (2) $\displaystyle\sum_{n=1}^{\infty}n^2 a_{n^3}$; (3) $\displaystyle\sum_{n=1}^{\infty}3^n a_{3n}$.

14. 设数列 $\{a_n\}$ 单调递减, 级数 $\displaystyle\sum_{n=1}^{\infty}a_{2n}$ 收敛, 证明: $\displaystyle\sum_{n=1}^{\infty}a_n$ 也收敛. 用此结果证明下述结论: 设 $0 < p_1 < p_2 < \cdots < p_n < \cdots$, 则级数 $\displaystyle\sum_{n=1}^{\infty}\frac{1}{p_n}$ 收敛 $\Leftrightarrow \displaystyle\sum_{n=1}^{\infty}\frac{n}{p_1+p_2+\cdots+p_n}$ 收敛. $\{p_n\}$ 单调递增这个条件用在什么地方?

15. 设 $\displaystyle\sum_{n=1}^{\infty}a_n$ 是正项级数.

(1) 若数列 $\{a_n\}$ 单调递减，$\lim\limits_{n\to\infty}\dfrac{a_{2n}}{a_n}=\rho$，则当 $\rho<\dfrac12$ 时，$\sum\limits_{n=1}^{\infty}a_n$ 收敛；当 $\rho>\dfrac12$ 时，$\sum\limits_{n=1}^{\infty}a_n$ 发散.

(2) 若 $\lim\limits_{n\to+\infty}\dfrac{a_{2n}}{a_n}=\lim\limits_{n\to+\infty}\dfrac{a_{2n+1}}{a_{n+1}}=\rho$，则当 $\rho<\dfrac12$ 时，$\sum\limits_{n=1}^{\infty}a_n$ 收敛；当 $\rho>\dfrac12$ 时，$\sum\limits_{n=1}^{\infty}a_n$ 发散.

(3) 判别级数 $\sum\limits_{n=2}^{\infty}\dfrac{1}{n\ln^2 n}$ 和 $\sum\limits_{n=1}^{\infty}\dfrac{n^n}{n!\mathrm{e}^n}$ 的敛散性.

16. 设 $\{a_n\}$ 为正项递减趋于零的数列. 证明：$\sum\limits_{k=1}^{\infty}a_k$ 收敛当且仅当 $\sum\limits_{k=1}^{\infty}(2k+1)a_{k^2}$ 收敛. 据此判断级数 $\sum\limits_{n=1}^{\infty}\dfrac{\sin(n^\alpha\theta)}{n^\beta},\ \sum\limits_{n=1}^{\infty}\dfrac{\cos(n^\alpha\theta)}{n^\beta}(0<\alpha<\beta)$ 的收敛性.

第 9 讲

函数项级数的一致收敛性

函数是数学分析研究的主要对象, 有限个函数的一些分析性质, 如连续性、可导性、可积性都可以保持到它们的和函数, 且其和函数的极限 (或导数、积分) 可以通过对每个函数分别求极限 (或导数、积分) 之后再求和而得到. 那么, 对于无穷多个函数, 情况如何呢? 这正是本讲要研究的内容, 即函数项级数及其一致收敛性, 这是无穷级数理论的核心之一.

9.1 函数项级数的概念

设 $u_n(x) \ (n = 1, \ 2, \ 3, \cdots)$ 是定义在数集 X 上的一列函数, 我们称

$$\sum_{n=1}^{\infty} u_n(x) = u_1(x) + u_2(x) + \cdots + u_n(x) + \cdots$$

为函数项级数.

函数项级数的收敛性可以借助数项级数得到. 对于每一个确定的 $x_0 \in X$, 若数项级数 $\sum_{n=1}^{\infty} u_n(x_0)$ 收敛, 则称函数项级数 $\sum_{n=1}^{\infty} u_n(x)$ 在点 x_0 收敛, 或称 x_0 是 $\sum_{n=1}^{\infty} u_n(x)$ 的收敛点. 收敛点的全体所构成的集合称为收敛域.

设 $\sum_{n=1}^{\infty} u_n(x)$ 的收敛域为 $I \subseteq X$, 则 $\sum_{n=1}^{\infty} u_n(x)$ 就定义了数集 I 上的一个函数 $S(x)$:

$$S(x) = \sum_{n=1}^{\infty} u_n(x), \quad x \in I,$$

称 $S(x)$ 为 $\sum\limits_{n=1}^{\infty} u_n(x)$ 的和函数.

例 9.1.1 $\sum\limits_{n=0}^{\infty} x^n = 1 + x + x^2 + \cdots$ 在 $I = (-1, 1)$ 内收敛, 其和函数为 $S(x) = \dfrac{1}{1-x}$.

与数项级数一样, 给定一个函数项级数 $\sum\limits_{n=1}^{\infty} u_n(x)$, 可以作出它的部分和序列 $\{S_n(x)\}$, $S_n(x) = \sum\limits_{k=1}^{n} u_k(x)$. 这是一个定义在 X 上的函数序列. 显然, 使 $\{S_n(x)\}$ 收敛的 x 全体就是数集 I. 在 I 上, $\sum\limits_{n=1}^{\infty} u_n(x)$ 的和函数 $S(x)$ 就是部分和序列 $\{S_n(x)\}$ 的极限, 即

$$S(x) = \lim_{n \to \infty} S_n(x), \quad x \in I.$$

反过来, 若给定一个函数序列 $\{S_n(x)\}$, $x \in X$, 只要令 $u_1(x) = S_1(x)$, $u_{n+1}(x) = S_{n+1}(x) - S_n(x)(n = 1, 2, 3, \cdots)$, 就得到相应的函数项级数 $\sum\limits_{n=1}^{\infty} u_n(x)$, 它的部分和序列就是 $\{S_n(x)\}$. 这样一来, 我们看到函数项级数 $\sum\limits_{n=1}^{\infty} u_n(x)$ 的收敛性与函数序列 $\{S_n(x)\}$ 的收敛性在本质上是完全一致的.

例 9.1.2 设 $f_n(x)$ 在 $[0,1]$ 上连续, 且

$$f_n(x) \geqslant f_{n+1}(x), \ x \in [0,1], n = 1, 2, \cdots.$$

若 $f_n(x)$ 在 $[0,1]$ 收敛于 $f(x)$, 试证 $f(x)$ 在 $[0,1]$ 上达到最大值.

证 因为 $\lim\limits_{n \to \infty} f_n(x) = f(x)$, $f_n(x) \geqslant f_{n+1}(x)$, $x \in [0,1]$, $n = 1, 2, \cdots$, 所以

$$f(x) \leqslant f_n(x), \quad x \in [0,1], n = 1, 2, \cdots. \tag{9.1}$$

因 $f_1(x)$ 在 $[0,1]$ 上连续, 所以有上界 M. 故

$$f(x) \leqslant f_1(x) \leqslant M, \quad x \in [0,1].$$

因此 $\mu = \sup\limits_{[0,1]} f(x)$ 存在.

假若 $f(x)$ 在 $[0,1]$ 上取不到上确界 μ, 则由上确界定义可知, 存在 $\{x_n\} \subset [0,1]$, 使得 $\lim\limits_{n\to\infty} f(x_n) = \mu$. 利用致密性原理, 在有界序列 $\{x_n\}$ 中, 必存在收敛的子列 $\{x_{n_k}\}$, $\lim\limits_{k\to\infty} x_{n_k} \to x_0 \in [0,1]$. 现证 $f(x_0) = \mu$. 否则, 因 μ 为上确界, 必有 $f(x_0) < \mu$, 从而存在 μ_0 使得

$$f(x_0) < \mu_0 < \mu. \tag{9.2}$$

因 $\lim\limits_{n\to\infty} f_n(x_0) = f(x_0)$. 所以存在 n_1 使得 $f_{n_1}(x_0) < \mu_0$. 又因 f_{n_1} 连续, 所以存在 $\delta > 0$, 使当 $x \in (x_0 - \delta, x_0 + \delta) \cap [0,1]$ 时, 有 $f_{n_1}(x) < \mu_0$.

据 $\lim\limits_{n\to\infty} x_{n_k} = x_0$, 对 $\delta > 0$, 存在 $K > 0$, 当 $k > K$ 时, $|x_0 - x_{n_k}| < \delta$, 于是

$$f_{n_1}(x_{n_k}) < \mu_0,$$

由 (9.1) 得

$$f(x_{n_k}) \leqslant f_{n_1}(x_{n_k}) < \mu_0,$$

因此,

$$\mu = \lim_{k\to\infty} f(x_{n_k}) \leqslant \mu_0.$$

与 (9.2) 矛盾. 所以 $f(x_0) = \mu = \sup\limits_{[0,1]} f(x) = \max\limits_{[0,1]} f(x)$.

习 题 9.1

1. 求下列函数项级数的收敛域:

(1) $\sum\limits_{n=1}^{\infty} n\left(x + \dfrac{1}{n}\right)^n$;

(2) $\sum\limits_{n=1}^{\infty} \dfrac{x^n}{1 + x^{2n}}$;

(3) $\sum\limits_{n=1}^{\infty} \dfrac{(n+x)^n}{n^{n+x}}$;

(4) $\sum\limits_{n=1}^{\infty} \dfrac{x^n}{n + a^n} (a \geqslant 0)$.

2. 求下列函数项级数的和函数, 并说明其连续性.

(1) $\sum\limits_{n=0}^{\infty} x^n(1-x)$, $x \in [0,1]$;

(2) $\sum\limits_{n=0}^{\infty} x^n(1-x)^2$, $x \in [0,1]$.

3. 设 $u_n(x)(n = 1, 2, \cdots)$ 均为有界闭区间 $[a,b]$ 上的非负连续函数, 函数项级数 $\sum\limits_{n=1}^{\infty} u_n(x)$ 在 $[a,b]$ 上收敛于 $S(x)$, 证明: $S(x)$ 在 $[a,b]$ 上取到最小值. 试问: $S(x)$ 能否取到最大值? 有界闭区间 $[a,b]$ 换为开区间或无穷区间, 结论是否成立?

9.2 函数项级数一致收敛的概念

现在考虑本讲引言中所提出的问题. 对于无穷个函数之和, 即函数项级数 $\sum\limits_{n=1}^{\infty} u_n(x)$, 当其在 I 上收敛于和函数 $S(x)$ 时, 即 $\sum\limits_{n=1}^{\infty} u_n(x) = S(x)$, 或 $\lim\limits_{n\to\infty} S_n(x)$ $= S(x)$ $\left(\text{其中} S_n(x) = \sum\limits_{k=1}^{n} u_k(x)\right)$ 时,

(1) 如果 $u_n(x)$ $(n = 1,\ 2,\ 3,\cdots)$ 连续, $S(x)$ 是否也连续?

(2) 如果 $u_n(x)$ $(n = 1,\ 2,\ 3,\cdots)$ 在 I 的一个区间 $[a,\ b]$ 可积, $S(x)$ 是否也在 $[a,\ b]$ 可积, 又有等式

$$\lim_{n\to\infty} \int_a^b S_n(x)\mathrm{d}x = \int_a^b S(x)\mathrm{d}x,$$

即

$$\sum_{n=1}^{\infty} \int_a^b u_n(x)\mathrm{d}x = \int_a^b \left[\sum_{n=1}^{\infty} u_n(x)\right]\mathrm{d}x$$

是否成立?

(3) 如果 $u_n(x)$ $(n = 1,\ 2,\ 3,\cdots)$ 可导, $S(x)$ 是否也可导? 又等式

$$\lim_{n\to\infty} S_n'(x) = S'(x),$$

即

$$\sum_{n=1}^{\infty} u_n'(x) = \left(\sum_{n=1}^{\infty} u_n(x)\right)'$$

是否成立?

答案是都不一定! 请看下面的例子.

例 9.2.1 定义在区间 $[0,\ 1]$ 上的级数

$$\sum_{n=1}^{\infty} u_n(x) = x + (x^2 - x) + (x^3 - x^2) + \cdots.$$

它的每一项在 $[0,\ 1]$ 上都连续, 其部分和 $S_n(x) = x^n$, 因此和函数为

$$S(x) = \lim_{n\to\infty} S_n(x) = \begin{cases} 0, & 0 \leqslant x < 1, \\ 1, & x = 1. \end{cases}$$

显然, 和函数 $S(x)$ 在 $x = 1$ 处不连续. 这个例子说明, 虽然函数项级数的每一项都是连续函数, 但和函数不一定连续; 虽然级数的每一项都可导, 但和函数不一定可导.

例 9.2.2 考察函数序列 $\{S_n(x)\}$, 其中 $S_n(x) = nx(1-x^2)^n$. 对任何 $x \in [0, 1]$ 有

$$\lim_{n \to \infty} S_n(x) = S(x) = 0.$$

故

$$\int_0^1 S(x)\mathrm{d}x = 0.$$

但是

$$\int_0^1 S_n(x)\mathrm{d}x = \int_0^1 nx(1-x^2)^n\mathrm{d}x = \frac{n}{2(n+1)} \to \frac{1}{2} \quad (n \to \infty).$$

这表明上述函数列虽然有

$$\lim_{n \to \infty} S_n(x) = S(x).$$

可是

$$\lim_{n \to \infty} \int_0^1 S_n(x)\mathrm{d}x \neq \int_0^1 S(x)\mathrm{d}x.$$

为了解决这类求积分 (或求导) 运算与无限求和运算交换次序的问题, 需要引入一个重要概念——一致收敛.

我们知道, 函数列 $\{S_n(x)\}$ 或函数项级数 $\sum\limits_{n=1}^{\infty} u_n(x)$ 在 I 上收敛于 $S(x)$ 是指: 对于任意 $x_0 \in I$, 数列 $\{S_n(x_0)\}$ 收敛于 $S(x_0)$. 按数列极限的定义, 对任给的 $\varepsilon > 0$, 可以找到正整数 N, 当 $n > N$ 时恒有

$$|S_n(x_0) - S(x_0)| < \varepsilon.$$

一般来说, 这里的 $N = N(x_0, \varepsilon)$ 既与 ε 有关又与 x_0 有关. 而一致收敛则要求 N 仅依赖于 ε 而不依赖于 x_0, 也就是对 I 上的每一点都适用的公共的 $N(\varepsilon)$.

定义 9.2.1 设 $\{S_n(x)\}\,(x \in I)$ 是一函数序列, 若对任给的 $\varepsilon > 0$, 存在仅依赖于 ε 的正整数 $N(\varepsilon)$, 当 $n > N(\varepsilon)$ 时,

$$|S_n(x) - S(x)| < \varepsilon$$

对一切 $x \in I$ 都成立, 则称函数序列 $\{S_n(x)\}$ 在 I 上一致收敛于 $S(x)$.

若函数项级数 $\displaystyle\sum_{n=1}^{\infty} u_n(x)\ (x \in I)$ 的部分和函数序列 $\{S_n(x)\}$ 在 I 上一致收敛于 $S(x)$, 则称级数 $\displaystyle\sum_{n=1}^{\infty} u_n(x)$ 在 I 上一致收敛于 $S(x)$.

一致收敛的几何描述如下: 对任给的 $\varepsilon > 0$, 只要 n 充分大 $(n > N)$, 函数 $y = S_n(x)(x \in I)$ 的图像都落在带形区域 $\{\,(x,y)\,|\,x \in I,\ S(x) - \varepsilon < y < S(x) + \varepsilon\,\}$ 之中 (图 9-1).

例 9.2.3　讨论 $S_n(x) = \dfrac{x}{1 + n^2 x^2}$ 在 $(-\infty,\ +\infty)$ 上的一致收敛性.

解　显然 $S(x) = 0,\ x \in (-\infty,\ +\infty)$, 因为 $|S_n(x) - S(x)| = \dfrac{|x|}{1 + n^2 x^2} = \dfrac{1}{2n} \cdot \dfrac{2n|x|}{1 + n^2 x^2} \leqslant \dfrac{1}{2n}$, 所以对任给的 $\varepsilon > 0$, 只要取 $N = \left[\dfrac{1}{2\varepsilon}\right]$, 当 $n > N$ 时,

$$|S_n(x) - S(x)| \leqslant \frac{1}{2n} < \varepsilon,$$

对一切 $x \in (-\infty,\ +\infty)$ 成立, 因此 $\{S_n(x)\}$ 在 $(-\infty,\ +\infty)$ 上一致收敛于 $S(x) = 0$.

这个函数列的图形如图 9-2, 对任给的 $\varepsilon > 0$, 只要取 $N = \left[\dfrac{1}{2\varepsilon}\right]$, 当 $n > N$ 时, 函数 $y = S_n(x),\ x \in (-\infty,\ +\infty)$ 的图像都落在带形区域 $\{(x,y)\,|\,|y| < \varepsilon\}$ 中.

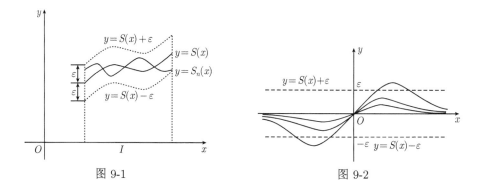

图 9-1　　　　　　　　　　　　　　　　　　　　图 9-2

例 9.2.4　研究例 9.2.1 中的级数

$$\sum_{n=1}^{\infty} u_n(x) = x + (x^2 - x) + \cdots + (x^n - x^{n-1}) + \cdots.$$

在区间 $[0, 1)$ 的一致收敛性.

解 该级数在区间 $[0, 1)$ 内处处收敛于和 $S(x) = 0$, 但并不一致收敛. 事实上, 级数的部分和 $S_n(x) = x^n$, 当 $x = 0$ 时, 显然 $|S_n(x) - S(x)| = x^n < \varepsilon$, 当 $0 < x < 1$ 时, 对任给的 $0 < \varepsilon < 1$, 要使 $|S_n(x) - S(x)| = x^n < \varepsilon$, 必须 $n > \dfrac{\ln \varepsilon}{\ln x}$, 故取 $N = \left[\dfrac{\ln \varepsilon}{\ln x}\right]$. 由于 $x \to 1^-$ 时, $\dfrac{\ln \varepsilon}{\ln x} \to +\infty$, 因此不可能找到对一切 $x \in [0, 1)$ 都适用的 $N = N(\varepsilon)$, 即所给级数在 $[0, 1)$ 不一致收敛. 这表明虽然函数序列 $S_n(x) = x^n$ 在 $[0, 1)$ 处处收敛于 $S(x) = 0$, 但 $S_n(x)$ 在 $[0, 1)$ 各

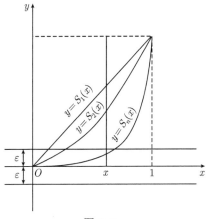

图 9-3

点处收敛于零的 "快慢" 程度并不一致. 从图 9-3 可以看出, 在区间 $0 \leqslant x < 1$ 中取定任一点 x, $S_n(x)$ 都会随 n 的增大而趋于零. 但不论 n 选得多么大, 在 $x = 1$ 的左侧总可以找到这样的点, 使 $S_n(x)$ 大于给定的 ε, 所以在 $[0, 1)$ 上的收敛就不一致了.

下面讨论对任意正数 $r < 1$, 任给 $\varepsilon > 0$ (不妨设 $\varepsilon < 1$), 对任意 $x \in [0, r]$, 上述级数在 $[0, r]$ 上是一致收敛的. 由

$$|S_n(x) - S(x)| = x^n \leqslant r^n,$$

只要取 $N = N(\varepsilon) = \left[\dfrac{\ln \varepsilon}{\ln r}\right]$, 则当 $n > N$ 时,

$$|S_n(x) - S(x)| < \varepsilon$$

对一切 $x \in [0, r]$ 都成立.

这个例子说明一致收敛性与所讨论的区间有关系.

数学中常常涉及两种极限过程连续使用的问题, 一般情况下, 两种极限过程的先后次序不可随意交换.

例如, $f_n(x) = x^n, x \in [0, 1]$, $f_n(x)$ 收敛于

$$f(x) = \begin{cases} 1, & x = 1, \\ 0, & 0 \leqslant x < 1. \end{cases}$$

$$\lim_{x \to 1^-} f(x) = 0, \lim_{x \to 1^-} f_n(x) = 1,$$

$$\lim_{x \to 1^-} \lim_{n \to \infty} f_n(x) = 0 \neq 1 = \lim_{n \to \infty} \lim_{x \to 1^-} f_n(x).$$

在函数列 $\{f_n(x)\}$ 一致收敛时是可以交换的, 即有如下定理:

定理 9.2.1 设函数列 $\{f_n(x)\}$ 在 x_0 的某个邻域 $U(x_0)$ 内一致收敛于 $f(x)$, 且 $\lim\limits_{x \to x_0} f_n(x) = a_n (n = 1, 2, \cdots)$, 则极限 $\lim\limits_{n \to \infty} a_n$ 和 $\lim\limits_{x \to x_0} f(x)$ 均存在且相等, 即有

$$\lim_{x \to x_0} \lim_{n \to \infty} f_n(x) = \lim_{n \to \infty} \lim_{x \to x_0} f_n(x).$$

证 分两步证. (1) 先证 $\lim\limits_{n \to \infty} a_n$ 存在. 因为 $\{f_n(x)\}$ 在 x_0 的邻域 $U(x_0)$ 内一致收敛于 $f(x)$, 由柯西收敛准则知, 对任意给定的 $\varepsilon > 0$, 存在正整数 N, 使对任意的 $m > N, n > N$ 和一切 $x \in U(x_0)$, 都有 $|f_n(x) - f_m(x)| < \varepsilon$.

在此不等式中令 $x \to x_0$, 得 $|a_n - a_m| \leqslant \varepsilon$.

这说明数列 $\{a_n\}$ 满足柯西收敛准则, 所以 $\lim\limits_{n \to \infty} a_n$ 存在, 记

$$\lim_{n \to \infty} \lim_{x \to x_0} f_n(x) = \lim_{n \to \infty} a_n = A.$$

(2) 下面证明 $\lim\limits_{x \to x_0} f(x) = A$. 即需证明:对于任意 $\varepsilon > 0$, 存在 $\delta > 0$, 使当 $0 < |x - x_0| < \delta$ 时, $|f(x) - A| < \varepsilon$. 由于无法直接估计 $|f(x) - A| < \varepsilon$, 可以通过加一项、减一项的技巧, 利用三角不等式进行分部估计

$$|f(x) - A| \leqslant |f(x) - f_N(x)| + |f_N(x) - a_N| + |a_N - A|.$$

具体步骤如下: 对 $\varepsilon > 0$, 由 $f_n(x)$ 一致收敛于 $f(x)$ 知, 存在正整数 N_1, 使当 $n \geqslant N_1$ 时, $|f(x) - f_n(x)| < \dfrac{\varepsilon}{3}$; 由 $\lim\limits_{n \to \infty} a_n = A$ 知, 存在正整数 N_2, 使当 $n \geqslant N_2$ 时, $|a_n - A| < \dfrac{\varepsilon}{3}$; 取 $N = \max\{N_1, N_2\}$, 则 $|f(x) - f_N(x)| < \dfrac{\varepsilon}{3}, |a_N - A| < \dfrac{\varepsilon}{3}$ 同时成立; 由 $\lim\limits_{x \to x_0} f_N(x) = a_N$ 知, 对上述 $\varepsilon > 0$, 存在 $\delta > 0$, 使当 $0 < |x - x_0| < \delta$ 时, $|f_N(x) - a_N| < \dfrac{\varepsilon}{3}$. 从而有

$$|f(x) - A| \leqslant |f(x) - f_N(x)| + |f_N(x) - a_N| + |a_N - A| < \frac{\varepsilon}{3} + \frac{\varepsilon}{3} + \frac{\varepsilon}{3} = \varepsilon.$$

这个证明思路和逻辑顺序值得仔细体会和学习.

定理 9.2.1′　设级数 $\sum\limits_{n=1}^{\infty} u_n(x)$ 在 x_0 的某个邻域 $U(x_0)$ 内一致收敛于 $S(x)$,

且 $\lim\limits_{x \to x_0} u_n(x) = a_n, n = 1, 2, \cdots$, 则 $\sum\limits_{n=1}^{\infty} a_n$ 收敛, 且有

$$\lim_{x \to x_0} S(x) = \sum_{n=1}^{\infty} a_n, \quad 即 \lim_{x \to x_0} \sum_{n=1}^{\infty} u_n(x) = \sum_{n=1}^{\infty} \lim_{x \to x_0} u_n(x).$$

 习 题 9.2

$\cdots\cdots\cdots\cdots\cdots\cdots\cdots\cdots\cdots\cdots\cdots\cdots\cdots\cdots\cdots\cdots\cdots\cdots\cdots\cdots\cdots\cdots$

1. 求函数项级数 $\sum\limits_{n=1}^{\infty} \dfrac{nx}{(1+x)(1+2x)\cdots(1+nx)}$ 的和函数, 并分别讨论其在 $[0, \delta)$ 和 $[\delta, +\infty)$ $(\delta > 0)$ 上的一致收敛性.

2. 设 $\{f_n(x)\}$ 在区间 I 上一致收敛于 $f(x)$, 且对任意 $x \in I$ 有 $f(x) > A$. 试问是否存在 N, 使当 $n > N$ 时, 对任意 $x \in I$ 有 $f_n(x) \geqslant A$?

3. 求下列极限:

(1) $\lim\limits_{x \to 0^+} \sum\limits_{n=1}^{\infty} \dfrac{1}{2^n n^x}$;

(2) $\lim\limits_{x \to +\infty} \sum\limits_{n=1}^{\infty} \dfrac{x^2}{1 + n^2 x^2}$.

4. 设 $f(x)$ 是 $[0, 1]$ 上的连续函数, 令 $S_n(x) = x^n f(x), x \in [0, 1], n = 1, 2, \cdots$.

(1) 求 $\lim\limits_{n \to \infty} S_n(x)$;

(2) 证明: $S_n(x)$ 在 $[0, 1]$ 上一致收敛的充要条件是 $f(1) = 0$.

5. 设函数列 $\{f_n(x)\}$ 在 x_0 的某个邻域 $U(x_0)$ 内收敛于 $f(x)$, $\lim\limits_{x \to x_0} f_n(x) = a_n (n = 1, 2, \cdots)$, 且这个极限过程对 n 一致 (即对任意 $\varepsilon > 0$, 存在 $\delta > 0$, 使当 $0 < |x - x_0| < \delta$ 时, $|f_n(x) - a_n| < \varepsilon$ 对所有 n 同时成立, δ 与 n 无关), 则极限 $\lim\limits_{n \to \infty} \lim\limits_{x \to x_0} f_n(x)$ 和 $\lim\limits_{x \to x_0} f(x)$ 均存在且相等, 即有

$$\lim_{x \to x_0} \lim_{n \to \infty} f_n(x) = \lim_{n \to \infty} \lim_{x \to x_0} f_n(x).$$

6. 设 $f_n(x)$ 在 $[a, b]$ 上收敛于 $f(x)$, 且 $f(x)$ 在 $[a, b]$ 上连续. 证明下列结论:

(1) 若 $f_n(x)(n = 1, 2, \cdots)$ 在 $[a, b]$ 上单调, 则 $f_n(x)$ 在 $[a, b]$ 上一致收敛于 $f(x)$;

(2) 若 $f_n(x)$ 在 $[a, b]$ 上连续且非负, 则 $f_n(x)$ 在 $[a, b]$ 上一致收敛于 $f(x)$;

(3) 若 $f_n(x)$ 在 $[a, b]$ 上连续, 且对 $x \in [a, b]$, 有 $f_n(x) \geqslant f_{n+1}(x)(n = 1, 2, \cdots)$, 则 $f_n(x)$ 在 $[a, b]$ 上一致收敛于 $f(x)$;

(4) $f_n(x)$ 在 $[a, b]$ 上一致收敛于 $f(x)$ 的充要条件是: 对 $[a, b]$ 中任一收敛点列 $x_n \to x_0$ $(n \to \infty)$, 有 $\lim\limits_{n \to \infty} f_n(x_n) = f(x_0)$.

7. 分析下列各条分别是 $\{f_n(x)\}$ 在区间 I 上一致收敛的什么条件 (充分、必要、充要或既不充分也不必要, 哪些条件需要再适当限制或加强)?

(1) $\{f_n(x)\}$ 的任一子函数列 $\{f_{n_k}(x)\}$ 在 I 上一致收敛;

(2) 存在定义在 I 上的函数 $f(x)$, 使对任意数列 $\{x_n\} \subset I$, 有

$$\lim_{n \to \infty} |f_n(x_n) - f(x_n)| = 0.$$

(3) 对任意 $[a, b] \subset I, f_n(x)$ 在 $[a, b]$ 上一致收敛 (称为内闭一致收敛);

(4) $\{f_n(x)\}$ 在 I 上处处收敛, 且有子列 $\{f_{n_k}(x)\}$ 在 I 上一致收敛;

(5) $\{f_n(x)\}$ 在 I 上单调、连续, 且处处收敛于一个连续函数 $f(x)$;

(6) $\{f_n(x)\}$ 在 I 上处处收敛于 $f(x)$, 且对任意 $x', x'' \in I$, 有

$$|f_n(x') - f_n(x'')| \leqslant L |x' - x''|, \ n = 1, 2, \cdots.$$

9.3　一致收敛级数的性质

有了一致收敛的概念, 现在可以回答前面提出的问题, 即在什么条件下, 和函数仍然保持连续性、可导性、可积性以及积分 (或求导) 与无限求和运算交换次序的问题.

定理 9.3.1　设函数序列 $\{S_n(x)\}$ 的每一项 $S_n(x)$ 在 $[a, b]$ 上连续, 且在 $[a, b]$ 上一致收敛于 $S(x)$, 则 $S(x)$ 也在 $[a, b]$ 上连续.

证　由于 $\{S_n(x)\}$ 在 $[a, b]$ 上一致收敛于 $S(x)$, 故对任给的 $\varepsilon > 0$, 可得 N, 使

$$|S_N(x) - S(x)| < \frac{\varepsilon}{3}, \quad a \leqslant x \leqslant b.$$

对 $[a, b]$ 上任一点 x_0, 显然, 也有

$$|S_N(x_0) - S(x_0)| < \frac{\varepsilon}{3}.$$

由于 $S_N(x)$ 在点 x_0 连续, 所以存在 $\delta > 0$, 当 $|x - x_0| < \delta$ 时,

$$|S_N(x) - S_N(x_0)| < \frac{\varepsilon}{3}.$$

于是, 当 $|x - x_0| < \delta$ 时,

$$|S(x) - S(x_0)| \leqslant |S(x) - S_N(x)| + |S_N(x) - S_N(x_0)| + |S_N(x_0) - S(x_0)| < \varepsilon,$$

即 $S(x)$ 在点 x_0 连续, 而 x_0 是 $[a, b]$ 上的任一点, 因此 $S(x)$ 在 $[a, b]$ 上连续.

这个定理表明, 若 $\{S_n(x)\}$ 的每一项在 $[a, b]$ 上连续, 且在 $[a, b]$ 上一致收敛于 $S(x)$, 则有

$$\lim_{x \to x_0} \lim_{n \to \infty} S_n(x) = S(x_0) = \lim_{n \to \infty} \lim_{x \to x_0} S_n(x),$$

即两个极限运算可以交换次序.

如果把定理 9.3.1 中的 $\{S_n(x)\}$ 看作函数项级数 $\sum\limits_{n=1}^{\infty} u_n(x)$ 的部分和函数序列, 就可以得到函数项级数的连续性定理, 不过这里稍加推广和改进.

定理 9.3.1' 设级数 $\sum\limits_{n=1}^{\infty} u_n(x)$ 的每一项 $u_n(x)$ 在 $[a, b]$ 上都连续, 且 $\sum\limits_{n=1}^{\infty} u_n(x)$ 在 (a, b) 内一致收敛于 $S(x)$, 则 $S(x)$ 在 $[a, b]$ 上一致连续.

证 由定理 9.3.1 可知 $S(x) = \sum\limits_{n=1}^{\infty} u_n(x)$ 在 (a, b) 内连续. 因为

$$\lim_{x \to a^+} u_n(x) = u_n(a), \lim_{x \to b^-} u_n(x) = u_n(b), n = 1, 2, \cdots,$$

且 $\sum\limits_{n=1}^{\infty} u_n(x)$ 在 (a, b) 内一致收敛, 故可逐项取极限, 于是有

$$\lim_{x \to a^+} \sum_{n=1}^{\infty} u_n(x) = \sum_{n=1}^{\infty} \lim_{x \to a^+} u_n(x) = \sum_{n=1}^{\infty} u_n(a),$$

$$\lim_{x \to b^-} \sum_{n=1}^{\infty} u_n(x) = \sum_{n=1}^{\infty} \lim_{x \to b^-} u_n(x) = \sum_{n=1}^{\infty} u_n(b).$$

可见 $S(x) = \sum\limits_{n=1}^{\infty} u_n(x)$ 在 $[a, b]$ 上有定义且连续, 根据闭区间上连续函数的一致连续性定理, 可知 $S(x) = \sum\limits_{n=1}^{\infty} u_n(x)$ 在 $[a, b]$ 上一致连续.

定理 9.3.2 设函数序列 $\{S_n(x)\}$ 的每一项 $S_n(x)$ 在 $[a, b]$ 上连续, 且在 $[a, b]$ 上一致收敛于 $S(x)$, 则 $S(x)$ 在 $[a, b]$ 上连续, 且

$$\lim_{n \to \infty} \int_a^b S_n(x) \mathrm{d}x = \int_a^b \lim_{n \to \infty} S_n(x) \mathrm{d}x = \int_a^b S(x) \mathrm{d}x,$$

即积分运算可以和极限运算交换次序.

证 由于 $\{S_n(x)\}$ 在 $[a, b]$ 上一致收敛于 $S(x)$, 故对任给的 $\varepsilon > 0$, 存在 N, 当 $n > N$ 时,

$$|S_n(x) - S(x)| < \varepsilon, \quad a \leqslant x \leqslant b.$$

又因为 $S_n(x)$ 及 $S(x)$ 连续, 所以它们在 $[a, b]$ 上可积, 并且当 $n > N$ 时

$$\left| \int_a^b S_n(x)\mathrm{d}x - \int_a^b S(x)\mathrm{d}x \right| \leqslant \int_a^b |S_n(x) - S(x)|\, \mathrm{d}x < \varepsilon(b-a),$$

从而定理得证.

如果把定理 9.3.2 中的 $\{S_n(x)\}$ 看作函数项级数 $\sum\limits_{n=1}^{\infty} u_n(x)$ 的部分和函数序列, 就可以得到函数项级数的逐项积分定理.

定理 9.3.2′   设级数 $\sum\limits_{n=1}^{\infty} u_n(x)$的每一项 $u_n(x)$ 在 $[a,\,b]$ 上都连续, 且 $\sum\limits_{n=1}^{\infty} u_n(x)$ 在 $[a,\,b]$ 上一致收敛于 $S(x)$, 则 $S(x)$ 在 $[a,\,b]$ 上可积, 且

$$\int_a^b \sum_{n=1}^{\infty} u_n(x)\mathrm{d}x = \int_a^b S(x)\mathrm{d}x = \sum_{n=1}^{\infty} \int_a^b u_n(x)\mathrm{d}x,$$

即求积分运算可以与无限求和运算交换次序.

注 9.3.1   在定理 9.3.2(或定理 9.3.2′) 的条件下, 可以得到:

对任意固定的 $x_0 \in [a,\,b]$, 函数序列 $\left\{ \int_{x_0}^x S_n(t)\mathrm{d}t \right\}$ $\left(\text{或函数项级数} \sum\limits_{n=1}^{\infty} \int_{x_0}^x u_n(t) \mathrm{d}t \right)$ 在 $[a,\,b]$ 上一致收敛于 $\int_{x_0}^x S(t)\mathrm{d}t$, 极限和积分次序可以交换.

注 9.3.2   实际上, 可积性也可以传递, 即若 $\{S_n(x)\}$ 的每一项 $S_n(x)$ 只要在 $[a,b]$ 上可积, 在 $[a,b]$ 上一致收敛于 $S(x)$, 则 $S(x)$ 在 $[a,b]$ 上也可积, 且

$$\lim_{n\to\infty} \int_a^b S_n(x)\mathrm{d}x = \int_a^b \lim_{n\to\infty} S_n(x)\mathrm{d}x = \int_a^b S(x)\mathrm{d}x.$$

定理 9.3.3   若在 $[a,\,b]$ 上, 函数序列 $\{S_n(x)\}$ 满足:

(1) $S_n(x)$ $(n = 1,\,2,\,3,\,\cdots)$ 有连续导数;

(2) $\{S_n(x)\}$ 收敛于 $S(x)$;

(3) $\{S_n'(x)\}$ 一致收敛于 $\sigma(x)$,

则 $S(x)$ 在 $[a,\,b]$ 上可导, 且

$$S'(x) = \sigma(x), \quad \text{亦即} \quad \frac{\mathrm{d}}{\mathrm{d}x} \lim_{n\to\infty} S_n(x) = \lim_{n\to\infty} \frac{\mathrm{d}}{\mathrm{d}x} S_n(x),$$

即求导运算可以与极限运算交换次序.

证 由于 $\{S'_n(x)\}$ 的每一项 $S'_n(x)$ 在 $[a,\,b]$ 上连续, 且一致收敛于 $\sigma(x)$, 故 $\sigma(x)$ 连续. 由注 9.3.2 有

$$\int_a^x \sigma(t)\mathrm{d}t = \int_a^x \left[\lim_{n\to\infty} S'_n(t)\right]\mathrm{d}t = \lim_{n\to\infty}\int_a^x S'_n(t)\mathrm{d}t = \lim_{n\to\infty}\left[S_n(x) - S_n(a)\right]$$

$$= S(x) - S(a). \tag{9.3}$$

由于式 (9.3) 左端可导, 从而 $S(x)$ 可导, 且

$$S'(x) = \sigma(x).$$

如果把定理 9.3.3 中的 $\{S_n(x)\}$ 看作函数项级数 $\displaystyle\sum_{n=1}^{\infty} u_n(x)$ 的部分和函数序列, 就可以得到函数项级数的逐项求导定理.

定理 9.3.3′ 若在 $[a,\,b]$ 上, 函数项级数 $\displaystyle\sum_{n=1}^{\infty} u_n(x)$ 满足

(1) $u_n(x)$ $(n = 1,\,2,\,3\,,\cdots)$有连续导数 $u'_n(x)$;

(2) $\displaystyle\sum_{n=1}^{\infty} u_n(x)$ 收敛于 $S(x)$;

(3) $\displaystyle\sum_{n=1}^{\infty} u'_n(x)$ 一致收敛于 $\sigma(x)$,

则 $S(x)$ 在 $[a,\,b]$ 上可导, 且 $S'(x) = \sigma(x)$, 亦即 $\dfrac{\mathrm{d}}{\mathrm{d}x}\displaystyle\sum_{n=1}^{\infty} u_n(x) = \sum_{n=1}^{\infty}\dfrac{\mathrm{d}}{\mathrm{d}x}u_n(x)$,

即求导运算可以与无限求和运算交换次序.

注 9.3.3 仅有条件 $\displaystyle\sum_{n=1}^{\infty} u_n(x)$ 一致收敛, 不能保证求导运算可以与无限求和运算交换次序. 即 $\dfrac{\mathrm{d}}{\mathrm{d}x}\displaystyle\sum_{n=1}^{\infty} u_n(x) = \sum_{n=1}^{\infty}\dfrac{\mathrm{d}}{\mathrm{d}x}u_n(x)$不一定成立.

注 9.3.4 实际上, 定理 9.3.3 (定理 9.3.3′) 中的条件 (2) 可减弱为: $S_n(x)\left(\displaystyle\sum_{n=1}^{\infty} u_n(x)\right)$ 在 $[a,b]$ 中某一点处收敛. 这时能够推出 $S_n(x)\left(\displaystyle\sum_{n=1}^{\infty} u_n(x)\right)$ 在 $[a,b]$ 上一致收敛于某个函数 $S(x)$, 且 $S'(x)$ 存在, 并有 $S'(x) = \sigma(x)$. 不过证明较为复杂.

例 9.3.1   设 $S_n(x) = \dfrac{1}{n} \arctan x^n$, 极限运算与求导运算能否交换, 即

$$\lim_{n \to \infty} \frac{\mathrm{d}}{\mathrm{d}x} S_n(x) = \frac{\mathrm{d}}{\mathrm{d}x} \lim_{n \to \infty} S_n(x)$$

是否成立?

解 $S_n(x) = \dfrac{1}{n} \arctan x^n, S_n'(x) = \dfrac{x^{n-1}}{1 + x^{2n}}, S(x) = \lim_{n \to \infty} S_n(x) = 0, S'(x) = 0, \lim_{n \to \infty} S_n'(1) = \dfrac{1}{2} \neq S'(1)$, 所以, 在 $x = 1$ 处, $\lim_{n \to \infty} \dfrac{\mathrm{d}}{\mathrm{d}x} S_n(x) = \dfrac{\mathrm{d}}{\mathrm{d}x} \lim_{n \to \infty} S_n(x)$ 不成立.

 习 题   **9.3**

1. 利用定理 9.3.1′ 证明下列函数项级数不一致收敛.

(1) $\displaystyle\sum_{n=0}^{\infty} (1-x)x^n, x \in [0, 1]$;   (2) $\displaystyle\sum_{n=0}^{\infty} \dfrac{x^2}{(1+x^2)^n}, x \in [0, 1]$.

2. 设 $S_n(x) = \dfrac{nx}{1+n^2x^2}$. 试问 $\{S_n(x)\}$ 在 $[0, 1]$ 上是否一致收敛? 是否有 $\lim_{n \to \infty} \displaystyle\int_0^1 S_n(x)\mathrm{d}x = \displaystyle\int_0^1 \lim_{n \to \infty} S_n(x)\mathrm{d}x$?

3. 设 $S_n(x) = \dfrac{x}{1+n^2x^2}$, 其中 $x \in (-\infty, +\infty)$. 试问 $\{S_n'(x)\}$ 在 $(-\infty, +\infty)$ 上是否一致收敛? 是否有 $\lim_{n \to \infty} S_n'(x) = \left(\lim_{n \to \infty} S_n(x) \right)'$?

4. 求 $\displaystyle\sum_{n=1}^{\infty} \left(\dfrac{1}{n} + x \right)^n$ 的收敛域, 并讨论和函数的连续性.

5. 设 $f(x)$ 在 (a, b) 内有连续导函数 $f'(x), f_n(x) = n\left[f\left(x + \dfrac{1}{n} \right) - f(x) \right], [\alpha, \beta] \subset (a, b)$. 证明:

(1) $f_n(x)$ 在闭区间 $[\alpha, \beta]$ 上一致收敛于 $f'(x)$;

(2) $\lim_{n \to \infty} \displaystyle\int_\alpha^\beta f_n(x)\mathrm{d}x = f(\beta) - f(\alpha)$.

6. 证明: $\displaystyle\int_0^1 \sum_{n=1}^{\infty} \dfrac{x}{n(x+n)}\mathrm{d}x = \lim_{n \to \infty} \left[\sum_{k=1}^{n} \dfrac{1}{k} - \ln(n+1) \right] = c$ (c 为欧拉常数).

7. 设有函数项级数 $\displaystyle\sum_{n=1}^{\infty} \dfrac{a_n}{\mathrm{e}^{nx}}$. 证明:

(1) 若 $a_n = n$, 则上述级数收敛, 但不一致收敛;

(2) 在 (1) 的条件下, 上述函数项级数的和函数在 $(0, +\infty)$ 上存在任意阶导数;

(3) 若数项级数 $\displaystyle\sum_{n=1}^{\infty} a_n$ 收敛, 则上述函数项级数在 $[0, +\infty)$ 上一致收敛.

8. 函数项级数 $\displaystyle\sum_{n=1}^{\infty} \frac{(-1)^{n+1}}{n^x}$ 在 $(0, +\infty)$ 上是否一致收敛? 讨论其和函数在 $(0, +\infty)$ 上的连续性及其各阶导数的存在性.

9. 设 $f_n(x)$ 在 (a, b) 内一致连续, $n = 1, 2, \cdots$, 且 $f_n(x)$ 在 (a, b) 内一致收敛于 $f(x)$. 证明: $f(x)$ 在 (a, b) 内一致连续. 此结论在 $(-\infty, +\infty)$ 上是否成立?

9.4 函数项级数一致收敛的判别法

用定义判断函数序列 (或函数项级数) 的一致收敛性需要先知道它的极限函数 (或和函数), 一般情况下难以做到, 因此, 有必要寻找其他的判别法.

定理 9.4.1(函数列一致收敛的柯西准则) 函数序列 $\{S_n(x)\}$ 在 I 上一致收敛的充分必要条件是: 对任给 $\varepsilon > 0$, 存在 N, 使得当 $n > N$ 时, 对一切 $x \in I$ 以及一切正整数 p 都有

$$|S_{n+p}(x) - S_n(x)| < \varepsilon. \tag{9.4}$$

证 必要性. 设 $\{S_n(x)\}$ 在 I 上一致收敛于 $S(x)$, 根据定义, 对任给 $\varepsilon > 0$, 存在 N, 使得当 $n > N$ 时, 对所有 $x \in I$ 和一切正整数 p 都有

$$|S_n(x) - S(x)| < \frac{\varepsilon}{2}, \quad |S_{n+p}(x) - S(x)| < \frac{\varepsilon}{2}.$$

由此可得, 当 $n > N$ 时, 对所有 $x \in I$ 和一切正整数 p 都有

$$|S_{n+p}(x) - S_n(x)| = |S_{n+p}(x) - S(x) + S(x) - S_n(x)| < \frac{\varepsilon}{2} + \frac{\varepsilon}{2} = \varepsilon.$$

充分性. 若式 (9.4) 成立, 由数列收敛的柯西准则可知, 存在定义在 I 上的函数 $S(x)$, 使得

$$\lim_{n \to \infty} S_n(x) = S(x), \quad x \in I.$$

现在对任给 $\varepsilon > 0$, 已知存在 N, 使式 (9.4) 成立. 在式 (9.4) 中取定 n, 且令 $p \to \infty$, 可得

$$|S_n(x) - S(x)| \leqslant \varepsilon, \quad n > N, \, x \in I.$$

这说明 $\{S_n(x)\}$ 在 I 上一致收敛于 $S(x)$.

定理 9.4.1′(函数项级数一致收敛的柯西准则) 函数项级数 $\displaystyle\sum_{n=1}^{\infty} u_n(x)$ 在 I

上一致收敛的充分必要条件是: 对任给 $\varepsilon > 0$, 存在 N, 当 $n > N$ 时, 对一切 $x \in I$ 以及一切正整数 p 都有

$$|u_{n+1}(x) + u_{n+2}(x) + \cdots + u_{n+p}(x)| < \varepsilon.$$

例 9.4.1　设 $u_n(x)(n = 1, 2, \cdots)$ 在 $x = a$ 右连续, 函数项级数 $\sum\limits_{n=1}^{\infty} u_n(x)$ 在 $x = a$ 处发散. 则对任意 $\delta > 0, \sum\limits_{n=1}^{\infty} u_n(x)$ 在 $(a, a + \delta)$ 上一定不一致收敛.

证　用反证法. 假如 $\sum\limits_{n=1}^{\infty} u_n(x)$ 在 $(a, a + \delta)$ 上一致收敛, 则对任意 $\varepsilon > 0$, 存在 N, 使当 $m > n > N$ 时, 有 $\left| \sum\limits_{k=n+1}^{m} u_k(x) \right| < \dfrac{\varepsilon}{2}, x \in (a, a + \delta)$. 由于 $u_n(x)(n = 1, 2, \cdots)$ 在 $x = a$ 右连续, $\left| \sum\limits_{k=n+1}^{m} u_k(a) \right| = \lim\limits_{x \to a^+} \left| \sum\limits_{k=n+1}^{m} u_k(x) \right| \leqslant \dfrac{\varepsilon}{2} < \varepsilon$, 这表明 $\sum\limits_{n=1}^{\infty} u_n(a)$ 收敛, 与题设矛盾.

注 9.4.1　对于在一点左连续的情况, 也有类似结论. 它们在判断不一致收敛的时候很有效.

思考　$\sum\limits_{n=1}^{\infty} n \mathrm{e}^{-nx}$ 在 $(0, +\infty)$ 上一致收敛吗?

定理 9.4.2(魏尔斯特拉斯 (Weierstrass) 判别法)　　如果函数项级数 $\sum\limits_{n=1}^{\infty} u_n(x)$ 在 I 上满足条件:

(1) $|u_n(x)| \leqslant M_n (n = 1,\ 2,\ 3,\ \cdots)$;

(2) 正项级数 $\sum\limits_{n=1}^{\infty} M_n$ 收敛,

则函数项级数 $\sum\limits_{n=1}^{\infty} u_n(x)$ 在 I 上一致收敛.

证　由 $\sum\limits_{n=1}^{\infty} M_n$ 的收敛性, 根据数项级数的柯西收敛准则, 对任给 $\varepsilon > 0$, 存在 N, 使得当 $n > N$ 时对一切正整数 p, 有

$$|M_{n+1} + M_{n+2} + \cdots + M_{n+p}| = M_{n+1} + M_{n+2} + \cdots + M_{n+p} < \varepsilon.$$

由此可知对一切 $x \in I$ 以及一切正整数 p, 都有

$$|u_{n+1}(x) + u_{n+2}(x) + \cdots + u_{n+p}(x)| \leqslant |u_{n+1}(x)| + |u_{n+2}(x)| + \cdots + |u_{n+p}(x)|$$

$$\leqslant M_{n+1} + M_{n+2} + \cdots + M_{n+p} < \varepsilon.$$

根据函数项级数一致收敛的柯西准则, 函数项级数 $\sum\limits_{n=1}^{\infty} u_n(x)$ 在 I 上一致收敛.

从上面的证明可进一步知道, 此时不仅 $\sum\limits_{n=1}^{\infty} u_n(x)$ 在 I 上一致收敛, 并且对级

数各项取绝对值所成的函数项级数 $\sum\limits_{n=1}^{\infty} |u_n(x)|$ 也在 I 上一致收敛.

魏尔斯特拉斯判别法也称 M 判别法.

例 9.4.2 函数项级数 $\sum\limits_{n=1}^{\infty} \dfrac{\sin nx}{n^2}$, $\sum\limits_{n=1}^{\infty} \dfrac{\cos nx}{n^2}$ 在 $(-\infty, +\infty)$ 上一致收敛.

证 因为对一切 $x \in (-\infty, +\infty)$ 有 $\left| \dfrac{\sin nx}{n^2} \right| \leqslant \dfrac{1}{n^2}$, $\left| \dfrac{\cos nx}{n^2} \right| \leqslant \dfrac{1}{n^2}$, 而正项

级数 $\sum\limits_{n=1}^{\infty} \dfrac{1}{n^2}$ 是收敛的.

例 9.4.3 证明: 函数项级数 $\sum\limits_{n=1}^{\infty} x^2 \mathrm{e}^{-nx}$ 在 $[0, +\infty)$ 上一致收敛.

证 设 $u_n(x) = x^2 \mathrm{e}^{-nx}$, 则 $u_n'(x) = x\mathrm{e}^{-nx}(2 - nx)$. 容易知道, 当 $x = \dfrac{2}{n}$ 时,

$u_n(x)$ 取得最大值 $\dfrac{4}{n^2 \mathrm{e}^2}$, 即

$$0 \leqslant u_n(x) \leqslant \dfrac{4}{n^2 \mathrm{e}^2}, \quad x \in [0, +\infty).$$

由于正项级数 $\sum\limits_{n=1}^{\infty} \dfrac{4}{n^2 \mathrm{e}^2}$ 收敛, 根据 M 判别法, $\sum\limits_{n=1}^{\infty} x^2 \mathrm{e}^{-nx}$ 在 $[0, +\infty)$ 上一致

收敛.

下面讨论形如

$$\sum_{n=1}^{\infty} u_n(x)v_n(x) = u_1(x)v_1(x) + u_2(x)v_2(x) + \cdots + u_n(x)v_n(x) + \cdots$$

的函数项级数的一致收敛性判别法.

定理 9.4.3 (阿贝尔判别法)　设

(1) $\displaystyle\sum_{n=1}^{\infty} u_n(x)$ 在 I 上一致收敛;

(2) 对于每一个 $x \in I$, $\{\, v_n(x)\,\}$ 关于 n 是单调的;

(3) $\{\, v_n(x)\,\}$ 在 I 上一致有界, 即对一切 $x \in I$ 和正整数 n, 存在正数 M, 使得

$$|\, v_n(x)\,| \leqslant M,$$

则级数 $\displaystyle\sum_{n=1}^{\infty} u_n(x)v_n(x)$ 在 I 上一致收敛.

证　由 (1) 可知任给 $\varepsilon > 0$, 存在 N, 使得当 $n > N$ 时, 对一切 $x \in I$ 以及一切正整数 p 都有

$$|\, u_{n+1}(x) + u_{n+2}(x) + \cdots + u_{n+p}(x)\,| < \varepsilon.$$

又由 (2), (3) 及阿贝尔引理知, 当 $n > N$ 时, 对一切 $x \in I$ 以及一切正整数 p 有

$$|u_{n+1}(x)v_{n+1}(x) + \cdots + u_{n+p}(x)v_{n+p}(x)|$$

$$\leqslant (|v_{n+1}(x)| + 2\,|v_{n+p}(x)|)\varepsilon \leqslant 3M\varepsilon.$$

根据函数项级数一致收敛的柯西准则, $\displaystyle\sum_{n=1}^{\infty} u_n(x)v_n(x)$ 在 I 上一致收敛.

定理 9.4.4 (狄利克雷判别法)　设

(1) $\displaystyle\sum_{n=1}^{\infty} u_n(x)$ 的部分和函数序列

$$U_n(x) = \sum_{k=1}^{n} u_k(x) \quad (n = 1,\ 2,\ 3,\cdots)$$

在 I 上一致有界;

(2) 对于每一个 $x \in I$, $\{v_n(x)\}$ 关于 n 是单调的;

(3) $\{v_n(x)\}$ 在 I 上一致收敛于 0,

则级数 $\displaystyle\sum_{n=1}^{\infty} u_n(x)v_n(x)$ 在 I 上一致收敛.

证　(证法与定理 9.4.3 相仿) 由条件 (1) 可知存在正数 M, 对一切 $x \in I$, 有 $|\, U_n(x)\,| \leqslant M$. 因此当 n, p 为任何正整数时,

$$|\, u_{n+1}(x) + \cdots + u_{n+p}(x)\,| = |\, U_{n+p}(x) - U_n(x)\,| \leqslant 2M.$$

对任何一个 $x \in I$, 再由 (2) 及阿贝尔引理, 得到

$$|u_{n+1}(x)v_{n+1}(x) + \cdots + u_{n+p}(x)v_{n+p}(x)|$$

$$\leqslant 2M(|v_{n+1}(x)| + 2|v_{n+p}(x)|)$$

再由 (3), 任给 $\varepsilon > 0$, 存在 N, 当 $n > N$ 时, 对一切 $x \in I$, 有 $|v_n(x)| < \varepsilon$, 所以

$$| u_{n+1}(x)v_{n+1}(x) + \cdots + u_{n+p}(x)v_{n+p}(x) | < 2M(\varepsilon + 2\varepsilon) = 6M\varepsilon.$$

根据函数项级数一致收敛的柯西准则, $\displaystyle\sum_{n=1}^{\infty} u_n(x)v_n(x)$ 在 I 上一致收敛.

例 9.4.4 设 $\displaystyle\sum_{n=1}^{\infty} a_n$ 收敛, 则 $\displaystyle\sum_{n=1}^{\infty} a_n x^n$ 在 $[0, 1]$ 上一致收敛.

证 $\displaystyle\sum_{n=1}^{\infty} a_n$ 是数项级数, 它的收敛性本身就是关于 x 的一致收敛性. 而 $\{x^n\}$ 关于 n 单调, 且 $|x^n| \leqslant 1$, $x \in [0, 1]$, 对一切 n 成立. 根据阿贝尔判别法可知级数 $\displaystyle\sum_{n=1}^{\infty} a_n x^n$ 在 $[0, 1]$ 上一致收敛. 特别地, 比如 $\displaystyle\sum_{n=1}^{\infty} \frac{(-1)^n}{n} x^n$ 在 $[0, 1]$ 上是一致收敛的.

例 9.4.5 级数 $\displaystyle\sum_{n=1}^{\infty} \frac{(-1)^{n+1}}{n+x^2} \arctan nx$ 在 $(-\infty, +\infty)$ 上一致收敛.

证 因为 $U_n(x) = \displaystyle\sum_{i=1}^{n} (-1)^{i+1}$ 在 $x \in (-\infty, +\infty)$ 上一致有界, $\left\{ \dfrac{1}{n+x^2} \right\}$ 关于 n 单调, 而且 $\dfrac{1}{n+x^2} < \dfrac{1}{n} \to 0$ $(n \to \infty)$, 即 $\left\{ \dfrac{1}{n+x^2} \right\}$ 在 $(-\infty, +\infty)$ 上一致收敛于 0. 由狄利克雷判别法可知 $\displaystyle\sum_{n=1}^{\infty} \frac{(-1)^{n+1}}{n+x^2}$ 在 $(-\infty, +\infty)$ 上一致收敛. 又因为对每一个 $x \in (-\infty, +\infty)$, $\{\arctan nx\}$ 关于 n 单调且一致有界. 根据阿贝尔判别法知, 原级数在 $(-\infty, +\infty)$ 上一致收敛.

例 9.4.6 级数 $\displaystyle\sum_{n=1}^{\infty} (-1)^n \frac{x^2+n}{n^2}$ 在 $[a, b]$ 上是一致收敛的.

证 首先, $\displaystyle\sum_{n=1}^{\infty} (-1)^n$ 的部分和函数序列在 $[a, b]$ 上是一致有界的. 其次, 对

每一个 $x \in [a,\ b]$, $\dfrac{x^2 + n}{n^2}$ 关于 n 是单调递减的, 且有

$$\frac{x^2 + n}{n^2} \leqslant \frac{M^2 + n}{n^2} \to 0 \quad (n \to \infty), \quad M = \max\{|a|,\ |b|\}.$$

于是根据狄利克雷判别法, 即得所证.

例 9.4.7 若数列 $\{a_n\}$ 单调且收敛于 0, 则级数 $\displaystyle\sum_{n=1}^{\infty} a_n \cos nx$ 在 $[\alpha, 2\pi - \alpha]$ $(0 < \alpha < \pi)$ 上一致收敛.

证 数列 $\{a_n\}$ 收敛于 0 意味着关于 x 一致收敛于 0. 另外, 对任意 $0 < \alpha < \pi$, 当 $x \in [\alpha,\ 2\pi - \alpha]$ 时,

$$\left| \sum_{k=1}^{n} \cos kx \right| = \left| \frac{\sin(n + \frac{1}{2})x}{2 \sin \frac{x}{2}} - \frac{1}{2} \right| \leqslant \frac{1}{2 \left| \sin \frac{x}{2} \right|} + \frac{1}{2} \leqslant \frac{1}{2 \sin \frac{\alpha}{2}} + \frac{1}{2},$$

所以级数 $\displaystyle\sum_{n=1}^{\infty} a_n \cos nx$ 的部分和函数序列在 $[\alpha,\ 2\pi - \alpha]$ 上一致有界. 于是令

$$u_n(x) = \cos nx, \quad v_n(x) = a_n,$$

则由狄利克雷判别法, 即得所证.

例 9.4.8 设 $S_n(x) = n^\alpha x \mathrm{e}^{-nx}$, 其中 α 是参数. 求 α 的取值范围, 使得函数列 $\{S_n(x)\}$ 在 $[0,1]$ 上分别有

(1) 一致收敛.

(2) 积分运算与极限运算可以交换, 即

$$\lim_{n \to \infty} \int_0^1 S_n(x)\mathrm{d}x = \int_0^1 \lim_{n \to \infty} S_n(x)\mathrm{d}x.$$

(3) 求导运算与极限运算可以交换, 即

$$\lim_{n \to \infty} \frac{\mathrm{d}}{\mathrm{d}x} S_n(x) = \frac{\mathrm{d}}{\mathrm{d}x} \lim_{n \to \infty} S_n(x), \quad x \in [0,1].$$

解 (1) $S(x) = \displaystyle\lim_{n \to \infty} S_n(x) = 0$, 令 $S_n'(x) = n^\alpha \mathrm{e}^{-nx}(1 - nx) = 0$, 解得 $x = \dfrac{1}{n}$.

$\displaystyle\sup_{x \in [0,1]} |S_n(x) - S(x)| = S_n\left(\frac{1}{n}\right) = n^{\alpha-1}\mathrm{e}^{-1} = 0$ 当且仅当 $\alpha < 1$. 所以当 $\alpha < 1$ 时, $\{S_n(x)\}$ 在 $[0,1]$ 上一致收敛.

(2) $\int_0^1 \lim_{n\to\infty} S_n(x)\mathrm{d}x = \int_0^1 S(x)\mathrm{d}x = 0.$

$$\int_0^1 S_n(x)\mathrm{d}x = n^{\alpha-2} - n^{\alpha-1}\left(1 + \frac{1}{n}\right)\mathrm{e}^{-n} \to 0 \ (n \to +\infty).$$

当且仅当 $\alpha < 2$, 故当 $\alpha < 2$ 时

$$\lim_{n\to\infty} \int_0^1 S_n(x)\mathrm{d}x = 0 = \int_0^1 \lim_{n\to\infty} S_n(x)\mathrm{d}x.$$

(3) $\dfrac{\mathrm{d}}{\mathrm{d}x} \lim_{n\to\infty} S_n(x) = \dfrac{\mathrm{d}}{\mathrm{d}x} S(x) = 0,\ \dfrac{\mathrm{d}}{\mathrm{d}x} S_n(x) = n^\alpha \mathrm{e}^{-nx}(1 - nx)$, 由于

$$\lim_{n\to\infty} \mathrm{e}^{-nx}(1 - nx) = \begin{cases} 0, & x \in (0, 1], \\ 1, & x = 0, \end{cases}$$

故当且仅当 $\alpha < 0$ 时, $\lim\limits_{n\to\infty} n^\alpha \mathrm{e}^{-nx}(1 - nx) = 0$, 即

$$\lim_{n\to\infty} \frac{\mathrm{d}}{\mathrm{d}x} S_n(x) = 0 = \frac{\mathrm{d}}{\mathrm{d}x} \lim_{n\to\infty} S_n(x),\ x \in [0, 1].$$

注 9.4.2 此例中 (1) 的解法提供了一种判别一致收敛性的方法, 它通过估计余项给出了一致收敛的充要条件 (也称余项准则):

(1) 若函数列 $\{ S_n(x) \}$ 在 I 上收敛于 $S(x)$, 则 $\{ S_n(x) \}$ 在 I 上一致收敛当且仅当 $\sup\limits_{x\in I} |S_n(x) - S(x)| = 0.$

(2) 若函数项级数 $\sum\limits_{n=1}^{\infty} u_n(x)$ 的余项为 $R_n(x) = \sum\limits_{k=1}^{\infty} u_{n+k}(x),\ x \in I$, 则其一致收敛的充要条件是 $\sup\limits_{x\in I} |R_n(x)| = 0.$

思考 试用余项准则判别函数列 $S_n(x) = \sin\dfrac{x}{n}$ 分别在 $(-\infty, +\infty)$ 和 $[-2, 2]$ 上的一致收敛性.

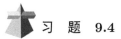 习 题 **9.4**

....

1. 讨论下列函数序列在指定区间上的一致收敛性:

(1) $S_n(x) = \left(1 + \dfrac{x}{n}\right)^n,\ x \in (-\infty,\ +\infty);$

(2) $S_n(x) = \dfrac{x(\ln n)^\alpha}{n^x}, x \in [0, +\infty)$;

(3) $S_n(x) = \dfrac{(-1)^n}{n + x^2}, x \in (-\infty, \ +\infty)$;

(4) $S_n(x) = \dfrac{\sin x \cdot \sin nx}{\sqrt{n}}, x \in (-\infty, +\infty)$.

2. 讨论下列函数项级数的一致收敛性和绝对一致收敛性:

(1) $\displaystyle\sum_{n=1}^{\infty} (-1)^n x^n (1-x), x \in [0, 1]$; (2) $\displaystyle\sum_{n=1}^{\infty} \dfrac{(-1)^n x^2}{(1+x^2)^n}, \quad x \in (-\infty, +\infty)$;

(3) $\displaystyle\sum_{n=1}^{\infty} \dfrac{(-1)^n x}{n+x}, x \in (-1, +\infty)$; (4) $\displaystyle\sum_{n=1}^{\infty} \dfrac{x + (-1)^n n}{x^2 + n^2}, x \in [-2, 2]$.

3. 设函数项级数 $\displaystyle\sum_{n=1}^{\infty} u_n(x)$ 在 $x = a$ 和 $x = b$ 收敛, 且对正整数 n, $u_n(x)$ 在闭区间 $[a, b]$ 上单调增加. 证明: $\displaystyle\sum_{n=1}^{\infty} u_n(x)$ 在 $[a, b]$ 上一致收敛. 并借此证明函数项级数 $\displaystyle\sum_{n=2}^{\infty} \ln\left(1 + \dfrac{x}{n \ln^2 n}\right)$ 在 $[-a, a]$ 上一致收敛, 其中 $a \in (0, \ 2\ln^2 n)$.

4. 设 $u_n(x) = \dfrac{1}{n^3} \ln(1 + n^2 x^2), (n = 1, \ 2, \ 3, \cdots)$. 证明函数项级数 $\displaystyle\sum_{n=1}^{\infty} u_n(x)$ 在 $[0, \ 1]$ 上一致收敛, 并讨论其和函数在 $[0, \ 1]$ 上的连续性、可积性与可微性.

5. 设可微函数列 $\{f_n(x)\}$ 在 $[a, \ b]$ 上收敛, $f_n'(x)$ 在 $[a, \ b]$ 上一致有界, 即存在 $M > 0$, 使对 $n = 1, 2, \cdots$, 有 $|f_n'(x)| \leqslant M, x \in [a, b]$. 证明: $f_n(x)$ 在 $[a, \ b]$ 上一致收敛.

6. 求下列极限:

(1) $\displaystyle\lim_{x \to 0^+} \sum_{n=1}^{\infty} \dfrac{1}{2^n n^x}$; (2) $\displaystyle\lim_{x \to \infty} \sum_{n=1}^{\infty} \dfrac{x^2}{1 + n^2 x^2}$; (3) $\displaystyle\lim_{x \to 1^-} \sum_{n=1}^{\infty} \dfrac{(-1)^{n+1} x^n}{n(1 + x^n)}$.

7. 设函数列 $\{f_n(x)\}$ 在区间 I 上一致收敛到 $f(x)$. 证明:

(1) 若 $f(x)$ 在 I 上有界, 则 $\{f_n(x)\}$ 至多除有限项外, 在 I 上一致有界;

(2) 若对每一正整数 n, $f_n(x)$ 在 I 上有界, 则 $\{f_n(x)\}$ 在 I 上一致有界.

8. (1) 对任意 $x \in I$, 恒有 $h_n(x) \leqslant f_n(x) \leqslant g_n(x), n = 1, 2, \cdots$, 且函数列 $\{g_n(x)\}$ 和 $\{h_n(x)\}$ 都在 I 上一致收敛, $\{f_n(x)\}$ 是否也在 I 上一致收敛?

(2) 对任意 $x \in I$, 恒有 $w_n(x) \leqslant u_n(x) \leqslant v_n(x), n = 1, 2, \cdots$, 且函数项级数 $\displaystyle\sum_{n=1}^{\infty} v_n(x)$ 和 $\displaystyle\sum_{n=1}^{\infty} w_n(x)$ 都在 I 上一致收敛, $\displaystyle\sum_{n=1}^{\infty} u_n(x)$ 是否也在 I 上一致收敛?

第 10 讲

对 称 导 数

对称导数是微积分中经典导数概念的一种推广, 在最优化理论、泊松积分、傅里叶级数等方面均有应用. 这里将散见于外文期刊上有关对称导数且易为大学生接受并感兴趣的部分内容选择整理出来, 包括对称导数与普通导数的区别和联系, 微积分中相应结论的平行推广等.

10.1　对称导数的定义

初学导数定义的时候, 都会做一些基本概念的练习, 比如极限

$$\lim_{h \to 0} \frac{f(x+h) - f(x-h)}{2h}$$

存在时, f 在点 x 处是否可导? 容易给出反例 $f(x) = |x|$. 也不难看出, 若 f 在点 x 处可导, 则上述极限一定存在, 这说明上述极限存在的条件弱于导数定义的条件. 于是有人想到, 如果把导数的定义推广为上述极限存在, 是否能得出一些有意义的结果? 下面不妨一试.

定义 10.1.1　设 $f : I \subset R \to R$, I 是某个开区间, $x \in I$, 如果极限

$$\lim_{h \to 0} \frac{f(x+h) - f(x-h)}{2h}$$

存在, 则称 f 在点 x 处是对称可微的, 而称上述极限值为 f 在 x 的对称导数, 记为 $f^s(x)$.

显然, 如果 f 在 a 点有对称导数, 则它必是唯一的. 另外, 常数的对称导数是 0. 还需要强调以下几点:

注 10.1.1　如果普通导数 $f'(a)$ 存在, 则 $f^s(a)$ 也存在, 且 $f'(a) = f^s(a)$, 反之不然. 不过可以证明, 如果 $f^s(x)$ 几乎处处存在, 则 $f'(x)$ 也几乎处处存在.

注 10.1.2　对称导数 $f^s(a)$ 存在时, f 不一定在 a 点连续, 例如狄利克雷函数

$$f(x) = \begin{cases} 1, & \text{当 } x \text{ 为有理数时,} \\ 0, & \text{当 } x \text{ 为无理数时.} \end{cases}$$

f 无处连续, 但在所有有理点对称可微. 甚至 f 在 a 处没有定义, 而定义 10.1.1 中的极限仍可能存在, 例如 $f(x) = \dfrac{1}{x^2}$ 在 $x = 0$ 处就是如此. 这一点与普通导数差别很大.

注 10.1.3　如果 f 和 g 都在点 x 处对称可微, 则

(1) $f + g$ 也在 x 处对称可微, 且有

$$(f + g)^s(x) = f^s(x) + g^s(x).$$

(2) 如果 f 和 g 还在 x 处连续, 则 fg 在 x 处对称可微, 且有

$$(fg)^s(x) = f(x)g^s(x) + g(x)f^s(x).$$

注 10.1.4　对称可微函数在极值点 (内点) 的对称导数未必是 0, 例如 $f(x) = x - |2x|$, $f(x) = x - |x| - |x| \leqslant -|x| \leqslant 0$, $f(0) = 0$, 0 是极大值点, 但 $f^s(0) = 1$.

 习　题　**10.1**

1. 函数在区间端点有没有对称导数?
2. 通常的左、右导数能否类似地用于对称导数?
3. 证明: 狄利克雷函数在有理点对称可微, 在无理点则不然.

10.2　对称导数下的微分中值定理和微积分基本定理

微分中值定理是一元微分学的理论基础, 那么, 在对称导数意义下, 是否有相应的中值定理呢? 也就是说, 通常的微分中值定理能否在对称导数意义下进行推广? 由于对称导数的条件减弱了, 相应的结论也弱化了. 先给出一个预备性定理.

定理 10.2.1　设 f 在 $[a, b]$ 上连续, 在 (a, b) 上对称可微, $f(b) > (<) f(a)$, 则存在 $c \in (a, b)$, 使 $f^s(c) \geqslant (\leqslant) 0$.

证　仅考虑 $f(b) > f(a)$ 的情形. 令

$$m = \frac{1}{2}(f(a) + f(b)), \quad A = \{x \in (a, b) : f(x) > m\}.$$

则 A 有下界 a, 且由 $f(b) > m$ 和 f 的连续性知, $A \neq \varnothing$, 因此 A 有下确界, 设其为 c, 显然 $c \neq b$, 假若 $c = a$, 则存在 $\{x_n\} \subset A$ 使 $\lim\limits_{n \to \infty} x_n = a$, 由 f 连续得

$$f(a) = \lim_{n \to \infty} f(x_n) \geqslant m.$$

这与 m 的定义矛盾, 故 $c \neq a$.

因为当 $x \in (c, b]$ 且 $x - c$ 充分小时 $f(x) > m$, 当 $x \in [a, c)$ 时, $f(x) \leqslant m$, 故有

$$f^s(c) = \lim_{h \to 0} \frac{f(c+h) - f(c-h)}{2h} \geqslant 0.$$

定理 10.2.2 (拟罗尔定理) 设 f 在 $[a, b]$ 上连续, 在 (a, b) 上对称可微, 且 $f(a) = f(b) = 0$, 那么存在 $x_1, x_2 \in (a, b)$, 使 $f^s(x_1) \geqslant 0$, $f^s(x_2) \leqslant 0$.

证 假如 $f(x) \equiv 0$, 则结论显然成立. 现设 $f(x) \not\equiv 0$, 不妨设存在 $c \in (a, b)$ 使 $f(c) > 0$, 于是 $f(a) < f(c)$, $f(b) < f(c)$, 根据定理 10.2.1, 存在 $x_1 \in (a, c)$, $x_2 \in (c, b)$ 使 $f^s(x_1) \geqslant 0, f^s(x_2) \leqslant 0$.

定理 10.2.3 (拟拉格朗日中值定理) 设 f 在 $[a, b]$ 上连续, 在 (a, b) 上对称可微, 则存在 $x_1, x_2 \in (a, b)$ 使

$$f^s(x_2) \leqslant \frac{f(b) - f(a)}{b - a} \leqslant f^s(x_1).$$

证 设

$$F(x) = f(x) - f(a) - \frac{f(b) - f(a)}{b - a}(x - a),$$

显然 $F(a) = F(b) = 0$,

根据定理 10.2.2, 存在 $x_1, x_2 \in (a, b)$ 使

$$F^s(x_1) \geqslant 0, F^s(x_2) \leqslant 0,$$

而

$$F^s(x) = f^s(x) - \frac{f(b) - f(a)}{b - a},$$

故有定理结论成立.

定理 10.2.4 (拟柯西定理) 设 f 和 g 在 $[a, b]$ 上连续, 在 (a, b) 上对称可微, 且 $g(b) \neq g(a)$, $g^s(x) \neq 0$, 则存在 $x_1, x_2 \in (a, b)$ 使

$$\frac{f^s(x_2)}{g^s(x_2)} \leqslant \frac{f(b) - f(a)}{g(b) - g(a)} \leqslant \frac{f^s(x_1)}{g^s(x_1)}.$$

证 利用辅助函数

$$F\left(x\right)=f\left(x\right)-f\left(a\right)-\frac{f\left(b\right)-f\left(a\right)}{g\left(b\right)-g\left(a\right)}\left[g\left(x\right)-g\left(a\right)\right]$$

和定理 10.2.2 即可获证.

定理 10.2.5 设 f 在 (a,b) 上连续, $f^s\left(x\right)$ 在 (a,b) 上存在且连续, 则 $f'\left(x\right)$ 在 (a,b) 上存在.

证 对任意固定的 $x\in(a,b)$ 和绝对值充分小的 h, 根据定理 10.2.3, 在 x 和 $x+h$ 之间存在 x_1,x_2 使

$$f^s\left(x_2\right)\leqslant\frac{f\left(x+h\right)-f\left(x\right)}{h}\leqslant f^s\left(x_1\right).$$

如果上式有一边取等号, 比如, $f^s\left(x_1\right)=\dfrac{f\left(x+h\right)-f\left(x\right)}{h}$, 那么, 由 $f^s\left(x\right)$ 的连续性有

$$f^s\left(x\right)=\lim_{h\to0}f^s\left(x_1\right)=\lim_{h\to0}\frac{f\left(x+h\right)-f\left(x\right)}{h}=f'\left(x\right)$$

存在, 如果上述两个不等式均是严格的, 则由 $f^s\left(x\right)$ 的连续性和介值定理, 在 x_1 和 x_2 之间存在 x_3 使

$$f^s\left(x_3\right)=\frac{f\left(x+h\right)-f\left(x\right)}{h},$$

$$f^s\left(x\right)=\lim_{h\to0}f^s\left(x_3\right)=\lim_{h\to0}\frac{f\left(x+h\right)-f\left(x\right)}{h}=f'\left(x\right).$$

注 10.2.1 如果 f 在 x_0 的一个邻域内连续, $f^s\left(x\right)$ 在 x_0 点连续, 则 $f'\left(x_0\right)$ 存在. 不难利用定理 10.2.3 证明之.

下面利用对称导数推广微积分基本定理.

定理 10.2.6(广义牛顿-莱布尼茨公式) 设 $f\left(x\right)$ 在 $[a,b]$ 上黎曼可积, $F\left(x\right)$ 在 $[a,b]$ 上连续, 在 (a,b) 上对称可微, 且对 $x\in(a,b)$ 有 $F^s\left(x\right)=f\left(x\right)$, 则

$$\int_a^b f\left(x\right)\mathrm{d}x=F\left(b\right)-F\left(a\right).$$

证 对 $[a,b]$ 作任意分划

$$a=x_0<x_1<\cdots<x_{n-1}<x_n=b,$$

对每一个区间 $I_k = [x_{k-1}, x_k]$ 应用定理 10.2.3, 则存在 $c_k, d_k \in (x_{k-1}, x_k)$ 使

$$f(c_k) = F^s(c_k) \leqslant \frac{F(x_k) - F(x_{k-1})}{x_k - x_{k-1}} \leqslant F^s(d_k) = f(d_k),$$

令

$$m_k = \inf_{I_k} f(x), \quad M_k = \sup_{I_k} f(x),$$

则有

$$m_k \leqslant \frac{F(x_k) - F(x_{k-1})}{x_k - x_{k-1}} \leqslant M_k, \quad k = 1, 2, \cdots, n.$$

于是有

$$\sum_{k=1}^{n} m_k(x_k - x_{k-1}) \leqslant \sum_{k=1}^{n} [F(x_k) - F(x_{k-1})] = F(b) - F(a)$$

$$\leqslant \sum_{k=1}^{n} M_k(x_k - x_{k-1}).$$

因为 f 黎曼可积和划分的任意性, 当子区间的最大长度趋于零时, $\sum_{k=1}^{n} m_k(x_k - x_{k-1})$ 和 $\sum_{k=1}^{n} M_k(x_k - x_{k-1})$ 都趋于 $\int_a^b f(x)\,dx$, 根据夹逼原理有

$$\int_a^b f(x)\,dx = F(b) - F(a).$$

例 10.2.1 求 $\int_{-1}^{1} \operatorname{sgn}(x)\,dx$, 其中 $\operatorname{sgn}(x) = \begin{cases} 1, & x > 0, \\ 0, & x = 0, \\ -1, & x < 0. \end{cases}$

我们知道 $\operatorname{sgn}(x)$ 没有原函数, 因此通常的牛顿–莱布尼茨公式无能为力. 但是, 根据定理 10.2.1, 令 $F(x) = |x|$, 则 $F^s(x) = \operatorname{sgn}(x)$. 于是可求得

$$\int_{-1}^{1} \operatorname{sgn}(x)\,dx = F(1) - F(-1) = 0.$$

 习 题 10.2

......

1. 设 $f(x)$ 在 (a, b) 上连续, $f^s(x)$ 在 (a, b) 上恒为 0. f 在 (a, b) 上是否为常数?

2. 设 $f(x)$ 在 (a,b) 上连续, $f^s(x)$ 在 (a,b) 上有界. 证明 f 在 (a,b) 上满足利普希茨条件, 即存在正数 l 使

$$|f(x_1) - f(x_2)| \leqslant l \cdot |x_1 - x_2|, \forall x_1, x_2 \in (a,b).$$

3. 证明注 10.2.1.

10.3　利用对称导数刻画函数的凸性和单调性

先利用对称导数刻画凸函数.

定理 10.3.1　设 f 在开区间 I 上是对称可微的, 则 f 是凸函数的充分必要条件为

$$f(x) - f(y) \geqslant f^s(y)(x - y), \quad \forall x, y \in I.$$

证　设有

$$f(x) - f(y) \geqslant f^s(y)(x - y), \quad \forall x, y \in I.$$

则对任意 $w, z \in I, \lambda \in [0,1]$, 我们有

$$f(z) \geqslant f(\lambda\omega + (1 - \lambda)z) - \lambda f^s(\lambda\omega + (1 - \lambda)z)(\omega - z), \tag{10.1}$$

$$f(\omega) \geqslant f(\lambda\omega + (1 - \lambda)z) + (1 - \lambda)f^s(\lambda\omega + (1 - \lambda)z)(\omega - z). \tag{10.2}$$

(10.1) 式乘 $(1 - \lambda)$ 加 (10.2) 式乘 λ 得

$$(1 - \lambda)f(z) + \lambda f(\omega) \geqslant f(\lambda\omega + (1 - \lambda)z),$$

因此 f 是凸函数.

反之, 设 f 是凸的, $x, y \in I$, 如果对充分 $h > 0, x < y - h < y < y + h$, 则由 f 的凸性得

$$\frac{f(x) - f(y)}{x - y} \leqslant \frac{f(y) - f(y - h)}{h} \leqslant \frac{f(y + h) - f(y - h)}{2h}.$$

令 $h \to 0^+$, 并注意 $x - y < 0$, 便得

$$f(x) - f(y) \geqslant f^s(y)(x - y).$$

如果对充分小的 $h > 0, y - h < y < y + h < x$, 则有

$$\frac{f(y + h) - f(y - h)}{2h} \leqslant \frac{f(y + h) - f(y)}{h} \leqslant \frac{f(x) - f(y)}{x - y}.$$

令 $h \to 0^+, f(x) - f(y) \geqslant f^s(y)(x - y)$. 总之, 定理成立.

再利用对称导数刻画函数的单调性.

定理 10.3.2 设函数 f 在 (a, b) 内连续可微, 则 f 在 (a, b) 内单调递增的充要条件是

$$f^s(x) \geqslant 0, \forall x \in (a, b).$$

证 必要性是显然的, 现证明充分性.

先设 $f^s(x) > 0, \forall x \in (a, b)$, 假若存在 $x_1, x_2 \in (a, b)$, 并且 $x_1 < x_2, f(x_1) > f(x_2)$.

(1) 若 $f(x_1) > 0 > f(x_2)$, 令

$$\bar{x} = \sup\{x \in (x_1, x_2) \mid f(y) \geqslant 0, y \in (x_1, x_2)\},$$

因为 f 连续且 $f(x_1) > 0$, 故 $\bar{x}$ 是存在的. 于是存在序列 $\{h_n\}, h_n > 0, \lim\limits_{n \to \infty} h_n = 0$ 使 $f(\bar{x} + h_n) < 0$, 从而有

$$f^s(\bar{x}) = \lim_{n \to \infty} \frac{f(\bar{x} + h_n) - f(\bar{x} - h_n)}{2h_n} \leqslant 0.$$

这与原假设矛盾, 故 f 单调递增.

(2) 若 $f(x_1) > f(x_2) \geqslant 0$, 考虑函数

$$g(x) = f(x) - \frac{f(x_1) + f(x_2)}{2},$$

则有

$$g(x_1) = f(x_1) - \frac{1}{2}f(x_1) - \frac{1}{2}f(x_2) = \frac{1}{2}f(x_1) - \frac{1}{2}f(x_2) > 0,$$

$$g(x_2) = f(x_2) - \frac{f(x_1) + f(x_2)}{2} = \frac{1}{2}f(x_2) - \frac{1}{2}f(x_1) < 0,$$

又

$$g^s(x) = f^s(x) > 0,$$

将 (1) 的结果应用于函数 $g(x)$, 可知 g 单调递增, 从而 f 也单调递增.

(3) 若 $0 \geqslant f(x_1) > f(x_2)$, 考虑函数

$$g(x) = f(x) - f(x_2),$$

则有

$$g(x_1) = f(x_1) - f(x_2) > 0,$$

$$g(x_2) = f(x_2) - f(x_2) = 0,$$

又

$$g^s(x) = f^s(x) > 0,$$

将 (2) 的结果应用于函数 $g(x)$, 可知 g 单调递增, 从而 f 也单调递增.

一般情况下, 当 $f^s(x) \geqslant 0$ 时, 考虑

$$g(x) = f(x) + \varepsilon x, \quad \varepsilon \text{ 为任意正数},$$

则

$$g^s(x) = f^s(x) + \varepsilon > 0, \quad \forall x \in (a,b), \forall \varepsilon > 0,$$

于是由前面已证的结果知, $g(x)$ 单调递增, 由此可以推知 f 单调递增, 事实上, 对任意 $x_1, x_2 \in (a,b), x_1 < x_2$, 由 g 的单调递增性可知

$$f(x_1) + \varepsilon x_1 \leqslant f(x_2) + \varepsilon x_2, \quad \forall \varepsilon > 0.$$

令 $\varepsilon \to 0$ 可得

$$f(x_1) \leqslant f(x_2).$$

因此, f 是单调递增的.

推论 10.3.1 对上述函数 f, 若 $f^s(x) \equiv 0, x \in (a,b)$, 则 f 在 (a,b) 内是常数.

证 将定理 10.3.1 的结论分别用于 f 和 $-f$, 即可得证.

推论 10.3.2 若 $f^s(x)$ 在 (a,b) 内连续, 则 f 的 (普通) 导数在 (a,b) 内连续, 即 f 在 (a,b) 内连续可微.

证 设 $g(x) = f^s(x)$, 因为 $g(x)$ 在 (a,b) 内连续, 故存在原函数 $G(x)$, 则由对称导数的定义, 对任意的 $x \in (a,b)$ 有

$$
\begin{aligned}
(f-G)^S(x) &= \lim_{h \to 0} \frac{f(x+h) - G(x+h) - [f(x-h) - G(x-h)]}{2h} \\
&= \lim_{h \to 0} \frac{f(x+h) - f(x-h)}{2h} - \lim_{h \to 0} \frac{G(x+h) - G(x-h)}{2h} \\
&= f^s(x) - \frac{1}{2}\left[\lim_{h \to 0} \frac{G(x+h) - G(x)}{h} + \lim_{h \to 0} \frac{G(x-h) - G(x)}{-h}\right] \\
&= f'(x) - G'(x) = f'(x) - g(x) = 0.
\end{aligned}
$$

根据推论 10.3.1, $f - G$ 为常数, 即有

$$f = G + C,$$

$$f'(x) = G'(x) = g(x).$$

因为 $g(x) = f^s(x)$ 连续, 故 $f'(x)$ 连续.

 习 题 10.3

1. 若在对称导数定义中将极限改为上极限, 试证定理 10.3.2 仍然成立.
2. 定义 Dini 导数

$$Df(x) = \lim_{h \to 0^+} \sup \frac{f(x+h) - f(x)}{h}.$$

设 f 在 (a,b) 内连续.

证明: (1) f 在 (a,b) 单调递增的充分必要条件是

$$Df(x) \geqslant 0, \forall x \in (a,b).$$

(2) 若 $f^s(x)$ 存在, 则 $f^s(x) \geqslant 0$ 的充要条件是

$$Df(x) \geqslant 0, \forall x \in (a,b).$$

10.4　对称导数的推广及其对凸函数的刻画

对称导数的概念也可以推广到多元函数, 定义对称偏导数、对称方向导数和对称梯度等, 从而也可以平行推广多元微积分中的相应结果. 还可以类似地定义高阶对称导数.

本节首先引入多元函数的二阶对称方向导数的概念, 然后用其刻画不可微凸函数的特征.

定义 10.4.1 设 f 是定义在 $C \subset R^n$ 上的实值函数, f 在 $x \in \text{int}C$ 处沿方向 $h \in \mathbf{R}^n \backslash \{0\}$ 的二阶对称 (右上) 方向导数定义为

$$D_s^2 f(x;h) = \lim_{t \to 0^+} \sup \frac{f(x-th) - 2f(x) + f(x+th)}{t^2}.$$

当 $n = 1$ 时, f 是一元函数, 这时上述定义简化为

$$\lim_{t \to 0^+} \sup \frac{f(x-t) - 2f(x) + f(x+t)}{t^2},$$

并简记为 $D_s^2 f(x)$, 简称为二阶对称 (右) 导数.

容易看出, 奇函数在原点处总存在二阶对称方向导数, 且 $D_s^2 f(0;h)=0$, 这是因为对奇函数而言, 恒有 $f(0) = 0, f(-th) = -f(th)$.

第 6 讲介绍了二次可微函数为凸函数的充要条件, 即其 Hessian 矩阵半正定, 这是一个非常有用的经典结果. 本节对不可微函数, 利用二阶对称方向导数的概念. 导出凸函数的二阶充分必要条件和严格凸函数的二阶充分条件, 从而推广了上述结果.

下面利用二阶对称方向导数给出不可微凸函数一个特征.

定理 10.4.1 设 f 在开凸集 $C \subset \mathbf{R}^n$ 上连续, 则 f 为 C 上的凸函数的充分必要条件是

$$D_s^2 f(x; h) \geqslant 0, \forall x \in C, h \in \mathbf{R}^n \setminus \{0\}. \tag{10.3}$$

证 必要性易证. 设 f 是 C 上的凸函数, 则对 $x \in C, h \in \mathbf{R}^n$ 和充分小的正数 $t \in \mathbf{R}$, 有

$$f(x) = f\left(\frac{1}{2}(x - th) + \frac{1}{2}(x + th)\right) \leqslant \frac{1}{2}f(x - th) + \frac{1}{2}f(x + th).$$

于是

$$\frac{f(x - th) - 2f(x) + f(x + th)}{t^2} \geqslant 0.$$

因此 (10.3) 式成立.

现证充分性. 首先考虑 $n = 1$ 的情形, 这时 C 为一开区间, 对 $x_0, x_1 \in C, x_0 < x_1, \lambda \in (0, 1)$, 令 $x = \lambda x_0 + (1 - \lambda) x_1$, 我们只需证明

$$f(x) \leqslant f(x_0) + \frac{f(x_1) - f(x_0)}{x_1 - x_0}(x - x_0).$$

这是因为上式即为

$$f(\lambda x_0 + (1 - \lambda) x_1) \leqslant f(x_0) + \frac{f(x_1) - f(x_0)}{x_1 - x_0}(1 - \lambda)(x_1 - x_0)$$

$$= f(x_0) + (1 - \lambda)[f(x_1) - f(x_0)]$$

$$= \lambda f(x_0) + (1 - \lambda) f(x_1).$$

令

$$g(x) = f(x) - f(x_0) - \frac{f(x_1) - f(x_0)}{x_1 - x_0}(x - x_0),$$

我们将证明

$$g(x) \leqslant 0, \forall x \in (x_0, x_1), \tag{10.4}$$

显然有 $g(x_0) = g(x_1) = 0$. 注意到 f 和 g 仅差一个线性函数, 所以有 $D_s^2 f = D_s^2 g$.

先在

$$D_s^2 f = D_s^2 g > 0, \forall x \in (x_0, x_1) \tag{10.5}$$

的情况下证明 (10.4) 式. 假若 (10.4) 式不成立, 则存在 $x' \in (x_0, x_1)$ 式, 使 $g(x') > 0$, 由于 g 在 $[x_0, x_1]$ 上连续, 故 g 在 $[x_0, x_1]$ 上存在最大值点 x^*, 而 $g(x_0) = g(x_1) = 0$, $g(x') > 0$, 于是可知 $x^* \in (x_0, x_1)$, 从而对充分小的 $t > 0$, 我们有

$$g(x^* - t) - 2g(x^*) + g(x^* + t) \leqslant 0,$$

这与 (10.5) 式矛盾, 因此 (10.4) 式成立.

若 (10.5) 式不是严格不等式, 而是

$$D_s^2 f = D_s^2 g \geqslant 0, \forall x \in (x_0, x_1), \tag{10.6}$$

那么, 只需考虑

$$f_k(x) = f(x) + \frac{1}{k} x^2.$$

当 (10.6) 式成立时, f_k 必然满足 (10.5) 式:

$$D_s^2 f_k(x) > 0, \forall x \in (x_0, x_1).$$

由上面所证可知 f_k 是凸函数, 由此易知

$$\lim_{k \to +\infty} f_k = f(x)$$

是凸函数.

当 $n > 1$ 时, $\forall x_0, x_1 \in C (x_0 \neq x_1)$, 定义

$$\varphi(t) = f(x_0 + t(x_1 - x_0)), t \in [0, 1],$$

则由条件 (10.3) 有

$$\begin{aligned}
D_s^2 \varphi(t) &= \lim_{t \to 0^+} \sup \frac{\varphi(-t) - 2\varphi(0) + \varphi(t)}{t^2} \\
&= \lim_{t \to 0^+} \sup \frac{f(x_0 - t(x_1 - x_0)) - 2f(0) + f(x_0 + t(x_1 - x_0))}{t^2} \\
&= D_s^2 f(x_0; x_1 - x_0) \geqslant 0, \quad \forall t \in [0, 1].
\end{aligned}$$

根据前面已证的结果可知, $\varphi(t)$ 在 $[0, 1]$ 上是凸的.

定理 10.4.2 设 f 在 $C \subset \mathbf{R}^n$ 上连续, 且

$$D_s^2 f(x; h) > 0, \forall x \in C, h \in \mathbf{R}^n \backslash \{0\},$$

则 f 是 C 上的严格凸函数.

证明 必须且只需证明上文中 $g(x) < 0, \forall x \in (x_0, x_1)$. 因为本定理的条件蕴含条件 (10.3), 故 (10.4) 式成立. 现只需证明 (10.4) 式中等式不成立. 假若不然, 则存在 $x' \in (x_0, x_1)$, 使得 $y(x') = 0$, 于是 x' 是 g 在 (x_0, x_1) 内的最大值点, 故当 $t > 0$ 充分小时, 便有

$$g(x' - t) - 2g(x') + g(x' + t) \leqslant 0,$$

从而得

$$D_s^2 g(x') \leqslant 0,$$

这与定理条件矛盾, 因此有

$$g(x) < 0, \forall x \in (x_0, x_1).$$

例 10.4.1 设 $f(x) = |x|, x \in \mathbf{R}$, 则有

$$D_s^2 f(x) = \begin{cases} 0, & x \neq 0, \\ +\infty, & x = 0. \end{cases}$$

根据定理 1, f 是凸的.

例 10.4.2 设 $f(x) = \min\{x^2 + x, x^2 - x\}, x \in \mathbf{R}$.

因为

$$D_s^2 f(0) = \lim_{t \to 0^+} \sup \frac{t^2 - t + t^2 - t}{t^2} = \lim_{t \to 0^+} \sup \left(2 - \frac{2}{t}\right) = -\infty.$$

根据定理 10.4.1, f 不是凸函数. 此例也说明两个凸函数取 "min" 后, 不一定是凸函数.

由于导数 (梯度) 概念的极端重要性及其局限性, 人们一直尝试对其进行推广, 并且取得了丰硕成果, 特别是在最优化方向的需求和推动下, 凸分析、非光滑分析乃至集值分析先后应运而生, 各种广义导数 (梯度) 的概念精彩纷呈, 琳琅满目, 本讲介绍的对称导数作为一种比较简单明了的广义导数, 早在 50 年前就已用于非光滑优化理论中, 拓广了有关经典结论. 这一讲关于用对称导数刻画函数单调性和凸性的结果取自作者三十年前的小文章.

 习 题 10.4

1. 求出任一线性函数的二阶对称方向导数.

2. 求出符号函数在原点的二阶对称导数.

3. 一元函数

$$f(x) = \begin{cases} x\cos\dfrac{1}{x}, & x \neq 0, \\[2mm] 0, & x = 0 \end{cases}$$

在原点是否存在有限的二阶对称导数?

4. 若 $f(x)$ 在 $[a, b]$ 上连续, $D_s^2 f(x) = \lim\limits_{t \to 0^+} \dfrac{f(x+t) - 2f(x) + f(x-t)}{t^2}$ (为了简便, 去掉了上确界符号) 在 (a, b) 内处处为零. 证明: f 为线性函数.

附录

典型题解析

解题既是学习和运用数学知识的一种基本训练, 又是检验学习效果的常规方法, 同时还是练脑益智、活跃思维的一种有效途径. 因此, 经常保持解题的好胃口是一种良好的学习习惯和高雅的休闲方式. 数学分析历经三百多年的锤炼和积累, 早已成为大学的一门基础课程, 并形成题山题海. 这里分 4 节共精选了 58 道典型例题加以解析, 并配置了 50 道习题, 希望借此 108 道题目帮助学生掌握一些常用的解题方法和规律, 并能够举一反三, 深化对数学分析的理解.

1 介值和中值存在性

数学分析中的许多证明题都涉及介值 (零点) 和中值的存在性, 这方面的题型丰富多彩、变化多端. 其证明方法主要基于连续函数的介值定理或零点存在定理、罗尔定理、拉格朗日中值定理、柯西中值定理和泰勒公式.

例 1.1 设函数 $f(x)$ 在 $[0, 1]$ 上连续, $f(0) = f(1)$, $n \geqslant 2$ 为正整数. 证明:

(1) 存在 $\xi \in \left[\dfrac{1}{3}, 1\right]$, 使得 $f(\xi) = f\left(\xi - \dfrac{1}{3}\right)$;

(2) 存在 $\alpha, \beta, 0 \leqslant \alpha < \beta \leqslant 1, \beta - \alpha = \dfrac{1}{n}$, 使 $f(\alpha) = f(\beta)$.

证 (1) 令 $g(x) = f(x) - f\left(x - \dfrac{1}{3}\right)$, 则 $g(x)$ 在 $\left[\dfrac{1}{3}, 1\right]$ 上连续. 如果存在自然数 $i\ (1 \leqslant i \leqslant 3)$, 使 $g\left(\dfrac{i}{3}\right) = 0$, 只要取 $\xi = \dfrac{i}{3}$ 即可. 否则, 由

$$g\left(\frac{1}{3}\right) + g\left(\frac{2}{3}\right) + g\left(\frac{3}{3}\right)$$

$$= \left[f\left(\frac{1}{3}\right) - f(0) \right] + \left[f\left(\frac{2}{3}\right) - f\left(\frac{1}{3}\right) \right] + \left[f\left(\frac{3}{3}\right) - f\left(\frac{2}{3}\right) \right]$$

$$= f(1) - f(0) = 0,$$

可知 $g\left(\dfrac{i}{3}\right)$ $(i = 1, 2, 3)$ 不可能同时为正或同时为负, 故至少有两项异号, 不妨设 $g\left(\dfrac{1}{3}\right) \cdot g\left(\dfrac{2}{3}\right) < 0$. 由零点存在定理, 存在 $\xi \in \left(\dfrac{1}{3}, \dfrac{2}{3}\right) \subset \left[\dfrac{1}{3}, 1\right]$, 使得 $g(\xi) = 0$, 即 $f(\xi) = f\left(\xi - \dfrac{1}{3}\right)$.

(2) 令 $g(x) = f\left(x + \dfrac{1}{n}\right) - f(x)$, 则 $g(x)$ 在 $\left[0, \dfrac{n-1}{n}\right]$ 上连续, 且有

$$g(0) + g\left(\frac{1}{n}\right) + \cdots + g\left(\frac{n-1}{n}\right)$$

$$= \left[f\left(\frac{1}{n}\right) - f(0) \right] + \left[f\left(\frac{2}{n}\right) - f\left(\frac{1}{n}\right) \right] + \cdots$$

$$\quad + \left[f\left(\frac{n-1}{n}\right) - f\left(\frac{n-2}{n}\right) \right] + \left[f\left(\frac{n}{n}\right) - f\left(\frac{n-1}{n}\right) \right]$$

$$= f(1) - f(0) = 0.$$

若有某个 $i \in I = \{0, 1, 2, \cdots, n-1\}$, 使得 $g\left(\dfrac{i}{n}\right) = 0$, 则取 $\alpha = \dfrac{i}{n}, \beta = \dfrac{i+1}{n}$, 即可得证. 若对所有 $i \in I$, 均有 $g\left(\dfrac{i}{n}\right) \neq 0$, 则必存在 $i_1, i_2 \in I, i_1 \neq i_2$, 使得 $g\left(\dfrac{i_1}{n}\right) \cdot g\left(\dfrac{i_2}{n}\right) < 0$. 于是由零点存在定理, 存在 ξ 介于 $\dfrac{i_1}{n}$ 和 $\dfrac{i_2}{n}$ 之间, 使 $0 = g(\xi) = f\left(\xi + \dfrac{1}{n}\right) - f(\xi)$. 取 $\alpha = \xi, \beta = \xi + \dfrac{1}{n}$ 即可.

例 1.2 设 $x_i \in [0, 1]$, $i = 1, 2, \cdots, n$. 证明: 存在 $\xi \in [0, 1]$, 使得

$$\frac{1}{n} \sum_{i=1}^{n} |\xi - x_i| = \frac{1}{2}.$$

证 令 $f(x) = \dfrac{1}{n} \displaystyle\sum_{i=1}^{n} |x - x_i|$, 则 $f(x)$ 在 $[0, 1]$ 上连续, 且

$$f(0) = \frac{1}{n} \sum_{i=1}^{n} x_i, \quad f(1) = \frac{1}{n} \sum_{i=1}^{n} |1 - x_i| = 1 - \frac{1}{n} \sum_{i=1}^{n} x_i,$$

所以 $f(0) + f(1) = 1$. 于是有

$$\min\{f(0), f(1)\} \leqslant \frac{f(0) + f(1)}{2} = \frac{1}{2} \leqslant \max\{f(0), f(1)\}.$$

由连续函数的介值性质知, 存在 $\xi \in [0, 1]$, 使得 $f(\xi) = \dfrac{1}{n} \displaystyle\sum_{i=1}^{n} |\xi - x_i| = \dfrac{1}{2}$.

例 1.3 设函数 $f(x)$ 在 $[0, 1]$ 上非负连续, $f(1) = 0$, 证明: 存在 $c \in (0, 1)$, 使

$$f(c) = \int_0^c f(t)\mathrm{d}t.$$

证 (i) 如果 $f(x) \equiv 0$, 则结论显然成立.

(ii) 如果 $f(x) \not\equiv 0$, 则 $M = \max\limits_{x \in [0,1]} f(x) > 0$, $\displaystyle\int_0^1 f(t)\mathrm{d}t > 0$. 作辅助函数

$$F(x) = f(x) - \int_0^x f(t)\mathrm{d}t, \ x \in [0, 1],$$

则 $F(1) = f(1) - \displaystyle\int_0^1 f(t)\mathrm{d}t < 0$, 设 $x_0 \in [0, 1)$, 使得 $M = f(x_0)$, 于是,

$$F(x_0) = M - \int_0^{x_0} f(t)\mathrm{d}t \begin{cases} = M > 0, & x_0 = 0, \\ \geqslant (1 - x_0)M > 0, & x_0 > 0. \end{cases}$$

由介值定理可知, 存在 $c \in (x_0, 1) \subset (0, 1)$, 使 $F(c) = 0$, 即 $f(c) = \displaystyle\int_0^c f(t)\mathrm{d}t$ 成立.

例 1.4 设 $f_n(x) = x^n + x^{n-1} + \cdots + x^2 + x$. 证明:

(1) 对任意正整数 $n > 1$, 方程 $f_n(x) = 1$ 在区间 $\left(\dfrac{1}{2}, 1\right)$ 内只有一个根;

(2) 设 $x_n \in \left(\dfrac{1}{2}, 1\right)$ 是 $f_n(x) = 1$ 的根, 则 $\lim\limits_{n \to \infty} x_n = \dfrac{1}{2}$.

证 (1) 因为 $n > 1$ 时,

$$f_n(1) - 1 = n - 1 > 0,$$

$$f_n\left(\frac{1}{2}\right) - 1 = \frac{1}{2} + \frac{1}{2^2} + \cdots + \frac{1}{2^n} - 1 = -\frac{1}{2^n} < 0,$$

根据连续函数的介值定理, 存在 $x_n \in \left(\frac{1}{2}, 1\right)$ 使 $f_n(x_n) = 1$. 又因为 $f_n'(x) = nx^{n-1} + (n-1)x^{n-2} + \cdots + 2x + 1, f_n'(x) \geqslant 1 > 0$. 对任意 $x > 0, f_n(x)$ 严格递增, 故 $f_n(x) = 1$ 的根 $x_n \in \left(\frac{1}{2}, 1\right)$ 唯一.

(2) 采取两种证法.

(**方法一**) 根据拉格朗日中值定理, 存在 $\xi \in \left(\frac{1}{2}, x_n\right)$, 使得

$$f_n(x_n) - f_n\left(\frac{1}{2}\right) = f_n'(\xi)\left(x_n - \frac{1}{2}\right) \geqslant \left(x_n - \frac{1}{2}\right),$$

因为 $f_n'(x) \geqslant 1$, 所以

$$0 \leqslant \left|x_n - \frac{1}{2}\right| \leqslant \left|f_n(x_n) - f_n\left(\frac{1}{2}\right)\right| = \frac{1}{2^n},$$

由夹逼准则得

$$\lim_{n \to \infty} x_n = \frac{1}{2}.$$

(**方法二**) 考察 $\{x_n\}$ 的单调性, 因为对任意 $x > 0$ 有 $f_n(x) < f_{n+1}(x)$, 所以 $f_{n+1}(x_{n+1}) = 1 = f_n(x_n) < f_{n+1}(x_n)$, 而 $f_{n+1}(x)$ 严格递增. 从而 $x_{n+1} < x_n$, 即 $\{x_n\}$ 严格递减, 又 $x_n > \frac{1}{2}$, 所以 $\{x_n\}$ 收敛. 设 $\lim_{n \to \infty} x_n = a$, 由于 $x_n \leqslant x_2 < 1$ 故有 $\lim_{n \to \infty} x_n^{n+1} = 0$. 在等式

$$1 = f_n(x_n) = x_n^n + x_n^{n-1} + \cdots + x_n^2 + x_n = \frac{x_n - x_n^{n+1}}{1 - x_n}$$

两端取极限得 $1 = \dfrac{a}{1-a}$, 故 $a = \dfrac{1}{2}$.

例 1.5 设函数 $f(x)$ 和 $g(x)$ 在 $[a, b]$ 上连续, 在 (a, b) 内可导, 且 $g'(x) \neq 0$. 则存在 $\xi \in (a, b)$, 使

$$\frac{f(\xi) - f(a)}{g(b) - g(\xi)} = \frac{f'(\xi)}{g'(\xi)}.$$

分析 将所要证的式子中的 ξ 换为 x, 再变形为

$$f(x)g'(x) - f(a)g'(x) = f'(x)g(b) - f'(x)g(x),$$

即

$$f(x)g'(x) + f'(x)g(x) - f(a)g'(x) - f'(x)g(b) = 0,$$

即

$$[f(x)g(x) - f(a)g(x) - f(x)g(b)]' = 0.$$

证 令

$$F(x) = f(x)g(x) - f(a)g(x) - f(x)g(b),$$

则

$$F(a) = f(a)g(a) - f(a)g(a) - f(a)g(b) = -f(a)g(b) = F(b).$$

由罗尔定理, 存在 $\xi \in (a, b)$, 使 $F'(\xi) = 0$, 即有 $\dfrac{f(\xi) - f(a)}{g(b) - g(\xi)} = \dfrac{f'(\xi)}{g'(\xi)}.$

注 1.1 用罗尔定理证题时, 常常需要构造辅助函数, 有时通过适当变形就可以找到合适的辅助函数, 如例 1.5, 有时则不然, 如下例 1.6.

例 1.6 设函数 $f(x)$ 可导, 证明: 对任意实数 λ, 在 $f(x)$ 的两个零点之间必存在 $\lambda f(x) + f'(x)$ 的零点.

分析 没有哪个函数的导数为 $\lambda f(x) + f'(x)$. 因此, 不能像上题那样直接得到恰当的辅助函数. 需要另辟蹊径, 作纯形式运算: $\lambda f(x) + f'(x) = 0 \rightarrow \dfrac{f'(x)}{f(x)} = -\lambda$, 积分可得 $\ln f(x) = -\lambda x + c, f(x) = c_1 \mathrm{e}^{-\lambda x}, \mathrm{e}^{\lambda x} f(x) = c_1$. 于是可构造辅助函数 $F(x) = \mathrm{e}^{\lambda x} f(x)$.

证 设 $x_1, x_2 \ (x_1 < x_2)$ 是 $f(x)$ 的两个零点, 即 $f(x_1) = f(x_2) = 0$. 令 $F(x) = \mathrm{e}^{\lambda x} f(x)$, 则 x_1, x_2 也是 $F(x)$ 的两个零点, 对 $F(x)$ 在 $[x_1, x_2]$ 上应用罗尔定理, 则有 $\xi \in (x_1, x_2)$, 使 $F'(\xi) = 0$, 即 $F'(\xi) = \mathrm{e}^{\lambda \xi}[\lambda f(\xi) + f'(\xi)] = 0$. 由于 $\mathrm{e}^{\lambda \xi} \neq 0$, 故 $\lambda f(\xi) + f'(\xi) = 0$.

例 1.7 设 $f(x), f'(x), \cdots, f^{(n)}(x)$ 在 $[a, b]$ 上连续, $f^{(n+1)}(x)$ 在 (a, b) 内存在且 $f^{(i)}(a) = f^{(i)}(b) = 0, i = 0, 1, 2, \cdots, n$, 证明存在 $\xi \in (a, b)$ 使 $f^{(n+1)}(\xi) = f(\xi)$.

证 对 $n = 0$，即需要证明存在 $\xi \in (a, b)$ 使得 $f'(\xi) = f(\xi)$，不难找到辅助函数 $F(x) = \mathrm{e}^{-x} f(x)$，在 $[a, b]$ 上应用罗尔定理即可.

对 $n \geqslant 1$，令 $g(x) = \sum_{i=0}^{n} f^{(i)}(x)$，则由假设知道 $g(a) = g(b) = 0$. 注意到

$$g(x) - g'(x) = f(x) - f^{(n+1)}(x).$$

将 $n = 0$ 时的结论直接用于 $g(x)$ 或者利用辅助函数 $G(x) = \mathrm{e}^{-x} g(x)$，可知存在 $\xi \in (a, b)$ 使 $0 = g(\xi) - g'(\xi) = f(\xi) - f^{(n+1)}(\xi)$.

例 1.8 设函数 $f(x)$ 在 $[0, 1]$ 上二阶可导，且 $f(0) = f(1) = f'(0) = f'(1) = 0$，则存在 $\xi \in (0, 1)$，使 $f''(\xi) = f(\xi)$.

分析

$$f''(x) - f(x)$$
$$= f''(x) + f'(x) - f'(x) - f(x)$$
$$= \frac{\mathrm{e}^x f''(x) + \mathrm{e}^x f'(x)}{\mathrm{e}^x} - \frac{\mathrm{e}^x f'(x) + \mathrm{e}^x f(x)}{\mathrm{e}^x}$$
$$= \frac{(\mathrm{e}^x f'(x))'}{\mathrm{e}^x} - \frac{(\mathrm{e}^x f(x))'}{\mathrm{e}^x} = \frac{[\mathrm{e}^x (f'(x) - f(x))]'}{\mathrm{e}^x}.$$

证 令 $F(x) = \mathrm{e}^x[f'(x) - f(x)]$，则 $F(0) = F(1) = 0$. 由罗尔定理，存在 $\xi \in (0, 1)$，使 $F'(\xi) = 0$，即 $\mathrm{e}^\xi[f''(\xi) - f(\xi)] = 0, f''(\xi) = f(\xi)$.

注 1.2 也可以令 $F(x) = \mathrm{e}^{-x}[f'(x) + f(x)]$.

例 1.9 设函数 $f(x)$ 和 $g(x)$ 在闭区间 $[a, b]$ 上连续，则存在 $\xi \in (a, b)$，使得

$$f(\xi) \int_\xi^b g(x)\mathrm{d}x = g(\xi) \int_a^\xi f(x)\mathrm{d}x.$$

分析 原式 $\Leftrightarrow f(\xi) \int_\xi^b g(x)\mathrm{d}x - g(\xi) \int_a^\xi f(x)\mathrm{d}x = 0$

$$\Leftrightarrow \left. \left(f(x) \int_x^b g(t)\mathrm{d}t - g(x) \int_a^x f(x)\mathrm{d}x \right) \right|_{x=\xi} = 0$$

$$\Leftrightarrow \left. \left(\int_a^x f(t)\mathrm{d}t \cdot \int_x^b g(t)\mathrm{d}t \right)' \right|_{x=\xi} = 0.$$

证 令 $F(x) = \int_a^x f(t)\mathrm{d}t \cdot \int_x^b g(t)\mathrm{d}t$，则 $F(a) = F(b) = 0.$由罗尔定理，存在

$\xi \in (a,\ b)$ 使

$$F'(\xi) = f(\xi) \int_\xi^b g(x)\mathrm{d}x - g(\xi) \int_a^\xi f(x)\mathrm{d}x = 0$$

即

$$f(\xi) \int_\xi^b g(x)\mathrm{d}x = g(\xi) \int_a^\xi f(x)\mathrm{d}x.$$

例 1.10　设函数 $f(x)$ 在 $[0,\ 1]$ 上二阶可导, 且 $f(0) = f(1), k$ 是任一正整数, 则有

(1) 存在 $\xi \in (0,1)$, 使 $(1 - \xi)f''(\xi) = kf'(\xi)$;

(2) 存在 $\eta \in (0,1)$, 使 $(1 - \eta)^2 f''(\eta) = kf'(\eta)$.

分析　(1) 将所要证的式子中的 ξ 换为 x, 作形式上的运算和变换:

$$(1 - x)f''(x) = kf'(x) \Rightarrow \frac{f''(x)}{f'(x)} = \frac{k}{1 - x} \Rightarrow \ln f'(x) = -k\ln(1 - x) + c$$

$$\Rightarrow \ln(1 - x)^k f'(x) = c \to (1 - x)^k f'(x) = \mathrm{e}^c = c_1.$$

(2) 形式运算: $(1 - x)^2 f''(x) = kf'(x) \Rightarrow \dfrac{f''(x)}{f'(x)} = \dfrac{k}{(1 - x)^2}$

$$\Rightarrow \ln f'(x) = \frac{k}{1 - x} + c$$

$$\Rightarrow f'(x) = \mathrm{e}^{\frac{k}{1-x}+c}$$

$$\Rightarrow \mathrm{e}^{\frac{k}{x-1}} f'(x) = \mathrm{e}^c = c_1.$$

证　(1) 作辅助函数 $F(x) = (1 - x)^k f'(x)$. 根据 $f(0) = f(1)$ 和罗尔定理知, 存在 $\xi_1 \in (0,1)$ 使 $f'(\xi_1) = 0$, 从而有 $F(\xi_1) = 0$. 又知 $F(1) = 0$. 由罗尔定理, 存在 $\xi \in (\xi_1, 1)$ 使 $F'(\xi) = -k(1 - \xi)^{k-1}f'(\xi) + (1 - \xi)^k f''(\xi) = 0$.
即

$$(1 - \xi)f''(\xi) = kf'(\xi).$$

(2) 作辅助函数 $g(x) = \begin{cases} \mathrm{e}^{\frac{k}{x-1}} f'(x), & x \in [0,1), \\ 0, & x = 1. \end{cases}$

因 $\lim\limits_{x \to 1^-} \mathrm{e}^{\frac{k}{x-1}} = 0$, $f'(x)$ 有界, 故有 $\lim\limits_{x \to 1^-} \mathrm{e}^{\frac{k}{x-1}} f'(x) = 0$.从而 $g(x)$ 在 $[0,\ 1]$ 上连续, 在 $(0,1)$ 内可导.　由 $g(x)$ 的定义和 (1) 的证明知 $g(1) = g(\xi_1) = $

$e^{\frac{k}{\xi_1-1}}f'(\xi_1) = 0.$ 由罗尔定理, 存在 $\eta \in (\xi_1, 1)$ 使

$$g'(\eta) = e^{\frac{k}{\eta-1}}f''(\eta) - \frac{k}{(\eta-1)^2}e^{\frac{k}{\eta-1}}f'(\eta) = 0,$$

即

$$(1-\eta)^2 f''(\eta) = kf'(\eta).$$

思考 题中条件 $f(0) = f(1)$ 换为 $f'(0) = 0$, 结论是否成立?

例 1.11 设函数 $f(x)$ 在 $[0, 1]$ 上连续, 在 $(0, 1)$ 内可导, $f(0) = 0, f(1) = 1$, 证明:

(1) 存在 $\xi \in (0, 1)$, 使得 $f(\xi) = 1 - \xi$;

(2) 存在两个不同的点 $\eta, \zeta \in (0, 1)$, 使得 $f'(\eta)f'(\zeta) = 1$.

证 (1) 令 $g(x) = f(x) + x - 1$, 则 $g(x)$ 在 $[0, 1]$ 上连续, 且 $g(0) = -1 < 0$, $g(1) = 1 > 0$. 所以存在 $\xi \in (0, 1)$, 使 $g(\xi) = f(\xi) + \xi - 1 = 0$.

(2) 由拉格朗日中值定理, 存在 $\eta \in (0, \xi), \zeta \in (\xi, 1)$, 使得

$$f'(\eta) = \frac{f(\xi) - f(0)}{\xi} = \frac{1 - \xi}{\xi},$$

$$f'(\zeta) = \frac{f(1) - f(\xi)}{1 - \xi} = \frac{1 - (1 - \xi)}{1 - \xi} = \frac{\xi}{1 - \xi},$$

$$f'(\eta)f'(\zeta) = \frac{1 - \xi}{\xi} \cdot \frac{\xi}{1 - \xi} = 1.$$

例 1.12 设函数 $f(x)$ 在 $[0, 1]$ 上连续, 在 $(0, 1)$ 内可导, $f(0) = 0, f(1) = \frac{1}{2}$, 证明: 存在 $\xi, \eta \in (0, 1)$, $\xi \neq \eta$, 使 $f'(\xi) + f'(\eta) = \xi + \eta$.

证 令 $F(x) = f(x) - \frac{1}{2}x^2$, 则 $F(0) = F(1) = 0$. 由拉格朗日中值定理: 存在 $\xi \in \left(0, \frac{1}{2}\right)$, $\eta \in \left(\frac{1}{2}, 1\right)$ 使

$$-F\left(\frac{1}{2}\right) = F(0) - F\left(\frac{1}{2}\right) = -\frac{1}{2}F'(\xi) = -\frac{1}{2}[f'(\xi) - \xi],$$

$$-F\left(\frac{1}{2}\right) = F(1) - F\left(\frac{1}{2}\right) = \frac{1}{2}F'(\eta) = \frac{1}{2}[f'(\eta) - \eta].$$

两式相减得

$$0 = \frac{1}{2}f'(\eta) - \frac{1}{2}\eta + \frac{1}{2}f'(\xi) - \frac{1}{2}\xi,$$

即 $f'(\xi) + f'(\eta) = \xi + \eta$.

例 1.13　设 $0 < a < b$, 证明: 在 (a, b) 内至少存在一点 ξ, 使

$$ae^b - be^a = (\xi - 1)e^\xi (b - a).$$

证 (方法一)　要证明的等式可变形为 $\dfrac{\dfrac{e^b}{b} - \dfrac{e^a}{a}}{\dfrac{1}{a} - \dfrac{1}{b}} = (\xi - 1)e^\xi$. 设 $F(x) = \dfrac{e^x}{x}$,

$G(x) = \dfrac{1}{x}$, 则 $F(x), G(x)$ 在 $[a, b]$ 上满足柯西中值定理条件, 所以, 存在 $\xi \in (a, b)$, 使得

$$\frac{\dfrac{e^b}{b} - \dfrac{e^a}{a}}{\dfrac{1}{b} - \dfrac{1}{a}} = \frac{F'(\xi)}{G'(\xi)} = \frac{\dfrac{e^\xi \xi - e^\xi}{\xi^2}}{-\dfrac{1}{\xi^2}} = (1 - \xi)e^\xi,$$

整理得 $ae^b - be^a = (\xi - 1)e^\xi (b - a)$.

(方法二)　令 $k = \dfrac{ae^b - be^a}{a - b}$ 则 $k(a - b) = ae^b - be^a$, 同除以 ab, 得到关于 a, b 的对称式 $\dfrac{1}{b}e^b - \dfrac{1}{b}k = \dfrac{1}{a}e^a - \dfrac{1}{a}k$. 设 $F(x) = \dfrac{e^x}{x} - \dfrac{k}{x}$, 则 $F(a) = F(b)$. 由罗尔定理, 存在 $\xi \in (a, b)$, 使 $F'(\xi) = \dfrac{\xi e^\xi - e^\xi}{\xi^2} + \dfrac{k}{\xi^2} = 0$, 即 $ae^b - be^a = (\xi - 1)e^\xi (b - a)$.

例 1.14　设函数 $f(x)$ 在 $[a, b]$ 上二阶可导, $f(a) = f(b) = 0$, 证明: 对每个 $x \in (a, b)$, 存在 $\xi \in (a, b)$ 使 $f(x) = \dfrac{f''(\xi)}{2}(x - a)(x - b)$.

证　固定 $x \in (a, b)$, 取 $k = \dfrac{2f(x)}{(x - a)(x - b)}$, 于是只需证明存在 $\xi \in (a, b)$ 使 $f''(\xi) = k$.

作辅助函数 $F(t) = f(t) - \dfrac{1}{2}k(t - a)(t - b)$, 由 $f(a) = f(b) = 0$ 知 $F(a) = F(b) = 0$. 由 k 的定义可知 $F(x) = 0$. 在 $[a, x]$ 和 $[x, b]$ 上分别对 $F(t)$ 应用罗尔定理, 存在 $a < \eta_1 < \eta_2 < b$ 使, $F'(\eta_1) = F'(\eta_2) = 0$. 再在 $[\eta_1, \eta_2]$ 上对 $F'(t)$ 应用罗尔定理可得, 存在 $\xi \in (a, b)$ 使 $F''(\xi) = 0$, 即 $f(x) = \dfrac{f''(\xi)}{2}(x - a)(x - b)$.

例 1.15　设函数 $f(x)$ 在 $[a, b]$ 上连续, 在 (a, b) 内可导, $f'(x) \neq 0$, 证明:

存在 $\xi, \eta \in (a, b)$, 使

$$\frac{f'(\xi)}{f'(\eta)} = \frac{\mathrm{e}^b - \mathrm{e}^a}{b-a}\mathrm{e}^{-\eta}.$$

证 即需证 $f'(\xi) = \dfrac{\mathrm{e}^b - \mathrm{e}^a}{b-a} \cdot \dfrac{f'(\eta)}{\mathrm{e}^\eta}$, 由拉格朗日中值定理, 存在 $\xi \in (a, b)$ 使 $f(b) - f(a) = (b-a)f'(\xi)$. 再对 $f(x)$ 和 $g(x) = \mathrm{e}^x$ 在 $[a, b]$ 上应用柯西中值定理存在 $\eta \in (a, b)$, $\dfrac{f(b) - f(a)}{\mathrm{e}^b - \mathrm{e}^a} = \dfrac{f'(\eta)}{\mathrm{e}^\eta}$, 即 $f(b) - f(a) = (\mathrm{e}^b - \mathrm{e}^a)\dfrac{f'(\eta)}{\mathrm{e}^\eta}$, 所以 $(b-a)f'(\xi) = (\mathrm{e}^b - \mathrm{e}^a)\dfrac{f'(\eta)}{\mathrm{e}^\eta}$, 即 $f'(\xi) = \dfrac{\mathrm{e}^b - \mathrm{e}^a}{b-a} \cdot \dfrac{f'(\eta)}{\mathrm{e}^\eta}$.

例 1.16 设函数 $f(x)$ 在 $[a, b]$ 上二阶连续可导, 则有

$$\int_a^b f(x)\mathrm{d}x = \frac{f(a) + f(b)}{2}(b-a) - \frac{f''(\xi)}{12}(b-a)^3.$$

证 (方法一) 令 $F(x) = (x-a)\dfrac{f(x) + f(a)}{2} - \displaystyle\int_a^x f(t)\mathrm{d}t$, $G(x) = (x-a)^3$,则 $F(a) = G(a) = 0$. 在 $[a, b]$ 上对 $F(x), G(x)$ 使用柯西中值定理, 存在 $\xi_1 \in (a, b)$,

$$\frac{F(b)}{G(b)} = \frac{F(b) - F(a)}{G(b) - G(a)} = \frac{F'(\xi_1)}{G'(\xi_1)} = \frac{(\xi_1 - a)f'(\xi_1) + f(a) - f(\xi_1)}{6(\xi_1 - a)^2}.$$

再令 $F_1(x) = (x-a)f'(x) + f(a) - f(x)$, $G_1(x) = 6(x-a)^2$, 则 $F_1(a) = G_1(a) = 0$. 在 $[a, \xi_1]$ 上使用柯西中值定理, 存在 $\xi \in (a, \xi_1) \subset (a, b)$ 使得

$$\frac{F(b)}{G(b)} = \frac{F_1(\xi_1) - F_1(a)}{G_1(\xi_1) - G_1(a)} = \frac{F_1'(\xi)}{G_1'(\xi)} = \frac{f''(\xi)}{12}.$$

即 $F(b) = (b-a)\dfrac{f(b) + f(a)}{2} - \displaystyle\int_a^b f(t)\mathrm{d}t = \dfrac{f''(\xi)}{12}(b-a)^3$, 移项即可得证.

(方法二) 由分部积分公式, 我们有

$$\int_a^b f(x)\mathrm{d}x = \int_a^b f(x)\mathrm{d}(x - a) = f(x)(x - a)\Big|_a^b - \int_a^b (x - a)f'(x)\mathrm{d}x, \qquad (1.1)$$

$$\int_a^b f(x)\mathrm{d}x = \int_a^b f(x)\mathrm{d}(x - b) = f(x)(x - b)\Big|_a^b - \int_a^b (x - b)f'(x)\mathrm{d}x, \qquad (1.2)$$

(1.1) 和 (1.2) 相加除以 2, 得

$$\int_a^b f(x)\mathrm{d}x = (b-a)\frac{f(a)+f(b)}{2} - \frac{1}{2}\int_a^b (x-a+x-b)f'(x)\mathrm{d}x$$

$$= (b-a)\frac{f(a)+f(b)}{2} - \frac{1}{2}\int_a^b f'(x)\mathrm{d}(x-a)(x-b)$$

$$= (b-a)\frac{f(a)+f(b)}{2} + \frac{1}{2}\int_a^b f''(x)(x-a)(x-b)\mathrm{d}x$$

$$= (b-a)\frac{f(a)+f(b)}{2} + \frac{1}{2}f''(\xi)\int_a^b (x-a)(x-b)\mathrm{d}x$$

$$= (b-a)\frac{f(a)+f(b)}{2} - \frac{f''(\xi)}{12}(b-a)^3,$$

其中 $\xi \in (a,b)$ 由积分第一中值定理得出.

例 1.17 设函数 $f(x)$ 在 $[0,1]$ 上二阶可导, 且 $f(1) > 0$, $\lim\limits_{x\to 0^+}\dfrac{f(x)}{x} = l < 0$.

证明 (1) 方程 $f(x)$ 在 $(0,1)$ 内至少有一个实根;

(2) 方程 $f(x)f''(x) + f'^2(x) = 0$ 在 $(0,1)$ 内至少有两个不同的实根.

证明 (1) 由 $\lim\limits_{x\to 0^+}\dfrac{f(x)}{x}$ 存在及 $f(x)$ 连续可得 $f(0) = \lim\limits_{x\to 0^+}f(x) = 0$, 由 $\lim\limits_{x\to 0^+}\dfrac{f(x)}{x} < 0$ 可知, 存在 $\delta > 0$, 使当 $x \in (0,\delta)$ 时, $\dfrac{f(x)}{x} < 0$, 即当 $x \in (0,\delta)$ 时 $f(x) < 0$. 取 $c \in (0,\delta)$, 则有 $f(c) < 0$. 于是 $f(c)f(1) < 0$, 所以存在 $x_0 \in (c,1) \subset (0,1)$, 使得 $f(x_0) = 0$.

(2) 由 (1) 知, $f(0) = f(x_0) = 0$, 根据罗尔定理知, 存在 $x_1 \in (0,x_0) \subset (0,1)$, 使得 $f'(x_1) = 0$. 令 $\varphi(x) = f(x)f'(x)$, 则有 $\varphi(0) = \varphi(x_1) = \varphi(x_0) = 0$, 根据罗尔定理, 存在 $\xi_1 \in (0,x_1) \subset (0,1)$, $\xi_2 \in (x_1,x_0) \subset (0,1)$, 使得 $\varphi'(\xi_1) = \varphi'(\xi_2) = 0$, 而 $\varphi'(x) = f(x)f''(x) + f'^2(x)$, 故方程 $f(x)f''(x) + f'^2(x) = 0$ 在 $(0,1)$ 内至少存在两个不同实根.

例 1.18 设 $f(x)$ 在 $[0,1]$ 上二阶可导, 且 $f(1) = f(0) = 0$, $\min\limits_{x\in[0,1]}f(x) = -1$, 则 (1) 存在 $\xi_1,\xi_2 \in (0,1)$, 使 $\dfrac{1}{4} \leqslant \dfrac{1}{f''(\xi_1)} + \dfrac{1}{f''(\xi_2)} < \dfrac{1}{2}$; (2) 存在 $\xi \in (0,1), f''(\xi) = 8$.

证 (1) 因为 $f(x)$ 在 $[0,1]$ 上连续, 且 $f(1) = f(0) = 0$, 故存在 $x_0 \in (0,1)$ 使 $f(x_0) = \min\limits_{x\in[0,1]}f(x) = -1$, 由费马定理, $f'(x_0) = 0$.

又由泰勒公式, 存在 $\xi_1 \in (0, x_0), \xi_2 \in (x_0, 1)$ 使

$$f(0) = f(x_0) - f'(x_0)x_0 + \frac{x_0^2}{2!}f''(\xi_1),$$

$$f(1) = f(x_0) + f'(x_0)(1 - x_0) + \frac{(1 - x_0)^2}{2!}f''(\xi_2).$$

从而有

$$\frac{x_0^2}{2}f''(\xi_1) = \frac{(1 - x_0)^2}{2}f''(\xi_2) = 1.$$

$$\frac{1}{f''(\xi_1)} + \frac{1}{f''(\xi_2)} = \frac{x_0^2}{2} + \frac{(1 - x_0)^2}{2} \geqslant \left(\frac{x_0 + 1 - x_0}{2}\right)^2 = \frac{1}{4}.$$

又 $\dfrac{x_0^2}{2} + \dfrac{(1 - x_0)^2}{2} = \dfrac{1}{2}\left[2\left(x_0 - \dfrac{1}{2}\right)^2 + \dfrac{1}{2}\right] = \left(x_0 - \dfrac{1}{2}\right)^2 + \dfrac{1}{4} < \dfrac{1}{2}.$

因此可得欲证.

(2) 对涉及 n ($n \geqslant 2$) 阶导数在某点等于一定值的题目, 可构造 n 次多项式 $p(x)$, 让其满足题中 $f(x)$ 所满足的条件, 再作辅助函数 $F(x) = f(x) - p(x)$, 然后对 $F(x)$ 应用罗尔定理.

由本题条件 $p(0) = f(0) = p(1) = f(1) = 0$ 知 x 和 $(x - 1)$ 是二次多项式 $p(x)$ 的因子, 故可设 $p(x) = ax(x - 1)$. 又由 $\min\limits_{x \in [0, 1]} p(x) = -1$, 可确定 $a = 4$(也可根据 $f''(\xi) = 8$ 得到), $\min\limits_{x \in [0, 1]} p(x) = p\left(\dfrac{1}{2}\right) = -1$.

于是 $p(x) = 4x(x - 1)$. 令

$$F(x) = f(x) - p(x) = f(x) - 4x(x - 1),$$

则 $F(0) = F(1) = 0$, 又由 (1) 的证明知 $f(x_0) = -1$.

若 $x_0 = \dfrac{1}{2}$, 则 $F(x_0) = 0$;

若 $x_0 \neq \dfrac{1}{2}$, 则 $F(x_0) = -1 - 4x_0(x_0 - 1) < 0$,

$$F\left(\frac{1}{2}\right) = f\left(\frac{1}{2}\right) - p\left(\frac{1}{2}\right) = f\left(\frac{1}{2}\right) - (-1) \geqslant 0.$$

由连续函数介值定理知, 存在 $\eta \in (0, 1)$ 使得 $F(\eta) = 0$. 对 $F(x)$ 在 $[0, \eta]$ 和 $[\eta, 1]$ 上分别使用罗尔定理, 可知存在 $\xi_1 \in (0, \eta), \xi_2 \in (\eta, 1)$ 使得

$$F'(\xi_1) = F'(\xi_2) = 0.$$

再对 $F'(x)$ 在 $[\xi_1, \xi_2]$ 上使用罗尔定理, 则存在 $\xi \in (\xi_1, \xi_2)$ 使得 $F''(\xi) = 0$, 即 $f''(\xi) = 8$.

注 1.3   对例 10.2.17, 也可通过构造二次多项式加以证明, 不过要比原证稍复杂一些.

例 1.19   设 $f(x)$ 在 $[-2, 2]$ 上二阶可导, 且 $|f(x)| \leqslant 1$, 且 $f^2(0) + [f'(0)]^2 = 4$. 证明: 存在 $\xi \in (-2, 2)$, 使得 $f(\xi) + f''(\xi) = 0$.

证   由拉格朗日中值定理, 存在 $a \in (-2, 0)$, $b \in (0, 2)$, 使得

$$f'(a) = \frac{f(0) - f(-2)}{2}, \quad f'(b) = \frac{f(2) - f(0)}{2},$$

因为 $|f(x)| \leqslant 1$, 易得 $|f'(a)| \leqslant 1, |f'(b)| \leqslant 1$.

令

$$F(x) = f^2(x) + [f'(x)]^2,$$

则有 $F(a) \leqslant 2$, $F(b) \leqslant 2$, $F(0) = 4$, 于是 $F(x)$ 在 $[a, b]$ 上的最大值点 $\xi \in (a, b)$. 因此 $F(\xi) \geqslant F(0) = 4$, 且 $F'(\xi) = 0$, 即 $0 = F'(\xi) = 2f'(\xi)[f(\xi) + f''(\xi)]$. 由于 $|f(\xi)| \leqslant 1, F(\xi) \geqslant 4$, 故有 $[f'(\xi)]^2 = F(\xi) - [f(\xi)]^2 \geqslant 4 - 1 = 3$, $f'(\xi) \neq 0$. 于是可得 $f(\xi) + f''(\xi) = 0$, $\xi \in (-2, 2)$.

例 1.20   设 $f(x)$ 在 $[0, 1]$ 上连续, 在 $(0, 1)$ 内可导, 且 $f(0) = 0$, $f(1) = 1$, 又 $k_1, k_2, \cdots, k_n$ 是满足 $k_1 + k_2 + \cdots + k_n = 1$ 的 n 个正数. 证明: 在 $(0, 1)$ 中存在互不相同的数 $\xi_1, \xi_2, \cdots, \xi_n$ 使

$$\frac{k_1}{f'(\xi_1)} + \frac{k_2}{f'(\xi_2)} + \cdots + \frac{k_n}{f'(\xi_n)} = 1. \tag{1.3}$$

证   显然, $k_i \in (0, 1)$, $i = 1, 2, \cdots, n$, 即有 $0 = f(0) < k_i < f(1) = 1$. 由介值定理, 对 $k_1 \in (0, 1)$ 存在 $x_1 \in (0, 1)$ 使 $f(x_1) = k_1$, 又 $f(x_1) = k_1 < k_1 + k_2 < 1 = f(1)$, 所以存在 $x_2 \in (x_1, 1)$ 使 $f(x_2) = k_1 + k_2$. 又 $f(x_2) = k_1 + k_2 < k_1 + k_2 + k_3 < 1 = f(1)$, 所以存在 $x_3 \in (x_2, 1)$, 使 $f(x_3) = k_1 + k_2 + k_3$, 如此下去, 在 $(0, 1)$ 中存在分点 $x_1, x_2, \cdots, x_n$ 满足 $0 = x_0 < x_1 < x_2 < \cdots < x_{n-1} < x_n = 1$, 使 $k_i = f(x_i) - f(x_{i-1}) = f'(\xi_i)(x_i - x_{i-1})$, $i = 1, 2, \cdots, n$.

于是有

$$\frac{k_1}{f'(\xi_1)} + \frac{k_2}{f'(\xi_2)} + \cdots + \frac{k_n}{f'(\xi_n)} = (x_1 - x_0) + (x_2 - x_1) + \cdots + (x_n - x_{n-1}) = 1.$$

在区间 $[x_{i-1}, x_i](i = 1, 2, \cdots, n)$ 上应用拉格朗日中值定理, 存在 $\xi_i \in (x_{i-1}, x_i)$ 使

$$k_i = f(x_i) - f(x_{i-1}) = f'(\xi_i)(x_i - x_{i-1}), \quad i = 1, 2, \cdots, n.$$

于是有 $\dfrac{k_1}{f'(\xi_1)} + \dfrac{k_2}{f'(\xi_2)} + \cdots + \dfrac{k_n}{f'(\xi_n)} = (x_1-x_0)+(x_2-x_1)+\cdots+(x_n-x_{n-1}) = 1.$

注 1.4 题中若不限制 $\displaystyle\sum_{i=1}^{n} k_i = 1$, 则式 (1.3) 右端可换为 $\displaystyle\sum_{i=1}^{n} k_i.$

本题看似抽象, 实际上具有下述几何意义和力学意义.

几何意义 在曲线 $y = f(x)$ 上寻找 n 个不同的弦, 使相应的斜率 $\tan\alpha_i$ ($i = 1, 2, \cdots, n$) 满足 $\displaystyle\sum_{i=1}^{n} \dfrac{k_i}{\tan\alpha_i} = 1$, 若把 k_i 看作弦在 y 轴上投影的长度, 则 $\dfrac{k_i}{\tan\alpha_i}$ 等于该弦在 x 轴上投影的长度, 因此几何意义就是找 n 条不同的弦, 其在 x 轴上投影的长度分别为 $\dfrac{k_i}{\tan\alpha_i}$ ($i = 1, 2, \cdots, n$), 这些投影的长度之和为 1.

力学意义 将 $y = f(x)$ 看作质点沿直线运动的方程, 若将 k_i 看作一段路程的长度, 式 (1.3) 左边第 i 项可看作 k_i 与 ξ_i 时刻的瞬时速度之比. 因此, 由拉格朗日中值定理的力学意义知, 适当选择 ξ_i 就可使 $\dfrac{k_i}{f'(\xi_i)}$ 等于走完 k_i 这段路程所花的时间. 由于 $\displaystyle\sum_{i=1}^{n} k_i = 1$ 且 $f(0) = 0$, $f(1) = 1$, 所以可将全路程按长度 $k_1, k_2, \cdots, k_n$ 分段, 求出所花的相应时间 $x_1, x_2 - x_1, \cdots, x_n - x_{n-1}$.

习 题 1

1. 设 $f(x)$ 在 $[0,1]$ 上连续, $n \geqslant 2$ 为自然数. 证明:

(1) 若 $f(0) = f(1)$, 则存在 $\xi \in \left[0, \dfrac{1}{n}\right]$, 使得 $f(\xi) = f\left(\xi + \dfrac{1}{n}\right)$;

(2) 若 $f(0) = 0$, $f(1) = 1$, 则存在 $\xi \in (0, 1)$, 使得 $f(\xi) + \dfrac{1}{n} = f\left(\xi + \dfrac{1}{n}\right)$.

(3) 若 $f(0) = f(1) = 0$, 则对任意 $\alpha \in (0,1)$, 存在 $x_1, x_2 \in [0,1], x_1 - x_2 = \alpha$ 或 $1 - \alpha$, 使得 $f(x_1) = f(x_2)$.

2. 设 $f(x)$ 在 $[a,\ b]$ 上连续, 且 $\displaystyle\int_a^b f(x)\mathrm{d}x = 1, \displaystyle\int_a^b x f(x)\mathrm{d}x = \mu, \displaystyle\int_a^b x^2 f(x)\mathrm{d}x = \mu^2$. 证明: 存在 $\xi \in [a,\ b]$, 使 $f(\xi) = 0$.

3. 设 $f_n(x) = \cos x + \cos^2 x + \cdots + \cos^{n-1} x + \cos^n x$, 证明:

(1) 对任意自然数 n, 方程 $f_n(x) = 1$ 在 $\left[0, \dfrac{\pi}{3}\right)$ 内有唯一实根;

(2) 设 $x_n \in \left[0, \dfrac{\pi}{3}\right]$ 是 $f_n(x) = 1$ 的根, 则 $\lim\limits_{n \to \infty} x_n = \dfrac{\pi}{3}$.

4. 设函数 $f(x)$ 在 $[0,1]$ 上连续, 在 $(0,1)$ 内可导, $f(0) = 0, f(1) = \dfrac{1}{3}$. 证明: 存在 $\xi, \eta \in (0,1), \xi \neq \eta$, 使 $f'(\xi) + f'(\eta) = \xi^2 + \eta^2$.

5. 设函数 $f(x)$ 在闭区间 $[0, 1]$ 上连续. 证明: 存在 $\xi \in (0, 1)$, 使得 $\displaystyle\int_\xi^1 f(x)\mathrm{d}x = \xi f(\xi)$.

6. 设 $f(x)$ 在 $[a, b]$ 上一阶可导, 在 (a, b) 内二阶可导, 且 $f(a) = f(b) = 0, f'_+(a)f'_-(b) > 0$. 证明: 存在 $\zeta_1, \zeta_2, \zeta_3, \zeta_4 \in (a, b)$, 使 $f(\xi_1) = 0, f'(\xi_2) = 0, f''(\xi_3) = 0, f''(\xi_4) = f(\xi_4)$.

7. 设 $f(x)$ 在 $[0, 1]$ 上二阶可导, 且 $f(0) = f(1)$. 证明: 存在 $\xi \in (0, 1)$, 使 $2f'(\xi) + \xi f''(\xi) = 0$.

8. 设 $f(x)$ 在 $[a, b]$ 上连续, 在 (a, b) 内可导, 其中 $a > 0$, 且 $f(a) = 0$. 证明: 存在 $\xi \in (a,b)$, 使得 $f(\xi) = \dfrac{b - \xi}{a} f'(\xi)$.

9. 设 $f(x)$ 在 $[0, 1]$ 上连续, 在 $(0, 1)$ 内可导, $f(0) = 0$, 当 $0 < x < 1$ 时, $f(x) \neq 0$. 证明: 对任意正整数 k, 在 $(0, 1)$ 内必有一点 $\xi \in (0, 1)$, 使得 $\dfrac{kf'(\xi)}{f(\xi)} = \dfrac{f'(1 - \xi)}{f(1 - \xi)}$.

10. 设 $f(x)$ 在 $[0, 1]$ 上二阶可导, 且 $f(0) = f(1) = 0, f\left(\dfrac{1}{2}\right) = 1$. 试证:

(1) 存在 $\eta \in \left(\dfrac{1}{2}, 1\right), \xi_1 \in (0, \eta)$, 使 $f(\eta) = \eta, f'(\xi_1) = 1$;

(2) 对任意实数 λ, 存在 $\xi_2 \in (0, \eta)$, 使 $f'(\xi_2) - \lambda[f(\xi_2) - \xi_2] = 1$;

(3) 存在 $x_1, x_2 \in (0, 1)$, 使得曲线 $y = f(x)$ 在 $(x_1, f(x_1))$ 和 $(x_2, f(x_2))$ 两点处的切线互相垂直;

(4) 存在 $\xi_3 \in (0, 1)$, 使 $f''(\xi_3) = -8$.

11. 设 $f(x)$ 在 $[a, b]$ 上可导, $a > 0$, 证明: 存在 $\xi \in (a, b)$, 使

$$\frac{af(b) - bf(a)}{b - a} = \xi f'(\xi) - f(\xi).$$

12. 设 $f(x)$ 在 $[a, b]$ 上连续 $(a > 0)$, 在 (a, b) 内可导, 证明: 在 (a, b) 内存在 ξ 和 η, 使得

$$f'(\xi) = \frac{a + b}{2\eta} f'(\eta).$$

13. 设 $f(x)$ 在 $[-2,2]$ 上连续, 在 $(-2,2)$ 内二阶可导, 且 $|f(x)| \leqslant 1, f'(0) > 1$. 证明: 存在 $\xi \in (-2,2)$, 使得 $f''(\xi) = 0$.

14. 设函数 $f(x)$ 在闭区间 $[a, b]$ 上连续, 在开区间 (a, b) 内可导, 且 $f'(x) > 0$. 若极限 $\lim\limits_{x \to a^+} \dfrac{f(2x - a)}{x - a}$ 存在, 证明:

(1) 在 (a, b) 内 $f(x) > 0$;

(2) 在 (a, b) 内存在点 ξ, 使 $\dfrac{b^2 - a^2}{\displaystyle\int_a^b f(x)\mathrm{d}x} = \dfrac{2\xi}{f(\xi)}$;

(3) 在 (a, b) 内存在与 (2) 中 ξ 相异的点 η, 使 $f'(\eta)(b^2 - a^2) = \dfrac{2\xi}{\xi - a} \displaystyle\int_a^b f(x)\mathrm{d}x$.

15. 设 $f(x)$ 在 $[a, b]$ 上连续, 在 (a, b) 内可导, 如果 $a \geqslant 0$, 证明: 在 (a, b) 内存在 ξ_1, ξ_2, ξ_3, 使

$$f'(\xi_1) = (b + a)\frac{f'(\xi_2)}{2\xi_2} = (b^2 + ab + a^2)\frac{f'(\xi_3)}{3\xi_3^2}.$$

16. 设 $f(x)$ 在 $[a, b]$ 上三阶可导. 证明: 存在 $\xi \in (a, b)$ 使得

$$f(a) - f(b) + \frac{1}{2}(b - a)[f'(a) + f'(b)] = \frac{1}{12}(b - a)^3 f'''(\xi).$$

17. 设 $f(x)$ 在 $[0,1]$ 上连续, $\alpha = \displaystyle\int_0^1 f(x)\mathrm{d}x$. 证明: 在 (a,b) 内存在 $x_1, x_2, x_1 \neq x_2$, 使

$$\frac{1}{f(x_1)} + \frac{1}{f(x_2)} = \frac{2}{\alpha}.$$

18. 设 $f(x)$ 在 $[a,b]$ 上三阶可导, 证明: 存在 $\xi \in (a,b)$ 使

$$f(b) = f(a) + f'\left(\frac{a + b}{2}\right)(b - a) + \frac{1}{24}f'''(\xi)(b - a)^3.$$

2 不 等 式

不等式问题几乎遍布数学的各个分支, 可以说不等式是许多数学分支的基石. 数学分析更是充满了形形色色的不等式, 其证明五花八门、丰富多彩. 在第 5 讲和第 6 讲中也涉及过某些不等式的证明, 下面再介绍一些不等式的典型例题和证明方法, 最后给出几道综合题.

例 2.1 设 $f(x) = a_1 \sin x + a_2 \sin 2x + \cdots + a_n \sin nx$, 并且 $|f(x)| \leqslant |\sin x|$, 证明: $|a_1 + 2a_2 + \cdots + na_n| \leqslant 1$.

分析 容易看出

$$a_1 + 2a_2 + \cdots + na_n = f'(0).$$

于是问题转化为证明 $|f'(0)| \leqslant 1$.

证 因 $f(x) = a_1 \sin x + a_2 \sin 2x + \cdots + a_n \sin nx$, 则 $f'(x) = a_1 \cos x + 2a_2 \cos 2x + \cdots + na_n \cos nx$, 且 $f(0) = 0$, $f'(0) = a_1 + 2a_2 + \cdots + na_n$.

而

$$f'(0) = \lim_{x \to 0} \frac{f(x) - f(0)}{x - 0} = \lim_{x \to 0} \frac{f(x)}{x},$$

故

$$\left|f'(0)\right| = \left|\lim_{x \to 0} \frac{f(x)}{x}\right| = \lim_{x \to 0} \left|\frac{f(x)}{x}\right| \leqslant \lim_{x \to 0} \left|\frac{\sin x}{x}\right| = 1 \quad (\text{因 } |f(x)| \leqslant |\sin x|),$$

所以 $|a_1 + 2a_2 + \cdots + na_n| \leqslant 1$.

例 2.2　设 $\mathrm{e} < a < b < \mathrm{e}^2$, 证明: $\ln^2 b - \ln^2 a > \dfrac{4}{\mathrm{e}^2}(b - a)$.

证　对 $f(x) = \ln^2 x$ 在 $[a, b]$ 上应用拉格朗口中值定理, 可知存在 $\xi \in (a, b)$ 使得 $\ln^2 b - \ln^2 a = \dfrac{2 \ln \xi}{\xi}(b - a)$.

设 $\varphi(t) = \dfrac{\ln t}{t}$, 则 $\varphi'(t) = \dfrac{1 - \ln t}{t^2}$. 当 $t > \mathrm{e}$ 时, $\varphi'(t) < 0$ 所以 $\varphi(t)$ 严格单调减少, 从而 $\varphi(\xi) > \varphi(\mathrm{e}^2)$, 即 $\dfrac{\ln \xi}{\xi} > \dfrac{\ln \mathrm{e}^2}{\mathrm{e}^2} = \dfrac{2}{\mathrm{e}^2}$, 故 $\ln^2 b - \ln^2 a > \dfrac{4}{\mathrm{e}^2}(b - a)$.

例 2.3　设 $1 < a < b, f(x) = \dfrac{1}{x} + \ln x$, 求证: $0 < f(b) - f(a) \leqslant \dfrac{1}{4}(b - a)$.

证　根据拉格朗日中值定理, 存在 $\xi \in (a, b)$, 使得

$$f(b) - f(a) = f'(\xi)(b - a) = \frac{\xi - 1}{\xi^2}(b - a) \quad (\xi > a > 1). \tag{2.1}$$

因为式 (2.1) 的右端大于零, 所以 $f(b) - f(a) > 0$. 作辅助函数 $g(x) = \dfrac{x - 1}{x^2}$ $(x > 1)$. 因为

$$g'(x) = \frac{2 - x}{x^3} \begin{cases} > 0, & 1 < x < 2, \\ = 0, & x = 2, \\ < 0, & x > 2. \end{cases}$$

由此可见 $x = 2$ 是函数 $g(x)$ 在 $(1, +\infty)$ 内的唯一驻点, 也是极大值点. 从而 $x = 2$ 是函数 $g(x)$ 的最大值点. 于是 $g(x) \leqslant g(2) = \dfrac{1}{4}$.

例 2.4　证明不等式: $\left(\dfrac{\sin x}{x}\right)^2 + \dfrac{\tan x}{x} > 2$, $x \in \left(0, \dfrac{\pi}{2}\right)$.

证　由泰勒公式 $f(x) = f(0) + f'(0)x + \dfrac{f''(0)}{2!}x^2 + \dfrac{f'''(0)}{3!}x^3 + \dfrac{f^{(4)}(\xi)}{4!}x^4$, $\xi \in (0, x)$ 得

$$\sin x = x - \frac{x^3}{6} + \frac{\sin \eta}{24}x^4 > x - \frac{x^3}{6}, \quad 0 < \eta < x < \frac{\pi}{2}, \tag{2.2}$$

$$\tan x = x + \frac{1}{3}x^3 + \frac{16\sec^4\xi\tan\xi + 8\sec^2\xi\tan^3\xi}{24}x^4 > x + \frac{x^3}{3}, \quad 0 < \xi < x < \frac{\pi}{2},$$
(2.3)

由 (2.2) 和 (2.3) 得 $\left(\dfrac{\sin x}{x}\right)^2 + \dfrac{\tan x}{x} > (1 - \dfrac{x^2}{6})^2 + 1 + \dfrac{x^2}{3} = 2 + \dfrac{x^4}{36} > 2.$

例 2.5 设 $f(x)$ 在 $(-\infty, +\infty)$ 上二阶可导, 且对 $x \in (-\infty, +\infty)$ 有 $|f(x)| \leqslant M_0, |f''(x)| \leqslant M_2$. 证明: $|f'(x)| \leqslant \sqrt{2M_0M_2}$.

证 根据泰勒公式, 对 $x \in (-\infty, +\infty), h > 0$, 有

$$f(x+h) = f(x) + f'(x)h + \frac{f''(\xi_1)}{2}h^2, \quad x < \xi_1 < x+h, \tag{2.4}$$

$$f(x-h) = f(x) - f'(x)h + \frac{f''(\xi_2)}{2}h^2, \quad x-h < \xi_2 < x. \tag{2.5}$$

(2.4) 与 (2.5) 相减并移项得

$$2f'(x)h = f(x+h) - f(x-h) + \frac{1}{2}h^2[f''(\xi_2) - f''(\xi_1)].$$

取绝对值后利用题设条件得

$$2h|f'(x)| \leqslant |f(x+h)| + |f(x-h)| + \frac{1}{2}h^2[|f''(\xi_2)| + |f''(\xi_1)|],$$

$$2h|f'(x)| \leqslant 2M_0 + \frac{1}{2} \times 2M_2h^2,$$

$$|f'(x)| \leqslant \frac{M_0}{h} + \frac{1}{2}M_2h.$$

令 $\varphi(h) = \dfrac{M_0}{h} + \dfrac{1}{2}M_2h$, 则由算术几何平均值不等式有

$$\varphi(h) \geqslant 2\sqrt{\frac{M_0}{h} \cdot \frac{1}{2}M_2h} = \sqrt{2M_0M_2},$$

当且仅当 $\dfrac{M_0}{h} = \dfrac{1}{2}M_2h$, 即 $h = \sqrt{\dfrac{2M_0}{M_2}}$ 时等式成立, 注意到 $|f'(x)| \leqslant \dfrac{M_0}{h} + \dfrac{1}{2}M_2h$ 左端与 h 无关, 取 $h = \sqrt{\dfrac{2M_0}{M_2}}$ 时, 此不等式仍成立, 故有 $|f'(x)| \leqslant \sqrt{2M_0M_2}$.

思考 若题中区间改为 $(a, +\infty)$, 结论如何?

例 2.6 设 $f(x)$ 满足 $f(1) = 1$, 且对 $x \geqslant 1$, 有 $f'(x) = \dfrac{1}{x^2 + f^2(x)}$. 证明:

$f(x) \leqslant 1 + \dfrac{\pi}{4}$.

证 由于当 $x \geqslant 1$ 时, $f'(x)$ 存在, 从而 $f(x)$ 连续. 又 $f'(x) = \dfrac{1}{x^2 + f^2(x)} > 0$,

知 $f'(x)$ 连续且 $f(x)$ 单调递增, 从而当 $x \geqslant 1$ 时, $f(x) \geqslant f(1) = 1$ 且

$$f(x) = f(1) + \int_1^x f'(t)\mathrm{d}t = f(1) + \int_1^x \frac{1}{t^2 + f^2(t)}\mathrm{d}t$$

$$< 1 + \int_1^x \frac{1}{t^2 + 1}\mathrm{d}t = 1 + \arctan x - \frac{\pi}{4}.$$

由于当 $x \geqslant 1$ 时, $\arctan x < \dfrac{\pi}{2}$, 故 $f(x) < 1 + \dfrac{\pi}{4}, x \geqslant 1$.

例 2.7 设 $f(x)$ 在 $(-\infty, +\infty)$ 有界且导数连续, 又对于任意实数 x, 有 $|f(x) + f'(x)| \leqslant 1$, 证明: $|f(x)| \leqslant 1$.

证 令 $F(x) = \mathrm{e}^x f(x)$, $F'(x) = \mathrm{e}^x[f(x) + f'(x)]$. 由 $|f(x) + f'(x)| \leqslant 1$ 得 $|F'(x)| \leqslant \mathrm{e}^x$, 即 $-\mathrm{e}^x \leqslant F'(x) \leqslant \mathrm{e}^x$. 从而 $-\displaystyle\int_{-\infty}^x \mathrm{e}^x \mathrm{d}x \leqslant \int_{-\infty}^x F'(x)\mathrm{d}x \leqslant \int_{-\infty}^x \mathrm{e}^x \mathrm{d}x$,

即

$$-\mathrm{e}^x \leqslant \mathrm{e}^x f(x) - \lim_{x \to -\infty} \mathrm{e}^x f(x) = f(x)\mathrm{e}^x \leqslant \mathrm{e}^x,$$

故 $-1 \leqslant f(x) \leqslant 1$, $|f(x)| \leqslant 1$.

例 2.8 证明: 当 $x > 0$ 时有

$$x - \frac{x^2}{2} + \frac{x^3}{3} - \cdots + \frac{x^{2n-1}}{2n-1} - \frac{x^{2n}}{2n} < \ln(1+x) < x - \frac{x^2}{2} + \frac{x^3}{3} - \cdots + \frac{x^{2n-1}}{2n-1}.$$

证 对任意 $x > 0$, 将 $\ln(1+x)$ 展开至 $2n-1$ 次幂, 得到

$$\ln(1+x) - \sum_{k=1}^{2n-1} \frac{(-1)^{k-1}}{k} x^k = R_{2n-1}(x) = \frac{(-1)^{2n-1}}{2n} \frac{x^{2n}}{(1+\xi_1)^{2n}} < 0, \quad \xi_1 \in (0, x).$$

再将 $\ln(1+x)$ 展开至 $2n$ 次幂, 得到

$$\ln(1+x) - \sum_{k=1}^{2n} \frac{(-1)^{k-1}}{k} x^k = R_{2n}(x) = \frac{(-1)^{2n}}{2n+1} \frac{x^{2n+1}}{(1+\xi_2)^{2n+1}} > 0, \quad \xi_2 \in (0, x),$$

因此 $\sum\limits_{k=1}^{2n} \dfrac{(-1)^{k-1}}{k}x^k < \ln(1+x) < \sum\limits_{k=1}^{2n-1} \dfrac{(-1)^{k-1}}{k}x^k, \quad x > 0.$

例 2.9 设 $f(x)$ 在 $[0,\ 1]$ 上可微, 且当 $x \in (0,\ 1)$ 时, $0 < f'(x) < 1, f(0) = 0.$ 试证:

$$\left(\int_0^1 f(x)\,\mathrm{d}x\right)^2 > \int_0^1 f^3(x)\,\mathrm{d}x.$$

分析 由 $f(0) = 0, 0 < f'(x) < 1$, 故 $f(x) > 0$, 又由 $f(x) \in C[0,\ 1]$ 可得积

分 $\displaystyle\int_0^1 f^3(x)\,\mathrm{d}x > 0$, 所以, 欲证不等式等价于证不等式 $\dfrac{\left(\int_0^1 f(x)\,\mathrm{d}x\right)^2}{\int_0^1 f^3(x)\,\mathrm{d}x} > 1.$

证 为证不等式 $\dfrac{\left(\int_0^1 f(x)\,\mathrm{d}x\right)^2}{\int_0^1 f^3(x)\,\mathrm{d}x} > 1.$ 令 $F(x) = \left(\int_0^x f(t)\,\mathrm{d}t\right)^2$, $G(x) =$

$\displaystyle\int_0^x f^3(t)\,\mathrm{d}t$, 则 $F(0) = 0, G(0) = 0.$ 应用柯西中值定理有

$$\frac{\left(\int_0^1 f(x)\mathrm{d}x\right)^2}{\int_0^1 f^3(x)\,\mathrm{d}x} = \frac{F(1)-F(0)}{G(1)-G(0)} = \frac{F'(\xi)}{G'(\xi)}$$

$$= \frac{2f(\xi)\int_0^\xi f(t)\mathrm{d}t}{f^3(\xi)} = \frac{2\int_0^\xi f(t)\mathrm{d}t}{f^2(\xi)} \quad (0 < \xi < 1).$$

再用柯西中值定理, 并注意到 $0 < f'(x) < 1, f(0) = 0$, 有

$$\frac{2\int_0^\xi f(t)\mathrm{d}t}{f^2(\xi)} = \frac{2\int_0^\xi f(t)\mathrm{d}t - 2\int_0^0 f(t)\mathrm{d}t}{f^2(\xi) - f^2(0)} = \frac{2f(\eta)}{2f(\eta)f'(\eta)} = \frac{1}{f'(\eta)} > 1 \quad (0 < \eta < \xi < 1).$$

例 2.10 设函数 $f(x)$ 在 $[0,1]$ 上有连续的导数, 且满足 $\left|\int_0^1 f(x)\mathrm{d}x\right| <$

$\displaystyle\int_0^1 |f(x)|\mathrm{d}x.$ 证明: $\displaystyle\int_0^1 |f(x)|\mathrm{d}x \leqslant \int_0^1 |f'(x)|\,\mathrm{d}x.$

证 由条件 $\left|\int_0^1 f(x)\mathrm{d}x\right| < \int_0^1 |f(x)|\mathrm{d}x$ 知, $f(x)$ 不是非负函数或非正函数, 即在 $[0,1]$ 上变号, 根据连续函数的介值定理, 存在 $c \in (0,1)$, 使 $f(c) = 0$. 于是得

$$|f(x)| = |f(x) - f(c)| = \left|\int_c^x f'(t)\mathrm{d}t\right| \leqslant \int_0^1 |f'(t)|\,\mathrm{d}t.$$

两边从 0 到 1 积分, 即可得证.

例 2.11 设 $f(x)$ 在 $[0,1]$ 上连续, 且单调递减, 证明对任意 $\alpha \in [0,1]$, 有

$$\int_0^\alpha f(x)\mathrm{d}x \geqslant \alpha \int_0^1 f(x)\mathrm{d}x.$$

证 (方法一) 欲证不等式等价于

$$(1-\alpha)\int_0^\alpha f(x)\mathrm{d}x \geqslant \alpha \int_\alpha^1 f(x)\mathrm{d}x.$$

对不等式两端应用积分第一中值定理, 则存在 $x_1 \in (0,\alpha)$ 和 $x_2 \in (\alpha,1)$, 使得 $(1-\alpha)\int_0^\alpha f(x)\mathrm{d}x = \alpha(1-\alpha)f(x_1)$ 和 $\alpha \int_\alpha^1 f(x)\mathrm{d}x = \alpha(1-\alpha)f(x_2)$. 由单调递减性得 $f(x_1) \geqslant f(x_2)$, 故有 $(1-\alpha)\int_0^\alpha f(x)\mathrm{d}x \geqslant \alpha \int_\alpha^1 f(x)\mathrm{d}x$.

(方法二) 当 $\alpha = 0$ 时, 不等式显然成立. 当 $\alpha \in [0,1]$ 时, 令 $x = \alpha t$, 由的 $f(x)$ 单调递减性得

$$\int_0^\alpha f(x)\mathrm{d}x = \alpha \int_0^1 f(\alpha t)\mathrm{d}t \geqslant \alpha \int_0^1 f(t)\mathrm{d}t.$$

例 2.12 设函数 $f(x)$ 在 $[a,b]$ 上有连续的导数, 且 $f(a) = f(b) = 0$, 证明:

$$\left|\int_a^b f(x)\,\mathrm{d}x\right| \leqslant \frac{(b-a)^2}{4} \max_{a \leqslant x \leqslant b} |f'(x)|$$

证 (方法一) 记 $M = \max\limits_{a \leqslant x \leqslant b} |f'(x)|$, $c = \dfrac{a+b}{2}$, 将区间 $[a,b]$ 分成两个子区间 $[a,c]$, $[c,b]$, 则

在 $[a,c]$ 上, $f(x) = f(a) + f'(\xi)(x-a) = f'(\xi)(x-a)$, $a < \xi < x$;

在 $[c,b]$ 上, $f(x) = f(b) + f'(\eta)(x-b) = f'(\eta)(x-b)$, $x < \eta < b$.

从而有

$$\int_a^c |f(x)| \, \mathrm{d}x \leqslant M \int_a^c (x-a) \, \mathrm{d}x = \frac{M}{8} (b-a)^2,$$

$$\int_c^b |f(x)| \, \mathrm{d}x \leqslant M \int_c^b (b-x) \, \mathrm{d}x = \frac{M}{8} (b-a)^2,$$

所以

$$\left| \int_a^b f(x) \, \mathrm{d}x \right| \leqslant \int_a^b |f(x)| \, \mathrm{d}x = \int_a^c |f(x)| \, \mathrm{d}x + \int_c^b |f(x)| \, \mathrm{d}x \leqslant \frac{M}{4} (b-a)^2.$$

(方法二)

$$\int_a^b f(x)\mathrm{d}x = \int_a^b f(x)\mathrm{d}(x-c) = f(x)(x-c)\Big|_a^b - \int_a^b (x-c)f'(x)\mathrm{d}x$$

$$= -\int_a^b (x-c)f'(x)\mathrm{d}x.$$

因此, 由积分第一中值定理有

$$\left| \int_a^b f(x)\mathrm{d}x \right| \leqslant \int_a^b |(x-c)f'(x)|\mathrm{d}x = \int_a^b |x-c| \cdot |f'(x)|\mathrm{d}x$$

$$= |f'(\xi)| \int_a^b |x-c|\mathrm{d}x, \quad \xi \in [a,b].$$

而

$$\int_a^b |x-c|\mathrm{d}x = \int_{a-c}^{b-c} |t| \, \mathrm{d}t = \frac{t|t|}{2} \bigg|_{-\frac{b-a}{2}}^{\frac{b-a}{2}} = \frac{(b-a)^2}{8} + \frac{(b-a)^2}{8} = \frac{(b-a)^2}{4}.$$

所以

$$\left| \int_a^b f(x) \, \mathrm{d}x \right| \leqslant \frac{(b-a)^2}{4} |f'(\xi)| \leqslant \frac{(b-a)^2}{4} \max_{a \leqslant x \leqslant b} |f'(x)|.$$

例 2.13 证明: $\mathrm{e}^{x^2} \displaystyle\int_x^{+\infty} \mathrm{e}^{-t^2} \mathrm{d}t \leqslant \dfrac{\sqrt{\pi}}{2}, \quad x \geqslant 0.$

证 (方法一)

$$\left(\int_x^{+\infty} \mathrm{e}^{-t^2} \mathrm{d}t \right)^2 = \int_x^{+\infty} \mathrm{e}^{-u^2} \mathrm{d}u \int_x^{+\infty} \mathrm{e}^{-v^2} \mathrm{d}v$$

$$= \int_x^{+\infty} \int_x^{+\infty} e^{-(u^2+v^2)} \mathrm{d}u\mathrm{d}v \leqslant \iint\limits_{\substack{u^2+v^2\geqslant 2x^2 \\ u\geqslant 0, v\geqslant 0}} e^{-(u^2+v^2)} \mathrm{d}u\mathrm{d}v$$

$$= \int_{\sqrt{2}x}^{+\infty} re^{-r^2}\mathrm{d}r \int_0^{\frac{\pi}{2}} \mathrm{d}\theta = \frac{\pi}{4} e^{-2x^2}.$$

所以

$$e^{2x^2} \left(\int_x^{+\infty} e^{-t^2}\mathrm{d}t \right)^2 \leqslant \frac{\pi}{4},$$

两边开平方得

$$e^{x^2} \int_x^{+\infty} e^{-t^2}\mathrm{d}t \leqslant \frac{\sqrt{\pi}}{2}.$$

(方法二) 令 $u = t - x$, 则当 $x \geqslant 0$ 时,

$$e^{x^2} \int_x^{+\infty} e^{-t^2}\mathrm{d}t = e^{x^2} \int_0^{+\infty} e^{-(u+x)^2}\mathrm{d}u = \int_0^{+\infty} e^{-u^2}\cdot e^{-2ux}\mathrm{d}u \leqslant \int_0^{+\infty} e^{-u^2}\mathrm{d}u = \frac{\sqrt{\pi}}{2}.$$

 习　题　2

1. 设 $0 < a < b$. 试用两种不同方法证明: $\sqrt{ab} < \dfrac{b-a}{\ln b - \ln a} < \dfrac{a+b}{2}$.

2. 设 $x > -1$, 证明:

(1) 当 $0 < \alpha < 1$ 时, $(1+x)^\alpha \leqslant 1 + \alpha x$, 等号仅当 $x = 0$ 时成立;

(2) 当 $\alpha < 0$ 或 $\alpha > 1$ 时, $(1+x)^\alpha \geqslant 1 + \alpha x$, 等号仅当 $x = 0$ 时成立.

3. 证明: (1) 设 $a > 0$. 证明: $e^x > x^a \ (x > 0) \Leftrightarrow a < e$;

(2) 在 $(1, +\infty)$ 中求 a 的值, 使得 $a^x \geqslant x^a \ (x > 1)$ 成立.

4. (1) 求满足下述不等式的 α 的最大值和 β 的最小值: $\left(1 + \dfrac{1}{n}\right)^{n+\alpha} \leqslant e \leqslant \left(1 + \dfrac{1}{n}\right)^{n+\beta}$;

(2) 证明: $\left(1 + \dfrac{1}{2n+1}\right)\left(1 + \dfrac{1}{n}\right)^n \leqslant e < \left(1 + \dfrac{1}{2n}\right)\left(1 + \dfrac{1}{n}\right)^n$;

(3) 求 $\lim\limits_{n\to\infty} n\left[e - \left(1 + \dfrac{1}{n}\right)^n \right]$.

5. 设 $f(x)$ 在 $[0, +\infty)$ 上可导, 且存在 $k > 0$, 使得 $f'(x) \leqslant kf(x) \ (x \geqslant 0)$. 证明:

$$f(x) \leqslant e^{kx}f(0) \ (x \geqslant 0).$$

6. 设 $f(x)$ 在 $[0,1]$ 上连续, 在 $(0,1)$ 内可导不恒为零, $f(0) = 0$, 证明: 存在 $\xi \in (0,1)$, 使 $f(\xi)f'(\xi) > 0$.

7. 设 $f(x)$ 在 $[-1,1]$ 上具有二阶导数, $|f(x)| \leqslant a$, $|f''(x)| \leqslant b$, a,b 为非负常数, c 是 $(0,1)$ 内任一点, 证明 $|f'(c)| \leqslant a + b$.

8. 设函数 $f(x)$ 在 $[a,b]$ 上二阶可导, 且 $f'\left(\dfrac{a+b}{2}\right) = 0$(或 $f'(a) = f'(b) = 0$). 证明: 在 (a,b) 内存在一点 c, 使得 $|f''(c)| \geqslant \dfrac{4}{(b-a)^2}|f(b) - f(a)|$.

9. 设 $a > 0$, $f'(x)$ 在 $[0,a]$ 上连续, 证明: $|f(0)| \leqslant \dfrac{1}{a}\displaystyle\int_0^a |f(x)|\,\mathrm{d}x + \displaystyle\int_0^a |f'(x)|\,\mathrm{d}x$.

10. 设函数 $f(x)$ 在闭区间 $[a,b]$ 上有连续的一阶导数, 证明:

$$\int_a^b f^2(x)\mathrm{d}x \leqslant \frac{(b-a)^2}{2}\int_a^b [f'(x)]^2\mathrm{d}x.$$

11. 设函数 $f(x)$ 在闭区间 $[0,1]$ 上有连续的一阶导数, 证明:

$$\int_0^1 |f(x)|\,\mathrm{d}x \leqslant \max\left\{\int_0^1 |f'(x)|\,\mathrm{d}x, \left|\int_0^1 f(x)\,\mathrm{d}x\right|\right\}.$$

12. 设 $f(x)$ 在 $[a,b]$ 上二阶连续可导, $f(a) = f(b) = 0$, 对 $x \in (a,b)$, $f(x) \neq 0$. 证明:

$$\int_a^b \left|\frac{f''(x)}{f(x)}\right|\,\mathrm{d}x \geqslant \frac{4}{b-a}.$$

3 一题多解和综合题

数学教学中, 一题多解是训练学生思维的发散性、灵活性的有效途径, 多题一解、一法多用则有利于训练学生思维的收敛性、开阔性, 展示数学方法的普适性和统一性, 综合题是训练学生综合运用所学知识和多种方法解决问题能力的有效途径, 本节介绍几个这方面的范例.

对下面题目, 几个微分中值定理和达布定理都可以派上用场.

例 3.1 设 $f(x)$ 在 $[a,b]$ 上连续, 在 (a,b) 内二阶可导, 证明存在 $\xi \in (a,b)$ 使得

$$f(b) - 2f\left(\frac{a+b}{2}\right) + f(a) = \frac{(b-a)^2}{4}f''(\xi).$$

证 (方法一) 令 $\dfrac{f(b) - 2f\left(\dfrac{a+b}{2}\right) + f(a)}{\dfrac{(b-a)^2}{4}} = k$, 则 $f(b) - 2f\left(\dfrac{a+b}{2}\right) + f(a) = \dfrac{1}{4}k(b-a)^2$. 令 $F(x) = f(x) - 2f\left(\dfrac{a+x}{2}\right) - \dfrac{1}{4}k(x-a)^2 + f(a)$, 则

$F(a) = 0,$

$$F(b) = f(b) - 2f\left(\frac{a+b}{2}\right) - \frac{1}{4} \cdot 4 \cdot \frac{f(b) - 2f\left(\frac{a+b}{2}\right) + f(a)}{(b-a)^2}(b-a)^2 + f(a) = 0,$$

由罗尔定理, 存在 $\eta \in (a, b)$ 使 $F'(\eta) = 0$. 即

$$f'(\eta) - f'\left(\frac{a+\eta}{2}\right) - \frac{1}{2}k(\eta - a) = 0.$$

另一方面, 对 $f'(x)$ 应用拉格朗日中值定理, 有

$$f'(\eta) = f'\left(\frac{a+\eta}{2}\right) + f''(\xi)\left(\frac{\eta - a}{2}\right),$$

与上式比较得 $k = f''(\xi)$.

（方法二）　左端 $= f\left(\frac{b-a}{2} + \frac{b+a}{2}\right) - f\left(\frac{a+b}{2}\right) - \left[f\left(\frac{b-a}{2} + a\right) - f(a)\right].$
令

$$\varphi(x) = f\left(\frac{b-a}{2} + x\right) - f(x),$$

连续使用拉格朗日中值定理有

$$f(b) - 2f\left(\frac{a+b}{2}\right) + f(a)$$

$$= \varphi\left(\frac{a+b}{2}\right) - \varphi(a) = \varphi'(\eta)\frac{b-a}{2}$$

$$= \frac{b-a}{2}\left[f'\left(\frac{b-a}{2} + \eta\right) - f'(\eta)\right] = \frac{(b-a)^2}{4}f''(\xi),$$

$$\left(a < \eta < \xi < \frac{b-a}{2} < \frac{b+a}{2}\right).$$

注 3.1　也可以设 $\varphi(x) = f(x) - f\left(x - \frac{b-a}{2}\right).$

（方法三）　欲证之式即为 $\dfrac{f(b) - 2f\left(\frac{a+b}{2}\right) + f(a)}{(b-a)^2} = \dfrac{1}{4}f''(\xi).$

令 $F(x) = f(x) - 2f\left(\dfrac{a+x}{2}\right) + f(a)$, $G(x) = (x-a)^2$, 由柯西中值定理得,

$$\frac{F(b)}{G(b)} = \frac{F(b)-F(a)}{G(b)-G(a)} = \frac{F'(\eta)}{G'(\eta)} = \frac{f'(\eta) - f'\left(\dfrac{a+\eta}{2}\right)}{2(\eta-a)}$$

$$= \frac{f''(\xi)\left(\dfrac{\eta-a}{2}\right)}{2(\eta-a)} = \frac{1}{4}f''(\xi).$$

(方法四) 由泰勒公式有

$$f(a) = f\left(\frac{a+b}{2}\right) + f'\left(\frac{a+b}{2}\right)\left(a - \frac{a+b}{2}\right) + \frac{1}{2}\left(\frac{b-a}{2}\right)^2 f''(\xi_1), \quad a < \xi_1 < \frac{a+b}{2},$$

$$f(b) = f\left(\frac{a+b}{2}\right) + f'\left(\frac{a+b}{2}\right)\left(b - \frac{a+b}{2}\right) + \frac{1}{2}\left(\frac{b-a}{2}\right)^2 f''(\xi_2), \quad \frac{a+b}{2} < \xi_2 < b,$$

$$f(a) + f(b) = 2f\left(\frac{a+b}{2}\right) + \frac{1}{4}\left(\frac{b-a}{2}\right)^2\left[\frac{f''(\xi_1)+f''(\xi_2)}{2}\right],$$

由达布定理知存在 $\xi \in (\xi_1, \xi_2)$, $f''(\xi) = \dfrac{f''(\xi_1)+f''(\xi_2)}{2}$. 从而有

$$f(b) - 2f\left(\frac{a+b}{2}\right) + f(a) = \frac{(b-a)^2}{4}f''(\xi).$$

(方法五) 令 $c = \dfrac{a+b}{2}$, 经过三点 $(a, f(a))$, $(b, f(b))$, $(c, f(c))$ 的二次抛物线方程为

$$\varphi(x) = \frac{(x-b)(x-c)}{(a-b)(a-c)}f(a) + \frac{(x-c)(x-a)}{(b-c)(b-a)}f(b) + \frac{(x-a)(x-b)}{(c-a)(c-b)}f(c),$$

$\varphi(a) = f(a)$, $\varphi(b) = f(b)$, $\varphi(c) = f(c)$, 令 $F(x) = f(x) - \varphi(x)$, 连续使用罗尔定理可知存在 $\xi \in (a, b)$, $F''(\xi) = 0$, 从而有

$$f''(\xi) = \varphi''(\xi) = \frac{4}{(b-a)^2}f(a) + \frac{4}{(b-a)^2}f(b) - \frac{8}{(b-a)^2}f(c),$$

整理得

$$f(b) - 2f\left(\frac{a+b}{2}\right) + f(a) = \frac{(b-a)^2}{4}f''(\xi).$$

例 3.2　设函数 $f(x)$ 在 $[a, b]$ 上连续且单调递增. 证明:

$$\int_a^b x f(x) \mathrm{d}x \geqslant \frac{a+b}{2} \int_a^b f(x) \mathrm{d}x.$$

证 (方法一)　因为 $f(x)$ 单调递增, 所以

$$\left(x - \frac{a+b}{2}\right)\left(f(x) - f\left(\frac{a+b}{2}\right)\right) \geqslant 0,$$

$$\int_a^b \left(x - \frac{a+b}{2}\right)\left(f(x) - f\left(\frac{a+b}{2}\right)\right) \mathrm{d}x \geqslant 0.$$

又

$$\int_a^b \left(x - \frac{a+b}{2}\right) f\left(\frac{a+b}{2}\right) \mathrm{d}x = f\left(\frac{a+b}{2}\right) \int_{\frac{b-a}{2}}^{-\frac{b-a}{2}} t \mathrm{d}t = 0 \left(t = \frac{a+b}{2} - x\right),$$

所以得 $\displaystyle\int_a^b \left(x - \frac{a+b}{2}\right) f(x) \mathrm{d}x \geqslant 0$, 即 $\displaystyle\int_a^b x f(x) \mathrm{d}x \geqslant \frac{a+b}{2} \int_a^b f(x) \mathrm{d}x.$

(方法二)　由积分第一中值定理

$$\int_a^b \left(x - \frac{a+b}{2}\right) f(x) \mathrm{d}x$$

$$= \int_a^{\frac{a+b}{2}} \left(x - \frac{a+b}{2}\right) f(x) \mathrm{d}x + \int_{\frac{a+b}{2}}^b \left(x - \frac{a+b}{2}\right) f(x) \mathrm{d}x$$

$$= f(\xi_1) \int_a^{\frac{a+b}{2}} \left(x - \frac{a+b}{2}\right) \mathrm{d}x + f(\xi_2) \int_{\frac{a+b}{2}}^b \left(x - \frac{a+b}{2}\right) \mathrm{d}x$$

$$\left(a \leqslant \xi_1 \leqslant \frac{a+b}{2} \leqslant \xi_2 \leqslant b\right)$$

$$= -f(\xi_1) \frac{(b-a)^2}{2} + f(\xi_2) \frac{(b-a)^2}{2}$$

$$= \frac{(b-a)^2}{2} (f(\xi_2) - f(\xi_1)) \geqslant 0.$$

(因为 $f(x)$ 单调递增).

　　(方法三)　因为 $f(x)$ 在 $[a, b]$ 上单调递增, 由积分第二中值定理, 存在 $\xi \in [a, b]$, 使得

$$\int_a^b \left(x - \frac{a+b}{2}\right) f(x) \mathrm{d}x$$

$$= f(a) \int_a^\xi \left(x - \frac{a+b}{2} \right) \mathrm{d}x + f(b) \int_\xi^b \left(x - \frac{a+b}{2} \right) \mathrm{d}x$$

$$= f(a) \int_a^b \left(x - \frac{a+b}{2} \right) \mathrm{d}x + [f(b) - f(a)] \int_\xi^b \left(x - \frac{a+b}{2} \right) \mathrm{d}x$$

$$= [f(b) - f(a)] \left[\frac{b^2 - \xi^2}{2} - \frac{a+b}{2}(b - \xi) \right]$$

$$= [f(b) - f(a)] \frac{(b-\xi)(\xi-a)}{2} \geqslant 0.$$

(方法四) 令 $F(t) = \int_a^t x f(x) \mathrm{d}x - \frac{a+t}{2} \int_a^t f(x) \mathrm{d}x, t \in [a, b]$. 则 $F(a) = 0$, 且对 $t \in (a, b]$ 有

$$F'(t) = t f(t) - \frac{1}{2} \int_a^t f(x) \mathrm{d}x - \frac{a+t}{2} f(t)$$

$$= \frac{t-a}{2} f(t) - \frac{1}{2} \int_a^t f(x) \mathrm{d}x = \frac{t-a}{2} [f(t) - f(\xi)],$$

这里用到积分第一中值定理, 其中 $\xi \in [a, t]$.

因为 $f(x)$ 在 $[a, b]$ 上单调增加, 所以当 $a \leqslant \xi \leqslant t \leqslant b$ 时, $f(t) - f(\xi) \geqslant 0$. 从而对 $t \in (a, b]$ 有 $F'(t) \geqslant 0$. 故 $F(t)$ 在 $(a, b]$ 上单调增加, 于是有 $F(b) \geqslant F(a) = 0$. 即

$$\int_a^b x f(x) \mathrm{d}x \geqslant \frac{a+b}{2} \int_a^b f(x) \mathrm{d}x.$$

注 3.2 本题的物理意义: 如果曲线 $y = f(x)$ 单调增加, 则密度均匀的曲边梯形

$$\{(x, y) | a \leqslant x \leqslant b, \ 0 \leqslant y \leqslant f(x)\}$$

的重心位于直线 $x = \frac{a+b}{2}$ 的右边.

例 3.3 在变力 $\boldsymbol{F} = yz\boldsymbol{i} + zx\boldsymbol{j} + xy\boldsymbol{k}$ 的作用下, 质点由原点沿直线运动到椭球面

$$\frac{x^2}{a^2} + \frac{y^2}{b^2} + \frac{z^2}{c^2} = 1$$

上第一卦限的点 $M(\xi, \eta, \zeta)$, 问当 ξ, η, ζ 取何值时, 力 $\boldsymbol{F}$ 所做的功最大? 并求出 W 的最大值.(这是一道全国工科考研题.)

解 (*方法一*) 先求出质点从原点沿直线运动到椭球面上点 $M(\xi, \eta, \zeta)$ 时, 力 $\boldsymbol{F}$ 所做功的表达式. 直线段 $\overline{OM}$ 的方程为

$$x = \xi t, y = \eta t, z = \zeta t, t \in [0, 1].$$

$\boldsymbol{F}$ 做的功为

$$W = \int_{\overline{OM}} \boldsymbol{F} \cdot \mathrm{d}r = \int_{\overline{OM}} yz\mathrm{d}x + zx\mathrm{d}y + xy\mathrm{d}z = \int_0^1 3\xi\eta\zeta t^2\mathrm{d}t = \xi\eta\zeta.$$

于是所讨论的问题即为函数 $W = \xi\eta\zeta$ 在约束条件

$$\frac{\xi^2}{a^2} + \frac{\eta^2}{b^2} + \frac{\zeta^2}{c^2} = 1 (\xi > 0, \eta > 0, \zeta > 0)$$

下的最大值, 令

$$F(\xi, \eta, \zeta) = \xi\eta\zeta + \lambda\left(\frac{\xi^2}{a^2} + \frac{\eta^2}{b^2} + \frac{\zeta^2}{c^2} - 1\right),$$

解方程组

$$\begin{cases} F'_\xi = \eta\zeta + \dfrac{2\lambda}{a^2}\xi = 0, \\[2mm] F'_\eta = \xi\zeta + \dfrac{2\lambda}{b^2}\eta = 0, \\[2mm] F'_\zeta = \xi\eta + \dfrac{2\lambda}{c^2}\zeta = 0, \\[2mm] \dfrac{\xi^2}{a^2} + \dfrac{\eta^2}{b^2} + \dfrac{\zeta^2}{c^2} = 1. \end{cases}$$

可得 $\dfrac{\xi^2}{a^2} = \dfrac{\eta^2}{b^2} = \dfrac{\zeta^2}{c^2} = \dfrac{1}{3}$, 所以 $\xi = \dfrac{a}{\sqrt{3}}, \eta = \dfrac{b}{\sqrt{3}}, \zeta = \dfrac{c}{\sqrt{3}}$, 由问题的实际意义知, W 的最大值为 $\dfrac{\sqrt{3}}{9}abc$.

(*方法二*) 问题等价于求 $\dfrac{\xi^2}{a^2} \cdot \dfrac{\eta^2}{b^2} \cdot \dfrac{\zeta^2}{c^2}$ 的最大值, 而三个正数之和一定 (为 1), 故当 $\dfrac{\xi^2}{a^2} = \dfrac{\eta^2}{b^2} = \dfrac{\zeta^2}{c^2} = \dfrac{1}{3}$, 即 $\xi = \dfrac{a}{\sqrt{3}}, \eta = \dfrac{b}{\sqrt{3}}, \zeta = \dfrac{c}{\sqrt{3}}$ 时, 其积 $\dfrac{\xi^2\eta^2\zeta^2}{a^2b^2c^2}$ 达到最大值.

(*方法三*) 做变量替换 $X = \dfrac{\xi}{a}, Y = \dfrac{\eta}{b}, Z = \dfrac{\zeta}{c}$, 则原问题等价于求 XYZ 在条件 $X^2 + Y^2 + Z^2 = 1$ 下的最大值, 由对称性易知 $X = Y = Z = \dfrac{1}{\sqrt{3}}$, 从而 $\xi = \dfrac{a}{\sqrt{3}}, \eta = \dfrac{b}{\sqrt{3}}, \zeta = \dfrac{c}{\sqrt{3}}$.

例 3.4 在第一卦限内求椭球面 $\dfrac{x^2}{a^2} + \dfrac{y^2}{b^2} + \dfrac{z^2}{c^2} = 1$ 的一个切平面, 使其与三个坐标平面所围成的四面体的体积最小.

解 易知椭球面上任一点 $M(x_0, y_0, z_0)$ 的切平面方程为 $\dfrac{x_0 x}{a^2} + \dfrac{y_0 y}{b^2} + \dfrac{z_0 z}{c^2} = 1$, 该切平面在 x 轴、y 轴、z 轴上的截距分别为 $x = \dfrac{a^2}{x_0}, y = \dfrac{b^2}{y_0}, z = \dfrac{c^2}{z_0}$, 切平面与三个坐标平面所围四面体的体积为 $V = \dfrac{1}{6} \cdot \dfrac{a^2}{x_0} \cdot \dfrac{b^2}{y_0} \cdot \dfrac{c^2}{z_0}$. 于是问题归结为在条件 $\dfrac{x_0^2}{a^2} + \dfrac{y_0^2}{b^2} + \dfrac{z_0^2}{c^2} = 1$ 下求 V 的最小值, 这等价于在上述条件下求 $x_0 y_0 z_0$ 的最大值, 从而与上题一致, 所求切点坐标为 $\left(\dfrac{a}{\sqrt{3}}, \dfrac{b}{\sqrt{3}}, \dfrac{c}{\sqrt{3}} \right)$, 所求四面体体积为 $\dfrac{\sqrt{3}}{2} abc$.

注 3.3 求内接于椭球面 $\dfrac{x^2}{a^2} + \dfrac{y^2}{b^2} + \dfrac{z^2}{c^2} = 1$ 且棱平行于对称轴的最大长方体, 与上例两题如出一辙, 都归结为同一模型, 解法一样, 可谓多题一解, 一法多用.

下面给出几道综合性例题.

例 3.5 设函数 $f(x)$ 在区间 $[0,2]$ 上具有连续导数, $f(0) = f(2) = 0$, $M = \max\limits_{x \in [0,2]} |f(x)|$. 证明:

(1) 存在 $\xi \in (0,2)$, 使 $|f'(\xi)| \geqslant M$.

(2) 若对任意的 $x \in (0,2)$, $|f'(x)| \leqslant M$, 则 $M = 0$.

证 (1) 设 $c \in [0,2]$ 满足 $|f(c)| = M$.

若 $c \in (0,1]$, 由拉格朗日定理得, $\exists \xi \in (0,c)$, 使得

$$f'(\xi) = \frac{f(c) - f(0)}{c - 0} = \frac{f(c)}{c}, \ \text{故} \ |f'(\xi)| = \frac{|f(c)|}{c} = \frac{M}{c} \geqslant M.$$

若 $c \in (1,2]$, 由拉格朗日定理得, $\exists \xi \in (c,2)$, 使得

$$f'(\xi) = \frac{f(2) - f(c)}{2 - c} = \frac{-f(c)}{2 - c}, \ \text{故} \ |f'(\xi)| = \frac{|-f(c)|}{2 - c} = \frac{M}{2 - c} \geqslant M.$$

综上所述, 存在 $\xi \in (0,2)$, 使得 $|f'(\xi)| \geqslant M$.

(2) 假设 $M > 0$,

因为 $f(0) = f(2) = 0$, 由罗尔定理得, $\exists \eta \in (0,2)$, 使得 $f'(\eta) = 0$.

当 $\eta \in (0,c)$ 时, $M = |f(c) - f(0)| \leqslant \displaystyle\int_0^c |f'(x)| \, \mathrm{d}x < Mc.$

当 $\eta \in (c,2)$ 时, $M = |f(2) - f(c)| \leqslant \displaystyle\int_c^2 |f'(x)| \, \mathrm{d}x \leqslant M(2 - c),$

故 $2M < Mc + M(2-c) = 2M$, 矛盾. 所以 $M = 0$.

例 3.6　设函数 $f(x)$ 具有 2 阶导数, 且 $f'(0) = f'(1)$, $|f''(x)| \leqslant 1$, 证明:

(1) 当 $x \in (0,1)$ 时, $|f(x) - f(0)(1-x) - f(1)x| \leqslant \dfrac{x(1-x)}{2}$;

(2) $\left| \displaystyle\int_0^1 f(x)\mathrm{d}x - \dfrac{f(0)+f(1)}{2} \right| \leqslant \dfrac{1}{12}$.

证　(1) 令 $g(x) = f(0)(1-x) + f(1)x$. 令 $F(x) = f(x) - g(x) - \dfrac{x(1-x)}{2}, x \in (0,1)$, 显然有 $F(0) = F(1) = 0$. 因为 $F''(x) = f''(x) + 1 \geqslant 0$, 所以 $F(x)$ 为凸函数, 且 $F(x) \leqslant 0, x \in (0,1)$. 所以

$$f(x) - f(0)(1-x) - f(1)x \leqslant \frac{x(1-x)}{2}.$$

令 $G(x) = f(x) - g(x) + \dfrac{x(1-x)}{2}, x \in (0,1)$, 显然有 $G(0) = G(1) = 0$. 因为 $G''(x) = f''(x) - 1 \leqslant 0$, 所以 $F(x)$ 为凹函数, 且 $F(x) \geqslant 0, x \in (0,1)$. 所以

$$f(x) - f(0)(1-x) - f(1)x \geqslant -\frac{x(1-x)}{2}.$$

综上所述, 当 $x \in (0,1)$ 时,

$$|f(x) - f(0)(1-x) - f(1)x| \leqslant \frac{x(1-x)}{2}.$$

(2) 由 (1) 得, $f(x) - f(0)(1-x) - f(1)x \leqslant \dfrac{x(1-x)}{2}$. 所以

$$\int_0^1 [f(x) - f(0)(1-x) - f(1)x]\mathrm{d}x \leqslant \int_0^1 \frac{x(1-x)}{2}\mathrm{d}x.$$

所以

$$\int_0^1 f(x)\mathrm{d}x - \frac{f(0)+f(1)}{2} \leqslant \frac{1}{12}.$$

由 (1) 得, $f(x) - f(0)(1-x) - f(1)x \geqslant -\dfrac{x(1-x)}{2}$, 所以

$$\int_0^1 [f(x) - f(0)(1-x) - f(1)x]\mathrm{d}x \geqslant -\int_0^1 \frac{x(1-x)}{2}\mathrm{d}x.$$

所以

$$\int_0^1 f(x)\mathrm{d}x - \frac{f(0)+f(1)}{2} \geqslant -\frac{1}{12}.$$

综上所述,

$$\left| \int_0^1 f(x)\mathrm{d}x - \frac{f(0)+f(1)}{2} \right| \leqslant \frac{1}{12}.$$

例 3.7 设 $f(x)$ 在 $[a,b]$ 上连续非负且严格递增. 若有

$$f^p(\xi_p) = \frac{1}{b-a} \int_a^b f^p(x)\mathrm{d}x \quad (p > 0, a < \xi_p < b),$$

求 $\lim\limits_{p \to +\infty} \xi_p$.

解 任取 $\varepsilon : 0 < \varepsilon < (b-a)/2$, 则由 $f(b-\varepsilon) > f(b-2\varepsilon)$ 可知, 存在 $P \in \mathbf{N}$, 使得

$$(f(b-\varepsilon)/f(b-2\varepsilon))^p > (b-a)/2, \quad p > P,$$

$$f^p(b-\varepsilon) > (b-a)f^p(b-2\varepsilon)/\varepsilon, \quad p > P.$$

因为 $\int_a^b f^p(x)\mathrm{d}x > \int_{b-\varepsilon}^b f^p(b-\varepsilon)\mathrm{d}x$, 所以有

$$f^p(\xi_p) = \frac{1}{b-a} \int_a^b f^p(x)\mathrm{d}x > \frac{1}{b-a} \int_{b-\varepsilon}^b f^p(b-\varepsilon)\mathrm{d}x$$

$$> \frac{\varepsilon f^p(b-\varepsilon)}{b-a} > f^p(b-2\varepsilon), \quad p > P.$$

由 $f(x)$ 的单调递增性推知 $\xi_p > b-2\varepsilon$, 即当 $p > P$ 时有 $b-2\varepsilon < \xi_p < b < b+2\varepsilon$, 因此, $\xi_p \to b(p \to +\infty)$.

例 3.8 设 $f(x)$ 在 $[0,1]$ 上连续, $f(x) > 0$, 证明:

(1) 存在唯一的 $a \in (0,1)$, 使得 $\int_0^a f(t)\mathrm{d}t = \int_a^1 \frac{1}{f(t)}\mathrm{d}t$.

(2) 对任意自然数 n, 存在唯一的 $x_n \in (0,1)$, 使得 $\int_{\frac{1}{n}}^{x_n} f(t)\mathrm{d}t = \int_{x_n}^1 \frac{1}{f(t)}\mathrm{d}t$,

且

$$\lim_{n \to \infty} x_n = a.$$

证 (1) 令 $F(x) = \int_0^x f(t)\mathrm{d}t - \int_x^1 \frac{1}{f(t)}\mathrm{d}t$, 则

$$F(0) = -\int_0^1 \frac{1}{f(t)}\mathrm{d}t < 0, F(1) = \int_0^1 f(t)\mathrm{d}t > 0,$$

根据连续函数的零点定理, 存在 $a \in (0,1)$, 使得 $F(a) = 0$, 即 $\displaystyle\int_0^a f(t)\mathrm{d}t = \displaystyle\int_a^1 \frac{1}{f(t)}\mathrm{d}t$. 又因 $F'(x) = f(x) + \dfrac{1}{f(x)} > 0$, 所以 $F(x)$ 在 $[0,1]$ 上严格单调递增, 故上述 a 唯一.

(2) 令 $F_n(x) = \displaystyle\int_{\frac{1}{n}}^x f(t)\mathrm{d}t - \int_x^1 \frac{1}{f(t)}\mathrm{d}t$, 则

$$F_n\left(\frac{1}{n}\right) = -\int_{\frac{1}{n}}^1 \frac{1}{f(t)}\mathrm{d}t < 0,$$

$$F_n(1) = \int_{\frac{1}{n}}^1 f(t)\mathrm{d}t > 0,$$

根据连续函数的零点定理, 存在 $x_n \in \left(\dfrac{1}{n}, 1\right)$, 使得 $F_n(x_n) = 0$, 又对任意自然数 $n, F_n'(x) = f(x) + \dfrac{1}{f(x)} > 0, F_n(x)$ 在上 $[0,1]$ 严格单调递增, 故上述 x_n 唯一. 注意到对任意自然数 n,

$$F_{n+1}(x) - F_n(x) = \int_{\frac{1}{n+1}}^{\frac{1}{n}} f(t)\mathrm{d}t > 0, \quad x \in (0,1),$$

故知 $F_n(x)$ 关于 n 严格单调递增. 于是有

$$F_n(x_n) = 0 = F_{n+1}(x_{n+1}) > F_n(x_{n+1}),$$

又 $F_n(x)$ 在 $[0,1]$ 上严格单调递增, 故有 $x_n > x_{n+1}$, 即 $\{x_n\}$ 为单调递减有界序列, 可设 $\lim\limits_{n\to\infty} x_n = b$, 因定积分是其上下限的连续函数, 对下式

$$\int_{\frac{1}{n}}^{x_n} f(t)\mathrm{d}t = \int_{x_n}^1 \frac{1}{f(t)}\mathrm{d}t.$$

取极限 $(n \to \infty)$ 得

$$\int_0^b f(t)\mathrm{d}t = \int_b^1 \frac{1}{f(t)}\mathrm{d}t.$$

再据 (1) 中 a 的唯一性得

$$\lim_{n\to\infty} x_n = b = a.$$

例 3.9 设 $f(x)$ 和 $g(x)$ 是 $[a,b]$ 上的正值连续函数. 证明:

$$\lim_{n\to\infty}\left(\int_a^b (f(x))^n g(x)\mathrm{d}x\right)^{\frac{1}{n}} = \max_{a\leqslant x\leqslant b} f(x).$$

解 因 $f(x)$ 在 $[a,b]$ 上连续, 所以在 $[a,b]$ 上有最大值 M, 不妨设

$$f(x_0) = \max_{a\leqslant x\leqslant b} f(x) = M > 0.$$

由于 $f(x)$ 在 x_0 处连续, 对 $\varepsilon > 0$, 存在 $[\alpha,\beta] \subset [a,b]$, 使当 $x \in [\alpha,\beta]$ 时 $f(x) > M - \varepsilon$, 又因为 $f(x)$ 和 $g(x)$ 为正值函数, 于是当 $x \in [\alpha,\beta]$ 时有

$$(M-\varepsilon)^n g(x) \leqslant (f(x))^n g(x) \leqslant M^n g(x),$$

$$\begin{aligned}
(M-\varepsilon)\left(\int_\alpha^\beta g(x)\mathrm{d}x\right)^{\frac{1}{n}} &\leqslant \left[\int_\alpha^\beta (f(x))^n g(x)\mathrm{d}x\right]^{\frac{1}{n}} \\
&\leqslant \left[\int_a^b (f(x))^n g(x)\mathrm{d}x\right]^{\frac{1}{n}} \\
&\leqslant \left[\int_a^b M^n g(x)\mathrm{d}x\right]^{\frac{1}{n}} \\
&= M\left[\int_a^b g(x)\mathrm{d}x\right]^{\frac{1}{n}}.
\end{aligned}$$

令 $n \to \infty$, 得

$$(M-\varepsilon) \leqslant \lim_{n\to\infty}\left[\int_a^b (f(x))^n g(x)\mathrm{d}x\right]^{\frac{1}{n}} \leqslant M.$$

由 $\varepsilon > 0$ 的任意性知

$$\lim_{n\to\infty}\left[\int_a^b (f(x))^n g(x)\mathrm{d}x\right]^{\frac{1}{n}} = M = \max_{a\leqslant x\leqslant b} f(x).$$

思考 若设 $f(x_0) = \min_{a\leqslant x\leqslant b} f(x) = m$, 由

$$m^n g(x) \leqslant (f(x))^n g(x) \leqslant (m+\varepsilon)^n g(x),\ x \in [\alpha,\beta]$$

能否类似地推出

$$\lim_{n\to\infty}\left[\int_a^b (f(x))^n g(x)\mathrm{d}x\right]^{\frac{1}{n}} = m = \min_{a\leqslant x\leqslant b} f(x)?$$

注 3.4　例 3.5 是离散情形 $\displaystyle\lim_{n\to\infty}\sqrt[n]{a_1^n + a_2^n + \cdots + a_k^n} = \max_{1\leqslant i\leqslant k}\{a_i\}$ 的连续化推广.

例 3.10　设 $f(x)$ 在任一有限区间上可积.

(1) 若 $\displaystyle\lim_{x\to+\infty} f(x) = l$, 则 $\displaystyle\lim_{x\to+\infty}\frac{1}{x}\int_0^x f(t)\mathrm{d}t = l$.

(2) 若 $f(x)$ 在 $[0, +\infty)$ 上单调递增, 则 (1) 的逆命题也成立.

证　(1) 按定义需要证明对任意 $\varepsilon > 0$, 存在 $A > 0$ 使当 $x > A$ 时有

$$\left|\frac{1}{x}\int_0^x f(t)\mathrm{d}t - l\right| = \left|\frac{1}{x}\int_0^x f(t)\mathrm{d}t - \frac{1}{x}\int_0^x l\mathrm{d}t\right| \leqslant \frac{1}{x}\int_0^x |f(t) - l|\mathrm{d}t < \varepsilon.$$

由条件知, 对 $\varepsilon > 0$, 存在 $A_0 > 0$, 使当 $x > A_0$ 时有 $|f(t) - l| < \dfrac{\varepsilon}{2}$. 此时有

$$\begin{aligned}
\frac{1}{x}\int_0^x |f(t) - l|\mathrm{d}t &= \frac{1}{x}\int_0^{A_0} |f(t) - l|\mathrm{d}t + \frac{1}{x}\int_{A_0}^x |f(t) - l|\mathrm{d}t \\
&< \frac{1}{x}\int_0^{A_0} |f(x) - l|\mathrm{d}x + \frac{\varepsilon}{2}\left(1 - \frac{A_0}{x}\right) \\
&< \frac{1}{x}\int_0^{A_0} |f(x) - l|\mathrm{d}x + \frac{\varepsilon}{2}.
\end{aligned}$$

现因 $f(x)$ 在 $[0, A_0]$ 上可积, $\displaystyle\int_0^{A_0} |f(x) - l|\mathrm{d}x$ 为常数. 故对上述 $\varepsilon > 0$, 存在 $A_1 > A_0$, 使当 $x > A_1$ 时有

$$\frac{1}{x}\int_0^{A_0} |f(x) - l|\mathrm{d}x < \frac{\varepsilon}{2}.$$

于是有

$$\left|\frac{1}{x}\int_0^x f(t)\mathrm{d}t - l\right| \leqslant \frac{1}{x}\int_0^x |f(x) - l|\mathrm{d}x < \frac{\varepsilon}{2} + \frac{\varepsilon}{2} < \varepsilon.$$

即有

$$\lim_{x\to+\infty}\frac{1}{x}\int_0^x f(t)\mathrm{d}t = l.$$

注 3.5　若假设 $f(x)$ 连续, 则用广义洛必达法则一步可得 (见例 1.6.8).

(2) 由于 $f(x)$ 在 $[0, +\infty)$ 上单调递增, 故有

$$\int_0^x f(t)\mathrm{d}t \leqslant \int_0^x f(x)\mathrm{d}t = xf(x), \quad f(x) \geqslant \frac{1}{x}\int_0^x f(t)\mathrm{d}t.$$

又有

$$f(x) = \frac{1}{x}\int_x^{2x} f(x)\mathrm{d}t \leqslant \frac{1}{x}\int_x^{2x} f(t)\mathrm{d}t = 2 \cdot \frac{1}{2x}\int_0^{2x} f(t)\mathrm{d}t - \frac{1}{x}\int_0^x f(t)\mathrm{d}t.$$

于是得

$$\frac{1}{x}\int_0^x f(t)\mathrm{d}t \leqslant f(x) \leqslant 2 \cdot \frac{1}{2x}\int_0^{2x} f(t)\mathrm{d}t - \frac{1}{x}\int_0^x f(t)\mathrm{d}t.$$

令 $x \to +\infty$, 由已知条件和夹逼准则得

$$\lim_{x \to +\infty} f(x) = l.$$

注 3.6　联系例 1.5.4(1) 可见, 此例是算术平均值的结果到积分平均值的推广.

例 3.11　设 $f(x, y)$ 在 $x^2 + y^2 < 1$ 上二阶连续可微, 且满足 $\dfrac{\partial^2 f}{\partial x^2} + \dfrac{\partial^2 f}{\partial y^2} = \mathrm{e}^{-(x^2+y^2)}$. 证明

$$\iint\limits_{x^2+y^2<1} \left(x\frac{\partial f}{\partial x} + y\frac{\partial f}{\partial y}\right)\mathrm{d}x\mathrm{d}y = \frac{\pi}{2\mathrm{e}}.$$

证 (方法一)　令 $x = r\cos\theta, y = r\sin\theta$, 则

$$\frac{\partial f}{\partial r} = \frac{\partial f}{\partial x}\cos\theta + \frac{\partial f}{\partial y}\sin\theta,$$

因此

$$r\frac{\partial f}{\partial r} = x\frac{\partial f}{\partial x} + y\frac{\partial f}{\partial y},$$

所以

$$\iint\limits_{x^2+y^2<1} \left(x\frac{\partial f}{\partial x} + y\frac{\partial f}{\partial y}\right)\mathrm{d}x\mathrm{d}y = \int_0^1 \mathrm{d}r \int_0^{2\pi} r\frac{\partial f}{\partial r} \cdot r\mathrm{d}\theta \qquad (3.1)$$

再由格林公式有

$$\int_0^{2\pi} \frac{\partial f}{\partial r} r \, \mathrm{d}\theta = \int_{x^2+y^2=r^2} \frac{\partial f}{\partial \boldsymbol{n}} \, \mathrm{d}s = \iint_{x^2+y^2\leqslant r^2} \left(\frac{\partial^2 f}{\partial x^2} + \frac{\partial^2 f}{\partial y^2} \right) \mathrm{d}x \, \mathrm{d}y$$

$$= \iint_{x^2+y^2\leqslant r^2} \mathrm{e}^{-(x^2+y^2)} \mathrm{d}x \, \mathrm{d}y = \int_0^{2\pi} \mathrm{d}\theta \int_0^r t\mathrm{e}^{-t^2} \, \mathrm{d}t = \pi \left(1 - \mathrm{e}^{-r^2} \right)$$

$$(0 < r < 1).$$

把所得结果代入 (3.1) 式得到

$$\iint_{x^2+y^2<1} \left(x\frac{\partial f}{\partial x} + y\frac{\partial f}{\partial y} \right) \mathrm{d}x\mathrm{d}y = \int_0^1 \pi(1 - \mathrm{e}^{-r^2})r\mathrm{d}r = \frac{\pi}{2} + \frac{\pi}{2}(\mathrm{e}^{-1} - 1) = \frac{\pi}{2\mathrm{e}}.$$

(方法二) 利用广义格林公式

$$\int_{c_r} v\frac{\partial u}{\partial \boldsymbol{n}}\mathrm{d}s = \iint_{\Delta_r} \left(\frac{\partial u}{\partial x}\frac{\partial v}{\partial x} + \frac{\partial u}{\partial y}\frac{\partial v}{\partial y} \right) \mathrm{d}x\mathrm{d}y + \iint_{\Delta_r} v \left(\frac{\partial^2 u}{\partial x^2} + \frac{\partial^2 u}{\partial y^2} \right) \mathrm{d}x\mathrm{d}y,$$

其中 c_r, Δ_r 分别表示圆周 $x^2+y^2=r^2$ 和圆盘 $x^2+y^2 \leqslant r^2 (0 < r < 1)$.

现取 $u(x,y) = f(x,y)$, $v(x,y) = \frac{1}{2}(x^2+y^2)$, 则

$$\iint_{\Delta_r} \left(x\frac{\partial f}{\partial x} + y\frac{\partial f}{\partial y} \right) \mathrm{d}x\mathrm{d}y$$

$$= \lim_{r\to 1} \iint_{\Delta_r} \left(x\frac{\partial f}{\partial x} + y\frac{\partial f}{\partial y} \right) \mathrm{d}x\mathrm{d}y$$

$$= \lim_{r\to 1} \left[\int_{c_r} \frac{x^2+y^2}{2}\frac{\partial f}{\partial \boldsymbol{n}}\mathrm{d}s - \iint_{\Delta_r} \frac{x^2+y^2}{2} \left(\frac{\partial^2 f}{\partial x^2} + \frac{\partial^2 f}{\partial y^2} \right) \mathrm{d}x\mathrm{d}y \right]$$

$$= \lim_{r\to 1} \left[\frac{r^2}{2} \int_{c_r} \frac{\partial f}{\partial \boldsymbol{n}}\mathrm{d}s - \iint_{\Delta_r} \frac{x^2+y^2}{2} \cdot \mathrm{e}^{-(x^2+y^2)}\mathrm{d}x\mathrm{d}y \right]$$

$$= \lim_{r\to 1} \left[\frac{1}{2} \iint_{\Delta_r} \left(\frac{\partial^2 f}{\partial x^2} + \frac{\partial^2 f}{\partial y^2} \right) \mathrm{d}x\mathrm{d}y - \int_0^{2\pi} \mathrm{d}\theta \int_0^1 \frac{t^2}{2}\mathrm{e}^{-t^2} \cdot t\mathrm{d}t \right]$$

$$= \frac{1}{2} \int_0^{2\pi} \mathrm{d}\theta \int_0^1 \mathrm{e}^{-t^2} \cdot t\mathrm{d}t - \int_0^{2\pi} \mathrm{d}\theta \int_0^1 \frac{t^3}{2}\mathrm{e}^{-t^2}\mathrm{d}t = \frac{\pi}{2\mathrm{e}}.$$

(方法三) 由方法一可知, 若 $f(x, y)$ 是调和函数, 即 $\dfrac{\partial^2 f}{\partial x^2} + \dfrac{\partial^2 f}{\partial y^2} = 0$, 则积分

$$\iint\limits_{x^2+y^2<1} \left(x\frac{\partial f}{\partial x} + y\frac{\partial f}{\partial y} \right) \mathrm{d}x\mathrm{d}y = 0.$$

所以只需找一特解即可. 设要找的解为

$$f(x, y) = f(\sqrt{x^2 + y^2}) = f(r),$$

则

$$\frac{\partial f}{\partial x} = f'(r)\frac{x}{r}, \quad \frac{\partial^2 f}{\partial x^2} = f''(r)\frac{x^2}{r^2} + f'(r)\frac{1}{r} - f'(r)\frac{x^2}{r^3}.$$

同理

$$\frac{\partial^2 f}{\partial y^2} = f''(r)\frac{y^2}{r^2} + f'(r)\frac{1}{r} - f'(r)\frac{y^2}{r^3}.$$

把结果代入 $f(x)$ 满足的方程, 得

$$f''(r) + f'(r)\frac{1}{r} = \mathrm{e}^{-r^2} \quad \text{或} \quad \frac{\mathrm{d}}{\mathrm{d}r}\left(r\frac{\mathrm{d}f}{\mathrm{d}r} \right) = r\mathrm{e}^{-r^2}.$$

积分得 $r\dfrac{\mathrm{d}f}{\mathrm{d}r} = -\dfrac{1}{2}\mathrm{e}^{-r^2} + C.$ 为了保证函数的连续性要求, 常数 C 必须取 1/2, 于是得 $r\dfrac{\mathrm{d}f}{\mathrm{d}r} = \dfrac{1}{2}(1 - \mathrm{e}^{-r^2}).$ 因此有

$$\iint\limits_{x^2+y^2<1} \left(x\frac{\partial f}{\partial x} + y\frac{\partial f}{\partial y} \right) \mathrm{d}x\mathrm{d}y = \int_0^{2\pi} \mathrm{d}\theta \int_0^1 \frac{1}{2}(1 - \mathrm{e}^{-r^2}) \cdot r\mathrm{d}r = \frac{\pi}{2\mathrm{e}}.$$

习 题 3

....

1. 设 $f(x)$ 在 $[0, 1]$ 上连续可导, 且 $f(x) \geqslant 0$, $f'(x) \leqslant 0$. 若 $F(x) = \displaystyle\int_0^x f(t)\mathrm{d}t$, 试用三种方法证明: $xF(1) \leqslant F(x) \leqslant 2\displaystyle\int_0^1 F(t)\mathrm{d}t$, $x \in (0, 1)$.

2. 设 $f(x)$ 在 $[0, 1]$ 上连续, 在 $(0, 1)$ 内可导. 证明:

(1) 若 $f(0) = f(1), |f'(x)| < 1$, 则对任意 $x_1, x_2 \in (0, 1)$, 有 $|f(x_1) - f(x_2)| < \dfrac{1}{2}$;

(2) 若 $f(0) = f(1) = 0$, 则对任意 $x_0 \in (0, 1)$, 存在 $\xi \in (0, 1)$, 使得 $f'(\xi) = f(x_0)$.

3. 设 $f(x)$ 是 $(-\infty,+\infty)$ 上以 $T > 0$ 为周期的连续周期函数.

证明: (1) $f(x)$ 在 $(-\infty,+\infty)$ 上一致连续;

(2) $\lim\limits_{x \to +\infty} \dfrac{1}{x} \displaystyle\int_0^x f(t)\mathrm{d}t = \dfrac{1}{T} \displaystyle\int_0^T f(t)\mathrm{d}t$.

4. 设 $f(x)$ 在 $(-\infty,+\infty)$ 上二次可微连续, 并满足

(1) $f(x) \leqslant f''(x)$;

(2) $\lim\limits_{x \to \pm\infty} \mathrm{e}^{-|x|} f(x) = 0$.

证明: $f(x) \leqslant 0$, $x \in (-\infty,+\infty)$.

5. 设函数 $f(x)$ 在 $[0,1]$ 上连续, 在 $(0,1)$ 上二阶可导, $f(0)f(1) > 0$, 且对 $x \in (0,1)$, 有 $f''(x) > 0$, $\displaystyle\int_0^1 f(x)\mathrm{d}x = 0$. 证明:

(1) $f(x)$ 在 $(0,1)$ 内恰有两个零点;

(2) 至少存在一点 $\xi \in (0,1)$, 使得 $f'(\xi) = \displaystyle\int_0^\xi f(t)\mathrm{d}t$.

6. 设 $a_i > 0, \lambda_i > 0, i = 1, 2, \cdots, n, \sum\limits_{i=1}^n \lambda_i = 1$. 令 $f(x) = \left(\sum\limits_{i=1}^n \lambda_i a_i^x \right)^{1/x}$. 证明:

(1) $\lim\limits_{x \to 0} f(x) = \sqrt[n]{a_1 a_2 \cdots a_n}$;

(2) $\lim\limits_{x \to +\infty} f(x) = \max\{a_1, a_2, \cdots a_n\}$;

(3) $f(x)$ 是 x 的单调递增函数, $n > 1$, 诸 a_i 不全相等时是 x 的严格单调递增函数.

7. 设 $f(x)$ 在 $(-\infty,+\infty)$ 上一致连续, 证明: 对任一在 $(-\infty,+\infty)$ 上一致连续的函数 $g(x)$, 乘积 $f(x) \cdot g(x)$ 在 $(-\infty,+\infty)$ 上一致连续的充要条件是 $|x|\,f(x)$ 在 $(-\infty,+\infty)$ 上一致连续.

8. 求下列极限:

(1) $\lim\limits_{n \to \infty} \displaystyle\int_0^{\frac{\pi}{2}} \mathrm{e}^x \cos^n x\mathrm{d}x$;

(2) $\lim\limits_{n \to \infty} \displaystyle\int_0^1 \dfrac{nf(x)}{1 + n^2 x^2}\mathrm{d}x$　($f(x)$ 在 $[0,1]$ 上连续).

9. 设函数 $f(x)$ 在 $(-\infty,+\infty)$ 上有二阶连续导数, 且有

$$M_0 = \int_{-\infty}^{+\infty} |f(x)|\mathrm{d}x < +\infty,\quad M = \int_{-\infty}^{+\infty} |f''(x)|\mathrm{d}x < +\infty.$$

证明: (1) $M_1 = \displaystyle\int_{-\infty}^{+\infty} |f'(x)|\mathrm{d}x < +\infty$;

(2) $M_1^2 \leqslant 4M_0 M_2$.

4　应　用　题

看似枯燥的数学知识, 实际上与丰富多彩的现实世界之间常有十分密切的联系. 微积分伴随着物理学、天文学和几何学的发展而形成, 它为解决这些领域中的

实际问题发挥了巨大作用, 其应用十分广泛. 本节选取了十多道鲜活有趣的微积分应用实例, 让学生体验微积分的魅力、活力、威力以及学数学、用数学的乐趣, 希望能对培养学生的数学应用意识和数学应用能力、增强其分析问题和解决问题的能力有所帮助.

例 4.1 四条腿的方凳在起伏不平的地面上能否四脚同时着地? 假定地面是连续曲面.

解 因为地面是一个连续曲面, 故地面没有台阶或裂口等情况. 假定凳子是正方形的, 它的四条腿长都相等, 并记凳子的四脚分别为 A, B, C, D, 正方形 $ABCD$ 的中心点为 O, 以 O 为原点建立坐标系如图 1 所示.

当我们将凳子绕 O 点转动时, 用对角线 AC 与 x 轴的夹角 θ 来表示凳子的位置.

记 A, C 两脚与地面距离之和为 $f(\theta)$, B, D 两脚与地面距离之和为 $g(\theta)$. 容易知道, 它的四脚同时着地的充要条件是 $f(\theta) = g(\theta)$, 当然此时这个正方形平面不一定与水平面平行.

另一方面, 根据正方形具有的旋转对称性可知, 对于任意的 θ 有

$$f\left(\theta + \frac{\pi}{2}\right) = g(\theta), \quad g\left(\theta + \frac{\pi}{2}\right) = f(\theta).$$

作辅助函数 $\varphi(\theta) = f(\theta) - g(\theta)$, 则 $\varphi(\theta)$ 在区间 $\left[0, \frac{\pi}{2}\right]$ 上连续, 且有

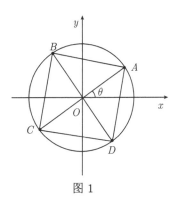

图 1

$$\varphi(0)\varphi\left(\frac{\pi}{2}\right) = [f(0) - g(0)]\left[f\left(\frac{\pi}{2}\right) - g\left(\frac{\pi}{2}\right)\right]$$

$$= [f(0) - g(0)][g(0) - f(0)]$$

$$= -[f(0) - g(0)]^2 \leqslant 0.$$

根据闭区间上连续函数的零点定理可知, 存在 $\xi \in \left[0, \frac{\pi}{2}\right]$, 使 $\varphi(\xi) = 0$, 即 $f(\xi) = g(\xi)$, 这说明了只要转动适当的角度, 总能使方凳四脚同时着地.

例 4.2 设有一表面光滑的橄榄球, 其表面形状是由长半轴为 6, 短半轴为 3 的椭圆绕其长轴旋转而成的旋转椭球面. 在无风的细雨天, 将该球置于室外草坪上, 使长轴在水平位置, 求雨水从橄榄球上流下的路线方程.

解 由题设, 椭球面方程为 (取长轴为 y 轴) $\dfrac{x^2}{9} + \dfrac{y^2}{36} + \dfrac{z^2}{9} = 1$. 由于雨水会沿着 z 下降最快的方向下流, 此方向就是使 z 的方向导数取得最小值的方向, 即

为 $-\mathrm{grad}z = -\left\{ \dfrac{\partial z}{\partial x}, \dfrac{\partial z}{\partial y} \right\}$ 方向. 设雨水流下的曲线为 L, L 在 xOy 平面上的投

影曲线 L_{xy} 的方程为 $f(x, y) = 0$, 则 L_{xy} 的切向量 $\{\mathrm{d}x, \mathrm{d}y\}$ 应与 $-\mathrm{grad}z$ 平行,

故 $\dfrac{\mathrm{d}x}{-\dfrac{\partial z}{\partial x}} = \dfrac{\mathrm{d}y}{-\dfrac{\partial z}{\partial y}}$.

　　设 $F(x, y, z) = \dfrac{x^2}{9} + \dfrac{y^2}{36} + \dfrac{z^2}{9} - 1$, 则 $\dfrac{\partial z}{\partial x} = -\dfrac{F_x'}{F_z'} = -\dfrac{x}{z}, \dfrac{\partial z}{\partial y} = -\dfrac{F_y'}{F_z'} = -\dfrac{y}{4z}$.

因此有 $\dfrac{\mathrm{d}x}{\dfrac{x}{z}} = \dfrac{\mathrm{d}y}{\dfrac{y}{4z}}$, 即 $\dfrac{\mathrm{d}x}{x} = \dfrac{4\mathrm{d}y}{y}$. 解得 $x = Cy^4$ (C 可以由雨滴的初始位置确定).

因此, 所求曲线方程为 $\begin{cases} \dfrac{x^2}{9} + \dfrac{y^2}{36} + \dfrac{z^2}{9} = 1, \\ x = Cy^4. \end{cases}$

例 4.3　设有一座小山, 取它的底面所在的平面为 xOy 坐标平面, 其底部所占的区域为 $D = \left\{ (x, y) \,\middle|\, x^2 + y^2 - xy \leqslant 75 \right\}$, 小山的高度函数为 $h(x, y) = 75 - x^2 - y^2 + xy$.

(1) 设 $M(x_0, y_0)$ 为区域 D 上一点, 问 $h(x, y)$ 在该点沿什么方向的方向导数最大? 若记此方向导数的最大值为 $g(x_0, y_0)$, 试写出 $g(x_0, y_0)$ 的表达式.

(2) 现欲利用小山开展攀岩活动, 为此需要在山脚寻找一坡度最陡的点作为攀登的起点, 即要在 D 的边界线 $x^2 + y^2 - xy = 75$ 上找出使 (1) 中的 $g(x, y)$ 达到最大值的点. 试确定攀登起点的位置.

解 (方法一)　(1) 高度函数 $h(x, y)$ 在点 $M(x_0, y_0)$ 处的梯度为

$$\mathrm{grad}h(x, y)\big|_{(x_0, y_0)} = (y_0 - 2x_0)\boldsymbol{i} + (x_0 - 2y_0)\boldsymbol{j}.$$

由梯度的几何意义知, 沿此梯度方向, 高度函数 $h(x, y)$ 的方向导数取最大值, 并且这个最大值就是此梯度的模. 于是

$$g(x_0, y_0) = \sqrt{(y_0 - 2x_0)^2 + (x_0 - 2y_0)^2} = \sqrt{5x_0^2 + 5y_0^2 - 8x_0y_0}.$$

(2) 令 $f(x, y) = g^2(x, y) = 5x^2 + 5y^2 - 8xy$, 依题意, 只需求二元函数 $f(x, y)$ 在约束条件 $x^2 + y^2 - xy = 75$ 下的最大值点. 作拉格朗日函数 $L(x, y, \lambda) = 5x^2 + 5y^2 - 8xy + \lambda(x^2 + y^2 - xy - 75)$, 令

$$L_x' = 10x - 8y + \lambda(2x - y) = 0, \tag{4.1}$$

$$L'_y = 10y - 8x + \lambda(2y - x) = 0, \tag{4.2}$$

$$L'_\lambda = x^2 + y^2 - xy - 75 = 0. \tag{4.3}$$

把式 (4.1) 与式 (4.2) 相加, 得

$$10(x + y) - 8(x + y) + \lambda(x + y) = 0,$$

即 $(x + y)(\lambda + 2) = 0$. 由此得 $x + y = 0$, 或 $\lambda = -2$.

当 $y = -x$ 时, 由式 (4.3) 得 $x = \pm 5, y = \mp 5$.

当 $\lambda = -2$ 时, 由式 (4.1) 得 $y = x$, 再由式 (4.3) 得

$$x = \pm 5\sqrt{3}, \quad y = \pm 5\sqrt{3}.$$

于是得到四个可能的极值点

$$M_1(5, -5), \quad M_2(-5, 5), \quad M_3(5\sqrt{3}, 5\sqrt{3}), \quad M_4(-5\sqrt{3}, -5\sqrt{3}).$$

又 $f(M_1) = f(M_2) = 450, f(M_3) = f(M_4) = 150$, 故 M_1, M_2 可作为攀登起点.

(方法二) 把山看作曲面, 山在某一处坡度的大小就是曲面在该处的切平面与水平面的夹角的大小, 也就是切平面的法线与 z 轴的夹角 (锐角) 的大小. 山形成的曲面 $z = h(x, y)$ 在点 $M(x, y)$ 处的法向量是 $\{h'_x, h'_y, -1\}$, 设它与 z 轴的夹角 (锐角) 为 θ, 则有

$$\cos\theta = \frac{1}{\sqrt{1 + (h'_x)^2 + (h'_y)^2}} = \frac{1}{\sqrt{1 + (y - 2x)^2 + (x - 2y)^2}} = \frac{1}{\sqrt{1 + 5x^2 + 5y^2 - 8xy}}.$$

由此可见, 为了要在 D 的边界曲线 $x^2 + y^2 - xy = 75$ 上找出使 θ 最大的点, 只要使 $\cos\theta$ 最小, 即只要二元函数 $5x^2 + 5y^2 - 8xy$ 在条件 $x^2 + y^2 - xy = 75$ 下达到最大值. 以下同解 1.

例 4.4 某企业在国内、外市场上出售同一种产品, 两个市场的需求函数分别是

$$P_1 = 18 - 2Q_1, \quad P_2 = 12 - Q_2,$$

其中 P_1, P_2 分别表示该产品在两个市场上的销售价格 (万元/吨), Q_1、Q_2 分别表示该产品在两个市场上的销售量. 设生产该产品所需固定成本为 5 万元, 而可变成本为 2 万元/吨.

(1) 若该企业实行价格有差别的销售策略, 试问: 为使该企业获得最大利润, 应该如何定价?

(2) 若该企业实行价格无差别的销售策略, 试问: 为使该企业获得最大利润, 应该如何定价?

解 (1) 记 R 为收益, C 为成本, L 为利润, 由题意可得

$$R = P_1 Q_1 + P_2 Q_2 = 18Q_1 + 12Q_2 - 2Q_1^2 - Q_2^2,$$

$$C = 2(Q_1 + Q_2) + 5,$$

从而得到目标函数为

$$L = R - C = 16Q_1 + 10Q_2 - 2Q_1^2 - Q_2^2 - 5,$$

令

$$\frac{\partial L}{\partial Q_1} = 16 - 4Q_1 = 0, \quad \frac{\partial L}{\partial Q_2} = 10 - 2Q_2 = 0.$$

可解得目标函数的唯一驻点 $Q_1 = 4, Q_2 = 5$. 对应地有 $P_1 = 10$(万元/吨), $P_2 = 7$(万元/吨).

由于驻点唯一, 且实际问题确有最大值, 故此驻点必是最大值点, 此时

$$L_{\max} = 52(万元).$$

(2) 若该企业实行价格无差别的销售策略, 则有 $P_1 = P_2$, 从而可得 $Q_2 = 2Q_1 - 6$, 对应的目标函数为

$$L = 60Q_1 - 6Q_1^2 - 101,$$

令 $\dfrac{\mathrm{d}L}{\mathrm{d}Q_1} = 60 - 12Q_1 = 0$, 可得目标函数的唯一驻点 $Q_1 = 5$, 对应地有 $Q_2 = 4$,

$P_1 = P_2 = 8$(万元/吨). 由于 $\dfrac{\mathrm{d}^2 L}{\mathrm{d}Q_1^2} = -12 < 0$, 故所求驻点必为最大值点, 从而有

$$L_{\max} = 60 \times 5 - 6 \times 5^2 - 101 = 49(万元).$$

例 4.5 设银行存款的年利率为 $r = 0.05$, 并依年复利计算, 某基金会希望通过存款 A 万元实现第一年提取 19 万元, 第二年提取 28 万元, $\cdots$, 第 n 年提取 $(10 + 9n)$ 万元, 并能按此规律一直取下去, 问 A 至少为多少万元?

解 设 A_n 为用于第 n 年提取 $(10 + 9n)$ 万元的贴现值, 则

$$A_n = (1 + r)^{-n}(10 + 9n),$$

故

$$A = \sum_{n=1}^{\infty} A_n = \sum_{n=1}^{\infty} \frac{10 + 9n}{(1 + r)^n} = 10 \sum_{n=1}^{\infty} \frac{1}{(1 + r)^n} + \sum_{n=1}^{\infty} \frac{9n}{(1 + r)^n} = 200 + 9 \sum_{n=1}^{\infty} \frac{n}{(1 + r)^n}.$$

设 $S(x) = \sum_{n=1}^{\infty} nx^n, x \in (-1,1)$, 因为 $S(x) = x\left(\sum_{n=1}^{\infty} x^n\right)' = x\left(\dfrac{x}{1-x}\right)' = \dfrac{x}{(1-x)^2}, x \in (-1,1)$, 所以 $S\left(\dfrac{1}{1+r}\right) = S\left(\dfrac{1}{1.05}\right) = 420$(万元). 故 $A = 200 + 9 \times 420 = 3980$(万元).

注 4.1 从经济学角度出发, 现在收到 100 元钱和 10 年后收到 100 元钱在实际价值上是不同的, 如果现在收到 100 元钱, 则可以存入银行得利息, 也可以进行投资得利润. 所以, 在经济学中, 资金的价值随时间而变化. 如果资金的现在价值是 Q, 则 n 年后它的价值 P 将变成 $P = Q(1+r)^n$, 其中 r 是年利率. 反之, n 年后的资金值 P 相当于现在的资金值 $Q = P(1+r)^{-n}$, 并称 Q 为将来资金值 P 的现值. 在计算现值时, 需要考虑今后若干年的利率 r, 由于利率是经常变化的, 为了计算方便, 就需要算出今后若干年的平均利率, 称为贴现率.

例 4.6 建造一座钢桥, 费用为 380000 元, 每隔 10 年需油漆一次, 每次费用 40000 元, 桥的期望寿命为 40 年. 建造一座木桥的费用为 200000 元, 期望寿命是 15 年, 每隔两年需油漆一次, 每次费用 20000 元, 以贴现率 10% 计算, 比较哪一种桥更经济? (建桥费中不包括油漆费.)

解 把桥梁作为永久性设施, 则钢桥的建桥费用的总现值是

$$U_1 = 38 + 38 \times 1.1^{-40} + 38 \times 1.1^{-80} + \cdots = \frac{38}{1 - 1.1^{-40}} = 38.859(\text{万元}).$$

油漆费用的总现值是

$$U_2 = 4 + 4 \times 1.1^{-10} + 4 \times 1.1^{-20} + \cdots = \frac{4}{1 - 1.1^{-10}} = 6.510(\text{万元}).$$

所以钢桥的总投资是

$$U = U_1 + U_2 = 38.859 + 6.510 = 45.369(\text{万元}).$$

木桥的建桥费用总现值是

$$V_1 = 20 + 20 \times 1.1^{-15} + 20 \times 1.1^{-30} + \cdots = \frac{20}{1 - 1.1^{-15}} = 26.295(\text{万元}).$$

油漆费用的现值是

$$V_2 = 2 + 2 \times 1.1^{-2} + 2 \times 1.1^{-4} + \cdots = \frac{2}{1 - 1.1^{-2}} = 11.524(\text{万元}).$$

木桥的总投资是

$$V = V_1 + V_2 = 26.295 + 11.524 = 37.819(\text{万元}).$$

由 $U > V$, 可知从经济性考虑, 建木桥更为节省.

注 4.2　有些投资方案与寿命有关, 寿命不同则很难比较一次投资的现值或终值, 遇到这种情况, 可以把投资对象设想成永久性的设施, 也就是假设寿命无穷大, 用无穷递减等比数列来求总投资的现值. 例如, 在某处需建一座水泥桥, 期望寿命为 20 年, 花费 30 万元, 桥梁是永久性设施, 因此可以认为过 20 年就需投资 30 万元, 直到永远. 这样, 假定贴现率是 10%, 这座水泥桥的投资总额是

$$P = 30 + 30 \times (1 + 10\%)^{-20} + 30 \times (1 + 10\%)^{-40} + \cdots$$

$$= 30 + 30 \times 1.1^{-20} + 30 \times 1.1^{-40} + \cdots,$$

显然这是首项 30, 公比 $r = 1.1^{-20}$ 的等比数列的和, 故有

$$P = \frac{30}{1 - 1.1^{-20}} = 35.24,$$

因此投资总额的现值是 35.24 万元.

例 4.7　某种飞机在机场降落时, 为了减少滑行距离, 在触地的瞬间, 飞机尾部张开减速伞, 以增大阻力, 使飞机迅速减速及停下. 现有一质量为 9000kg 的飞机, 着陆时的水平速度为 700km/h. 经测试, 减速伞打开后, 飞机所受的总阻力与飞机的速度成正比 (比例系数为 $k = 6.0 \times 10^6$). 问: 从着陆点算起, 飞机滑行的最长距离是多少?

解　由题设, 飞机的质量为 $m = 9000$kg, 着陆时的水平速度为 $v_0 = 700$km/h. 从飞机接触跑道开始计时, 设 t 时刻飞机的滑行距离为 $x(t)$, 速度为 $v(t)$.

(方法一)　根据牛顿第二定律, 得 $m\dfrac{\mathrm{d}v}{\mathrm{d}t} = -kv$. 又 $\dfrac{\mathrm{d}v}{\mathrm{d}t} = \dfrac{\mathrm{d}v}{\mathrm{d}x} \cdot \dfrac{\mathrm{d}x}{\mathrm{d}t} = v\dfrac{\mathrm{d}v}{\mathrm{d}x}$, 由以上两式, 得 $\mathrm{d}x = -\dfrac{m}{k}\mathrm{d}v$, 积分得 $x(t) = -\dfrac{m}{k}v + C$. 由于 $v(0) = v_0, x(0) = 0$, 故得 $C = \dfrac{m}{k}v_0$, 从而 $x(t) = \dfrac{m}{k}(v_0 - v(t))$. 当 $v(t) \to 0$ 时, $x(t) \to \dfrac{mv_0}{k} = \dfrac{9000 \times 700}{6.0 \times 10^6} = 1.05$(km). 所以, 飞机滑行的最长距离为 1.05km.

(方法二)　根据牛顿第二定律, 得 $m\dfrac{\mathrm{d}v}{\mathrm{d}t} = -kv$. 所以 $\dfrac{\mathrm{d}v}{v} = -\dfrac{k}{m}\mathrm{d}t$. 两端积分得通解 $v = C\mathrm{e}^{-\frac{k}{m}t}$, 代入初始条件 $v|_{t=0} = v_0$, 解得 $C = v_0$, 故 $v = v_0\mathrm{e}^{-\frac{k}{m}t}$. 飞机滑行的最长距离为

$$x = \int_0^{+\infty} v(t)\mathrm{d}t = -\frac{mv_0}{k}\mathrm{e}^{-\frac{k}{m}t}\bigg|_0^{+\infty} = \frac{mv_0}{k} = 1.05(\mathrm{km}).$$

例 4.8 有一平底容器, 其内侧壁是曲线 $x = \varphi(y)$ 绕 y 轴旋转而成的旋转曲面 (见图 2), 容器的底面圆的半径为 2m. 根据设计要求, 当以 $3\mathrm{m}^3/\min$ 的速率向容器内注入液体时, 液面的面积将以 $\pi\mathrm{m}^2/\min$ 的速率均匀扩大 (假设注入液体前, 容器内无液体).

(1) 根据 t 时刻液面的面积, 写出 t 与 $\varphi(y)$ 之间的关系式;

(2) 求曲线 $x = \varphi(y)$ 的方程.

解 (1) 设在 t 时刻, 液面的高度为 y, 由题设知此时液面的面积为 $\pi\varphi^2(y) = 4\pi + \pi t$, 从而 $t = \varphi^2(y) - 4$.

(2) 液面的高度为 y 时, 液体的体积为

$$\pi \int_0^y \varphi^2(u)\mathrm{d}u = 3t = 3\varphi^2(y) - 12. \tag{4.4}$$

式 (4.4) 两边对 y 求导, 得

$$\pi\varphi^2(y) = 6\varphi(y)\varphi'(y),$$

即 $\pi\varphi(y) = 6\varphi'(y)$. 解此方程得 $\varphi(y) = C\mathrm{e}^{\frac{\pi}{6}y}$, 其中 C 是任意常数. 由 $\varphi(0) = 2$, 得 $C = 2$, 故所求曲线方程为 $x = 2\mathrm{e}^{\frac{\pi}{6}y}$.

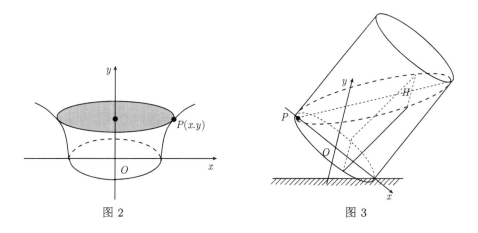

图 2   图 3

例 4.9 有一个底半径为 R、高为 H 的无盖圆柱形容器. 现发现其底面圆的边缘上有一小洞, 于是只能将此容器倾斜放置, 才能盛放液体 (图 3). 求倾斜放置后容器的最大容积.

解 取底面中心为坐标原点, 过小洞 P 和支撑点的直线为 x 轴, 再配置相应的 y 轴建立坐标系, 如图 3. 此时 y 轴必与水面平行.

设液面与底面夹角为 α, 则 $\tan\alpha = \dfrac{H}{2R}$. 在 $[-R, R]$ 上任取一点 x, 过此点作垂直于 x 轴的平面, 它与液体的截面是一个长方形, 其底长和高分别是

$$l = 2y = 2\sqrt{R^2 - x^2}$$

和

$$h = (x + R)\tan\alpha = \frac{H}{2R}(x + R),$$

其面积为

$$A(x) = lh = \frac{H}{R}(x + R)\sqrt{R^2 - x^2},$$

所以

$$
\begin{aligned}
V &= \int_{-R}^{R} A(x)\mathrm{d}x = \frac{H}{R}\int_{-R}^{R}(x + R)\sqrt{R^2 - x^2}\mathrm{d}x \\
&= HR^2 \int_{-\frac{\pi}{2}}^{\frac{\pi}{2}}(1 + \sin t)\cos^2 t\mathrm{d}t \quad (\text{令 } x = R\sin t) \\
&= 2HR^2 \int_{0}^{\frac{\pi}{2}} \cos^2 t\mathrm{d}t = \frac{1}{2}\pi R^2 H.
\end{aligned}
$$

例 4.10　打地基时, 需用汽锤将圆柱形的水泥桩打入土中, 设汽锤每次击打所作的功相等, 且桩进入土层时所受之阻力与水泥桩进入土层的深度成正比. 已知汽锤第一次击打, 将水泥桩击入土层的深度为 1 m. 问第二次又能将水泥桩再击入多深? 第 n 次呢?

解　因为水泥桩进入到泥土中的深度为 x 时, 所遇到的阻力为 $F(x) = \mu x$, 水泥桩在泥土中的深度由 x 变为 $x + \mathrm{d}x$ 时, 进程中的功元素为 $\mathrm{d}W = F(x)\mathrm{d}x = \mu x\mathrm{d}x$.

(1) 所以有

$$W_1 = \int_0^1 \mu x\mathrm{d}x, \quad W_2 = \int_1^{1+h} \mu x\mathrm{d}x,$$

由 $W_1 = W_2$, 即 $\dfrac{\mu}{2} = \dfrac{\mu}{2}[(1 + h)^2 - 1]$, 可解得

$$\delta_2 = h = \sqrt{2} - 1,$$

即第二次击打时, 又可将水泥桩再击入 $\delta_2 = (\sqrt{2} - 1)$m.

(2) 由 (1) 可知水泥桩经一次击打, 可击入泥土中 $H_1 = 1$ m 深, 经二次击打后能将水泥桩击入 $H_2 = \sqrt{2}$ m 深.

由此可猜测似应有关系式 $H_n = \sqrt{n}$, 下面用数学归纳法来证明:

设经过 k 次撞击, 能将水泥桩击入的总深度为 $H_k = \sqrt{k}$, 而经过 $k+1$ 次击打能将水泥桩击入的总深度为 H_{k+1}, 可从关系式

$$W_1 = W_{k+1}, \text{即} \ \frac{\mu}{2} = \int_{H_k}^{H_{1+k}} \mu x \mathrm{d}x$$

中得到, 即

$$H_{k+1}^2 - H_k^2 = 1 \Rightarrow H_{k+1}^2 - k = 1,$$

所以有

$$H_{k+1} = \sqrt{k+1}.$$

这就证实了 $H_n = \sqrt{n}$. 即在第 n 次击打时, 又能将水泥桩再击入的深度为

$$\delta_n = \sqrt{n} - \sqrt{n-1}(\mathrm{m}).$$

例 4.11 有一容器开口向上, 其侧壁是由抛物线绕其铅直向上的中心轴旋转而成旋转曲面, 当匀速向容器内注入水时, 试证明水面升高的速度与当时液面的高度成反比.

证 这是一个相关变化率问题, 首先必须求出在液面高度为 h 时, 容器内液体的体积 V 与 h 的函数关系.

设抛物线的顶点为坐标原点, 铅直向上的中心轴为 y 轴, 得到对应的 x 轴, 建立坐标系 (如图 4 所示), 则侧壁截线的方程为

$$x^2 = 2py, \quad p > 0,$$

从而可知

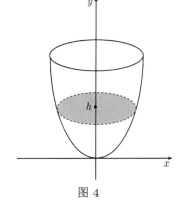

图 4

$$V = \pi \int_0^h x^2 \mathrm{d}y = \pi \int_0^h 2py \mathrm{d}y = \pi p h^2,$$

所以有

$$\frac{\mathrm{d}V}{\mathrm{d}t} = \frac{\mathrm{d}V}{\mathrm{d}h} \cdot \frac{\mathrm{d}h}{\mathrm{d}t} = 2\pi p h \frac{\mathrm{d}h}{\mathrm{d}t}.$$

由于注水速度为常数, 即 $\dfrac{\mathrm{d}V}{\mathrm{d}t} \equiv C$, 于是

$$\frac{\mathrm{d}h}{\mathrm{d}t} = \frac{1}{2\pi ph} \cdot \frac{\mathrm{d}V}{\mathrm{d}t} = \frac{C}{2\pi p} \cdot \frac{1}{h},$$

其中 $\dfrac{C}{2\pi p}$ 是常数, 这就证明了液面升高的速度与当时的液面高度成反比.

注 4.3　对于不同形状的容器内液面升高的速度与当时的液面高度并不总成反比.

例 4.12(阿基米德 (Archimedes) 浮力定理)　试证明物体在水中所受的浮力等于物体排开水的重力.

分析　在证明本定理的时候, 为了建立比较简洁的曲面积分数学模型, 并能方便地使用高斯公式, 我们可作如下合理假设: (1) 物体 Ω 的表面 Σ 是一个光滑的闭曲面; (2) 物体 Ω 全部浸没在水中.

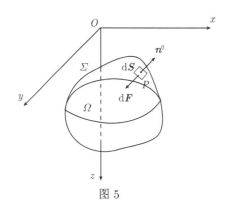

图 5

证　在水平面上建立 xOy 坐标面, 铅直向下为 z 轴 (图 5), 设物体 Ω 的表面 Σ 是一个光滑的闭曲面, 其方程为

$$F(x, y, z) = 0,$$

在曲面 Σ 上任取一包含点 $P(x, y, z)$ 的面积元素 $\mathrm{d}S$, Σ 在点 P 处的单位外法向量为 $\boldsymbol{n}^0$. 由于在点 P 处的水压强为 $\rho g z$, 所以作用在 $\mathrm{d}S$ 上的压力元素为 $\mathrm{d}\boldsymbol{F} = \rho g z \mathrm{d}\boldsymbol{S}$. 由于压力是一个向量, 所以有表达式

$$\mathrm{d}\boldsymbol{F} = \mathrm{d}F \cdot (-\boldsymbol{n}^0) = -\rho g z \boldsymbol{n}^0 \mathrm{d}S = -\rho g z \mathrm{d}\boldsymbol{S},$$

从而有

$$\boldsymbol{F} = -\oiint\limits_{\Sigma} \rho g z \mathrm{d}\boldsymbol{S}.$$

利用高斯公式, 我们可以求出它在 x 方向的分力为

$$F_x = \boldsymbol{i} \cdot \boldsymbol{F} = -\oiint\limits_{\Sigma} \rho g z \{1, 0, 0\} \cdot \{\mathrm{d}y\mathrm{d}z, \mathrm{d}z\mathrm{d}x, \mathrm{d}x\mathrm{d}y\}$$

$$= -\oiint\limits_{\Sigma} \rho gz\mathrm{d}y\mathrm{d}z = -\iiint\limits_{\Omega} \frac{\partial(\rho gz)}{\partial x}\mathrm{d}V = 0.$$

类似地, 可得到它在 y 方向的分力也为零. 而它在 z 方向的分力为

$$F_z = \boldsymbol{k}\cdot\boldsymbol{F} = -\oiint\limits_{\Sigma} \rho gz\{0,0,1\}\cdot\{\mathrm{d}y\mathrm{d}z,\mathrm{d}z\mathrm{d}x,\mathrm{d}x\mathrm{d}y\}$$

$$= -\oiint\limits_{\Sigma} \rho gz\mathrm{d}x\mathrm{d}y = -\iiint\limits_{\Omega} \frac{\partial(\rho gz)}{\partial z}\mathrm{d}V = -\rho gV.$$

这就证明了阿基米德原理.

注 4.4 当物体有部分浮出水面时, 除去这部分立体后, 设水平面下方立体为 Ω^*, 其顶面为水平截面 Σ'. 由于 Σ' 上恰好有 $z = 0$, 即水压力为零, 所以不会对上面的计算推导过程有任何影响.

例 4.13 有一个材质均匀的 "不倒翁", 其下半部分是半径为 R 的半球体, 上半部分是半径为 R, 高为 H 的圆柱体. 由于 "不倒翁" 要保持质心位置最低的状态, 使得在受到扰动时不致翻倒. 也就是说, 图 6 应是一种稳定的平衡状态. 试根据给定的 R 值, 求不倒翁身高之上限.

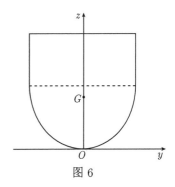

图 6

解 首先建立空间直角坐标系, 图 6 画出了建立在不倒翁轴截面上的 yOz 坐标面. 由于 "不倒翁" Ω 的材质是均匀的, 所以该物体的质心就是几何体的形心, 而且根据其对称性可知 $\bar{x} = \bar{y} = 0$. 而若要保持 "不倒翁" 的质心位置最低, 则必须满足控制目标

$$\bar{z} < R.$$

由于底面、侧面及顶面的方程分别为

$$z = R - \sqrt{R^2 - x^2 - y^2},\quad x^2 + y^2 = R^2,\quad z = H + R,$$

所以该 "不倒翁" 的体积为

$$V = \frac{2}{3}\pi R^3 + \pi R^2 H = \frac{\pi}{3}R^2(2R + 3H).$$

而 Ω 关于 xOy 坐标面的一阶矩为

$$\iiint\limits_{\Omega} z\mathrm{d}V = \int_0^{2\pi} \mathrm{d}\theta \int_0^R \rho\mathrm{d}\rho \int_{R-\sqrt{R^2-\rho^2}}^{R+H} z\mathrm{d}z$$

$$= \frac{\pi}{12}R^2(6H^2 + 12RH + 5R^2),$$

所以

$$\bar{z} = \frac{1}{V}\iiint\limits_{\Omega} z\mathrm{d}V = \frac{6H^2 + 12RH + 5R^2}{4(2R + 3H)}.$$

由控制目标 $\bar{z} < R$, 可解得 $H < \dfrac{\sqrt{2}}{2}R$, 从而可知 "不倒翁" 身高的上限为

$$H + R < \frac{2+\sqrt{2}}{2}R.$$

注 4.5　真正的玩具 "不倒翁", 材质未必均匀, 底部密度总是较大, 这样可使它在正立时的质心位置最低, 从而成为一种稳定平衡状态.

例 4.14　有一个体积为 V、外表面面积为 S 的雪堆, 其融化的速率与当时外表面面积成正比, 即 $\dfrac{\mathrm{d}V}{\mathrm{d}t} = -kS$(其中 k 为正的常数). 设融化期间雪堆的外形始终保持其抛物面形状, 即在任何时刻 t 其外形曲面方程总为 $z = h(t) - \dfrac{x^2 + y^2}{h(t)}$, $\quad z \geqslant 0$, 其中 h 表示雪堆在 t 时刻的高度.

(1) 证明：在雪堆融化期间, 其高度的变化率为常数.

(2) 已知经过 24 h 融化了其初始体积 V_0 的一半, 试问余下一半体积的雪堆需再经多长时间才能全部融化完?

解　(1) 首先求出在时刻 t, 与当时高度 h 对应的体积及其表面积

$$V = \iiint\limits_{\Omega} \mathrm{d}V = \int_0^h \mathrm{d}z \iint\limits_{D_z} \mathrm{d}x\mathrm{d}y = \int_0^h \pi(h^2 - hz)\mathrm{d}z = \frac{1}{2}\pi h^3,$$

$$S = \iint\limits_{S} \mathrm{d}S = \iint\limits_{D_{xy}} \sqrt{1 + \frac{4(x^2+y^2)}{h^2}}\,\mathrm{d}x\mathrm{d}y = \int_0^{2\pi} \mathrm{d}\theta \int_0^h \sqrt{1 + \frac{4\rho^2}{h^2}}\,\rho\mathrm{d}\rho$$

$$= \frac{\pi}{6}(5\sqrt{5} - 1)h^2.$$

根据相应变化率关系, 有

$$\frac{\mathrm{d}V}{\mathrm{d}t} = \frac{\mathrm{d}V}{\mathrm{d}h}\frac{\mathrm{d}h}{\mathrm{d}t} = \frac{3}{2}\pi h^2 \frac{\mathrm{d}h}{\mathrm{d}t}.$$

以 $\dfrac{\mathrm{d}V}{\mathrm{d}t} = -kS = -k\left[\dfrac{\pi}{6}(5\sqrt{5}-1)h^2\right]$ 代入, 得

$$-k\left[\frac{\pi}{6}(5\sqrt{5}-1)h^2\right] = \frac{3}{2}\pi h^2 \frac{\mathrm{d}h}{\mathrm{d}t} \Rightarrow \frac{\mathrm{d}h}{\mathrm{d}t} = -\frac{1}{9}(5\sqrt{5}-1)k,$$

可知雪堆高度的变化率确为常数.

(2) 设初始时刻雪堆的高度为 h_0, 则有 $V_0 = \dfrac{1}{2}\pi h_0^3$, 可利用上述结论 $V = \dfrac{1}{2}\pi h^3$, 求出体积为一半 $V = \dfrac{1}{2}V_0$ 时, 剩下雪堆的高度为

$$h = \frac{1}{\sqrt[3]{2}}h_0.$$

设剩下的一半雪堆需 t^* h 才能融化完毕, 根据前 24 h 融化的情况 (雪堆高度的变化率确为常数), 可得

$$\frac{\mathrm{d}h}{\mathrm{d}t} = \frac{\frac{1}{\sqrt[3]{2}}h_0}{t^*} = \frac{h_0 - \frac{1}{\sqrt[3]{2}}h_0}{24},$$

于是可求得

$$t^* = \frac{24}{\sqrt[3]{2}-1} = 24(\sqrt[3]{4} + \sqrt[3]{2} + 1) \approx 92.34(\mathrm{h}).$$

习 题 4

1. 若例 4.1 中的方凳换为长方凳, 结论如何?

2. 一块金属板平底锅在 xOy 平面上占据的区域是 $D = \{(x,y)|0 \leqslant x \leqslant 1, 0 \leqslant y \leqslant 1\}$, 已知板上点 (x,y) 处的温度为 $T = 720xy(1-x)(1-y)$. 锅底上点 $P_0 = \left(\dfrac{1}{4}, \dfrac{1}{3}\right)$ 处的蚂蚁为了逃向温度更低的地方, 它的逃逸方向为 (   ).

    (A) $\{-9, 16\}$;   (B) $\{9, -16\}$;   (C) $\{-16, -9\}$;   (D) $\{16, 9\}$.

3. 某厂需添加一机器设备, 如果购买需要 40000 元, 机器使用寿命 10 年, 贴现率为 14%. 如果不买, 则可以租用, 每月租金 500 元, 且规定每年初付该年租金. 问购买和租用哪个方案好?

4. 一个高为 l 的柱体储油罐, 底面是长轴为 $2a$, 短轴为 $2b$ 的椭圆, 现将储油罐平放, 当油罐中油面高度为 $\dfrac{3}{2}b$ 时, 计算油的质量. (长度单位为 m, 质量单位为 kg, 油的密度为常数 $\rho\mathrm{kg/cm}^3$.)

5. 半径为 1m, 高为 2m 的直立的圆柱形容器中允满水, 拔去底部的一个半径为 1cm 塞子后水开始流出, 试导出水面高度 h 随时间变化的规律, 并求水完全流空所需的时间. (水面比出水口高 h 时, 出水速度 $v = 0.6 \times \sqrt{2gh}$.)

6. 曲线 (悬链线)$y = \dfrac{\mathrm{e}^x + \mathrm{e}^{-x}}{2}$ 与直线 $x = 0$, $x = t(t > 0)$ 及 $y = 0$ 围成一曲边梯形. 该曲边梯形绕 x 轴旋转一周得一旋转体, 其体积为 $V(t)$, 侧面积为 $S(t)$, 在 $x = t$ 处的底面积为 $F(t)$. 试求:

(1) $\dfrac{S(t)}{V(t)}$;

(2) $\lim\limits_{t \to +\infty} \dfrac{S(t)}{F(t)}$.

7. 在例 4.11 中, 若容器形状为锥面, 试证：容器内液面升高的速度与当时的液面高度的平方成反比.

8. 有一个半径为 R, 密度为 μ(大于水的密度 ρ) 的球形物体, 沉入深为 $H(> 2R)$ 的水池池底, 现在要将其从水中取出, 需做多少功?

9. 某建筑工程打地基时, 需要用汽锤将桩打进土层. 汽锤每次打击, 都将克服土层对桩的阻力而做功. 设土层对桩的阻力的大小与桩被打进地下的深度成正比 (比例系数为 $k, k > 0$). 汽锤第一次打击将桩打进地下 a m. 根据设计方案, 要求汽锤每次打桩时所做的功与前一次击打式所做的功之比为常数 $r(0 < r < 1)$. 问:

(1) 汽锤击打桩 3 次后, 可将桩打进地下多深?

(2) 若击打次数不限, 汽锤最多能将桩打进地下多深?

10. 有一个底半径为 R、高为 H 的无盖圆柱形容器. 现在发现底部有一小洞, 这时只能将此容器倾斜放置, 才能盛放液体. 就下列两种不同的情况: ① 小洞在底面中心; ② 小洞在底面上距离中心 $\dfrac{R}{2}$ 处. 求倾斜放置后容器的最大容积.

11. 在一个形状为旋转抛物面 $z = x^2 + y^2$ 的容器内, 已经盛有 $8\pi\mathrm{cm}^3$ 的水, 现又倒入 $120\pi\mathrm{cm}^3$ 的水, 问水面比原来升高多少厘米.

参 考 文 献

[1] 刘三阳, 于力, 李广民. 数学分析选讲 [M], 北京: 科学出版社, 2010.

[2] 周民强. 数学分析习题演练 (第一册)[M]. 北京: 科学出版社, 2006.

[3] 周民强. 数学分析习题演练 (第二册)[M]. 北京: 科学出版社, 2006.

[4] 谢惠民, 恽自求, 易法槐, 等. 数学分析习题课讲义 (上、下册)[M]. 北京: 高等教育出版社, 2003.

[5] 林源渠, 方企勤. 数学分析解题指南 [M]. 北京: 科学出版社, 2003.

[6] 吴良森, 毛羽辉, 韩士安, 等. 数学分析学习指导书 (上、下册)[M]. 北京: 高等教育出版社, 2004.

[7] 汪林, 戴正德, 杨富春, 等. 数学分析问题研究与评注 [M]. 北京: 科学出版社, 1995.